新型
木材胶黏剂

储富祥　王春鹏　等编著

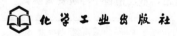

化学工业出版社

·北京·

本书结合国内外木材胶黏剂的发展现状和趋势，全面系统地介绍了近年来木材胶黏剂的最新科研成果和应用技术，提出了许多新观点、新方法。详细介绍了改性脲醛树脂胶黏剂、高性能酚醛树脂胶黏剂、木质素基木材胶黏剂、改性大豆蛋白胶黏剂、苄基化/氰乙基化木材胶黏剂、单宁基木材胶黏剂、生物质液化产物制备木材胶黏剂、木材用乳液胶黏剂等新型木材胶黏剂的制备原理、工艺配方、制备过程及在人造板中的应用技术等内容。

本书适合从事木材胶黏剂开发和生产、人造板生产企业的工程技术人员、业界人士以及相关领域的高等院校师生及科研人员参考使用。

图书在版编目（CIP）数据

新型木材胶黏剂/储富祥等编著. —北京：化学工业
出版社，2017.2
　　ISBN 978-7-122-28851-6

Ⅰ.①新… Ⅱ.①储… Ⅲ.①木材接合-胶黏剂
Ⅳ.①TQ433

中国版本图书馆 CIP 数据核字（2017）第 006336 号

责任编辑：张　艳　刘　军　　　　　　文字编辑：陈　雨
责任校对：边　涛　　　　　　　　　　装帧设计：关　飞

出版发行：化学工业出版社（北京市东城区青年湖南街 13 号　邮政编码 100011）
印　　刷：三河市航远印刷有限公司
装　　订：三河市瞰发装订厂
710mm×1000mm　1/16　印张 24¼　字数 486 千字　2017 年 6 月北京第 1 版第 1 次印刷

购书咨询：010-64518888（传真：010-64519686）　售后服务：010-64518899
网　　址：http://www.cip.com.cn
凡购买本书，如有缺损质量问题，本社销售中心负责调换。

定　　价：98.00 元

前言

我国人口众多，森林资源短缺，以人造板为主的木材高效利用技术成为我国木材工业的主要发展方向。2014 年，我国人造板总产量为 27371.79 万立方米，木竹地板产量为 7.60 亿平方米，我国已成为世界人造板生产的第一大国。作为人造板辅料的木材胶黏剂，往往决定着人造板的质量和等级，已成为衡量一个国家或地区人造板产业发展的重要标尺。

近年来，我国人造板、室内装饰及家具工业的快速发展，使木材胶黏剂用量大幅提高，带动了我国木材胶黏剂行业迅猛发展。2014 年我国消耗木材胶黏剂 1644.74 万吨（固体含量 100%），已成为木材胶黏剂生产大国。当前我国木材胶黏剂仍然以"三醛类"（脲醛树脂、酚醛树脂、三聚氰胺-甲醛树脂）胶黏剂为主。传统的"三醛类"胶黏剂存在着产品结构和性能单一、甲醛释放量高、产品档次低等突出问题，这已成为制约我国人造板产业升级的技术瓶颈。随着人们对居住环境要求的提高和新型结构板材的发展，超低甲醛释放、非甲醛系列、生物质基等高性能、环保低碳的新型木材胶黏剂，已成为当前木材胶黏剂产业的重要发展方向。

本书结合国内外木材胶黏剂的发展现状和趋势，全面系统地介绍了近年来木材胶黏剂的最新科研成果和应用技术，提出了许多新观点、新方法、重要结论和关键应用技术，具有很好的前瞻性和开拓性。具体内容包括改性脲醛树脂胶黏剂、高性能酚醛树脂胶黏剂、木质素基木材胶黏剂、改性大豆蛋白胶黏剂、苄基化/氰乙基化木材胶黏剂、单宁基木材胶黏剂、生物质液化产物制备木材胶黏剂、木材用乳液胶黏剂等新型木材胶黏剂。本书主要围绕各种新型木材胶黏剂的制备原理、工艺配方、制备过程及在人造板中的应用技术等方面逐一分析，力图为我国人造板用木材胶黏剂未来一个时期内的发展提供科学依据，为提升我国人造板产业升级、推动我国木材资源的高效利用提供建议和参考。

本书的研究内容主要来源于以下科研项目的研究成果：国家重点研发计划"无甲醛绿色木材胶黏剂制造关键技术研究"（2016YFD0600705）、国家林业公益性行业科研专项经费项目"木质纤维化学材料及功能化技术"（201104004）、"基于纤维素乙醇副产物的木材胶黏剂制备技术"（201304606）、农业科技成果转化资金项目"低成本三元共聚环保型木材胶制备技术开发"（2012GB24320579）等项目。第 1 章由储富祥编写，第 2 章由金立维、储富祥编写，第 3 章由马玉峰、南静娅、王春鹏编写，第 4 章由张伟、储富祥编写，第 5 章由许玉芝、王春鹏、储富祥编写，第 6 章由曲保雪、储富祥编写，第 7 章由赵临五、刘娟编写，第 8 章由李改云编写，第 9 章由程增会、储富祥编写，第 10 章由陈玉竹、储富祥编写。全书最后由储富祥、王春鹏统稿。研究生穆有炳、蒋玉凤、施娟娟、李玲、林永超、王利军、胡岚方等参加了部分研究工作并做出了积极贡献。在此一并表示衷心的感谢。

本书适合从事胶黏剂开发和生产的工程技术人员、人造板生产企业的工程技术人员、业界人士以及相关领域的高等院校师生及科研人员参考使用。希望本书能对读者在木材胶黏剂方面的学习、教学与科研有所帮助。

书中疏漏和不妥之处在所难免，敬请读者批评指正！

编著者
2017 年 2 月

目录

第1章 总 论 /1

第 2 章　改性脲醛树脂胶黏剂 / 78

第 5 章 改性大豆蛋白胶黏剂 / 199

第6章　苄基化、氰乙基化木材胶黏剂 / 227

第7章　单宁基木材胶黏剂 / 253

第1章

总 论

1.1 概 述 ::::::

　　人造板工业是资源高度依赖型产业，也是高效利用木材资源的资源节约型产业。据国家林业局《2015年中国林业发展报告》统计数据显示，2014年，我国人造板总产量为27371.79万立方米，木竹地板产量为7.60亿平方米，已成为世界人造板生产的第一大国。我国人造板工业的迅猛发展，不仅推动了我国林产工业的快速发展，而且对于推动国民经济的可持续发展和实现绿色循环经济都具有重要作用。

　　作为人造板辅料的木材胶黏剂，往往决定着人造板的质量和等级，已成为衡量一个国家或地区人造板产业发展的重要标尺。近年来，我国人造板、室内装饰及家具工业的快速发展，使木材胶黏剂用量大幅提高，带动了我国木材胶黏剂行业迅猛发展。2014年我国消耗木材胶黏剂1600万吨以上，已成为木材胶黏剂生产大国。

　　随着人们对居住环境要求的提高和新型结构板材的发展，超低甲醛释放、非甲醛系列、生物质基等高性能、环保低碳的新型木材胶黏剂，已成为当前木材胶黏剂产业的重要发展方向。经过数十年的探索和攻坚，我国在脲醛树脂、酚醛树脂等传统木材胶黏剂的升级改性研究、生物质基木材胶黏剂的制备机理及应用技术研究、木材用乳液胶黏剂等方面已取得长足进展，将有利于推动我国木材胶黏剂及人造板产业转型升级，为高效利用木材资源提供有力的理论和技术支撑。

1.1.1 我国木材资源状况

根据第八次全国森林资源清查结果（2009～2013 年）：我国森林面积 2.08 亿公顷（1 公顷＝1 万平方米），森林覆盖率 21.63％；活立木总蓄积 164.33 亿立方米，森林蓄积 151.37 亿立方米；天然林面积 1.22 亿公顷，蓄积 122.96 亿立方米；人工林面积 0.69 亿公顷，蓄积 24.83 亿立方米。清查结果表明，我国仍然是一个缺林少绿、生态脆弱的国家，森林覆盖率远低于全球 31％的平均水平，人均森林面积仅为世界人均水平的 1/4，人均森林蓄积只有世界人均水平的 1/7，现有用材林中可采面积仅占 13％，可采蓄积仅占 23％，可利用资源少，我国木材对外依存度接近 50％，木材供需的结构性矛盾日益突出。人造板木材原料不足突出体现在：一是胶合板用大径材，家具、地板用硬阔叶材，尤其是珍贵阔叶材严重匮乏，长期以来主要依靠进口，家具和地板珍贵用阔叶材主要来自非洲、南美、东南亚等热带材产区，而这些地区的木材产量大幅下降，出口量迅速减少；与此同时，热带材在全球工业材出口市场所占比重亦由 25％下降到 14％，预期这种趋势今后会继续下去；二是国产纤维用材供应紧张，进口纤维类木材产品占年进口木材的 80％以上。随着人造板工业的不断发展，木材资源供需矛盾将不断加剧。

1.1.2 我国人造板工业现状及发展趋势

近年来，我国人造板高速发展，产量记录不断刷新。据中国林产工业协会的统计数据显示，我国人造板产量占全球人造板产量的比例越来越高，从 2007 年的 31.40％一路飙升到 2012 年的 54.81％（图 1-1）。

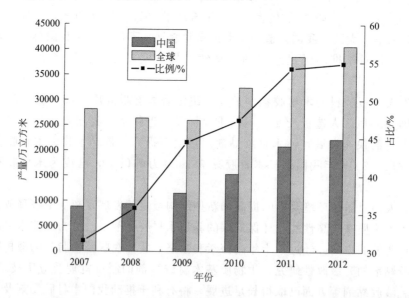

图 1-1 2007～2012 年我国人造板产量及占全球总量的比例

据国家林业局发布的中国林业年度发展报告数据显示，我国人造板年产量从2010年的15360.83万立方米增加到2014年的27371.79万立方米，年均增长15.64%。其中，胶合板14970.03万立方米，比2013年增长9.07%；纤维板6462.63万立方米，同比增长0.95%；刨花板2087.53万立方米，同比增长10.75%；其他人造板3851.60万立方米，同比增长8.57%。我国近年来人造板产量见表1-1（统计数据来源于国家林业局发布的《2010年中国林业发展报告》《2011年中国林业发展报告》《2012年中国林业发展报告》《2013年中国林业发展报告》《2014年中国林业发展报告》）。人造板生产的快速增长，推动了我国木材产品的进出口贸易。据国家林业局发布的中国林业年度发展报告数据显示，2014年我国木材产品市场总供给为53945.91万立方米，比2013年增长3.25%。木材产品进口中，胶合板、纤维板和刨花板的进口量分别为17.78万立方米、23.87万立方米和57.80万立方米，与2013年相比，胶合板和纤维板进口量分别增加了14.93%和5.53%，刨花板进口量减少了1.50%。木材产品出口中，胶合板、纤维板和刨花板的出口量分别为1163.31万立方米、320.55万立方米和37.27万立方米，分别比2013年增长13.35%、4.46%和37.38%。我国近年来人造板进出口量见表1-2（统计数据来源于国家林业局发布的《2010年中国林业发展报告》《2011年中国林业发展报告》《2012年中国林业发展报告》《2013年中国林业发展报告》《2014年中国林业发展报告》）。统计数据表明，我国木材产品市场稳步发展，出口增幅大于进口增幅，已成为名副其实的人造板生产和出口大国。

表1-1　2010～2014年我国人造板产量　　单位：万立方米

类型	2010年	2011年	2012年	2013年	2014年
胶合板	7139.66	9869.63	10981.17	13725.19	14970.03
纤维板	4354.54	5562.12	5800.35	6402.10	6462.63
刨花板	1264.20	2559.39	2349.55	1884.95	2087.53
其他人造板	2602.43	2928.15	3204.71	3547.67	3851.60
总计	15360.83	20919.29	22335.79	25559.91	27371.79

表1-2　2010～2014年我国人造板进出口量　　单位：万立方米

年份	总供给量	胶合板		纤维板		刨花板	
		进口量	出口量	进口量	出口量	进口量	出口量
2010	43189.92	21.37	754.69	40.01	256.95	53.94	16.55
2011	50003.99	18.84	957.25	30.62	329.10	54.70	8.68
2012	49491.59	17.88	1003.21	21.15	360.91	54.07	21.67
2013	52247.42	15.47	1026.34	22.62	306.87	58.68	27.13
2014	53945.91	17.78	1163.31	23.87	320.55	57.80	37.27

1.1.3　我国木材胶黏剂现状

随着人造板产量的增长和品种结构的变化，人造板用木材胶黏剂得到迅速发展，其用量已成为衡量一个国家或地区木材工业技术发展水平的重要标志。目前，全球木材胶黏剂产量占胶黏剂总产量的 50%～60%，我国达到 75% 左右。当前我国木材胶黏剂仍然以"三醛类"（脲醛树脂、酚醛树脂、三聚氰胺-甲醛树脂）胶黏剂为主。此外，其它类型胶黏剂，如蛋白胶黏剂、单宁胶黏剂、木质素胶黏剂、聚合物乳液胶黏剂等，以及无机物胶接材料，如水泥、石膏等，也得到广泛应用。

我国人造板、室内装饰及家具工业的快速发展，使木材胶黏剂用量大幅提高，带动我国木材胶黏剂行业迅速发展。据中国林产工业协会发布的木材工业用三醛胶年度产量数据显示，2014 年我国人造板产量达 27371.79 亿立方米，消耗木材胶黏剂 1644.74 万吨（固体含量 100%）。在全部木材工业用胶黏剂产量中，脲醛树脂（UF）1531.42 万吨，占全部木材工业用胶黏剂产量的 93.12%；酚醛树脂（PF）107.04 万吨，占全部木材工业用胶黏剂产量的 6.50%；三聚氰胺-甲醛树脂（MF）6.29 万吨，占全部木材工业用胶黏剂产量的 0.38%。脲醛树脂仍占有绝对优势。近年来我国木材工业用"三醛胶"的发展情况见表 1-3（数据来源于中国林产工业协会）。

表 1-3　2010～2014 年我国木材工业用"三醛胶"产量

年份	总产量/万吨	脲醛树脂		酚醛树脂		三聚氰胺-甲醛树脂	
		产量/万吨	占比/%	产量/万吨	占比/%	产量/万吨	占比/%
2010	858.10	780.00	90.90	49.30	5.74	28.80	3.36
2011	1163.00	1026.00	88.22	97.00	8.34	40.00	3.44
2012	1347.96	1237.41	94.08	104.27	5.48	6.28	0.44
2013	1543.96	1438.27	93.20	97.96	6.30	7.73	0.50
2014	1644.74	1531.42	93.12	107.04	6.50	6.29	0.38

1.1.4　人造板甲醛释放限量标准

近年来，为了有效控制人造板的甲醛释放限量，世界各国相继制定了一系列强制性标准和认证。欧盟标准 EN 13986《建筑用人造板性能、合格评定和标志》规定：E_1 级木制品甲醛释放限量应 $\leqslant$8mg/100g，E_2 级木制品甲醛释放限量定为 8～30mg/100g；欧盟只接受甲醛释放限量达到 E_1 级标准的板材。日本《木质建材等级标准》中规定：F☆☆☆☆ 材料甲醛释放量 <0.4mg/L，F☆☆☆ 材料甲醛释放量 <0.7mg/L，F☆☆ 材料甲醛释放量 <2.1mg/L，F☆ 材料甲醛释放量 <4.2mg/L。日本《建筑基准法》规定：禁止 F☆ 级材料在室内使用，对 F☆☆ 级材料应严格限制使用量，F☆☆☆ 级材料适当限制使用，F☆☆☆☆ 级材料不限量。美国加州空气资源管理委员会（CARB）继 2009 年 1 月 1 日颁布实施了《降低复合木制品甲醛排放的有毒物质空气传播控制措施》，又联合美国家居用品联盟于 2013 年 1 月 1 日出台了最新的《复合木制品甲醛标准法案》。作为目前世界上最严格的复合木制品甲醛释放限量法规，法规规定：带单板芯的硬木胶合板甲醛释放量 $\leqslant$0.05mg/kg，带复合芯的硬木胶合板甲醛释放量 $\leqslant$0.05mg/kg，中密度纤维板甲醛释放量 $\leqslant$0.11mg/kg，薄身中密度纤维板甲醛释放量 $\leqslant$0.13mg/kg；刨花板甲醛释放量 $\leqslant$0.09mg/kg。我

国现行的人造板甲醛限量国家标准是参照欧盟的甲醛限量标准制定和划分的。2001年，国家质检总局发布了《室内装饰装修材料 人造板及其制品中甲醛释放限量》（GB 18580—2001），标示了 E_1、E_2 两种甲醛释放量等级标志，规定 E_1 级的产品可直接用于室内，E_2 级的产品必须经饰面处理后才能用于室内。2004 年，E_0 级首次正式出现在国家标准《胶合板》（GB/T 9846.1～9846.2—2004）中。目前，除浸渍胶膜纸饰面人造板产品外，胶合板、细木工板、刨切单板、装饰单板贴面人造板、体育馆用木质地板、单板层积材等六种产品的甲醛释放量均增加了 E_0 级。至此，我国国标中甲醛释放限量有 E_0、E_1、E_2 三个限量级别，即 $E_0 \leqslant 0.5\text{mg/L}$（3mg/100g）、$E_1 \leqslant 1.5\text{mg/L}$（9mg/100g）、$E_2 \leqslant 5.0\text{mg/L}$（30mg/100g）。由此可以看出，人造板的甲醛释放问题已引起世界各国的高度重视。

1.1.5 我国人造板用胶黏剂的研究动态及发展方向

传统的"三醛类"胶黏剂存在着产品结构和性能单一、甲醛释放量高、产品档次低等突出问题，这已成为制约我国人造板产业升级的技术瓶颈。随着人们对居住环境要求的提高和新型结构板材的发展，超低甲醛释放、非甲醛系列、生物质基等高性能、环保低碳的新型木材胶黏剂，已成为当前木材胶黏剂产业的重要发展方向。经过数十年的探索和攻坚，我国在脲醛树脂、酚醛树脂等传统木材胶黏剂的升级改性研究、生物质基木材胶黏剂的制备机理及应用技术研究、木材用乳液胶黏剂等方面已取得长足进展，具体包括：高耐水性脲醛树脂胶黏剂、快速固化酚醛树脂胶黏剂、木质素基木材胶黏剂、双组分豆粕基木材胶黏剂、苄基化/氰乙基化木材胶黏剂、单宁基木材胶黏剂、热固性液化木基酚醛树脂胶黏剂、木材用乳液胶黏剂等新型木材胶黏剂。上述研究成果将为我国人造板用木材胶黏剂未来一个时期内的发展提供理论和技术依据，推动我国人造板产业升级，提升国际竞争力。

1.2 脲醛及改性树脂胶黏剂

1.2.1 脲醛树脂胶黏剂制备的主要原理

脲醛树脂（UF）由于具有原料廉价易得、制造工艺简单、无色透明、对木质纤维素有优良的黏附力、不污染木材等优点，占人造板工业中所用合成树脂胶总量70％以上，是目前胶黏剂中产量和用量最大的品种。

经典理论[1]认为，脲醛树脂的合成分为两个阶段。第一阶段为加成反应，即在中性或弱碱性介质（pH 值为7～8）中尿素和甲醛进行羟甲基化反应。在这一阶段，根据尿素与甲醛的摩尔比不同，可以生成一羟甲基脲、二羟甲基脲、三羟甲基脲。因尿素具有四个官能度，从理论上讲，加成反应可生成四羟甲基脲。但迄今为止，在实验室还未分离出四羟甲基脲。第二阶段为缩聚阶段，即在酸性介质（pH

值为 4~6）中，多种羟甲基脲与尿素发生缩合反应，生成具有亚甲基链节或二亚甲基醚链节交替重复的高分子聚合物。聚合物分子端基均以羟甲基为主，其确切结构还有争议。在树脂固化时，树脂中的活性基团（如羟甲基）、未反应甲醛与亚氨基反应生成三维网状结构的坚硬高聚物，其分子结构十分复杂，目前对其真实构型也还未完全清楚。在脲醛树脂的合成过程中，酸性阶段摩尔比对树脂的各项性能影响最大。在酸性阶段，树脂主要发生缩聚反应，生成亚甲基醚键与亚甲基键，亚甲基醚键在热压时会放出甲醛，而亚甲基键则提供了胶接强度。若酸性阶段摩尔比偏高，后期尿素加入量必然增多，而此时反应在弱碱性下进行，会生成大量羟甲基，热压时分解产生甲醛。若摩尔比偏低，将使交联度降低，削弱胶合质量，同时生成较多不溶性的亚甲基脲，使溶液浑浊，储存稳定性差。

20 世纪 70 年代末，由于糖醛理论的发展，人们采用反传统合成脲醛树脂的制备方法。即首先在强酸介质（pH 值小于 3.0）下，尿素与甲醛反应生产一定数量的 Uron 环（氧杂-3,5-二氮环己基-4-酮）结构小分子，然后再进一步聚合成具有 Uron 环链节的高分子。一方面，由于 Uron 环的耐水解能力比亚甲基二脲好，所合成的树脂有利于提高其胶接制品的耐水性和降低甲醛释放量；另一方面，在树脂分子中引入 Uron 环链接，可相对降低脲醛树脂的交联密度，增加树脂分子链的长度，即缩聚程度较高。所以树脂的初黏性较好，预压性能提高。与亚甲基桥键相比，虽然同样将甲醛转化为了较难降解的结构形式，但是 Uron 环降低了脲醛树脂的交联密度，也就降低了胶合强度。随着树脂分子中 Uron 环数量的增加，树脂的固化速度减慢。在树脂合成时，Uron 环含量控制在 10% 左右较适合实际生产要求。

强酸介质中，尿素与甲醛的反应只需在低温下进行，且反应速率较快，可以节约能源，提高生产效益。强酸介质中制造脲醛树脂，F/U 摩尔比选 3.0 是最佳值，此时树脂中高分子组分约占 50%，另外 50% 为低分子组分。研究指出，脲醛树脂的组分中，起黏附力作用的是二羟甲基脲，起着胶层的内聚力作用的是亚甲基二脲。因此，脲醛树脂组分中含亚甲基二脲的高分子部分与含二羟甲基脲的低分子部分的比例为 50：50 时，是脲醛树脂较理想的构成。强酸介质中，尿素与甲醛反应很短时间即可得到具有一定缩聚程度的树脂，这是由其独特的反应机理决定的，这种反应机理有待更深入的研究和探索。

脲醛树脂的形成与固化是一个非常复杂的过程，近年来借助于现代精密分析仪器，对其分子结构、反应动力学和固化机理方面的理论认识得到了进一步深化。传统理论认为，脲醛树脂未固化前主要由取代脲和亚甲基链节或少量二亚甲基醚链节交替形成的多分散性聚合物组成。固化时，脲醛树脂中的活性基团（$-CH_2OH$、$-NH-$）之间或与甲醛之间交联形成三维网状结构。通过对脲醛树脂的 ^{13}C NMR 的谱峰强度分析并与树脂的宏观性能相结合，使得预测树脂的胶合强度及甲醛释放量成为可能。一般认为，脲醛树脂的固化过程是一个连续过程，且胶接强度随着固化时间延长的而增加。但是，Chow[2]、Hancocd 和 Kollman[3] 应用 TBA 方法报道了脲醛树脂固化过程中的异常现象：树脂固化过程是不连续的，初黏强度是增加的，粘接强度在一定时间内减小，最后又增加到一个平衡强度状态。

到了 20 世纪 80 年代，美国学术界对脲醛树脂的固化机理提出了新的理论。1983 年 Pratt[4] 应用胶体理论认为脲醛树脂的固化过程是憎液胶粒的聚结过程，而不是缩合聚合交联过程。继 Pratt 之后，Dunker 等[5] 应用蛋白质化学方面的一些知识和处理方法，从理论上解释了脲醛树脂具备胶粒成粒的条件和可能性。而对高摩尔比脲醛树脂的固化过程的解释尚有待进一步证实，这也是该理论提出几年后，在世界范围内未得到响应的主要原因。但是，当前低摩尔比脲醛树脂在工业生产应用中占主导地位，此理论在实际应用中具有一定意义。

1.2.2　脲醛树脂胶黏剂的反应特性[6]

在合成脲醛树脂时，尿素与甲醛的摩尔比与缩聚反应速率、树脂结构和树脂物理化学性能有着密切的关系。1mol 尿素与不足 1mol 的甲醛反应，只能生成一羟甲基脲，继续缩聚形成线型树脂。当 1mol 尿素与多于 1mol 的甲醛反应时，除生成一羟甲基脲外还能生成二羟甲基脲，甚至还有少量的三羟甲基脲。二羟甲基脲是形成树脂交联的主体，为保证有足够的二羟甲基脲生成，甲醛与尿素的摩尔比（F/U）应为 1：（1.1～2.0）。传统的胶合板用脲醛胶的尿素与甲醛的摩尔比为 1：（1.5～2.0），刨花板用脲醛胶的摩尔比一般在 1：（1.1～1.6）范围内。

甲醛与尿素摩尔比越高，脲醛树脂游离醛含量也越高，固化速率越快。因为游离醛可与固化剂反应放出酸，故游离醛含量高反应快。摩尔比越高，树脂储存稳定性越好，因为高摩尔比脲醛树脂含羟甲基基团多，甚至还有醚键化合物，所以稳定性好。而低摩尔比脲醛树脂含亚氨基多，没有参加反应的氨基、亚氨基比较活泼，因此稳定性差。摩尔比还影响脲醛树脂的固体含量、初黏性。低摩尔比脲醛树脂固体含量高、初黏性小，适用期长。除此以外，摩尔比还影响缩聚反应速率，在 pH 值相同时，摩尔比越低，反应速率越快。

摩尔比相同时，尿素分批加入量不同，使不同 pH 值反应阶段摩尔比不同，对树脂结构、性能同样有重大影响。尿素分批加入使加成反应在高摩尔比下进行，有利于二羟甲基脲的生成，减缓反应速率，使反应完全，达到降低游离醛，提高树脂储存稳定性的目的。而尿素分批加入的关键，又在于酸性缩聚阶段摩尔比的大小，这个阶段摩尔比越高，树脂越透明，稳定性越好。

改变酸性阶段的摩尔比，可以改变脲醛树脂的外观和储存稳定性，即使摩尔比（F/U）低至 1.2 也可以制得稳定的脲醛树脂，但后期尿素加入量过多，超过尿素总量的 25% 以上时，由于生成大量一羟甲基脲和留下较多游离尿素，而使湿胶合强度下降。所以酸性缩聚阶段的摩尔比，最低不要低于 1.6，最高不要超过 2.0，否则对脲醛树脂的储存稳定性和湿胶接强度带来影响。因此尿素分批加入比一次加入所制得的脲醛树脂游离醛含量低，储存稳定性好。

反应介质的 pH 值不同，对尿素和甲醛的反应、生成物结构与性能有很大影响。

(1) 加成反应阶段

pH 值为 11～13 时，尿素与甲醛在强碱性介质中反应，即使在稀溶液中，仍可生成一羟甲基脲，而在此条件下羟甲基脲之间易失水生成二亚甲基醚键，使产物很快变浑，所以强碱性条件不可取。

pH 值为 7～9 时，即在中性或弱碱性介质中反应，尿素与甲醛生成稳定的羟甲基脲。尿素与甲醛摩尔比＞1 时，生成一羟甲基脲白色固体，溶于水；尿素与甲醛摩尔比＜1 时，除生成一羟甲基脲外，还生成二羟甲基脲白色结晶体，在水中溶解度不大。如果甲醛过量很多，也可以生成三羟甲基脲和四羟甲基脲，后者的存在还只有间接证明。

pH 值为 4～6 时，即在弱酸性介质中反应，所生成的羟甲基脲进一步脱水缩聚生成亚甲基脲和以亚甲基键连接的低分子化合物。因此，尿素与甲醛一直在弱酸性介质中进行加成和缩聚反应，也是一种制造脲醛树脂的工艺。用此工艺制造树脂可以节省碱和酸的用量，缩短反应时间。

pH 值小于 3 时，即在强酸介质中反应，一羟甲基脲和二羟甲基脲立即脱水，生成亚甲基脲，很快转变成聚亚甲基脲（$C_2H_4N_2O$）$_n$，成为无定形不溶性产物，失去了进一步交联的可能性，没有实际应用的意义。因此，在脲醛树脂制造中，应尽量避免生成亚甲基脲。

(2) 缩聚阶段

在酸性条件下，一羟甲基脲和二羟甲基脲与尿素和甲醛进行缩聚反应，主要生成亚甲基键和少量醚键连接的低分子混合物。酸性越强反应速率越快，易生成不含羟甲基的聚亚甲基脲不溶性沉淀，使树脂溶解度降低，而且控制不当容易凝胶，所以缩聚阶段 pH 值高低，应根据摩尔比大小、甲醛中甲醇含量高低来确定，一般为4～6。缩聚时的 pH 值越低，游离醛含量越高，水混合性降低，适用期短。但 pH 值太高时，由于亚甲基化反应不完全，交联度不够，使胶接强度受到一定影响。在碱性条件下，羟甲基之间不直接反应生成亚甲基键，而是进行脱水缩聚，形成二亚甲基醚键，二亚甲基醚键再进一步分解放出甲醛，形成亚甲基键，反应速率相当慢。碱性介质使缩聚反应时的活泼基团活性降低，固化时使交联度下降，因而影响胶接强度，所以选择这种工艺条件的不多。

在脲醛树脂反应过程中，不改变反应物浓度情况下，反应温度对反应速率有重要影响。一般讲温度每增加 10℃，反应速率增大 10 倍。在其他条件相同时，反应温度和反应速率呈直线关系，反应温度越高反应速率越快，在酸性缩聚阶段尤为明显。温度过高，反应前期容易导致树脂液暴沸而喷胶。缩聚阶段，反应温度过高易造成分子量过大和分子量分布不均匀、游离醛含量高、黏度过大等问题。温度过低，则造成反应时间延长，树脂聚合度低，分子量太小，树脂固化速率过慢而使胶层机械强度降低等不良后果。若反应温度低于80℃，在缩聚阶段用氯化铵作催化剂时，由于温度低，氯化铵分解速度太慢，pH值的降幅一时显示不出来，待温度升高pH值迅速下降，致使反应速率太快不易控制，容易造成树脂黏度过大或凝胶。所以，在反应过程中，由于尿素溶解时吸热，尿素与甲醛反应时又放热的特性，开始时将反应液升温至50～60℃，即停止加热，由于反应放热反应液温度会自行升至90℃左右，待放热反应结束后，再将温度调节至90～96℃进行反应，比较适宜。

反应时间关系到脲醛树脂缩聚度大小和固含量，从而影响其胶合强度、耐水性等性能。反应时间过短，缩聚不完全、固含量低、黏度小、游离醛含量高、胶层机械强度低，还容易出现假黏度；相反，缩聚时间过长，分子量大、黏度过高、脲醛树脂的水混合性差、储存期短，从而降低胶合强度。反应时间的长短要根据摩尔比（F/U）、催化剂、pH值和反应温度等条件而定，以产物具有适当的缩聚度和优良的胶合性能为准。脲醛树脂的反应时间，是以测定反应终点来控制的，通常以达到某一黏度值进行终点控制。准确地控制好反应终点，就能制出好的产品，否则容易造成次品或质量事故。由于加工制品的要求不同对脲醛树脂分子量大小、黏度高低、固体含量的要求也不一样，如刨花板要求脲醛树脂的固含量高一些、黏度小一些，便于施胶和缩短热压时间；而细木工板则要求黏度大一些，固化快一些，所以终点控制应有所不同，不能统一规定。脲醛树脂的反应时间一般在150～210min为宜。

1.2.3 改性脲醛树脂胶黏剂

对脲醛树脂的结构、组分进行分析研究知道，商品脲醛树脂实质上是由亚甲基（—CH$_2$—）和亚甲基醚键（—CH$_2$—O—CH$_2$—）连接的若干个含羟甲基（—CH$_2$OH）端基的尿素分子构成的聚合物和游离甲醛、游离尿素的复杂混合物。脲醛树脂分子中的羟甲基与—NH$_2$易发生交联，使其易凝胶并导致储存期缩短；脲醛树脂分子中的羟甲基具有亲水性，固化后脲醛树脂中存在的羟甲基使其耐水性差；脲醛树脂固化后产生的内应力使胶层变脆，易龟裂，因而耐老化性能差；热压时，脲醛树脂的游离甲醛和脲醛树脂的羟甲基及亚甲基醚键分解，放出甲醛造成人造板制品甲醛释放量高等问题。由于脲醛树脂本身的结构特征使脲醛树脂存在耐水性、耐老化性差，人造板制品甲醛释放量超标等不足，使其应用范围受到一定限制。为了扩大其应用范围，必须根据不同目的，采用不同方法对脲醛树脂进行改性，获得具有不同性能的脲醛树脂。

脲醛树脂固化后呈酸性，易使树脂中的羟甲基水解，使用碱性改性剂，可中和胶层中的酸，能在一定程度上防止和降低脲醛树脂中羟甲基的水解速率，从而提高脲醛树脂胶层的耐水性。加入能封闭羟甲基的改性剂也可提高脲醛树脂胶层的耐水性。加入具有一定韧性和弹性的改性剂，其分子嵌入脲醛树脂的大分子中，可以提高脲醛树脂分子链的柔韧性，从而克服脲醛树脂胶层的脆性，提高耐老化性。通过改性的脲醛树脂，其他性质也有所改善，例如由亲水性变为疏水性，能溶于有机溶剂，降低了游离甲醛的含量，改善了使用条件，降低了树脂中的酸度，延缓了胶凝速率，使脲醛树脂的储存期延长。

(1) 三聚氰胺改性脲醛树脂

三聚氰胺改性脲醛树脂，其特点是降低甲醛释放量、提高树脂耐水性、增加人造板的胶合强度，而且其制胶工艺简单，容易实现工业化。三聚氰胺的水溶液为无色的液体，与脲醛树脂的颜色相近，三聚氰胺的加入不会改变脲醛树脂的颜色，因此，三聚氰胺改性脲醛树脂的使用范围不会受到颜色的限制。国内外都曾报道过用40%～50%的三聚氰胺甲醛树脂与50%～60%脲醛树脂混合使用，以提高其耐水性。后来人们在合成脲醛树脂过程中加入少量三聚氰胺，合成出三聚氰胺改性脲醛树脂（MUF）。也有报道将这种改性胶使用前再与一定量的三聚氰胺甲醛树脂相混合，制出具有优良耐水性的人造板。

从三聚氰胺自身的结构来看，它具有一个环状结构及六个活性基团（通常只有三个参加反应），三聚氰胺、甲醛在碱性条件下反应和尿素相似，加成生成（1～6）羟甲基三聚氰胺。三聚氰胺的3个—NH₂基团，具有6个有反应活性的氢原子，所以比有4个官能度的尿素具有更高的反应活性，能结合更多的甲醛，反应更完全，因此在合成过程中加入三聚氰胺能够降低游离甲醛含量。生成的羟甲基三聚氰胺与二羟甲基脲在酸性条件下发生共缩聚反应，这在很大程度上促进了脲醛树脂的交联，形成三维网状结构。同时封闭了许多吸水性基团，从而大大提高了脲醛树脂的耐水性能。而且羟甲基三聚氰胺缩聚形成的亚甲基醚键不易断裂，进一步降低了甲醛的释放。在从线型向体型转化的反应过程中，增加了体型间的反应，增强了树脂的胶合强度。三聚氰胺具有一定的缓冲作用，能抑制pH值的降低，在一定程度上防止和降低了脲醛树脂的水解和水解速率，所以胶液储存更加稳定。

20世纪60年代初，柳川[7]把三聚氰胺、尿素以及其羟甲基化合物以不同比例进行反应，然后利用红外光谱对其生成物进行解析，证明在酸性条件下，尿素、三聚氰胺、甲醛的共缩合反应发生在二羟甲基脲和三聚氰胺的氨基之间。Tomita[8]采用¹³C NMR证明了尿素与三聚氰胺之间是通过亚甲基键和亚甲基醚键相连接的，三聚氰胺的羟甲基较易和尿素的氨基缩聚为亚甲基键，而羟甲基三聚氰胺则易于自缩聚。Ebdon等[9]发现在脲醛树脂反应的最后占主导地位的亚甲基醚键仍然存在，一小部分的亚甲基键即使在碱性条件下也会在脲醛树脂中形成，三聚氰胺加到脲醛树脂中会发生一些亚甲基醚键重组成亚甲基键，增加亚甲基键的比例，使制备的人造板的甲醛释放量和胶合强度达到最佳。加入三聚氰胺能在一定程度上提高人造板的耐沸水性能。

杜官本等[10]借助基质辅助激光解吸电离飞行时间质谱仪对三聚氰胺-尿素-甲醛（MUF）共缩聚树脂合成过程中结构的变化进行了分析。结果发现，在弱碱性条件下，共缩聚主要以稳定的亚甲基桥键相连；而在弱酸性条件下，共缩聚以亚甲基醚键为主，直至反应结束仍然存在。在反应过程中加入三聚氰胺，会诱导已经形成的亚甲基醚键结构重新排列，利于生成更为稳定的亚甲基桥键；反应后期补加尿素，很有可能诱导部分结构重新排列。顾继友等[11]探讨了三聚氰胺的添加方式对 MUF 胶黏剂性能的影响，同时对其固化特性、分子结构和耐热性等进行了分析。结果表明，三聚氰胺二次投料法可有效降低 MUF 胶黏剂的甲醛释放量，但其胶接强度也随之下降；同时，该 MUF 固化体系的外推固化温度、表观活化能和反应级数均有所增加，耐热性降低；另外，二次投料体系使 MUF 的分子量降低、分子量分布变宽。

Zhang[12]采用差示扫描量热法（DSC）研究了三聚氰胺在不同酸性阶段加入所得到树脂的固化活化能，结果显示三聚氰胺的加入使得树脂固化活化能提高，但三聚氰胺添加阶段的延后进一步大幅提高了固化活化能，红外分析的结果显示此时树脂中亚甲基与亚甲基醚键的含量也降低，从而导致了胶合性能下降。Mao 等[13]研究了三聚氰胺在初始碱性阶段的初期、中期及后期加入所得到树脂的性能，并与合成后期加入三聚氰胺的方法（对照组）进行了对比，发现与对照组相比，在初始碱性阶段的初期加入三聚氰胺所制得的树脂具有较高含量的羟甲基与亚甲基醚，而亚甲基键的含量则较低，由此表现出较为优异的储存期与耐水性能，甲醛释放量比对照组偏高，但仍符合 E_1 标准。中、后期加入三聚氰胺所制得的树脂储存期降低。

（2）苯酚改性脲醛树脂

用苯酚或酚醛树脂改性脲醛树脂有以下几种途径：一是以常用的水溶性酚醛树脂胶和脲醛树脂胶相混合改性，但从试验结果看，无论将酚醛树脂胶的 pH 值调低后再混合，还是混合后再调低 pH 值，都常常因为结块而无法使用；二是在尿素与甲醛在碱性介质中进行羟甲基反应阶段，即反应的早期加入苯酚进行反应改性或是在反应的后期与第三批尿素一起加入，作为甲醛捕集剂；三是分别合成酚醛树脂与脲醛树脂的低聚物之后，再通过共混-共缩聚的方法进行改性。从改性机理看，无论是在合成过程中加入苯酚改性，还是将苯酚与甲醛先制成初级聚合物，再与脲醛树脂初级聚合物相混合并共缩聚的途径，都得到了最终产物——含有苯环的脲醛树脂。

苯环的引入，一方面增多了反应部位，减少了分子中的—OH 数目；另一方面，通过酚羟基的缩合，引进了柔性较大的—O—链，改善了产品的耐水性和脆性[14]。同时，胶固化后增加了较多的苯环邻对位刚性链，提高了产品的机械强度。酚醛树脂作为分散相的相畴比较小，从混合比例可以推断各种羟甲基酚以及酚醛树脂的低聚物处在各种羟甲基脲或脲醛树脂低聚物水溶液的氛围之中，有充分的反应条件和概率，相互之间可以进行交联反应，形成亚甲基交联键或亚甲基醚键交联键。

改性胶的固化速率快以及不易透胶等性能都优于纯酚醛树脂胶或纯脲醛树脂胶，不借助于化学反应，可能达不到这种理想效果。因此用 PF 初级聚合物对脲醛树脂进行改性时，可能存在互相贯穿的聚合物网络。

杜官本[14]以苯酚、尿素和甲醛为起点合成了一种苯酚-尿素-甲醛共缩聚树脂，对该树脂的性能和结构进行全面分析评估，^{13}C NMR 结构分析观察到源于共缩聚结构单元 O—ph—CH$_2$—NHCO—（$\delta=41.5$）和 p-ph—CH$_2$—NHCO—（$\delta=44.8$）的吸收。结果表明，所合成的 PUF 树脂储存稳定，固化速率快，差热分析和热重分析表明，该树脂的热行为与 PF 树脂相似而与脲醛树脂显著不同；用 PUF 树脂压制的竹木复合 MDF 和竹大片刨花板，其板材的物理性能明显高于脲醛树脂而与常规 PF 树脂相近。

（3）聚乙烯醇改性脲醛树脂

在尿素和甲醛缩合反应中加入聚乙烯醇，使其与甲醛或脲醛的初期缩合物进行反应，增加树脂的初期黏着力，同时由于聚乙烯醇本身就是一种较好的胶黏剂。因此，加入聚乙烯醇能使脲醛缩聚物的性能得到很好的改善。

聚乙烯醇与甲醛反应生成聚乙烯醇缩甲醛，反应式如下：

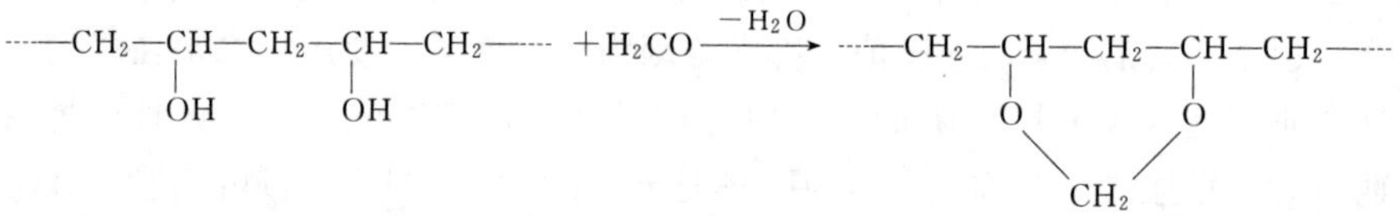

尿素与甲醛加成反应阶段生成的主要产物是二羟甲基脲，然后二羟甲基脲相互缩聚反应生成不同分子量的线型结构脲醛树脂，虽然分子量的大小不同，但结构上都带有羟甲基。聚乙烯醇（或聚乙烯醇缩甲醛）与二羟甲基脲（也可以与带羟甲基的低分子树脂作用），形成下面的交联结构。

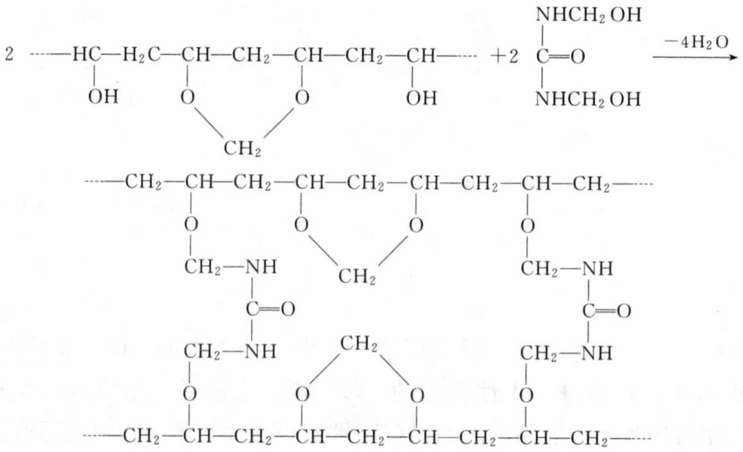

从上面的结构式可以看到大小环结构的存在，这种环状结构无疑提高了胶液的初黏性。由于聚乙烯醇带有一定数量的醇羟基，反应过程中生成的缩醛结构可以看作同碳的二元醇醚，这些结构都能增加胶液的水溶性。上述结构在胶液中的数量，主要取决于聚乙烯醇的加入量。亲水性基团在树脂呈线型结构时表现比较明显，当树脂固化后，分子量相当大，前期线型结构中存在的亲水基团的数量与之相比相对较少，在体型结构中亲水基团所起作用表现甚微，因此，胶液固化后对胶合产品的吸水性影响不大。

用聚醋酸乙烯乳液改性脲醛树脂，国外的学者起步较早，并且研究比较系统和深入。试验表明，经改性的脲醛树脂耐老化性有显著的改进。室温固化型脲醛树脂固化后交联成体型结构，成不溶不熔状态，具有良好的耐水、耐热性能，但具脆性，易老化。聚醋酸乙烯酯则是一种热塑性树脂，固化后分子仍有线型结构，易溶易熔，胶层富弹性，内应力小，但湿态试验（试样在室温下水浸 48h）和受热试验（试样在 71℃±3℃下受热 30min）表明，它具有高度的湿度敏感性和缺乏耐热性，其剪切强度在湿态下试验下降为零，受热试验下降 33%。因此，在单一使用这两种胶黏剂时都明显存在胶接制品使用寿命短的问题。而当这两种树脂以一定比例进行混合改性时，胶接制品使用寿命却得到显著提高。究其原因，认为是脲醛树脂中的羟甲基与聚醋酸乙烯酯中的聚乙烯醇缩合形成了交联体型结构，从而提高了乳液胶的耐水性能；同时乳液胶的热塑性又改善了脲醛树脂的脆性，减小了胶层的内应力，改进了胶层的弹性，从而提高了树脂的耐老化性。此外，由于聚醋酸乙烯酯的初始强度较高，聚合物的微粒较大，一般粒径可达 $0.1\sim2\mu m$，在木材系多孔材料黏合中，不易产生渗析而避免缺胶或透胶现象。

（4）木质素改性脲醛树脂

由于木质素的多元酚结构上的部分活性位点既可与甲醛发生羟甲基化反应，又能与羟甲基脲发生缩聚反应，降低树脂中的游离甲醛含量，提高树脂的耐水性，而且也降低了树脂成本。然而未改性的木质素胶黏性很差，性能也不稳定，反应活性低，直接制备胶黏剂不仅胶接性能低，而且耐水性特别差，浸泡后胶易开裂。通常采用使甲醛与木质素分子中的苯核反应生成羟甲基化的木质素，提高其反应活性。木质素在结构上是一种聚合酚，但由于木质素芳环上的活性空位少，芳香环又处于预缩合的刚性状态，因此其反应能力很低，需要在较激烈的条件下才可能与甲醛进行羟甲基化反应。经改性的羟甲基化木质素，在热压制板过程中与脲醛树脂分子发生交联（包括自行交联）产生胶接固化，可以满足木材胶的使用要求。

胡岚方[15]以对羟基苯甲醚和 2-甲氧基-4-丙基苯酚作木质素模型化合物，研究木质素-尿素-甲醛共聚机理，再用 Lundquist 木质素与尿素、甲醛的共聚反应对实际反应过程进行验证。结果表明，木质素模型化合物及 Lundquist 木质素均能发生羟甲基化反应与缩聚反应，但其活性低于尿素与甲醛间的反应活性。这是由于木质素苯环上甲氧基的诱导作用导致羟甲基木质素反应活性不足，另外木质素的预缩合结构也阻碍了酚羟基的反应活性。

（5）树枝支化大分子改性脲醛树脂

聚酰胺-胺类（PAMAMs）树枝支化大分子是以胺或乙二胺为核心，通过重复的逐步反应进行分子构建，最终生成的具有聚酰胺-胺重复单元和端氨基的大分子。由于PAMAMs具有很高的反应活性，Essawy等在其端基上引入反应性或功能性基团，在脲醛树脂的缩聚过程中可以提高交联程度，改善表面活性，从而提高最终的胶接强度。同时，提高固化后脲醛树脂的耐水性及柔韧性。这些树脂改善了由于湿度变化而造成的应力下降。改性树脂柔性比普通脲醛树脂好，减少开裂的趋势。另一个好处是降低甲醛释放量，这是由于二胺引入树脂中，使沿脲醛树脂链上的氨基、亚氨基链密度降低[16～19]。

（6）其他改性脲醛树脂

用丙醛和丁醛部分取代甲醛，生成尿素-丙醛（丁醛）-甲醛树脂。用这两种醛类的优点是疏水性，缺点是这两种醛类与尿素的反应活性不如甲醛。近来发现只用丙醛生产的尿素-丙醛树脂，反应活性太差，不能用于刨花板或其他木材胶合。在碱性介质中预先制成的尿素-丙醛树脂与甲醛反应将羟甲基导入树脂中，可以给予足够的反应活性，可在实验室制备刨花板。该树脂甲醛释放量较低，比一般脲醛树脂有较好的疏水性。板的煮沸膨胀很大，但几分钟后膨胀不再增加。近年来有选用乙二醛与戊二醛的工作[20,21]，但由于位阻较大，反应活性均不如甲醛，所制备的脲醛树脂性能并不尽如人意。

用淀粉改性脲醛树脂，克服了脲醛树脂固化时胶层体积收缩、产生内应力、引起胶层龟裂，耐老化性差及游离醛含量高的缺点。淀粉胶对纤维类材料有较强的黏合力，但耐水性差，直接使用难以达到改性的目的，为此先制成醛化淀粉，然后再与尿素、甲醛共聚制成改性树脂。由于引入了醚键结构，提高了脲醛树脂的固化温度，从而改善了胶合强度[22]。

Ye等[23]采用多环氧基的缩水甘油醚来改性低摩尔比脲醛树脂，通过环氧基团的开环反应来促进脲醛树脂的固化反应，制得了性能良好的人造板。Kumar等[24]利用木材热解制备碳纳米纤维，再将其分散在脲醛树脂中，发现可以提高树脂的热稳定性，同时改善固化树脂断裂面的平滑性。于晓芳等[25]在低摩尔比脲醛树脂的不同制备阶段加入有机蒙脱土，由于其优先与甲醛反应，提高了醚键结构以及残留尿素的比例，同时打破了脲醛树脂中基团的规整排列，降低了结晶度。

1.2.4 改性脲醛树脂胶黏剂的应用

改性脲醛树脂在加热加压的条件下，自身也能固化，但时间很长，固化后的产物交联度低，固化不完全，粘接质量差。因此在实际使用时都要加入固化剂（有时也有例外，如木材酸性较强时可以不加）使脲醛树脂迅速固化，保证胶接质量。其次，为改变脲醛共聚改性树脂的某些性能（如增加初黏性、提高耐水性及耐老化性、降低游离醛含量等）还需要加入某种助剂。所以改性脲醛树脂使用时，需根据用途和需要进行调制，这也是保证产品质量的重要组成部分。

固化剂是脲醛树脂的重要助剂，脲醛树脂属于酸固化胶黏剂，在树脂中加入酸或者能释放出酸的盐类使 UF 树脂体系 pH 值降低后，在加热条件下缩聚反应加快最终实现固化。通常合成完毕后的 UF 树脂的 pH 值控制在 $7.5 \sim 8.0$ 之间便于储存使用，即使呈酸性的木材也难以使树脂完全固化。

生产胶合板用的脲醛树脂胶中，必须添加填料或活性填料（通称填充剂）。填料是一种非胶黏性材料或无机物，通常把含有木质纤维的原料或矿物质成分叫作填料。活性填料是具有某些胶黏作用的材料，一般把含有蛋白质、淀粉成分的材料称作活性填料。填料的加入可以防止树脂过分渗入木材，同时还能防止由于陈化时间短、树脂流动性大，加压时将胶液挤出而形成的缺胶现象。活性填料具有很好的保水作用，这样在陈化时间过长时可以防止干单板的过分吸胶。由于使用填料和活性填料对节约人造板胶黏剂的潜力很大，所以应该注意填料和活性填料的使用效果。

发泡剂是一种表面活性物质，它的主要作用是降低胶液的表面张力，使空气易于在胶液中分散，形成稳定的泡沫，增大胶液的体积。这种泡沫胶，可以防止胶液过多地渗透到木材内部造成局部缺胶，可以节省胶料，降低成本。最常用的发泡剂是血粉、拉开粉（烷基磺酸钠），加入量为树脂液重的 $0.5\% \sim 1.0\%$，为了防止泡沫消失，可加入少量豆粉增加泡沫的稳定性。

脲醛树脂胶中的甲醛释放主要来自三方面：脲醛树脂合成时没有参加反应的甲醛即游离甲醛；热压固化时羟甲基和亚甲基醚键分解释放出的甲醛；固化了的脲醛树脂，随着时间的推移，树脂发生水解而放出的甲醛。甲醛是一种有刺激性臭味的气体，对人体健康有害，造成环境污染，使制品的使用范围受到限制。因此，必须尽量减少或除去这种甲醛的臭味。目前国内采取的办法有，从树脂合成时的配方着手，减少树脂中的游离醛；改性树脂即在制造脲醛树脂时，加入能和尿素、甲醛共聚的苯酚或三聚氰胺、双氰胺等，使树脂固化时放出的甲醛尽量减少；在调胶时加入甲醛捕集剂，对降低甲醛释放量有明显效果。常用的甲醛捕集剂有尿素、三聚氰胺、含单宁的树皮粉、豆粉、面粉、聚醋酸乙烯乳液等，加入量以树脂液重的 $5\% \sim 15\%$ 为宜。

脲醛树脂胶的老化，即固化后的胶层逐渐产生龟裂、开胶脱落的现象，严重影响了制品的使用寿命。老化的主要原因是固化后的脲醛树脂中，仍含有部分游离羟甲基，羟甲基具有亲水性并能进一步分解释放出甲醛，引起胶层的收缩，在大气作用下随着时间的延续，亚甲基键断裂导致胶层开胶。为了改进脲醛树脂的耐老化性能，在脲醛树脂中加入 $1\% \sim 5\%$ 的聚乙烯醇或 $15\% \sim 20\%$ 的聚醋酸乙烯酯乳液，可提高树脂的耐老化性能。此外，脲醛树脂中加入的填充剂也有改善老化的作用。

传统的胶合板用脲醛树脂是由尿素和甲醛以摩尔比 $1:(1.4 \sim 2.0)$ 缩聚合成。

有浓缩型（脱水）和非浓缩型（不脱水）两种。为了适应胶合板生产多层压机自动装卸的工艺要求，胶合板用脲醛树脂应有良好的初黏性，即预压性。通常采用两种方法：一种是使用普通的脲醛树脂，通过加入一定量的豆粉或面粉（加量为树脂的6%～10%），改善胶的预压效果，以达到无垫板装卸的目的；另一种是在制备脲醛树脂过程中，加入聚乙烯醇改性，增加初黏性，以达到预压目的。近年来，为了提高胶合板的质量推行二次预压成型工艺，即先在芯板一面涂胶与表板复合预压30～60min，对一次预压的板坯进行修补，然后对芯板未涂胶面进行二次涂胶，覆上表板二次预压20～30min，再进行热压。制得的胶合板避免了叠芯和离缝现象，胶合板的外观及胶合质量大大提高。同时对脲醛树脂的适用期和预压性也提出新的要求，从一次涂胶到预压、修补、二次涂胶、二次预压至进热压机压板的时间长达4～6h，就要求调好的脲醛胶液的适用期与之匹配。而一次涂胶后的板坯修补时要搬运并翻动，要求预压后的修补板坯有较好的冷胶合强度，修补时不致开裂，影响二次涂胶工艺。通常在调胶时，添加适量草酸、甲酸等有机酸类，降低脲醛胶液的pH值，使其在预压时有一定的冷胶合强度，满足修补工艺要求。

刨花板用脲醛树脂的特点是甲醛与尿素的摩尔比较低，一般在1.2～1.6范围内。近年来继续向低摩尔比方向发展，可达到1.05，甚至0.9。为了适应刨花板生产工艺的需要，对刨花板用脲醛树脂胶也提出了各种要求，如：树脂要求脱水，固体含量较高，一般要求60%～70%；树脂的黏度较低，但初黏性要好，以防止生产刨花板时出现散坯现象；树脂的水混合性好，树脂能与石蜡乳液混溶，并且尽量不影响脲醛树脂胶黏剂的固化时间；要求具有较长的适用期，以保证拌胶刨花在热压成型前不预固化；要求具有不同的固化时间，用于表层刨花的胶的固化时间应大于用于芯层刨花用胶。

中密度纤维板（MDF）的特性与生产工艺对脲醛树脂性能的要求与胶合板用和刨花板用的脲醛树脂不同。MDF用脲醛树脂胶有在纤维干燥前施胶，也可以在纤维干燥后施胶，也要适用于管道施胶。要求脲醛树脂的黏度控制在较窄的范围内，胶的黏度低、初黏性小。渗透性好，以免纤维相互粘接成团，堵塞输送管道。所用脲醛树脂的固化速率比刨花板用的慢一些，有时用潜伏性固化剂。不同的施胶方式所用的脲醛树脂可以是相同的，但固化剂不同，纤维干燥前施胶要用潜伏性固化剂。MDF的胶合强度要求较高，如果胶接强度不够，热压后卸板时MDF容易分层。一般MDF的施胶量为8%～12%（按固体树脂对绝干纤维而言），对管道法干燥前施胶的，考虑到少量胶液在干燥时的提前固化，施胶量较纤维干燥后再施胶的用胶量要高5%～10%。

1.2.5 脲醛树脂结构、热行为及有效性研究方法

1.2.5.1 脲醛树脂化学结构研究

自脲醛树脂于1844年问世以来，在其结构研究过程中明显经历了几个重要的

阶段。随着分析手段的进步和各国科学工作者的努力,许多问题逐渐明确。20 世纪 40 年代,在脲醛树脂反应机理和分子结构的研究中,主要是运用化学分析方法,定量分析脲醛树脂的官能团,从而推断它的结构。当时,主要采用亚硫酸钠法、氯化铵法、碘法、改良碘法、碱处理碘法、酸处理碘法和磷酸分解法等。通过这些方法及其组合,可分别求出各官能团的含量。例如:用亚硫酸钠法,可求出游离甲醛含量;用碘法减去亚硫酸钠法的量,可求得羟甲基含量。当树脂中含有二亚甲基醚时,则用改良碘法减去亚硫酸钠法的数据,即为羟甲基含量;碱处理碘法与改良碘法数据之差,则为二亚甲基醚的含量;用分解磷酸法减碘法求出的数据,即为甲基亚甲基醚的含量;当有二亚甲基醚共存时,甲基亚甲基醚的含量为磷酸分解法与酸处理碘法数据之差;而磷酸分解法与碘法数据之差,就是亚甲基含量;若有二亚甲基醚和甲基亚甲基醚共存时,则亚甲基含量等于磷酸分解法与酸处理碘法数据之差等。20 世纪 50 年代及 60 年代初期,采用纸上色层分析法来鉴别脲醛树脂初期缩聚物的组分较为普遍。同一时期,许多学者[26]用红外吸收光谱研究脲醛树脂的官能团与红外吸收波长的关系。20 世纪 60 年代,出现用热重分析法(TGA)和示差热分析法(DTA)分析脲醛树脂的结构。70 年代后,出现用核磁共振(NMR)方法测定脲醛树脂的结构[27]。此外,还有运用高效液相色谱法(HPLC)和凝胶渗透色谱法(GPC)等方法测定脲醛树脂结构的报道。20 世纪 80 年代以后,开展了脲醛树脂合成工艺与结构,以及脲醛树脂结构与胶合性能关系的研究,用结构理论来指导新型脲醛树脂的研究开发。

(1) 核磁共振

近代仪器分析技术在 20 世纪 70 年代开始得到了迅猛的发展,常用的有重氢核磁共振(^{1}H NMR)、高分解能核磁共振(220MHz ^{1}H NMR)、碳核磁共振(^{13}C NMR)、^{15}N 核磁共振(^{15}N NMR),分析技术为结构研究及定量分析提供了强有力的工具。相比之下,对在分子水平研究液体脲醛树脂结构而言,^{13}C NMR 分析技术是最重要、最有效、最基本的方法,借助该分析技术可以了解脲醛树脂的形成反应机理,发现其本质特征。

韩书广等在脲醛树脂合成反应的反应保温开始、反应保温结束和反应结束三个阶段提取样品,利用^{13}C NMR 进行结构分析,结果表明,在碱性条件下不仅会有加成反应发生,还存在以醚键连接的缩聚产物,只是碱性条件下缩聚反应速率比酸性条件下慢。这就是脲醛树脂在碱性条件下储存仍然会发生凝胶现象的原因[28]。

在同等条件下,反应初期甲醛和尿素的摩尔比 $[n(F)/n(U)]$ 对初期产物结构会有较大的影响,但尿素和甲醛的反应不会因摩尔比不同而导致反应机理或反应历程出现显著改变,因此不同摩尔比的脲醛树脂结构方面的主要差异主要来源于反应物的反应速率,即生成的一、二、三羟甲基脲的生成速率以及不同取代的羟甲基脲进一步缩聚反应能力的差异。

在脲醛树脂合成中,二次缩聚工艺比一次缩聚工艺得到的树脂中二亚甲基醚键含量更低，同时树脂的交联程度提高了；高温缩聚有利于使树脂的结构更简单更均匀，醚键含量低更有利于提高树脂的储存稳定性。尽管缩聚阶段 pH 值降低有利于树脂交联程度提高，降低树脂体系中游离甲醛的含量，但强酸和弱酸环境对树脂结构的影响不得而知。杜官本[29]借助[13]C NMR 对脲醛树脂在加成和缩聚阶段不同的结构特征进行对比分析后发现，在合成阶段还存在一个较为强烈的水解反应，即酸性条件下形成的产物中有大量的支链或潜在的支链，直接来自分子结构中的"三羟甲基脲"或"N,N-二羟甲基脲"，他的试验结果与理论上的"强酸条件下亚甲基化速率高于羟甲基化速率"出现了矛盾，他推测是由于强酸条件促使氨基的取代反应能力大大增强，从而促使三羟甲基脲的含量明显变高。同时，研究结果还表明，弱酸环境下羟甲基含量比较高，与传统的"弱碱-弱酸-弱碱"合成工艺试验结果一致[30]。

（2）凝胶渗透色谱

凝胶渗透色谱（GPC）测定技术是利用溶剂作为流动相，用凝胶或多孔性填料将样品按照分子量大小进行分离的一种色谱，也被称为体积排阻色谱（SEC）。GPC 的检测方法主要分为两大类，包括间接测定法和直接测定法。间接测定法主要根据聚合物的分子量和淋洗体积的对应关系来测定聚合物的分子量和分布；直接法可直接测定出绝对分子量的分布，可分为黏度法、光散射法[31]。

Mansouri 等[32]为了降低室内使用人造板材的吸水性和厚度膨胀率将尿素-甲醛-苯酚聚合物（UFP）引入 UF 树脂中，然后运用[13]C NMR 和 GPC 对树脂结构及共混效果进行了评价。Holopainen 等[33]对不同甲醛、苯酚摩尔比合成的酚醛树脂借助[13]C NMR、GPC 和 DSC 对树脂结构、分子量分布和热性能进行了综合评价，发现随着 F/P 摩尔比增大，自由邻位和对位基团减少，邻位羟甲基基团和 p-p'-二亚甲基桥和半缩醛结构增加；同时，重均分子量与数均分子量比值和单一聚合物总量呈减少趋势。Ferra 等[34]运用 GPC/SEC 对 UF 不同 F/P 摩尔比的树脂老化过程中分子量分布进行了评价，同时借助 HPLC 对未反应的尿素、一羟甲基脲和二羟甲基脲等小分子的老化过程进行了跟踪。

（3）基质辅助激光解吸电离飞行时间质谱

基质辅助激光解吸电离飞行时间质谱（MALDI MS）最先被 Karas 等[35]用于分析结构复杂的树脂类物质，极大地拓展了质谱在大分子领域中的研究。在激光激发作用下，嵌在光吸收作用基质中的分析物分子碎片会大量减少，完整的碎片就会吸收能量被电离从而在质谱上反映出来。分子量分布的范围、聚合物体系中重复单元等相关信息可以从质谱图中直观的观察到，并且可以测定出在全部分子量范围内的每条聚合物链对应的分子量、聚合反应的链增长常数、重复单元、端基基团、添加剂和杂质等相关谱图信息[36,37]，能呈现聚合物不同分子量完整谱图；而末端基团信息是无法通过凝胶色谱、核磁共振、激光散射等其他测试方法得到的[38]。例如，针对分子量分布较窄的聚合物来说，尽管利用液相色谱能分离出低聚物，但飞行质谱能快速准确地确定绝对分子量分布不是相对分子量，并且精度高于膜渗透和光散射等技术手段[39]。

Schrod 等[40]利用飞行质谱分析了苯酚-尿素-甲醛共缩聚产物在不同聚合程度下的结构特征和分子量分布。Despres 等[41]综合利用^{13}C NMR 和飞行质谱分析了三聚氰胺-尿素-甲醛树脂在初始脲醛树脂制备阶段、三聚氰胺加入后共缩聚阶段的分子种类和分子量分布，认为三聚氰胺加入后使得前期制备的 UF 树脂中大量的二亚甲基醚键重排形成二亚甲基基团。Du Guanben[42]借助^{13}C NMR、飞行质谱和TMA 分析了共缩聚苯酚-尿素-甲醛树脂不同合成方法与树脂结构及性能的对应关系。

1.2.5.2 脲醛树脂热行为分析技术

固化反应是热固性树脂胶黏剂由小分子单体之间相互反应从而形成体型网状结构，并形成具有一定的胶合强度的重要化学反应。借助差热分析仪（DTA）、差示扫描量热仪（DSC）、热重和差热联用（TG/DTA）、热机械性能分析仪（TMA）、动态热机械分析（DMA）等可以通过分析热量变化来反映出化学反应机理，因而具有很高的合理性和说服力，体现出分析水平更高层次[43]。

(1) 差示扫描量热法

差示扫描量热法（differential scanning calorimetry，DSC）是一种建立在差热分析（Differential Thermal Analysis，DTA）基础上更新换代的新型量热技术，它主要用于研究高分子材料在裂解与合成的反应过程中的化学反应。DSC 能够快速地反映树脂固化反应过程，通过比较反应活性、活化能、指前因子等固化过程动力学参数来研究合成树脂的酯化、固化、降解等反应、评价最佳的固化条件，从而快速、简便地为胶黏剂合成和人造板热压工艺提供可靠依据。

Mizumachi 等[44]在不加固化剂的 UF 树脂中添加不同树种木粉，然后借助DSC 对固化反应活化能进行分析，得到了不同树种对胶黏剂固化反应的影响。郝丙业等[45]利用 DSC 将脲醛树脂、聚异氰酸酯（PMDI）以及二者的混合物分别进行测试，获得了三种树脂对应的固化特征。王淑敏等[46]采用 DSC 对不同固化体系的低毒脲醛树脂固化特性进行了研究，通过对比不同固化体系的脲醛树脂对应的固化起始温度、热熔和活化能，得到了促进低毒 UF 树脂固化的最佳固化体系。马红霞[47]借助 DSC 对比了两个变量即棉秆/杨木的混合比例、不同固化剂加入量对脲醛树脂固化的影响。结果表明，固化剂的加入对脲醛固化有明显影响，但加入量超过 10% 后影响不再显著；棉秆/杨木的混合比例对脲醛起始固化温度的影响不大，但对后续固化如醚键断裂、形成次甲基等有影响，最终得出了棉秆和杨木比例为4：0时反应程度最高。Kim 等[48]利用 DSC 分析了用三聚氰胺甲醛树脂改性的脲醛树脂对应的活化能，Fan 等[49]利用 DSC 对添加不同固化剂的低摩尔比脲醛树脂对应的热行为进行了研究对比。

（2）动态热机械分析

热机械性能分析是将高分子材料置于一定的温度程序下，对其给予交变负荷作用，高分子材料会在应力作用下随温度变化发生相应形变，根据样品形变时以热的形式损耗能量的大小推导出高聚物在该过程中的化学与物理结构变化[50]。热机械性能分析由于具有较宽的频率和温度变化范围，同时由于采用力学阻尼对测试高分子材料的玻璃化转变和次级转变进行描述，因而灵敏度相当高，在描述高分子材料力学性能方面具有重要意义[51]。针对脲醛树脂，热机械性能分析方法可以模拟人造板热压时纤维表面上覆盖的树脂在热量、压力和水蒸气共同作用下的固化过程，并且可以由曲线推导出弹性模量、温度、时间三者关系的黏弹谱以及胶黏剂固化过程中强度的形成过程。朱丽滨等[51]利用动态热机械分析（DMA）对 3 种不同固化体系下低毒脲醛树脂固化物的力学性能进行了对比分析研究，获得了与合成配方相匹配的固化体系。杜官本等[52]对脲醛树脂的固化过程和刨花板内结合强度进行了研究，并结合热机械性能分析，探讨了固化剂和固化过程对树脂综合性能的影响。从 TMA 图谱中所得的脲醛树脂固化反应信息，包括起始温度、固化反应速率、固化后的树脂热稳定性、固化后的树脂机械性能等，结论与胶合性能测试、差示扫描量热法（DSC）测定结果相同。同时他们还利用 TMA 对添加的固化剂种类和加入量的影响进行了测定，发现过量使用固化剂会使树脂机械性能降低，高摩尔比脲醛树脂尤其明显。

1.2.5.3 脲醛树脂胶黏剂有效性评价分析技术

纤维板生产需要保证胶液的有效性，即最小的施胶量能实现最大程度的均匀分布，同时热压成板后各项性能要求均能达到甚至超过国家标准。纤维板生产过程中四个因素会降低树脂有效性：胶液分布、胶液预固化、胶液损失和胶液在纤维中的渗透性[53~56]。

Ede 等[57]借助激光共聚焦显微镜观察添加荧光剂的石蜡分布，继而推断出胶液分布；在此研究方法基础上，Loxton 等[55]用荧光共聚焦显微镜发现，当施胶量为 14％时，胶液在管道中只能喷洒到 56％～78％左右的纤维，同时成板中受胶纤维只占了纤维总量的 79％～82％；同时，Kamke 和 Scott 用紫外线染料和荧光显微法发现施胶量在 9.5％～11.5％的范围内，胶液只能覆盖到 5.2％～9.7％的纤维表面积。Thumm 等[58]用扫描电镜观察到中密度纤维板中纤维约 6.8％的表面积被胶液覆盖。Cheng 等[59]运用甲苯胺蓝，结合荧光共聚焦显微镜发现纤维尺寸会严重影响胶液的分布，长纤维的比例越高，胶液分布越均匀，但短纤维的胶液覆盖率明显较高；同时，胶液的有效性会随着胶液损失量的增大而下降。

胶液在多孔性木材体系里面的渗透对胶合强度有着很大的影响。一方面，胶液在管道施胶的湿热环境容易渗透和分散在纤维中[60,61]；另一方面，伴随着纤维中水分从里到外的散发，胶液会与水分接触促进胶液渗透[62]。随着科学仪器的发展，从搭载能量色散 X 射线（EDAX）扫描电镜（SEM）[63,64]、电子损失能谱仪荧光显微镜（EELS）到染料染色结合荧光显微镜[65,66]、电子损耗能谱仪荧光显微镜结合透射电镜（TEM）[67]，这些仪器都已被用于分析脲醛树脂、酚醛树脂、三聚氰胺树脂、三聚氰胺-尿素-酚醛共聚树脂的渗透性，以及热压参数对液体酚醛树脂的渗透性的影响等。近年来，随着共聚焦荧光显微镜的发展，清晰度和探测敏锐性大为提升，同时它能将材料物理断面进行分割进行层面观察，尤其适用于研究胶液在人造板材中的渗透[68,69]，最终解决了因脲醛树脂固化后胶层无色不能准确判断胶液在中密度纤维板纤维中渗透深度的难题。Cheng 等[70]利用甲苯胺蓝将胶液染色后与纤维混合用于观察脲醛树脂在纤维中的渗透，通过研究不但得到了树脂黏度和渗透性的关系，还得出了胶液在纤维中的最大渗透深度。同时染色试验发现，在干燥过程中胶液损失并不单是固化导致的，纤维含水率越高，胶液越容易渗透到纤维内部，胶液损失就越大。根据这个试验结果，先干燥后施胶的工艺可以避免胶液大量渗透到纤维中，更有利于降低胶液损失，但目前还没有木材中最优渗透量的相关研究。

树脂在干燥管道的高温、高湿和固化剂的环境中容易出现预固化现象[71]。Cheng 等[70]运用 X 射线光电子能谱仪（XPS）发现纤维表层 5nm 处存在 96%～97%的碳总量，0.5%～1%的氮总量和 2%～3%的氧总量。较低的氮总量表明施胶后纤维表层一部分胶层已经碳化，丧失了有效性的这部分树脂必然导致纤维在热压过程中无法热压，降低了胶合性能。Cheng 等[72]将施胶后的纤维分别放在室温环境中（25℃±2℃）预固化不同时间后与预固化的纤维进行 DSC 的热熔值和热压成板的内结合强度进行比较，最终得出了预固化程度和热熔、板材内结合强度之间的对应关系。因此，适当降低干燥管道入口温度更有利于减少胶耗。

1.3　酚醛树脂胶黏剂

酚醛树脂是一种历史悠久的人工合成树脂，作为三大热固性树脂之一，其产量在合成高分子聚合物中居第五位，在热固性树脂中居第一位[73]。它原料来源广泛，耐热阻燃性能优异，低烟低毒性，广泛用于清漆、胶黏剂、涂料、模塑料、层压材料、泡沫材料、耐烧蚀材料等方面。

酚醛树脂胶黏剂作为木材加工中使用的主要胶黏剂之一，具有胶合强度高、耐水、耐热、耐磨及化学稳定性好等优点[74]。然而，酚醛树脂胶黏剂也存在着颜色深、固化后的胶层硬脆、易龟裂、成本较脲醛树脂胶黏剂贵、毒性较大等缺点，特别是酚醛树脂胶黏剂固化温度高、固化速度慢，造成生产效率低，能耗大，使得酚醛树脂胶黏剂的应用范围受到一定的限制。为此，世界各国的科技工作者对酚醛树脂胶黏剂进行了广泛的改性研究。在保证酚醛树脂优良物理、化学性能的前提下，缩短酚醛树脂胶黏剂的固化时间，降低酚醛树脂胶黏剂的生产成本，降低酚醛树脂胶黏剂中的游离酚、游离醛含量成为现今主要研究的热点问题[75]。

1.3.1　热固性酚醛树脂胶黏剂的反应机理

热固性酚醛树脂是以碱性介质为催化剂，以醛相对酚过量的条件下缩聚而成的，其产物为多羟甲基苯酚缩聚物，由于树脂分子结构中的羟甲基在酸性介质中或加热的情况下易于相互缩合，使酚醛树脂发生体型缩聚而固化，故称之为热固性酚醛树脂[76]。

热固性酚醛树脂的合成反应分为两步，首先是苯酚与甲醛的加成反应，随后是缩合及缩聚反应[77]。即：

(1) 加成反应

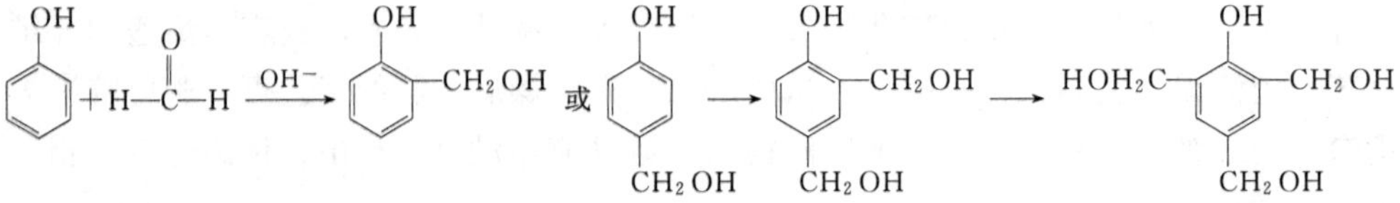

一元羟甲基苯酚　　　　二元羟甲基苯酚　　　　多元羟甲基苯酚

(2) 缩合及缩聚反应

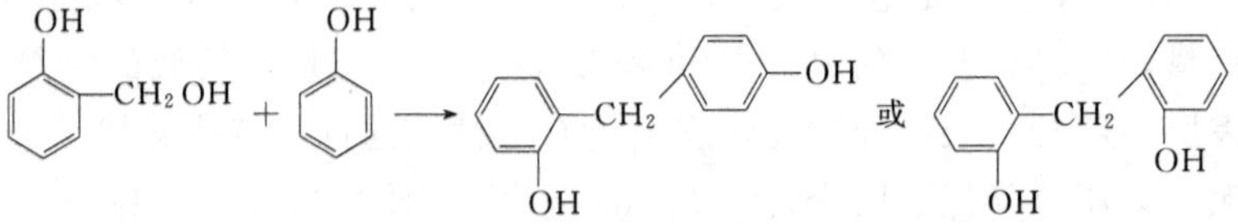

2,4′-二羟基二苯基甲烷　　　2,2′-二羟基二苯基甲烷

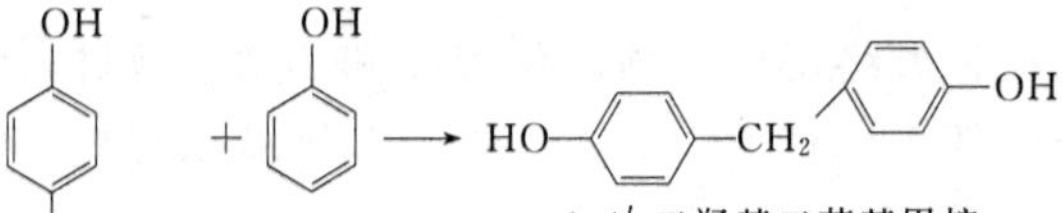

4,4′-二羟基二苯基甲烷

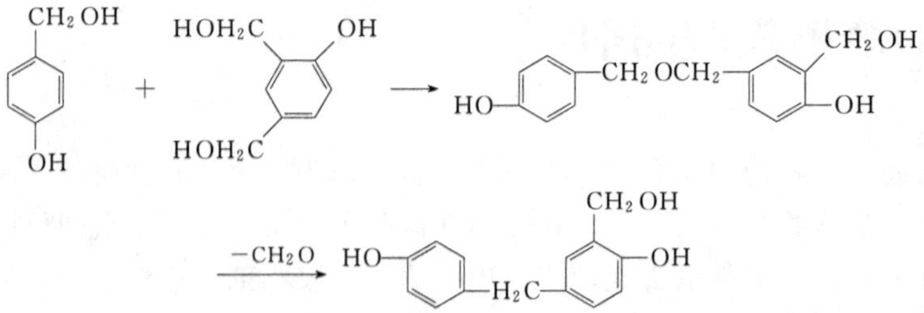

(3) 甲阶酚醛树脂典型的结构式

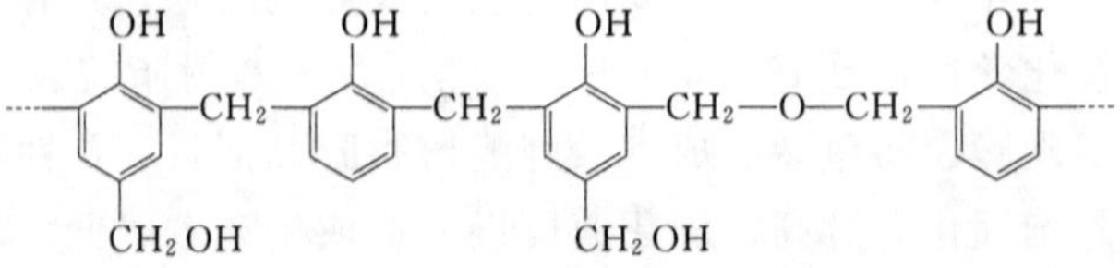

1.3.2　影响热固性酚醛树脂胶黏剂反应的因素

1.3.2.1　甲醛/苯酚（F/P）的摩尔比

合成甲阶酚醛树脂时 F/P 摩尔比必须大于 1[77,78]。Manfredi 等[79]采用 NaOH 为催化剂，合成 6 种 F/P 摩尔比在 1.2～2.5 的甲阶酚醛树脂。研究表明，当 F/P 摩尔比为 1.3～1.4 时树脂的交联度是最高的。Aierbe 等[80]采用三乙胺作催化剂，合成 F/P 摩尔比范围在 1.0～2.6 的甲阶酚醛树脂，研究表明，预聚体中游离甲醛的量是由 F/P 摩尔比决定的，当 F/P 摩尔比小于 1.0 时，游离甲醛含量几乎为零，但游离苯酚的含量却很高；但当 F/P 摩尔比大于 2.0 时，苯酚几乎被消耗殆尽，而 F/P 摩尔比等于 2.6 时，预聚体中游离甲醛的含量高达 8%。Park 等[81]采用 DSC 表征树脂性能，研究表明，随着 F/P 摩尔比的升高，树脂的活化能增大，DSC 峰值温度降低。

1.3.2.2　催化剂种类和添加量

合成酚醛树脂可以采用的碱性催化剂主要有：氢氧化钡、氢氧化镁、氢氧化钙、氢氧化钠、氢氧化钾、氢氧化锂、三乙胺等[77]。Aierbe 等[82,83]采用氢氧化钡、氢氧化钠和三乙胺催化合成酚醛树脂，研究表明，苯酚邻位取代率从高到低依次为三乙胺、氢氧化钡、氢氧化钠，并指出以三乙胺为催化剂，甲醛与苯酚的加成机理存在并列的两个方面：一是催化剂中的羟基利于酚盐的形成，从而利于酚羟基对位的加成；二是甲醛、苯酚、三乙胺可以形成中间过渡状态，有利于酚羟基的邻位加成。

Luukko 等[84]采用在不同反应阶段添加不同的碱量制备酚醛树脂，研究表明，不同反应阶段的碱性催化剂添加量对树脂的官能团和活性都会产生一定的影响；加成反应阶段碱性催化剂添加量高，对苯环羟基的邻位取代反应有利，而缩合缩聚阶段碱性催化剂添加量高，对苯环羟基的对位取代反应有利。Park 等[81]研究催化剂的添加量对酚醛树脂性能的影响，研究表明，随着催化剂添加量的增大，树脂的固体含量、分子量、DSC 峰值温度、固化时间、树脂碱度都增大，但树脂的活化能是下降的。

1.3.2.3　反应温度

Aierbe 等[85]采用三乙胺为催化剂，反应初始 pH 值为 8.0，F/P 摩尔比为 1.8，反应温度分别为 60℃、80℃、95℃、98～102℃（回流）制备了 4 种酚醛树脂，利用 LC 和 ^{13}C NMR 表征了反应温度对酚醛树脂性能的影响，研究表明，随着反应温度的升高，反应物消耗和初始加成产物生成速率都是增大的；在回流温度下合成的预聚物的邻位加成率较高；4 种预聚物中检测到了邻-对位和对-对位亚甲基桥，而邻-邻位的则未检测到；随反应时间的缩短，游离苯酚和游离甲醛是逐渐增加的。

1.3.3　酚醛树脂胶黏剂特性

酚醛树脂具有极性大、粘接力强、刚性大、耐热性高、耐老化性好、耐水、耐油、耐化学介质、耐霉菌、电绝缘性能优良、抗蠕变、尺寸稳定性好,对金属和非金属都具有粘接性能;酚醛树脂制造容易,价格便宜,用途广泛,本身易改性,也能用来对其他粘接剂进行改性;但酚醛树脂还存在脆性大,剥离强度低、固化收缩率大、固化时气味较大等不足。

1.3.4　酚醛树脂胶黏剂的改性方法

1.3.4.1　快速固化酚醛树脂胶黏剂

酚醛树脂以其较好的胶合性能,优良的耐候、耐沸水和耐化学腐蚀性,而被广泛应用于制造室外级人造板。但是酚醛树脂的固化速率比较慢,固化温度高,生产中必须靠延长热压时间,提高热压温度,才能保证产品质量,导致生产效率低、能耗大,严重制约了酚醛树脂在木材工业中的应用。为了解决这一问题,一般采取加大甲阶酚醛树脂的反应程度、提高低聚物的平均分子量、提高酚醛树脂碱性、加入固化促进剂、酚醛树脂与快固型树脂复合等方法提高酚醛树脂的固化速率。

曾念等[75]以 $Ba(OH)_2/NaOH$ 为复合催化剂,以间苯二酚为改性剂,采用两步加入甲醛法合成了高邻位酚醛树脂胶黏剂,结果表明催化剂 $Ba(OH)_2$ 的引入,能有效提高邻位羟甲基含量、降低固化温度和加快固化速率;间苯二酚的引入,可有效加快 PF 胶黏剂的固化反应。叶果等[86]利用间甲酚改性酚醛树脂,制竹帘胶合板,合成的酚醛树脂胶黏剂可以在 $105\sim115\,℃$ 实现快速完全固化,完全可以满足竹帘胶合板生产的要求。王健等[87,88]选取氢氧化钡作为催化剂合成高邻位酚醛树脂胶黏剂,结果表明钡酚醛树脂比钠酚醛树脂固化速率快 30% 左右,相对于钠酚醛树脂,要使热压得到的胶合板达到国家Ⅰ类胶合板标准,用钡酚醛树脂能使热压时间大幅缩短。Zhao 等[89]用液化黑松树皮改性酚醛树脂,结果发现改性树脂的平均分子量更大,凝胶时间较短,反应活化能比市售酚醛树脂低。Pérez 等[90]用 DSC 和 TMA 对酚醛树脂、木素改性酚醛树脂(LPF)、改性木素改性酚醛树脂(MLPF)固化行为进行分析,结果表明由于木素中的苯环有较少的自由活性位,但有更多的羟甲基基团,有利于形成空间网状结构,而 MLPF 有更多的官能团可以促进酚醛树脂固化,因此 LPF 和 MLPF 的固化温度较低。Wang 等[91]发现用软木木素替代 50% 以下的苯酚时,能使木素改性酚醛树脂的固化温度下降,固化时间缩短,替代量大于 50% 时,则会阻碍树脂的固化。Kim 等[92]分析了线型酚醛树脂、聚氨酯、碳酸钠对酚醛树脂固化的影响,结果表明添加 $4\%\sim5\%$ 酚醛树脂量的碳酸钠可使固化时间缩短 30%,添加线型酚醛树脂可使酚醛树脂的凝胶时间缩短 $20\%\sim50\%$,增大氨基树脂的用量也可以大大减少醛类树脂的热压时间,但会导致材料胶合强度下降。Mirski[93]用乙二醇乙二酸酯固化酚醛树脂,树脂的活化能降低 30%，添加量不断增大时，可使活化能降低 62%。

1.3.4.2　三聚氰胺改性酚醛树脂胶黏剂

采用常规方法合成的酚醛树脂胶对多层胶合板贴面时，很容易出现开胶或透胶现象。调节反应条件，利用三聚氰胺与苯酚、甲醛反应可以生成耐候、耐热、耐磨、高强度及稳定性好且能满足不同要求的三聚氰胺-苯酚-甲醛（MPF）树脂胶黏剂。苯酚和三聚氰胺之间可能发生共缩聚反应，降低了酚醛树脂的固化温度，缩短热压周期，改善酚醛树脂的耐久性和外观性质，达到改善酚醛树脂性能的目的。

B. Tomita 等[94]首先用 MALDI 质谱技术和 ^{13}C NMR 证明了苯酚和三聚氰胺之间发生了共缩聚反应，它们之间以共价键连接，MPF 的耐水解能力比脲醛树脂好。时君友[95]通过缩合物的共混共缩聚方法，采用三聚氰胺-尿素-甲醛树脂对酚醛树脂进行改性，结果表明，改性后的浅色酚醛树脂胶黏剂储存性好，固化后胶层无色，具有强耐水和耐候性。M. Zanetti 等[96]研究表明，用 MPF 树脂作为胶黏剂制备的板材所要求的热压温度比酚醛树脂低，但在较高温度下制得的板材比较低温度下制得的板材性能好。傅深渊等[97]在弱碱条件下制备 MPF 树脂，研究发现 MPF 树脂具有 150℃、165℃ 二次固化温度，树脂中游离苯酚含量降低，储存期下降，纸质防火板的燃烧性提高，当其加入量为 40% 时，纸质层压板的氧指数达到 48%，三聚氰胺加入量对防火板的拉伸强度、耐沸水煮性能影响不明显。高振忠等[98]以三聚氰胺和尿素作为酚醛树脂改性单体制备苯酚-三聚氰胺-尿素-甲醛（PMUF）树脂胶黏剂，结果表明，PMUF 树脂中游离甲醛含量低，能满足耐水、耐候性能要求较高的人造板产品的生产，当甲醛、苯酚、尿素、三聚氰胺、NaOH 的摩尔比为 3.1∶1.0∶0.7∶0.3∶0.5 时胶黏剂性能最佳，其各项性能指标为黏度 110mPa·s，颜色暗黄，pH 值为 11.50，固体含量为 49.6%，游离甲醛含量为 0.21%，游离苯酚含量为 0.36%，可被溴化物含量为 8.1%，储存期为 60d，最佳固化温度为 135.5℃，制备的人造板产品胶合强度为 1.06MPa、甲醛释放量为 0.65mg/L。谢建军等[99]采用两步碱催化法探讨了尿素、三聚氰胺和无机黏土等对 PF 胶黏剂性能的影响，结果表明，三聚氰胺改性可提高 PF 胶黏剂的粘接强度，但其成本较高；采用三聚氰胺和尿素共同改性 PF 胶黏剂，合成的 PMUF 胶黏剂既具有相对较低的价格，又具有相对较好的综合性能。

1.3.4.3　尿素改性酚醛树脂胶黏剂

多年来，人们在致力于提高酚醛树脂胶黏剂性能的同时，也注意降低生产成本。降低酚醛树脂胶黏剂成本的主要途径是引入价廉的尿素，不但可以降低酚醛树脂胶黏剂的价格，而且可以降低游离酚和游离醛的含量，同时还可以利用其他含酚材料，扩大了原料的来源，改善了酚醛树脂胶黏剂的综合性能。

陶毓博等[100]利用尿素改性酚醛树脂（PUF）胶黏剂，结果表明，制备 PUF 刨花板的热压时间可以比普通酚醛胶刨花板缩短 35%，当尿素替代苯酚量为

25%～30%时，合成胶黏剂的成本可降低 15%～20%。赵临五等[101]采用 CaO 和 NaOH 为复合催化剂，在碱性条件下制备了 U/P 质量比为 13.2%～79.2%的系列 PUF 胶黏剂，该系列 PUF 胶黏剂压制的杨木三合板，胶合强度符合Ⅰ类胶合板要求，甲醛释放量<0.5mg/L，符合 E_0 级标准，该胶黏剂储存期达 30d 以上。蒋玉凤等[102]以 CaO 和 NaOH 为复合催化剂，在碱性条件下制得了 U/P 质量比为 95%～200%的系列 PUF 胶黏剂，树脂具有游离酚、游离醛含量低、尿素替代苯酚的量高、生产成本低、流动性好、储存期达 30d 以上等优点，压制的杨木三层胶合板的胶合强度符合Ⅱ类胶合板国家标准，甲醛释放量<0.5mg/L，符合 E_0 级标准。刘纲勇等[103]考察了尿素对木质素酚醛树脂（LPF）胶黏剂性能的影响，结果表明，在 LPF 胶黏剂中加入质量分数为 2%～3%的尿素后，胶黏性能明显提高，胶黏强度由 2.02MPa 提高到 2.21MPa，游离甲醛含量由 0.16%降至 0.05%，黏度由 858mPa·s 降低至 306mPa·s。时君友等[104]制备的 PUF 胶黏剂可以在低于酚醛树脂25℃的固化温度下固化，且树脂的储存性能好，用其压制的胶合板的各项物理力学性能可达到 GB/T 9846—1988 Ⅰ类胶合板理化性能的要求，板材中的甲醛释放量低于 GB 18580—2001 中 E_1 级的要求。黄河浪等[105]利用尿素改性酚醛树脂，改性后的酚醛树脂价格明显下降，试验结果得出最佳工艺参数为：U/P 为 25/75，热压压力为 2.2MPa，温度为 135℃，热压时间为 28min，按该工艺制成的混凝土模板成本下降了 21.8%。杜官本等[106]研究尿素用量对 PUF 共缩聚树脂结构和性能的影响，结果表明，改变尿素用量对 PUF 共缩聚树脂的结构构成无显著影响；相同甲醛/（苯酚＋尿素）摩尔比条件下，随着尿素用量的增加，树脂凝胶化或固化反应呈逐渐提前的趋势，但速度呈下降趋势；尿素用量控制在苯酚质量的 25%左右时，PUF 树脂性能优于 PF 树脂，此后 PUF 树脂性能随尿素用量的增加而逐渐下降。

1.3.4.4　生物质焦油改性酚醛树脂胶黏剂

生物质焦油是一种黑色黏稠的有机混合物，含 10%～20%的酚类化合物，包括苯酚、甲醛、二甲酚、邻苯二酚、愈创木酚及其衍生物等[107,108]。但挥发性酚类物质的大量存在表明生物质焦油对环境具有一定的危害性，同时生物质焦油的任意弃置，也会造成资源浪费[109]。为消除其环境危害性和利用其有效成分，对其进行合理利用可以达到污染治理和资源利用的双重功效。开展对焦油的重要组分——酚类物质开发利用，使焦油替代部分价格较高的苯酚，对于酚醛树脂胶的合成有一定的适宜性[110,111]。

李晓娟等[112]利用落叶松快速热解生物油制备改性的 PF 胶黏剂，结果表明最佳合成工艺为：生物油替代率 45%，$n_{苯酚}/n_{甲醛}=1.8$，以及 $n_{NaOH}/n_{苯酚}=0.35$，压制胶合板的胶合强度高，甲醛释放量均满足国标 E_0 级标准，生物油-酚醛树脂胶黏剂的储存期为 20～30d。常建民等[113]以生物油替代 45%苯酚（质量分数）制备生物油/PF 胶黏剂，结果表明制备刨花板的最佳工艺参数为：热压温度 180℃、热压时间 8min、含水率 12% 和施胶量 10%。在此工艺条件下制备的刨花板，其静曲强度为 25.9MPa，内结合强度为 0.69MPa，满足 GB/T 4897—2015 标准的要求；甲醛释放量为 0.43mg/L，达到 GB 18580—2001 标准中 E_0 级要求。周建斌等[114,115]分别采用棉秆焦油和竹焦油部分替代苯酚合成酚醛树脂胶黏剂，结果表明，当棉秆焦油用量为 25g，即替代量为 19.2% 时，所制得的胶黏剂固含量和黏度适中，游离甲醛含量＜0.5%，符合 GB/T 14732—2006 标准中的规定值，胶合强度符合 GB/T 9846—2015 标准中由杨木制成的 I 类胶合板胶合强度的指标值（≥0.7MPa）；当竹焦油添加量为 30g 即替代量为 12.5% 时，其制得的胶黏剂固体质量分数和黏度适中，游离甲醛质量分数低于 0.5%，水溶性好，符合 GB/T 14732—2006 酚醛树脂技术指标，胶合强度符合 GB/T 9846—2015 中由马尾松木制成的 I 类胶合板胶合强度指标值（≥0.8MPa）。李林等[116]采用木焦油部分替代苯酚合成酚醛树脂胶黏剂，结果表明，最佳工艺条件为焦油添加量为 10%、反应温度为 85℃、反应时间为 2.5h 时，制得的酚醛胶的性能符合 GB/T 14074—2006 的要求，胶合强度高达 3.08MPa。张琪等[117]以木焦油为改性剂，制备木焦油改性生物油-酚醛树脂胶黏剂，结果表明，当 w(木焦油)＝15%，w(NaOH)＝4% 和反应时间为 40min 时，胶黏剂的综合性能相对最好，并且完全满足 GB/T 14732—2006 标准中的指标要求，相应胶合板的胶合强度（1.54MPa）和甲醛释放量（0.25mg/L）达到了 GB 18580—2001 标准中的 E_0 级指标要求。许守强等[118]利用四种生物质原料（落叶松、杨木、棉秸秆和玉米秸秆）快速热解液化产物作为苯酚替代物，制备不同种类的热解生物油-酚醛树脂胶黏剂，结果表明，落叶松热解生物油-酚醛树脂胶黏剂的胶合强度最大（1.28MPa），玉米秸秆热解生物油-酚醛树脂胶黏剂的胶合强度最小（1.02MPa）；胶黏剂的胶合强度主要与热解生物油中酚类物质含量有关。张继宗等[119]采用竹焦油部分替代苯酚合成竹焦油酚醛树脂（BPF）胶黏剂，结果表明，当 $n_{苯酚}/n_{甲醛}$＝2.0、竹焦油替代率为 50%、$n_{NaOH}/n_{苯酚}$＝0.35，反应时间为 60min 时，由 BPF 胶黏剂压制而成的胶合板，其胶合强度达到 GB/T 9846.3—2015 标准中 I 类板的指标要求（≥0.70MPa），甲醛释放量达到该标准中 E_0 级（≤0.50mg/L）的指标要求。

1.3.4.5　低游离甲醛酚醛树脂胶黏剂

PF 胶黏剂是广泛应用于 I 类耐水胶合板生产领域的胶黏剂之一，虽然具有粘接强度高、耐水、耐热、耐磨及化学稳定性好等优点，但是 PF 胶黏剂在使用过程中持续释放游离苯酚和甲醛，对使用者的身体健康构成一定危害，因此开发低游离苯酚和游离醛的环保型 PF 胶黏剂具有重要现实意义。

周太炎等[120]采用两次加碱一次回流法合成 PF 胶黏剂，结果表明，苯酚与甲醛物质的量比为 1∶2，催化剂加入量为苯酚质量分数的 25%，回流反应 45min 可得到具有交联结构的 PF 胶黏剂，产品分子量及黏度适中，拉伸剪切强度可达到 5MPa 以上，游离甲醛质量分数＜0.03%，稳定性较好。穆有炳等[121]通过羟甲基化木质素磺酸盐（HLF）与 PF 共混制得 LPF 胶黏剂，实验表明，该胶具有制备工艺简单、游离甲醛含量≤0.25%，用 HLF 替代 40% 的 PF 时，其胶合强度达到国家 I 类胶合板的要求。李建锋[122]将淀粉在酸性条件下水解成 D-葡萄糖，脱水生成羟甲基糠醛，与苯酚合成 PF 胶黏剂，结果表明，采用淀粉改性的 PF 胶黏剂各项指标均明显好于纯 PF 胶黏剂，游离甲醛含量为 0.056%，在 140℃ 固化 1～1.5h，剪切强度可达 2.10MPa。

1.3.4.6　其他改性酚醛树脂胶黏剂

酚醛树脂胶黏剂的改性方法很多，主要以提高胶黏剂的胶合强度、降低游离甲醛和苯酚含量、提高树脂的反应活性、降低热压温度、降低成本等为目标，选择不同的改性方法，从而制备性能优良的改性酚醛树脂胶黏剂。

杨红旗等[123]以 PVAc 改性酚醛树脂作为胶黏剂热压制备铝箔贴面人造板，结果表明，最佳热压工艺条件为：热压温度 140℃，热压时间 9min，热压压力 0.6MPa，施胶量 200g/m^2。鲍敏振等[124]以丙二酸二乙酯为改性剂，制备水溶性酚醛树脂胶黏剂，结果表明，适量改性剂的引入，能有效提高改性酚醛树脂胶黏剂的韧性，但其固化温度和胶合板的胶合强度下降；当 w（改性剂）＝0.015%（相对于苯酚质量）时，改性体系的固化温度下降了 4℃，相应胶合板的胶合强度（＞0.80MPa）仍满足 GB/T 9846—2015 标准中 I 类胶合板的指标要求。郭立颖等[125]制备了离子液体/杉木粉/酚醛树脂的复合胶黏剂，结果表明，木粉能有效降低胶黏剂的游离醛含量，离子液体可以大幅度提高胶黏剂的胶合性能；当离子液体与木粉质量比为 10∶1 时，复合胶黏剂游离醛含量从 1.76% 降低到 0.24%，拉伸剪切强度从 2.16MPa 提高到 5.39MPa。杜郓等[126]采用有机硅和蔗糖复合改性酚醛树脂胶黏剂，在反应开始时加入总质量 1.5% 的有机硅（8427）和总质量 0.9% 的蔗糖，反应所得产品分子量及黏度适中，粘接强度高达 6MPa，游离甲醛含量低至 0.067%。谢建军等[127]以间苯二酚、膨润土为改性剂，制备改性 PF 胶黏剂，结果表明，间苯二酚作为改性剂可明显提高胶黏剂的耐水性能，合成的改性 PF 胶黏剂的储存期超过 60d，但延长反应时间会使 PF 胶黏剂的储存期缩短；膨润土对 PF 胶黏剂性能的影响较复杂；间苯二酚与膨润土同时加入时，前者对 PF 胶黏剂的性能改进起决定作用。陈烈强等[128]研究了废旧电路板热解油部分代替苯酚合成酚醛树脂胶黏剂，当热解油的加入量为 35g 时，合成酚醛树脂胶黏剂最优工艺为 37%（质量分数）的甲醛加入量为 47g，40%（质量分数）的氢氧化钠液加入量为 7.8g，第一阶段温度为 60℃，第二阶段温度为 90℃，制得的酚醛树脂胶固含量、黏度和 pH 值适中，游离甲醛含量低于 0.3%（质量分数），符合 GB/T 14732—2006 中规定的层压材料用酚醛树脂产品的相关标准和要求，并且其胶合强度符合 GB/T 9846—2015 中由桦木制成的 I 类胶合板胶合强度指标值（≥0.8MPa）。靳艳巧等[129]以酶解木质素液化多元醇部分替代苯酚合成改性酚醛树脂胶黏剂，结果表明，当酶解木质素液化多元醇替代苯酚的质量分数为 10%～25% 时，胶黏剂的固含量、pH 值、胶合强度、游离醛含量和游离酚含量都能满足国标的要求，且液化多元醇添加量增大时，固含量升高，pH 值降低，湿强度先降低后增大，干强度先增大后快速降低。

1.4 生物质基木材胶黏剂

1.4.1 木质素基木材胶黏剂

1.4.1.1 木质素基胶黏剂制备的主要原理

自然界中绝大多数植物体接近 90％的干重都以纤维素、半纤维素、木质素形式存在[130]。木质素是自然界能提供可再生芳香基化合物的非石油资源，是自然界中含量仅次于纤维素的天然高分子，每年以 $5×10^{10}$ t 的速度再生[131]。制浆造纸工业每年要从植物中分离出 1.4 亿吨纤维素，同时得到 5000 万吨左右的木质素副产品[132]；近年来发展迅速的生物乙醇工业，每生产 1t 乙醇，从残渣中可提取 1t 木质素，我国每年从残渣中提取的木质素达 80 万～100 万吨。并且随着蒸发浓缩、喷雾干燥技术的成熟，工业木质素年产量逐年递增。但迄今为止，全球每年所产的工业木质素中只有不到 20％得到有效利用。木质素分子含有芳香基、酚羟基、醇羟基、羰基、甲氧基、羧基、共轭双键等众多不同种类的化学活性功能基，又具有可再生、可降解、无毒等优点，被视为优良的绿色环保型化工原料。

木质素是由对香豆醇、紫丁香醇、芥子醇三种单体在一系列生物酶催化下经过复杂的生物合成得到的无定形高度枝化的三维空间结构高分子，其分子结构如图 1-2 所示[133]，该复杂化合物主要由愈创木基型、紫丁香基型、对羟苯基型三种结构单元构成。这些结构单元之间通过几种类型的醚键（α-O-4，β-O-4，4-O-5），碳碳键（C—C）

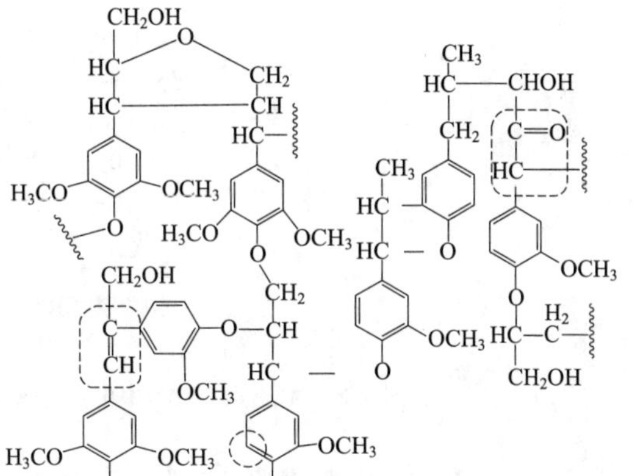

图 1-2 木质素的典型分子结构

连接而成。木质素上有很多活性官能团，具有一定的化学和生物活性。

木质素苯环结构上有未被取代的活泼氢，苯环上有酚羟基、侧链上有醇羟基等活性官能团，因而具有较高的反应活性，可广泛用于替代特定石油化工原料合成制备生物质基高分子材料。木质素苯环结构上未被取代的活泼氢，可与甲醛发生羟甲基化及缩聚反应，因而可以部分替代苯酚，制备木质素基酚醛树脂。

如图 1-3 所示[134]，木质素被引入酚醛树脂聚合体系主要通过羟甲基化及与苯酚、甲醛共缩聚两个反应阶段。由于酚型木质素上酚羟基的电子诱导效应，使得苯环上酚羟基邻位的氢原子被活化。根据木质素分子结构特点，其酚羟基两个邻位可能被甲氧基占据，对羟苯基结构单元不含甲氧基，其苯环上活泼氢原子有两个；愈创木基结构单元上甲氧基占据一个邻位位点，苯环上只剩余一个活泼氢原子；紫丁香基结构单元上甲氧基占据两个邻位位点，其苯环上没有活泼氢原子。在一定合成温度和碱性催化剂作用下，木质素能与甲醛发生羟甲基化加成反应，具体反应方式为木质素苯环上活泼氢原子与甲醛发生加成反应生成羟甲基。随着羟甲基化反应的进行，在碱性条件下羟甲基木质素与羟甲基苯酚及羟甲基木质素之间发生共缩聚反应的可能性增大。不同种羟甲基之间发生共缩聚反应失去 H_2O 或甲醛等小分子，生成亚甲基醚键和亚甲基键连接形式，从而得到共缩聚树脂。

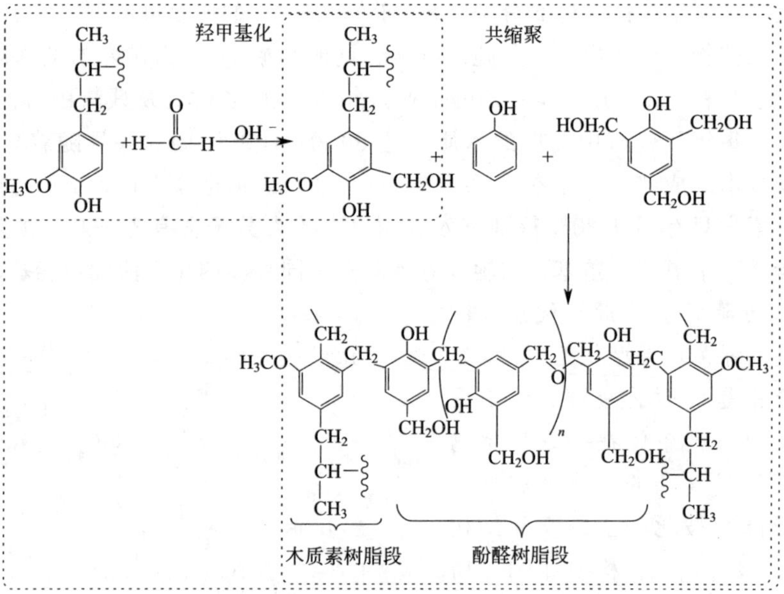

图 1-3　木质素-苯酚-甲醛共缩聚树脂制备的主要化学步骤

1.4.1.2　木质素基胶黏剂的主要方向

在 19 世纪 80 年代，从亚硫酸钙制浆废液中提取的木质素磺酸盐就已用作皮革鞣剂和燃料添加剂[135]。而第一批关于用亚硫酸盐制浆废液作胶黏剂的专利要追溯到 19 世纪中叶。20 世纪 50 年代以后，木质素应用于胶黏剂的专利开始大量出现，利用木质素改性脲醛树脂、酚醛树脂屡见报道。20 世纪 80 年代以后，相关研究的重点放在木质素的提取纯化及化学改性上。随着各种分析仪器的不断发展，20 世纪 90 年代以后，一些木质素胶黏剂特别是制备木质素-酚醛树脂胶黏剂的技术趋于成熟，但由于能耗大、工艺不合理、条件苛刻和强酸的腐蚀性等原因，停留在小试或中试阶段。

木材胶黏剂中，脲醛树脂、酚醛树脂用量最大，但是上述两种胶黏剂的原料均来源于不可再生的石油产品。进入 21 世纪后，随着石油资源价格的不断上涨及逐渐匮乏，寻找利用可再生资源代替石油产品作为制备胶黏剂的原料，已经成为目前亟待解决的一个关键问题。由于木质素具有特殊的结构以及低成本等众多优点，将木质素等可再生资源用于工业生产制备胶黏剂，已越来越受到重视。近年随着人们环保意识的增强和木质素改性利用技术的提高，木质素在环保胶黏剂中的应用愈加受到关注[136]。

1.4.1.3　木质素-酚醛树脂胶黏剂

可通过羟甲基化反应、酚化反应、脱甲基化反应等化学方法对木质素苯环及侧链进行改性，增加羟甲基、酚羟基、醇羟基等活性基团数量，增大木质素与苯酚、甲醛发生共聚反应的活性。

(1) 羟甲基化反应

在碱性条件下，木质素酚羟基的邻位与甲醛可发生加成反应，形成羟甲基，可进一步与苯酚或木质素的活性基团发生聚合反应[137]，生成木质素酚醛共聚树脂。该反应是将在苯环上的活性位点 C_5 上加成得到羟甲基，虽然活性位点数量没有增加，但生成的羟甲基既可与其他苯酚或木质素分子的 C_5 共聚，也可与羟甲基酚或羟甲基化木质素共聚，因而反应活性提高。

木质素原料的反应活性与其来源和制备方法有关[138]，研究人员研究了各种木质素原料羟甲基化改性制备酚醛树脂胶黏剂的性能。穆有炳等[139]以造纸工业碱木质素为原料，采用羟甲基化工艺提高木质素反应活性，羟甲基化工业碱木质素最多可替代 50% 的酚醛树脂，在温度为 140℃、压力为 1MPa 条件下制备杨木胶合板，其胶合强度大于 0.9MPa，达到国家Ⅰ类板要求，甲醛释放量<0.2mg/L。Mansouri 等[140]以木质素磺酸盐为原料，最高可 68% 比例替代苯酚制备木质素酚醛树脂胶黏剂，所制备的刨花板湿内结合强度达 0.21MPa。

(2) 酚化反应

木质素酚化反应主要发生在具有羟基、醚键、双键等基团的苯丙单元侧链 α 位上[135]。木质素酚化反应既可以在酸性条件下进行也可以在碱性条件下进行。酸性条件酚化改性是木质素磺酸盐在酸性的条件下与苯酚发生的化学反应，在一定程度上可以增加活性点数目。酸性条件下，酚型（或非酚型）木质素侧链上 α 位羟基或醚键断裂，形成正碳离子结构，从而易于苯酚的酚羟基邻对位发生亲核取代。碱性条件酚化改性是碱木质素在碱性高温的条件下与苯酚发生的化学反应，碱性条件下，只有酚型木质素由于酚羟基上的电子诱导效应，使得侧链 α 位羟基、醚键、双键断裂形成亚甲基醌结构，与苯酚的邻对位发生亲核取代。

不同种木质素采取不同酚化改性工艺制备得到的木质素酚醛树脂性能各异，如

表 1-4 所示。

表 1-4　不同种木质素酚化改性酚醛树脂胶黏剂性能

原料	木质素对苯酚替代率/%	液化催化剂	应用	机械强度/MPa	参考文献
碱木质素	28	硫酸	胶合板	湿剪切强度 1.1	[141]
木质素磺酸盐	50	铁氰化钾	刨花板	湿静曲强度 20.6	[141]
乙酸木质素	40	氢氧化钠	胶合板	湿剪切强度 0.8	[141]
有机溶剂木质素	25	硝酸镍等	胶合板	湿剪切强度 1.6	[142]

(3) 脱甲基化反应

脱甲基化反应是将占据木质素芳环活性位置的甲氧基转化为酚羟基的反应。它能够较大程度提高木质素的活性点数目。当木质素被亲核试剂例如 SO_3^{2-}、S^{2-} 和 HS^- 等进攻时，会发生脱甲基反应，反应大多需要在高温高压条件下进行，产生二甲基硫醚等产物。

Wu 等[143]以小麦秸秆碱木质素为原料，在高压反应釜中加入木质素、NaOH溶液，并加入硫，在 225℃ 条件下，反应 10min。脱甲基改性后，其甲氧基含量从 10.39% 降为 6.09%，酚羟基含量从 2.98% 提高到 5.51%，羰基含量从 4.58% 提高到 7.10%。重均分子量从 6217 降为 5148。脱甲基改性后的木质素最高可替代 60% 苯酚，制备的胶合板的胶合强度达到国家Ⅰ类板要求。中国林科院胡立红等[144]认为用双氧水作催化剂能达到较好的脱甲基改性效果，相比于以二氧六环、吡啶、醋酸等催化剂，催化降解反应更加环保。

(4) 生物炼制过程酶解木质素制备酚醛树脂胶黏剂

在生物炼制过程中，预处理后的秸秆原料纤维素结晶区被充分打开，在较温和的酶水解条件下纤维素酶能有效地将纤维素水解，得到纯度较高、醇羟基、酚羟基含量较高的纤维素酶解木质素。

Jin 等[145]从玉米秸秆制备纤维素乙醇的残渣中提取酶解木质素，最高可 20%替代苯酚制备木质素基酚醛树脂胶黏剂，在温度为 130～140℃，压力为 6.5MPa的条件下压制桉木胶合板，其水煮后胶合强度达到 1.8MPa，但树脂游离苯酚含量高达 1.79%。中国林科院张伟等[146]研究了酶解木质素酚醛树脂胶黏剂的制备及性能表征，发现酶解木质素对苯酚替代率可达 50%，制备的桉木胶合板胶合强度达到国家标准Ⅰ类胶合板要求，甲醛释放量达到 E_0 级。陈艳艳等[147]利用玉米秸秆酶解木质素（EHL）酚化替代苯酚，糠醛替代甲醛，制备木质素-酚醛树脂胶黏剂（LPF）。当酶解木质素替代苯酚 70% 时，胶合强度为 1.65MPa，游离苯酚含量为 0.93%。

1.4.1.4　木质素-脲醛树脂胶黏剂

早期主要是直接将木质素与脲醛树脂共混，添加各种催化剂而制得木质素脲醛树脂胶黏剂，但所用的废液的量太小，而且机械强度较低。将木质素改性后再与脲醛树脂混合制胶，能大幅提高木质素脲醛树脂的各种性能，其改性方法主要有羟甲基化改性、接枝改性、氧化改性、磺化改性等。杨辉等[148]对含木质素的秸秆发酵乙醇残渣进行磺甲基化改性，制备低游离甲醛的木质素脲醛胶。当发酵残渣与甲醛的质量比为10∶1、发酵残渣与亚硫酸钠的质量比为5∶1和磺甲基化改性发酵残渣替代率为20%时，相应胶合板的性能满足 GB/T 14074—2006 标准中的指标要求，其水煮 3h 后的胶合强度＞10.7MPa。仲豪等[149]将硝酸木质素羟甲基化后，用来替代部分尿素制备木质素脲醛树脂。当硝酸木质素对尿素的替代率为30%时，制备的木质素脲醛树脂游离甲醛的含量仅为 0.126%，且该木质素脲醛树脂较脲醛树脂胶的胶接强度和耐水性提高。彭园花等[150]采用连续浸提和半纤维素酶处理相结合的方法，从工业碱木质素中脱去糖类物质后得到纯度不等的木质素样品同时进行木质素脲醛树脂的制备，结果表明，经过抽提和酶处理后得到的木质素，其纯度为 97%，当其添加量为甲醛和尿素总量的 35% 时，合成的胶黏剂的粘接性能优良，具有环保意义。俞丽珍等[151]研究木质素改性脲醛树脂的工艺，发现甲醛与尿素物质的量比为 1.6∶1，木质素对尿素的质量替代率为 40% 时，制备的胶黏剂的游离甲醛含量较低，满足国标要求，且耐水性明显提高，胶接强度达到室外用板材要求。

1.4.2　大豆蛋白改性胶黏剂

植物蛋白主要来源于谷类、豆类和坚果类等，其中豆类蛋白质含量最高，脱脂大豆中蛋白质含量达 40% 以上，在食品行业中已经得到广泛应用，但是在其他工业上的应用有待进一步开发。大豆蛋白基本氨基酸结构单元中含有的可反应基团，如氨基、羧基等，可与木材纤维相互作用，具有良好的粘接性能。研究基于大豆蛋白的耐水性木材胶黏剂，为木材工业提供高性价比、环境友好胶黏剂，一方面可增加大豆的工业用途，另一方面可为木材工业提供新的胶黏剂品种，符合人们对环保健康的要求，市场潜力巨大。

大豆蛋白胶黏剂是由大豆蛋白粉经过理化改性后得到的一种天然植物胶，在木材加工和人造板行业发展初期，对木材工业的兴起起了较大推动作用。世界上最早的木材用大豆蛋白胶黏剂是由 Johnson 于 1923 年研究开发而成，由于黏度大，主要用于生产胶合板，到 20 世纪 40～60 年代，大豆蛋白胶黏剂在美国西海岸的胶合板厂盛极一时[152]。我国也早在 1952 年，北京农业大学用豆粕制成蛋白胶黏剂。由于大豆蛋白胶黏剂存在黏度大流动性差，耐水性能和胶合强度达不到使用要求，以及生产成本过高等缺点，未能大量推广使用。而且随着二战后石油工业的发展，石油基合成树脂胶黏剂以其较好的耐水性和粘接性能在木材胶黏剂市场逐渐占据主导地位。近年来，由于石油资源减少和环境恶化，大豆蛋白胶黏剂又重新成为研究的热点。

大豆蛋白分子含有的氨基和羧基等多种活性基团，成为改性大豆蛋白分子耐水性的良好理论基础。不断的研究表明[153,154]，可以通过各种改性方法使得大豆蛋白胶黏剂的流变行为、初黏性及胶合强度等得到提高，使其综合性能达到木材胶黏剂的使用要求。

1.4.2.1 大豆蛋白改性方法

蛋白质的功能特性受到自身物化性质和环境因素的双重影响，其物理特性由以下因素决定：氨基酸组成、分子量大小、蛋白质构象、分子内与分子间相互作用程度（四级结构）等。而其化学特性则主要受到分子间作用力、共价键和非共价键、氢键等因素的影响。蛋白质的功能特性在食品领域研究颇多，非食品领域的植物蛋白改性主要利用物理、化学及生化手段破坏其氢键，使分子充分展开，在后期交联固化过程中，形成一层能够被牢牢吸附在被黏固相界面的大分子长链交织的胶黏层[155]。这样的体型网状结构可以分散应力，提高胶接强度。同时，改性后的大豆蛋白内部的疏水基团外露，大豆蛋白与水结合形成氢键受到阻碍，减少了水对大豆蛋白胶黏剂胶接体的破坏，大豆蛋白胶黏剂的耐水胶合性能得到有效提高[156]。

大豆蛋白的改性主要包括物理、化学和生物酶法。物理法主要有加热、机械作用、冷冻、高压、辐射和共混等方式，改变蛋白质分子的四级结构和分子间聚集方式；化学改性不仅对改进蛋白质功能起显著效果，而且还能使蛋白质的功能特性得到定向改变；生物酶法是通过酶部分降解蛋白质，或增加其分子内、分子间交联，或连接特殊功能基团，改变蛋白质的性能。此外，酶法改性还具有反应条件温和、反应速率高和专一性等优点。

1.4.2.2 物理改性

物理改性是在控制条件下使蛋白质发生改变，如热变性、高压变性、高速剪切变性以及超声和超高压变性等。大豆蛋白经过热改性后，其分子的振动程度增加，分子间和分子内的各种作用力被削弱，致密的蛋白分子结构被破坏，折叠的多肽链伸展开来形成线型分子，有利于大豆蛋白分子溶解度的提高[157]。张梅等[158]考察了温度和时间对蛋白溶解度的影响，结果表明，高温使得蛋白分子发生热变性；随着温度的升高，溶解度逐渐增加，最适宜的改性温度为90～100℃。此外，超声处理也有利于蛋白质分子溶解度的提高，袁道强等[159]研究了不同超声波处理时间对大豆分离蛋白（SPI）溶解度的影响，试验结果表明，当超声处理时间为5min时，蛋白质的溶解度是未处理样品溶解度的8.7倍，溶解效果较好。

张钟等[160]研究了各种干燥方法对SPI结构与功能特性的影响。结果表明，微波干燥对SPI的黏度影响较大，而对其他性能如乳化性和吸水性的影响较小；热风和喷雾干燥对SPI功能性质的影响相似；真空冷冻干燥对其性能影响较小。

超声波和超高压脉冲提高蛋白质功能特性的原理在于：利用高频机械振荡与高

频电场，使悬浮溶液中的大豆蛋白发生剧烈振荡、膨胀，破坏蛋白质的基本结构，从而使其功能特性得到改善。朱建华等[161]研究表明，在功率 400W、频率 25Hz 条件下，SPI 超声处理 10min，其凝胶破裂强度明显提高，由 32g 增加到 41g。陈公安等利用超声波、超高压相结合处理 SPI，提高了其耐水性能。研究表明，超声波处理的空化作用和超混合效应，使 SPI 的一些化学键断裂，粒径减小，而且分散更加均匀；超声波处理可有效地提高 SPI 的拉伸强度，断裂伸长率会稍微下降，超高压处理后的 SPI 分子粒径变小，氢键和部分二硫键断裂，内部基团暴露，分子间作用力增强[162,163]。胡宝松等[164]研究了在不同压力下用超高压射流破碎法处理 SPI，结果表明，SPI 的结构发生变化，并促使蛋白质分子内的疏水基团暴露，提高了乳化和起泡能力，而且此法有效减小了 SPI 粒径，增加了与水相的接触面积，从而提高了溶解性。李迎秋等[165]研究了高压脉冲电场对 SPI 结构特征的影响，结果表明，在其他脉冲条件一定，脉冲处理时间范围在 $0\sim288\mu s$，SPI 的结构几乎没有改变；当脉冲处理时间大于 $432\mu s$ 时，蛋白质变性，分子量、粒径发生变化，形成了大分子聚集体，但二级结构变化较小。

1.4.2.3　化学改性

化学改性是制备大豆蛋白胶黏剂的主要方法，包括酸碱处理、酰化、磺酸化、接枝交联改性等。

因为大豆蛋白分子属于典型的两性分子，在强酸或强碱作用下蛋白质分子的四级结构发生变化，促使内部疏水基团暴露，从而提高了大豆蛋白胶黏剂的耐水性能。常用的酸性试剂有盐酸、草酸和硫酸等，碱性试剂主要包括氢氧化钠、氢氧化钙、磷酸氢二钠、硼砂和硅酸钠溶液等，也可以使用氢氧化钠、氢氧化钙与镁盐等组合的混合碱性试剂。Hettiarachchy 等[166]用碱改性大豆蛋白胶黏剂，研究发现与未改性大豆蛋白相比，改性后大豆蛋白胶黏剂的耐水性和胶合强度均有显著提高，当 pH 值为 10，温度为 50℃时，耐水胶合强度最高。Zhong 等[167]探讨了不同 pH 值和处理温度对聚酰胺多胺环氧氯丙烷（PAE）改性大豆蛋白胶性能的影响，结果表明，改性后豆胶的耐水性得到明显提高，蛋白质分子与 PAE 在 pH＝4～9 室温环境下可形成复合物。Sun 和 Bian[168]分别将碱和尿素改性的蛋白胶黏剂应用于胡桃木、枫木、杨木和松木的胶接，经两种方法改性的蛋白胶的耐水性和胶接强度均有很大提高，其中尿素改性大豆蛋白胶黏剂所得胶合板比碱改性的耐水性更好。

由于大豆蛋白的多肽链中独特的酰胺结构，因此将酸类物质作为改性剂也可以改变其团聚结构。在酸的诱导下，7S 和 11S 大豆蛋白结构发生明显变化[169]，解离为亚基或多肽链展开，但功能性质的改变有限。酸处理对大豆分离蛋白的溶解度影响很小，整个 SPI 的水结合能力并无明显改变，酸改性 SPI 功能性变化主要体现在泡沫形成与稳定性上，但凝胶形成能力并没有丧失[170,171]。

有关研究指出，大豆蛋白胶黏剂经碱或酸解聚后，再加入一些表面活性剂可进一步提高胶黏剂的耐水性和粘接性能。表面活性剂添加量要适宜，如果浓度过高，使原本的舒展结构变得紧密，疏水基团也相应被包埋在分子内部[172,173]。如十二烷基硫酸钠改性可以有效地使蛋白质自身的疏水基团外露，有利于耐水胶合强度的提高。Huang 和 Sun 采用阴离子表面活性剂［十二烷基硫酸钠（SDS）、十二烷基苯磺酸钠（SDBS）］改性 SPI 表明，改性后耐水性和粘接强度均有所提高；同时，他们还探讨了其改性机理[174]。蛋白质与 SDS 的结合基本未触及蛋白质的二级结构，三级结构也并未完全伸展，因此对蛋白质需要进一步改性[175]。杨涛[176]利用 SDBS、马来酸酐与环氧树脂对大豆蛋白进行复合改性，研究发现，马来酸酐的加入促进了大豆-环氧混合胶黏剂的固化；所制备的大豆蛋白胶黏剂的耐水性有了大幅度提高，达到了国家Ⅱ类板的使用要求。童玲等[177]也采用 SDS 与多种改性剂联用复合改性大豆蛋白胶黏剂，并寻求其最佳配比，复合改性大豆基蛋白胶黏剂的平均耐水胶合强度在 0.9MPa 以上，达到了国家Ⅱ类板的标准要求。

具有强吸电子基团的试剂可以与蛋白质分子的羟基作用，破坏基体中的氢键作用，使大豆蛋白分子的空间结构展开，提高其胶合强度[178,179]。Zhong 和 Sun 等通过一系列研究，使得复合改性大豆蛋白胶黏剂在纤维板生产中得到应用。他们自 2001 年将 SPI 应用于纤维薄纸板的粘接，研究了加压条件、预压干燥时间和蛋白浓度对胶合强度的影响；之后于 2002 年将盐酸胍改性大豆蛋白胶黏剂应用于纤维板制造，研究表明剪切强度有所提高；2003 年他们使用 SDS 和盐酸胍（GuHCl）复合改性 SPI，结果表明复合改性大豆蛋白胶黏剂的胶合强度可满足纤维板的使用要求[180~182]。Huang 和 Sun[183]研究了尿素和盐酸胍浓度对 SPI 胶黏剂性能的影响，认为尿素浓度为 3mol/L 或盐酸胍浓度为 1mol/L 时，胶黏剂的耐水胶合强度最高，而尿素和盐酸胍的浓度不同，蛋白质结构的展开程度不同，进而影响胶黏剂的胶合强度，同时蛋白质分子二级结构的维持对胶合作用有利。

大豆蛋白胶黏剂的交联改性，不仅有利于后期的交联固化，而且有助于耐水性与粘接强度的进一步提高。酸酐类和硫化物类都是大豆蛋白的交联剂，经常用来改善大豆蛋白胶的耐水性，并调节胶黏剂的使用期和黏度。乙酸酐作交联剂，引起疏水性基团暴露，同时乙酰化导入外源官能团使氨基酸基团结合紧凑，从而提高了大豆蛋白的疏水性；而且，乙酰化后蛋白质分子二级结构几乎保持不变，有助于耐水性和胶合强度的提高[173,184,185]。同时黄曼等[186]发现乙酸酐与蛋白质交联后，疏水性大大提高，与空白样相比，最大疏水值提高了 6 倍左右。Liu 和 Li[187]将马来酸酐接枝到大豆分离蛋白上，马来酸酐单独改性大豆蛋白胶黏剂的干状剪切强度较差且不耐水，将其与聚乙烯亚胺混合使用时，制品的胶合强度和耐水性得到显著提高。另外，一些低毒的醛类物质如乙二醛和戊二醛也可用来交联大豆蛋白，用量一般控制在 0.1%~0.5%左右。雷洪等[188]对比乙二醛化与甲醛化大豆蛋白胶黏剂的性能，结果表明，乙二醛化大豆蛋白胶黏剂的交联程度不及甲醛化大豆蛋白胶黏剂，因此，胶接强度不及后者；若提高多亚甲基多苯基异氰酸酯（p-MDI）的添加量，乙二醛化蛋白胶黏剂也可用于人造板的制备与应用。李飞等[189]的研究表明，戊二醛对大豆蛋白胶黏剂耐水性的提高有显著效果，优化改性参数为 pH 值为 12.0，戊二醛添加量为 0.80%（质量分数），反应时间为 1.0h，反应温度为 30.0℃，该工艺条件下得到的胶合强度达到 0.68MPa。李临生等[190]具体研究了戊二醛与蛋白质的反应机理。

其他化学改性方法如接枝共聚、共混、硅烷化等都可以改变蛋白质的空间结构，使得胶黏剂的耐水性和胶接性能得到提高。雷文等[191]应用马来酸酐和苯乙烯，对大豆蛋白进行接枝共聚改性研究，得到的优化配方为：大豆蛋白/马来酸酐/苯乙烯＝15g/0.975g/0.05g，在 70℃时制备的胶黏剂耐水胶合强度良好，黏度适中，可用于人造板和胶合板等领域。Li 等将 SPI 和聚酰胺 3,3-环氧丁氰树脂 557H 混合，得到一种新型改性蛋白胶黏剂，其耐水性显著提高，胶合强度能达到甚至超过商业化酚醛胶的胶合强度。中国科学院宁波材料技术与工程研究所的科研人员采用木质素磺酸盐、层状硅酸盐或钠基蒙脱土[192]共混改性大豆蛋白胶以提高其耐水性能，并研究了新型生物质基固化剂[193,194]来改性大豆胶黏剂，为其性能优化提供了新的技术思路。

1.4.2.4　生物酶法改性

大豆蛋白的酶改性机理是通过蛋白酶作用促使蛋白质部分降解，有利于分子内或分子间可交联的功能基团增加，改变蛋白质的分子结构及部分功能基团构成。酶改性的优点在于反应条件温和、高效性和专一性强，被认为是一种较有潜力的改性方法。蛋白酶根据来源的不同可分为动物蛋白酶、植物蛋白酶和微生物蛋白酶，其中微生物蛋白酶资源丰富，如胰蛋白酶。Kalapathy 等[195]研究了胰蛋白酶对大豆蛋白胶黏剂粘接性能的改性效果，实验结果显示，软质枫木的胶接性能最好，在冷压条件下压制的木板胶合强度显著高于未改性的大豆蛋白胶黏剂。有关研究指出，转谷氨酰胺酶也是大豆蛋白变性的良好生物酶，通过对大豆蛋白的酶解作用，使大豆蛋白的溶解性、乳化性以及凝胶性均提高[196,197]；唐传核的研究结果表明，当 pH 值为 7.0～8.0 时，在温度低于 50℃的范围内，温度越高，转谷氨酰胺酶催化大豆蛋白中 11S 的聚合速度越快，越易达到平衡[198]。

1.4.3　单宁基木材胶黏剂

单宁基木材胶黏剂是在碱的催化作用下，以栲胶、甲醛为主要原料通过缩聚反应制备得到的一类胶黏剂。用作单宁胶黏剂原料的栲胶主要是凝缩类栲胶（主要成分为凝缩类单宁），约占栲胶总产量的 90%，其中主要有黑荆树皮、坚木、云杉及落叶松树皮的抽出物，其主要成分为类黄酮单元及其缩合物[199~201]。不同原料、不同抽提工艺所得的栲胶的成分不同，对甲醛的反应活性也不同，其中以黑荆树栲胶的制胶性能最佳。黑荆树单宁的类黄酮单元主要由含有间苯二酚或间苯三酚的 A 环与邻苯二酚或邻苯三酚的 B 环连接而成。

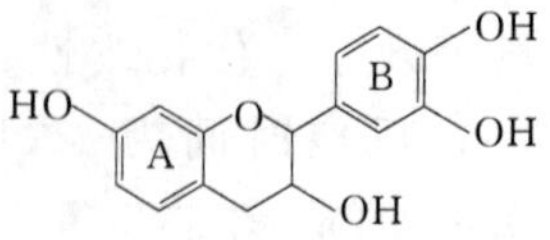

非瑟酮醇

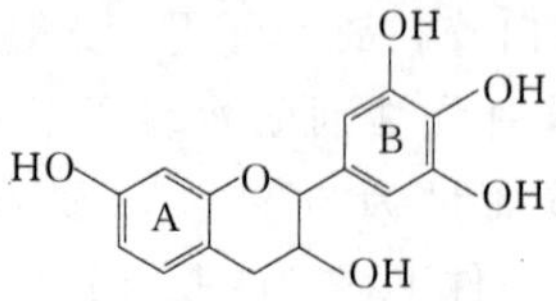

刺槐亭醇

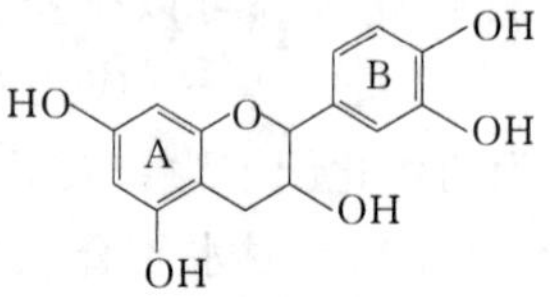

儿茶素

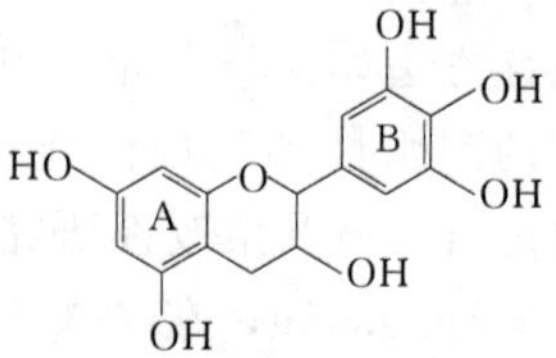

倍子儿茶素

栲胶用作木材胶黏剂的反应原理与木材工业常用酚醛树脂胶黏剂相类似，即在碱性条件下与甲醛发生反应，生成体型聚合物。甲醛主要与 A 环反应，只有 pH 值在 10 左右，B 环才能反应，不过这时 A 环与甲醛反应太快，缩短胶的生活力。实际上单宁胶只有 A 环才能交联为网状结构，由于单宁分子较大，如只与甲醛简单地反应，则无法进一步与相邻的类黄酮单元形成亚甲基链，最好用较长链的酚醛树脂或脲醛树脂进行交联[202]。

早在 1916 年 Mccoy 就提出用单宁作为苯酚和甲醛反应的凝聚剂和反应剂[203]。1950 年澳大利亚的 Dalton 对 1 种荆树（含羞草属 mimosa），3 种桉树（eucalypts）和 2 种针叶树（conifers）6 个树种抽提出的单宁进行广泛的研究工作，结果表明单宁会与甲醛反应生成树脂，黑荆树单宁和甲醛热压，能产生优于脲醛树脂胶黏剂的耐水胶[204]。Dalton 进一步进行控制黏度的研究工作，发现用亚硫酸盐处理的黑荆树单宁胶具有良好的胶合强度，只是木材破坏率低[205]，这些胶合板试样的 6h 沸水煮试验结果优于脲醛胶合板，但是不如酚醛胶合板。单宁胶固化速度快，价廉，施胶性能好，选用合适的固化剂可制得冷固化或无游离甲醛释放的木材胶黏剂，是木材工业胶黏剂的发展方向。

由于单宁中含有不参与反应的糖类和树胶等非单宁成分，导致单宁基木材胶黏剂黏度大。此外，单宁基木材胶存在的问题还有[206~209]：①交联度低，耐湿性差，对木材的渗透力差，湿强度差；②与甲醛反应活性高，适用期短。单宁基木材胶黏剂的改性方法主要有：将树胶在碱性或酸性条件下水解或用亚硫酸盐处理，降低其分子量，同时部分类黄酮结构杂环醚打开，增加了树脂的柔韧性；以较长分子链的键桥增长剂代替短分子链的甲醛或用糠醛代替甲醛；调节胶黏剂的 pH 值；加入醇类如甲醇等。

20 世纪 70 年代初，中国林科院林产化学工业研究所曾用福建南靖黑荆树栲胶进行制胶观察试验，认为可行。用杨梅、木麻黄等国产栲胶作酚醛树脂固化促进剂试验，可以取代 10％酚醛胶，缩短热压时间 25％。1989 年中国林科院林产化学工业研究所在中澳合作 ACIAR8849 项目第一年度工作中，用 10％多聚甲醛作黑荆单宁胶的交联剂，成功压制了室外型胶合板。1990 年在 ACIAR8849 项目第二年度工作中，用低分子量活性酚醛树脂和 PUF 树脂，分别代替多聚甲醛作黑荆单宁胶的交联剂，成功压制了室外型胶合板[210]。此后，配制活性酚醛树脂和活性 PUF 树脂为交联剂的黑荆单宁胶生产汽车车厢底板，获得成功。

20 世纪 90 年代初，我国栲胶生产出现了供过于求的现象，南京林业大学孙达旺和牙克石木材加工栲胶联合厂（后改名为内蒙古森工栲胶制品有限责任公司）合作研究成功用 60% 落叶松树皮栲胶代替苯酚制成的单宁酚醛树脂胶，应用于胶合板生产。早期应用试验表明，用落叶松树皮栲胶替代 60% 苯酚的单宁酚醛树脂胶胶合性能与传统的酚醛树脂胶合性能相当，但胶液的黏度增长较快，胶的储存期短、涂胶的工艺性差，后来在配方工艺方面进行改进和完善，并将液状胶制成粉状胶，避免了储存过程中的自缩聚反应，使胶黏剂的储存期大大延长，包装、运输成本下降。试验证明这种粉状落叶松单宁酚醛胶使用方便，具有较好的胶合性能。落叶松单宁酚醛胶树脂胶黏剂主要应用于木质胶合板、竹材胶合板及集装箱底板等方面。

为了探求落叶松单宁胶（TPF）在竹材胶合板中的应用可行性，寻求一种质量可靠、价格低廉、运输保存方便的新胶种，以适应我国竹材人造板发展的需要，张齐生等[211]将水溶性酚醛树脂胶和单宁酚醛树脂胶按照目前竹胶板的生产工艺同时进行热压胶合试验，并对产品进行煮沸胶合强度测定和加速老化试验，比较其胶合性能。试验结果证明，TPF-64（液体状落叶松单宁胶）和 TPF-65（粉末状落叶松单宁胶）两种牌号的胶黏剂在胶合性能方面达到水溶性酚醛树脂胶黏剂（含 PF-51）的水平；参照美国 ASTMD 1037 标准，认为经过加速老化试验残留的胶合性能和强度能保持车厢底板用竹材胶合板标准规定值 50% 以上，即可承受在室外 3 年以上的时间，PF-51 和 TPF-64、TPF-65 均符合室外使用要求；TPF 型胶可制成粉末，使用时加水溶解即可，具有运输、保存、使用方便等优点，适合在山区和技术条件较差地区的竹材胶合板上使用；TPF 型胶可取代酚醛胶中 60% 的苯酚用量，毒性较低，为落叶松栲胶开辟了新的用途，具有良好的社会效益。

孙丰文等[212]研究了粉状单宁酚醛胶生产集装箱底板的工业性。实验室研究表明，该粉状胶与水按 10:8 的质量比配制成液体用作胶合板的胶黏剂可获得理想的胶合强度，然而实际生产中，若水的质量份小于 9 时，胶液的黏度过大，无法进行机械涂胶。为此对粉状胶进行改进，使粉状单宁胶的黏度由原来的 150s（指配成 45% 固含量的胶液在 25℃时的涂 4 杯黏度）降为 70~110s，从而确保粉状胶配成高固含量的胶液适合于机械涂布。结果表明，粉状落叶松单宁酚醛胶与水按 100:85 的重量比配成液体胶黏剂用于生产集装箱底板，可以解决胶合板热压鼓泡等缺陷，并可以缩短热压周期；用粉状落叶松单宁酚醛胶制成的集装箱底板的物理力学性能、耐海水老化性能及防虫性能均能满足集装箱底板的特殊要求。此外，浙江德仁、新会中集、苏州维德等集装箱底板生产企业均已批量使用该粉状单宁酚醛胶，取得了较好效果。

1.4.4　生物质液化产物制备木材胶黏剂

由于价廉易得、可再生、具有生物可降解等特点，农林剩余物的研究和开发利用引起了各国广泛的兴趣和关注。生物质液化是大规模利用农林剩余物的有效方法之一。将农林剩余物在苯酚等有机溶剂中转化为富含酚类的液态活性物质，可制备与常规酚醛树脂具有相似性能的木材胶黏剂。由于液化技术具有适用范围广，工艺简单，成本较低，产品性能优良等特点，因此它已成为国内外农林剩余物综合利用研究领域的热点。

1.4.4.1　生物质在溶剂中的液化技术发展历程

早在 20 世纪初期人们就已考虑将木质纤维原料液化来生产液体燃料和化工原料。主要的液化方法是将生物质原材料、溶剂和催化剂放入高压反应釜中，通入氢气或一氧化碳，在高温高压下将生物质直接液化。Fierz[213] 在 1925 年模拟煤的液化过程，将木材于碱的存在下用高压氢反应生成液状物质，制备出液体燃料。Appell 等[214] 在碳酸钠水溶液中，用一氧化碳介质加压至 280 个大气压，于 350～400℃的条件下，对木片进行液化处理，得到收率为 40%～50% 的液状物。

上述液化方法主要从木质生物材料出发，以制造液体燃料为目的，是以比较强烈的高温高压液化条件为特征的热化学液化，液化过程消耗大量的能源，设备耐压要求高，液化产物的收率不超过 90%。这种液化方法相对于后来发展起来的有机溶剂中相对温和条件下的木材液化，可以更准确地称之为"燃油化"（oilification）。由于上述条件过于剧烈，而且在高压 H_2 和 CO 条件下操作，安全性较差，人们一直在寻求相对温和的木材液化条件，并取得了显著进展。

20 世纪 70 年代，Figueroa 等[215] 先对木材进行预处理，再用与 Appell 相同的方法进行液化。预处理是在 180℃下酸水解（pH 值为 1.8）45min 制成水木浆，然后用 Na_2CO_3 把 pH 值调到 8。这一步是让木材在液体介质中液化，液化过程需 10～60min，结果表明预处理后木材的转化率和产油率均有所提高。此实验说明木材液化前需进行预处理，这促使人们不断探索新的木材预处理方法和木材液化技术。

20 世纪 80 年代，研究者发现酯化或醚化等化学处理方法对木质纤维材料改性后，引入的取代基破坏了木材的天然结构，分子间的作用力减小，分子间的间隙增加，木质纤维转化为易溶于有机溶剂的物质，依据化学处理木材的特性，可液化和溶解在中性水、有机溶剂或者有机溶液中[216]。研究者对此进行了广泛而深入的研究，采取的化学改性木材的液化途径主要可归纳为以下三种：第一种方法为采用强烈的溶解条件将木材液化，如将羧甲基化木材、烯丙基化木材和羟乙基化木材在 170℃ 下反应 30～60min，发现产品可溶解在苯酚、间苯二酚或其水溶液中；第二种方法利用溶剂的分解作用将木材液化，在催化剂作用下，化学改性木材于 80℃

比较温和的条件下反应 30～150min，由于部分木质素与溶剂苯酚发生酚化反应，化学改性木材溶解在苯酚中[217]；第三种方法为后氯化处理方法，化学改性过的木材经氯化处理后，在溶剂中的溶解能力可大大提高，如室温下氰乙基化木材在甲酚中仅能溶解 9.25%，而经氯化后，在甲酚中几乎可全部溶解[218]。

木质纤维经过化学改性再液化的方法工艺复杂，成本高，实用性较低。在人们对木材液化技术的不断深入研究中发现，不仅化学改性的木质纤维可溶于有机溶剂，未经化学改性的木材同样能溶解于很多有机溶剂中。事实上，木材的直接液化原理与木材的有机溶剂制浆相似，只是反应条件比较强烈。之后进行的液化研究基本上都采用直接将木质纤维在有机溶剂中液化的方法。

20 世纪 90 年代初，以日本的白石信夫为首的研究小组对木材在苯酚、多元醇等溶剂中的液化展开了系统、深入的研究，取得了木材液化研究史上的重大突破，逐渐形成了木材在苯酚和多元醇等溶剂中液化的两种方法[219,220]：木材的高温高压液化和木材在催化剂作用下的低温液化。前一种方法液化温度高达 240～270℃，不易操作，消耗能源；后一种方法液化温度通常在 80～150℃，操作方便，因此备受大家的青睐。这个阶段，液化技术更具目的性，木质材料在被液化的同时，希望引入一部分官能团，使其转化成富含特定官能团的活性物质，以便能继续反应形成新的高分子材料。

21 世纪以来，国内外对生物质液化技术的研究主要体现在以下几个方面。一是生物质定向转化为目标产物的研究成为新的研究焦点。稻秆在超临界甲醇和乙醇作用下的液化率最高可达到 47.52%，液体产物的主要成分为苯酚、4-乙基苯酚、4-乙基-2-甲氧基苯酚等低分子量的酚类单元物质[221]。二是协同液化混合试剂备受人们的青睐。苯酚和水、苯酚和甲醇等低分子极性的混合溶剂、苯酚和聚乙二醇（400）等被证明对降低苯酚用量、抑制缩聚副反应、提高液化产物的反应活性具有一定效果[222]。三是微波加热、超临界流体等新技术相继被引入。Li 等[223]发现木粉在微波加热下的苯酚液化速率至少比油浴加热快 6 倍。Lu 等[224]利用微波-超声波联用技术可将木材锯末在 20min 内快速液化，液化率可达 91%，并且可显著降低液化试剂的用量。四是液化技术的研究对象不断增加。利用液化技术对生物质材料的利用，已从木材木质部延伸到废纸、树皮、农作物秸秆、米糠、竹材、甘蔗渣、玉米棒芯、稻草、麦草等更大范围的生物质材料领域[225,226]。虽然各种生物质材料成分各异，组织结构不同，但适当调整液化条件可以实现其液化。

液化技术是生物质材料高效、综合利用的一项技术。面临石油资源的短缺、环保法规的日益健全及政府对可再生生物质资源利用的政策倾斜，利用液化技术从生物质资源中获取生物可降解高分子原材料已成为一个研究焦点。针对生物质液化技术目前仍存在的液化试剂用量较大、设备腐蚀严重、制备过程有待绿色化等诸多实际应用问题，著者认为，在今后的研究中应选择更加环保的液化试剂，逐步实现木材液化技术的绿色化；研究高效低成本的液化专用反应器，提高木材液化技术的生产效率；改善液化产物的理化性能，提高液化产品的市场竞争力。

1.4.4.2　生物质在溶剂中的液化反应机理

(1) 木质生物材料主要成分的结构特征

木质生物材料是一种天然高分子材料，主要由纤维素、半纤维素、木质素三种高聚物和低分子物质组成，其中高聚物一般约占木材重量的 97%～99%。纤维素是由许多 β-D-吡喃式葡萄糖通过 β-1,4-苷键连接形成的线型高聚物，木材纤维素的平均聚合度约为 8000～10000。纤维素分子链沿着链长方向彼此近似平行地排列，形成排列整齐紧密的结晶区和排列不整齐、较松散的无定形区。

木质素是由苯基丙烷为结构单元，通过醚键、碳-碳键彼此连接而成的高度无规则的三维芳香族高分子化合物。木质素的结构单元包括愈创木酚基丙烷、紫丁香基丙烷、对-羟基苯基丙烷三种类型。木质素结构中有多种官能团，其中影响木质素反应性能的主要官能团有甲氧基、酚羟基、脂肪族羟基、羰基、芳基醚和二烷基醚。多种官能团和化学键使得木质素的反应能力较强，如木质素既能进行亲电反应又能发生亲核反应。

半纤维素是由多种糖基、糖醛酸基组成的，分子中常带有支链的复合聚糖的总称。半纤维素是无定形物，聚合度较低，小于 200，多数为 80～120，易吸水润胀。半纤维素与纤维素的化学结构差别主要在于半纤维素由不同的糖单元组成，分子链较短，并有支链；它的主链可由一种糖单元构成均一聚糖，也可以由两种或更多种糖单元构成非均聚糖；半纤维素中有的糖单元可以以支链的形式连接到主链上。由于半纤维素是多种糖的共聚物，与纤维素类似，每个糖单元上有羟基、烷氧基等活性基团，因此，半纤维素具有与纤维素类似的化学反应[227]。

木质生物材料本身成分繁杂，液化过程中发生的降解、溶剂化和再缩聚反应导致液化产物组成更加复杂，这给直接研究木材的液化机理带来极大的困难。在研究木材三大化学成分的液化机理时，半纤维素是多种糖的共聚物，与纤维素类似，具有与纤维素类似的化学反应，因此研究者将纤维素和木质素作为重点研究对象。同时，为了便于研究木材液化机理，研究者常选用纤维素、木质素单组分或其模型物为研究对象，通过分析中间产物和最终产物的结构特征来推测木材液化的反应历程，以下着重介绍在纤维素和木质素液化机理方面已取得的研究成果。

(2) 纤维素的液化机理

山田龙彦等[228]以棉纤维素为原料，研究了纤维素在苯酚中无催化剂的高压法液化机理，提出纤维素在高温湿热条件下首先降解为低聚糖，然后继续降解成葡萄糖，进一步可生成 5-羟甲基糠醛（HMF）。HMF 的生成可能导致其自聚或与苯酚反应生成含有呋喃环结构的化合物，最终导致液化后期产生不溶于丙酮的交联高聚物。

关于纤维素在酸催化下于苯酚中液化的机理，山田龙彦[229]研究发现，纤维素在苯酚中首先发生降解反应，生成低聚糖，低聚糖进一步分解，直至糖构造单元遭到破坏，然后糖的降解产物与苯酚发生酚化反应。

Lin 等[230]从纤维素模型物-纤维二糖出发，用 HPLC 对产物进行分离，用 GC-MS、^{1}H NMR、^{13}C NMR 和二维核磁共振波谱分析了已被分离的产物的结构，鉴定出 17 种主要的物质，这 17 种物质根据结构特征可被划分为 4 个类别。依据这 4 个类别物质的结构和产品在反应过程中的变化规律，Lin 等提出了如图 1-4 所示的纤维素在酸性催化下于苯酚中的液化机理。Lin 等还指出，这几种不同反应产物的比例对反应条件有非常大的依赖性，因此，通过调节反应温度、时间、投料比、催化剂量等条件可以实现对液化产物结构和性质的控制。

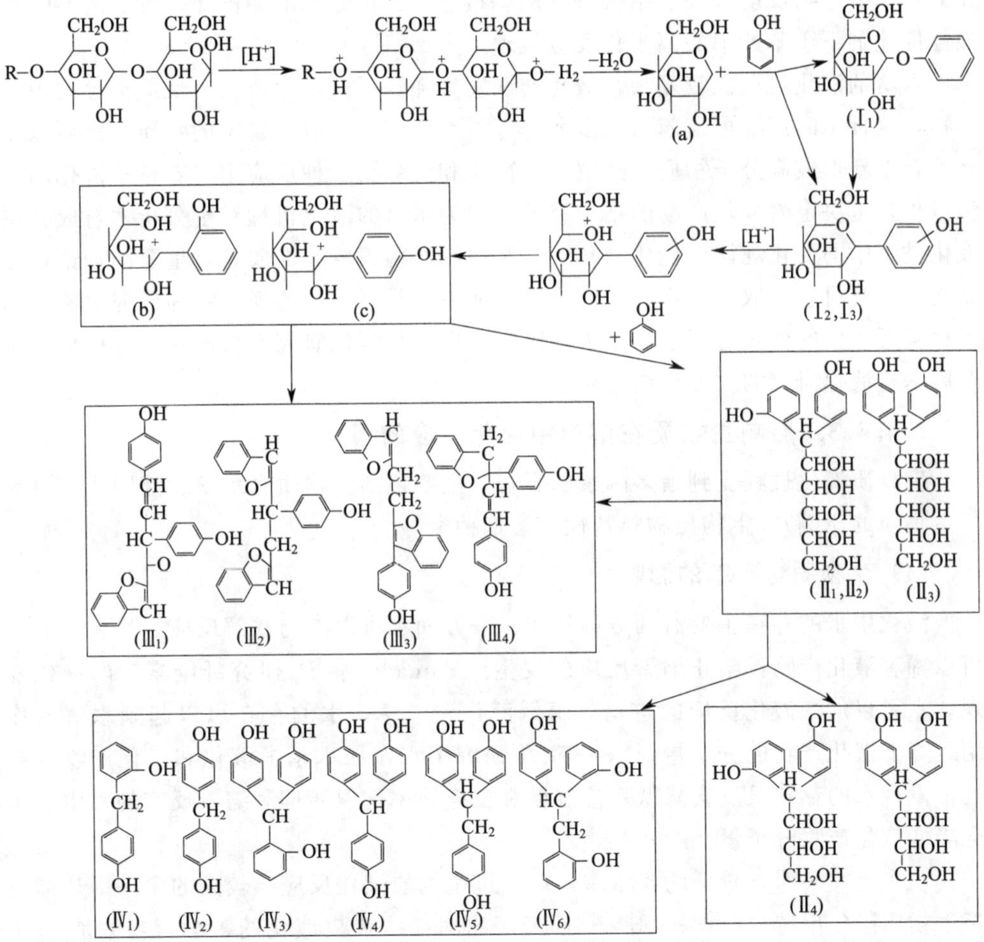

图 1-4　纤维素在酸催化下于苯酚中的液化路径[230]

(3) 木质素的液化机理

Lin 等[231]以 β-O-4 型木质素模型化合物愈创木基丙三醇-β-愈创木基醚（GG）

为研究对象，研究了木质素在高温无催化剂条件下在苯酚中的液化机理，提出 GG 在高温无催化剂条件下于苯酚中的一种自由基液化反应历程，即 GG 首先在 β-O-4 连接处发生大量均裂反应，生成愈创木和松柏醇自由基。松柏醇自由基和苯酚自由基进一步反应生成多种酚化产物。这一反应历程主宰着整个液化反应过程，对最终液化产物的形成有重大影响。愈创木自由基主要还原成愈创木酚，只有少量与苯酚自由基偶合，生成稳定的二聚体。

对于木质素在酸性催化剂下于苯酚中的液化机理，Lin 等[232]认为与高温无催化剂条件下的机理不同。GG 和苯酚在酸性催化下的反应是以特定的路径发生的异裂反应，β-O-4 键和 C_β—C_α 键的裂分及裂分产物的酚化反应是主要的反应路径。在分析主要产物反应特性及结构特征的基础上，Lin 等提出如图 1-5 所示的 GG 在酸性催化剂下于苯酚中的离子化反应机理。

木材的液化机理比较复杂，液化初期发生降解反应，生成具有反应活性的中间产物，这种中间产物可与苯酚、多元醇等溶剂反应，形成较稳定的物质，也可以相互缩合重新形成高分子物质。降解、溶剂化和再缩聚三种反应主宰着整个液化动力学过程，也决定着液化产物的结构特征。因为木材的液化机理对于分析木材成分在液化过程中的变化规律、优化液化条件及控制产物组成和性质具有重要的理论指导意义，尽管目前已取得一定的研究成果，但主要是以单一的模型物为研究对象，和木材实际发生的液化过程还有很大的区别，进一步深化研究木材液化反应机理仍是今后木材液化研究的主要方向之一。

1.4.4.3　影响生物质在溶剂中液化反应的因素

生物质液化过程受到诸多因素的影响，主要包括生物质含水率、液固比（溶剂与生物质的比例）、生物质物料特性和溶剂种类等。

（1）生物质含水率的影响

液化中水的存在主要有两方面作用：一方面水可以参与水解反应；另一方面水可以稀释液化产物，阻止缩聚反应的发生。Yamada 等[228]研究纤维素苯酚液化发现，水可以加快液化反应的进行，降低液化残渣率，水的存在可以起到水解的作用，降低液化产物的分子量。Lee 等[233]研究了水对松木苯酚液化和液化产物的影响，发现水的存在虽然会降低反应温度和反应速率，但能抑制缩聚反应的发生，也会降低液化产物分子量。

众多研究表明，较低的含水率可以促进生物质液化反应，较高的含水率却抑制了生物质液化反应。Hassan 等[222]研究了水对松木树皮液化的影响，当添加 1mL 水时，液化残渣率显著下降，而添加 3mL 水时，残渣率又上升，说明液化反应中水解和酚解同样重要，少量的水宜于液化反应的进行，过多的水会减弱酚解的作用不利于液化的进行。Pu 等[234]研究木材苯酚液化发现，绝干木材液化产率较低，含水率从 80% 增加到 150% 时，可以加速液化反应的进行。然而，过高的含水率

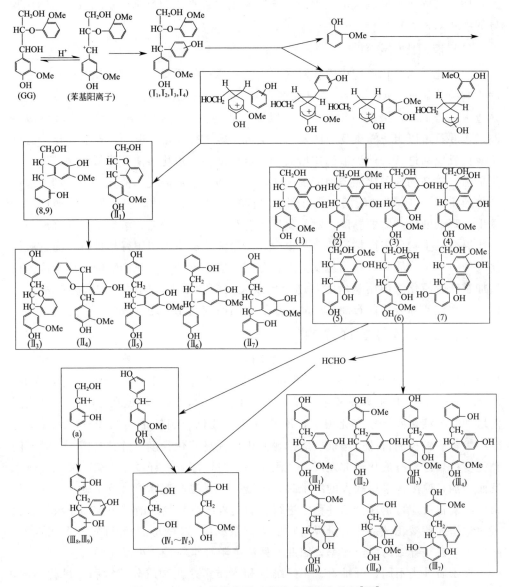

图 1-5 GG 在酸催化下于苯酚中的液化路径[232]

（300%）却抑制了液化反应的进行，原因可能为过高的含水率降低了体系中苯酚的浓度。Alma 等[219]研究桦木苯酚液化时发现，随着木材含水率增加液化残渣率上升，可能是含水率高易导致反应物质回流，造成内部反应温度下降；并发现气干桦木和绝干桦木液化残渣率相近，因而气干桦木可以直接用于液化，减少能耗。Lee 等[233]研究表明，木材含水率从绝干增加到 2% 时，木材苯酚液化残渣率从 25% 上升到 54%，原因可能是水的存在会造成回流，油浴温度和实际反应温度不一致。

综上，含水率对生物质液化产率的影响不尽相同，可能是生物质种类、液化溶剂特性和液固比不同造成的，因而生物质液化中含水率的影响应系统研究，确保较好的液化效果。

（2）液固比的影响

液固比是指液化反应中液化溶剂与生物质原料的质量比，液固比对液化残渣率的影响极其显著。Alma 等[219]研究桦木苯酚液化发现，随着液固比的提高，液化残渣率显著下降，最低可以降到1％以下，液固比从1增加到5时，残渣率减少33％，并且可以阻止缩聚反应的发生。戈进杰等[235]研究发现，增大液固比，有利于液化反应的进行，但当液固比增大到一定程度时，液化残渣率降低缓慢，最终趋于平衡。较高的液固比能增加溶剂和物料之间的接触从而提高液化能力，利于液体产物的生成[236]。增加液固比，有利于原料的浸润和溶剂化，可以抑制缩聚反应的发生，降低液化产物的黏度，对液化反应有利。液固比较低，溶剂不能很好地与生物质混合，生物质表面粘连的溶剂很少，使得液化反应不能很好地进行；而且液固比较低时，生物质降解产物易发生聚合等副反应，不利于液化产物的利用。液固比增加意味着液化溶剂用量增大，这会导致液化成本增加，同时也与液化技术的目标——替代或部分替代石油基产品相矛盾，因而应选用合理的液固比。

（3）生物质物料特性的影响

粒径、生物质种类等物料特性对液化行为等有着重要的影响。前人关于粒径对生物质液化产率的研究结果有所不同，可能是液固比和生物质种类不同造成的。Alma 等[234]研究桦木苯酚液化发现，液固比为2时，木粉粒径在20～200目范围内增加时，液化残渣率变化很小，说明粒径对液化影响较小。Akhtar 等[236]认为减小生物质粒径的目的是增加反应接触面积，提高液化程度。陈秋玲等[237]对不同粒径麦秆聚乙二醇液化研究发现，液固比为5时，随着麦秆粒径的减小液化残渣率反而增加，原因为采用较大的纤维时，纤维完全浸渍在液体中，液化试剂黏度变化很小，液化反应可迅速开始并稳定进行；而随着纤维粒径逐渐变小，颗粒数量和比表面积增加使液化试剂被大量吸附，反应体系黏度迅速增大，纤维发生聚团现象，降低了小粒径纤维的反应速率，因此，残渣率随纤维粒径变小反而增大。

生物质种类不同，纤维素、半纤维素和木质素这三种成分结构和含量就不同，因而液化行为也有所不同。Pu 等[238]对针叶材和阔叶材苯酚液化研究发现，液化时间较短时，阔叶材的木质素比针叶材的易于被液化；液化时间较长时，针叶材和阔叶材液化残渣的木质素含量差别不大。原因可能为两者木质素和半纤维素结构不同，而且阔叶材木质素的紫丁香基和愈创木基结构易于被破坏。Kurimoto 等[239]对生物质聚乙二醇液化研究发现，木质素降解产物在缩聚反应中起重要作用，针叶材的液化残渣率比阔叶材的要高，他们认为这主要是由于细胞壁结构不同造成的，而不是木质素含量差别引起的，针叶材愈创木基结构和阔叶材紫丁香基结构的高反应活性可以解释缩聚反应速率的差异。Maldas 等[240]对生物质苯酚和水液化进行了研究，同样条件下，桦木的液化残渣率最低，杨木和黄麻的液化残渣率比较接近，棉花和红麻的液化残渣率最高。原因在于生物质纤维素含量差别较大，纤维素含量越高越难被苯酚液化因而残渣率越高。

(4) 溶剂种类的影响

在液化反应中，液化溶剂的主要作用是溶解和稀释液化产物，抑制产物再缩合，从而提高液化产率[241]。液化溶剂还可以与生物质降解产物发生反应，液化溶剂不同，液化产物结构和用途各异。目前，生物质液化中常用的溶剂主要有苯酚、一元醇（甲醇、乙醇、正辛醇等）和多元醇（聚乙二醇、丙三醇等）等。由于混合溶剂具有协同效应，以及其中的小分子溶剂对生物质的易降解性，缩聚反应少，液化产率高，因而利用混合溶剂进行生物质液化的研究受到了广泛重视。

Hassan 等[222]对松木树皮液化进行了研究，醇（甲醇、乙醇）单独液化时，液化残渣率高达 55％。然而当添加协同溶剂苯酚时残渣率即可降到 20％以下，说明苯酚具有阻止树皮中木质素或多酚结构发生缩聚反应的能力。树皮在苯酚和醇的混合溶剂中液化发现，随着醇的烷基链长度的增加液化残渣率增加，原因可能为醇的链长增加溶解度参数下降，致使溶解液化产物的能力下降。Kržan 等[242]通过对杨木不同醇微波辅助液化实验发现，各种醇单独使用时，丙二醇的液化效果最好。丙三醇的液化产率虽然较低，但是丙三醇来源丰富，价格便宜，因而是较理想的液化溶剂。微波条件相同，各种醇混合使用时，二甘醇/丙三醇（1：1，质量比）的液化效果比二者单独使用要好；而二甘醇/新戊二醇（1：1，质量比）和二甘醇/三羟甲基丙烷（1：1，质量比）可以使杨木接近完全液化，它们对杨木的完全液化说明它们是合适的液化溶剂，从而扩大了液化溶剂的选用范围。

1.4.4.4 生物质在溶剂中的液化产物应用于木材胶黏剂

生物质液化产物因所采用的工艺和液化剂不同，产物结构与用途各异。木质材料苯酚液化过程中，木质素大分子部分断裂，会生成一部分酚类物质；液化中间产物通过酚化反应引入一定量的苯酚以及残留的苯酚溶剂，这些酚类物质都可用作制备树脂的原料。众多的研究结果已证明，在用木质材料的苯酚液化产物制备树脂的过程中，甲醛不仅与残留的苯酚反应，而且与带有活性官能团的液化产物，尤其是分子量较小的木质素、纤维素液化产物也会发生反应[243]。酚醛树脂因为胶接强度高、耐水、耐热、耐磨、耐化学药品腐蚀等优点而被广泛应用于耐水、耐候等人造板工业。因此生物质在苯酚中的液化产物主要用于酚醛树脂的制备。

生物质液化产物制备木材用酚醛树脂的工艺一般为：将生物质的液化产物由酸性调为碱性，与甲醛发生加成、缩合反应合成酚醛树脂。碱的加入不仅可催化酚醛的反应，而且还可以改善生物质液化产物的水溶性。生物质液化产物的性质、甲醛与苯酚的摩尔比、催化剂的用量、反应温度和反应时间等因素对树脂的性能均有影响。秦特夫等[244]详细研究了液化产物中残渣过滤与否及甲醛与苯酚的摩尔比对液化木基酚醛树脂性能的影响，实验发现，木材液化产物中残渣的过滤与否对树脂性能有一定程度的影响，残渣含量高时，影响较大；残渣含量低时，影响较小。当甲醛与苯酚的摩尔比为 1.5 和 1.8 时，利用含 11.0% 残渣的杉木液化产物和含 16.5% 残渣的杨树液化产物制备了性能优良的酚醛树脂。于红卫等[245]研究了甲醛与苯酚的摩尔比、催化剂的用量等对树脂性能的影响，研究发现，当甲醛与苯酚的摩尔比低于 1.8 时，液化木树脂胶合强度均随着甲醛加入量的增加而降低，当高于 1.8 时，胶合强度随甲醛加入量的增加而增大；随着 NaOH 与苯酚的摩尔比由 0.4 增加到 0.6，树脂胶合强度随之显著增大，氢氧化钠用量继续提高，其胶合强度反而下降。这是因为碱的加入量增加后，胶的树脂含量下降，而且过量的碱易使树脂应用于胶合板时造成透胶导致胶合强度下降。

从国内外的研究报道来看，若树脂化和热压工艺合适，用生物质液化产物制备的树脂生产出的胶合板、刨花板和常规酚醛树脂制备的产品的性能相似。郑志锋等[246]利用核桃壳苯酚液化产物制备的酚醛树脂类胶黏剂能够满足混凝土模板用胶合板生产的要求，且其性能与胶合板用纯酚醛树脂胶黏剂相当。Roslan 等[247]用油棕丝苯酚液化产物制备了胶合强度满足 JIS K-6852 要求的酚醛树脂。

虽然利用生物质液化产物可制备性能优异的酚醛树脂，但生物质液化过程中加入的苯酚溶剂较多，生物质在液化产物中的含量一般在 30% 左右，导致树脂的价格相对较高。著者认为，在今后的生物质液化产物树脂化的研究中，应借鉴常规酚醛树脂降低成本的方法，在树脂化过程中加入尿素等替代部分苯酚，开发低成本性能优异的生物基胶黏剂新型合成工艺。

1.4.5 醚化木材

1.4.5.1 木材塑性改性

木材的主要组分是纤维素、木质素和半纤维素，木材的三大组分决定了其主要的物理力学性能和化学性质。木材三大组分各有自己的热软化温度，纤维素在 240℃ 以上，半纤维素和木质素则随分离方法的不同，其软化点温度表现出较大差异。木材之所以不具有热塑性，最主要的因素是纤维素的高度结晶和木质素的三维网状结构导致了木材软化温度高于其分解温度。

木材的三大主要成分中均含有羟基，以纤维素为例，纤维素链中每个葡萄糖基环上有三个活泼的羟基，其中两个是仲羟基，另外一个为伯羟基。纤维素中的羟基通常缔合成分子内和分子间氢键。它们对纤维素链的形态和反应有着深远的影响。尤其是 C_3 羟基与邻近分子环上的氧所形成的分子间氢键，不仅增强了纤维素分子链的线性完整性和刚性，而且使其分子链紧密排列而成高有序的结晶区。

通过化学手段，用其他的官能团来部分取代其纤维素、半纤维素等上面的活泼羟基可以减少各成分之间的氢键，使纤维素及半纤维素等靠羟基缔合成的分子内和分子间氢键被削弱，使其结合力大大下降。这种改变使纤维素分子部分链段的运动能力增大，分子的自由空间增加，晶体结构被破坏，从而导致材料的软化温度下降。当木材或其他木质纤维材料的软化温度低于其热分解温度后，它就转化成了热塑性材料。

木材或其他植物纤维的塑化与取代基团的性质有很大关系。在植物纤维中引入小分子取代基团，虽然也可在一定程度上消除纤维素的部分晶体结构，减弱纤维素分子间的作用力，但若取代基的体积太小，将使得自由空间的增加比较有限。如果取代基团带有极性（如 N、O 基团），则极性基团极有可能与未反应的纤维素羟基形成新的分子间作用力，在某种程度上反而减弱了取代效果，导致了热塑性能不佳。引入较大体积非极性的取代基团，将可以大大减弱纤维素链段的作用力，引起植物纤维体积的更大膨胀，密度下降得比较多，使得纤维各组分间的相互作用力也减弱得更为明显，从而产生良好的热塑性。目前木质纤维材料塑化手段主要是酯化和醚化。

用丙烯腈、氯化苄等醚化剂和木材进行反应，使氰乙基、苄基等基团取代木材各成分羟基上的氢，生成相应的醚，即木材醚化。木材经过醚化后羟基数量减小，分子间和分子内的氢键缔合被削弱，纤维素结晶结构被破坏，因而能够获得热塑性。另外，由于羟基数量减少，木材的吸水性下降，尺寸稳定性、耐候性、耐腐性、抗白蚁性能等都会相应增加。目前的醚化手段通常是先将木材进行碱处理，碱处理可使木材纤维产生粗糙的表面形态，同时也可破坏部分纤维分子链间的氢键，使得纤维密度降低，纤维变得松散。碱处理之后的原料可以在适当条件下和各种醚化剂反应生成相应的醚化木材。目前主要的醚化手段包括苄基化、氰乙基化、烯丙基化等。

木材和有机酸、酸酐等反应，使羟基上的氢被亲核基团或亲核化合物所取代，生成相应的酯化木材。酯化反应通常可以改善木材的尺寸稳定性、光降解性和耐候性等，有些酯化木材具有良好的热塑性[248~253]。木材乙酰化是出现最早、也是最成熟的酯化技术，其他酯化技术目前尚停留在试验研究阶段。

在 20 世纪 20 年代就有木粉或木屑乙酰化的相关研究，40 年代又有了实木乙酰化的报道。发展至今，木材乙酰化的技术已实现了工业化生产，有很多公司从事乙酰化木材的商业化生产，如瑞典和丹麦的 Dan Acell、荷兰的 Titan 等[254]。乙酰化使木材的吸湿性显著降低，尺寸稳定性大大提高，耐腐性、防火性能[255]、抑制木材变色能力等也能得到明显的改善。乙酰化还可显著提高木材的抗紫外线性能，减弱大气对表面的侵蚀和长久保持色泽鲜亮。乙酰化木材多用于制作稳定性和耐久性要求较高的产品，如车辆、运动器械、军事装备、建筑、室外用家具等；乙酰化木材还可直接用于温湿度变化比较大的场所，如潮湿房间的护墙板等。利用乙酰化木材的热塑性，可将其单独或与其他合成高聚物共混热压成型，如乙酰化纤维制造的锥形挤压成型聚丙烯热塑复合材料，可制作大型扩音器平板、浴室门等。

除了乙酰化以外，也可以采用丙酐、丁酐、酰氯等酯化剂使木材酯化。有些酯化产品的性能优于乙酰化木材。如在110℃时，相同反应时间下，丙酰化木材的增重率及尺寸稳定性，优于乙酰化木材。乙酰化以外的其他酯化手段，目前都处在实验室研究阶段，有些酯化虽然可以改善木材的某些性能，但整体性能离实际需要尚有差距。生产成本的降低、药品的回收及反应机理，还需要进一步探究[256]。

比较各类木材热塑性改性产物，苄基化和氰乙基化产物的热塑性较好。木材或其他木质纤维材料经过热塑性化学改性后，可用普通塑料加工成型的方法进行加工，制成各种高性能的功能性材料或复合材料，也可用于无胶人造板及木塑复合材料等的制造[257~259]。

利用醚化木材或其他木质纤维材料良好的热塑性，可以使其代替传统的胶黏剂，生产出主要性能达到国家标准的各类人造板。

1.4.5.2 苄基化木材

木粉以高浓度的NaOH水溶液作为润胀剂，以氯化苄作为醚化剂，在125℃左右反应4h，即可获得苄基化木材。苄基化过程中，如果以甲苯作稀释剂，可以改善物料在反应中的接触状况，有利于提高取代度；也可以使用高沸点溶剂如正戊醇、辛醇及二甲苯等作稀释剂，以减少氯化苄的用量，但要求反应温度增高，反应时间延长。除此之外，苄基化也可以在蒸汽相中进行，和液相中的反应相比，反应温度更高（120~160℃），反应时间更短[257~259]。

除了木材以外，还可以利用甘蔗渣及其他纤维材料进行苄基化反应[260]，最佳反应条件下甘蔗渣增重率可达165.0%，醚化剂利用率达到26.0%。在反应物中加季铵盐（如四乙基溴化铵）作为相转移催化剂可提高产品增重率和醚化剂利用率。苄基化反应也可以用微波加热方式，可缩短反应时间。

木材等原料苄基化处理后其中的纤维素结晶度下降，无定形部分增加。苄基化还使原料表面蜡质或类似于蜡的化合物增多。苄基化反应还能够去除原料的最外层，使原料表面变得更光滑。这些变化克服了木材表面极性高的缺陷，使得它和非极性的塑性材料相容性提高，对原料和塑性材料的复合非常有利。不同原料苄基化后性能会有一定的差异。如日本柳杉醚化后光泽性差、耐候性差，而日本赤松苄基化后可改善其抗弯强度、耐水性和尺寸稳定性[261]。

木材苄基化之后成为一种可流动的材料，可模压成型，也可用于生产聚亚胺酯泡沫材料、薄膜、薄片或用于制造胶黏剂。增重率为115%的苄基化木材可在100~150℃熔融，并可在一定的条件下热压成型为半透明的塑料状薄片。环氧大豆油、聚己酸内酯和乙酰基-三乙基-柠檬酸酯等增塑剂可改进苄基化日本白桦的力学性能和热性能，使其热塑性进一步增加，并可模压成型。在苄基化日本白桦内添加20%~30%聚己内酯，可以得到类似聚丙烯的产物。苄基化产物再进行乙酰化，产物软化点还会进一步降低[262]。

苄基化除了可将其直接热压成型外，也可制成多种复合材料或人造板。如将苄基化木材和聚丙烯通过共混挤出，再加上云母增强，可制备出高强度复合材料，用于制备混凝土浇注建筑模板等方面。利用苄基化反应，将剑麻纤维表面塑化，可制备出具有良好韧性的剑麻基自增强纤维复合材料。日本赤松苄基化后可用于生产无胶型刨花板。产物性能与苄基化刨花的增重率有关，增重率大于38％的苄基化刨花制成的无胶刨花板，相对于以酚醛树脂作胶黏剂的普通刨花板，具有更好的尺寸稳定性和耐腐性，内结合强度（IB）增强了1倍，静曲强度（MOR）略有下降。这一性能的改善是由原料中部分羟基上的氢被疏水性的苄基取代造成的。热磨机械浆进行苄基化改性后，可生产硬质纤维板，作为无醛人造板用于建筑、装修、家具等行业。研究表明，此类热磨机械浆苄基化反应进行1～2h是最合适的，可提高纤维板的弹性模量和抗胀性，处理时间过长会使纤维和管胞受到破坏[263]。

苄基化木材用甲苯、二甲基亚砜等溶剂溶解后，可代替聚醚和异氰酸酯反应，制备聚氨酯泡沫材料及聚氨酯黏合剂。

1.4.5.3　氰乙基化木材

木材氰乙基化指丙烯腈和木材各组分上面的羟基发生亲电加成反应，由氰乙基取代其中的氢原子。较早的方法是将经过苯醇和热水抽提的木粉干燥后，以NaOH作为润胀剂和催化剂，与丙烯腈在40℃左右下反应。这种方法通常不容易获得高取代度，需要耗用过量的醚化剂才能达到理想的取代效果。如果加入NaSCN或KSCN，在保证取代度不降低的情况下，可以适当降低碱液的浓度，同时使丙烯腈用量减少[264]。木材氰乙基化也可在蒸汽相中进行，需要的反应温度高于液相反应但反应时间缩短。木材氰乙基化反应时采用微波加热，也可以缩短反应时间。

研究发现，不同的木材经氰乙基化改性后热流动温度都在250℃左右，经氯溶胶处理后可降到150℃。如果改性反应之前用高碘酸钠或氯化钠处理木粉，或在反应之后加入少量氯化铁、氯化铜等金属卤化物，产品的热流动温度也会进一步下降。氰乙基化木材在甲酚中可溶解3％～30％。氯化之后的氰乙基化硬木溶解比例增加到84％～97％。但氯化之后的氰乙基化软木溶解比例仅增加到26％～44％。加热氰乙基木材可使其在甲酚中的溶解性提高[265]。

具有热塑性的氰乙基化木材可单独制成膜、薄片或注塑成型部件，亦能和可降解塑料复合。日本柳杉等经氰乙基化之后，得到的表面热熔的产品，可在160℃下热压成型，或者和高密度聚乙烯复合，制备木塑复合材料，用于生产复合门窗框、扶梯、地板、汽车底板、仪表板等[266]。氰乙基化木粉或氰乙基化短剑麻，与质量分数为0.03％～0.16％的氯水反应并干燥后，所得的氯代氰乙基化木粉或氯代氰乙基化剑麻作为复合材料的基体树脂，和未改性的短剑麻纤维、短苎麻纤维（5～12mm）或单向连续剑麻纤维混合均匀，在160℃，10MPa下热压成型，可分别制得短剑麻增强塑化植物纤维、短苎麻增强塑化植物纤维和单向连续剑麻增强塑化植物纤维复合材料片材。此类复合材料具有较好的物理力学性能，如单向剑麻纤维/塑化木粉复合材料的抗弯弹性模量最高可达 61.8GPa，弯曲强度最高达 339.7MPa[267]。

在不使用任何传统胶黏剂的情况下，氰乙基化木材纤维可在 240℃热压成密度为 750kg/m³ 的纤维板，其性能接近普通木材中密度纤维板。如果将氰乙基化纤维进一步氯化，则热压温度可以降到 130℃，产品静曲强度为 35MPa。如果在氯化氰乙基化木材纤维中掺入质量分数为 10%～20% 的未改性木材纤维或氰乙基化木材纤维，其强度还会进一步增加。比如掺入 20%氰乙基化木材纤维后所得中密度板的 MOR 为 40MPa[265]。

含氮 7%左右的氰乙基化纸浆具有水溶性，可用于造纸或生产木基功能材料；氰乙基化木材及其相关产品可以形成凝胶体或液晶状态，使其用途更加广泛；氰乙基化木材在适当的条件下水解后，可以作为离子交换剂；氰乙基化纤维素和氰乙基化木材还具有良好的电性能。它们的压电应变常数分别为 5×10^{-14} C/N 和 2×10^{-14} C/N，介电常数分别为 18 和 20，并且均在 70℃、5～100Hz 的频率下观察到弹性和应变松弛。氰乙基化木材和通常的高性能介电材料氰乙基化纤维素相比具有更高的介电常数，而且也具有较好的弹性和压电性能，因而可以像氰乙基化纤维素一样用于生产功能材料。

1.4.5.4　烯丙基化木材

以 NaOH 为润胀剂和催化剂，以异丙醇作为稀释剂，以烯丙基氯为醚化剂，在适当的温度下反应即可获得烯丙基化木材。

木粉于 80℃下进行烯丙基化反应 2h，产物热压时具有极好的热流动性，在 170℃下热压 10min 可以制成类似于塑料的棕色薄片。木材通过烯丙基化也可得到表面热熔的产品，能在 160℃下热压成型[268]。

木纤维在液相中（温度在 80℃以上）或气相中（温度在 100℃以上）进行烯丙基化后可用于生产无胶型中密度纤维板，其内结合强度（IB）超过了使用酚醛树脂胶黏剂的普通中密度纤维板，厚度膨胀率（TS）低于使用酚醛树脂胶黏剂的普通中密度纤维板，然而其 MOR 低于普通中密度纤维板。可将烯丙基化纤维按一定比例和未改性纤维或乙酰化纤维混合制备纤维板，所得产品 IB 有所下降，TS 有所增加，但 MOR 没有明显的降低。如果使乙酰化纤维和烯丙基化纤维混合，并且掺入的比例不超过 20%，所得纤维板的厚度膨胀率低于 10%；烯丙基化木材还可以和苯乙烯接枝共聚。和苯乙烯共聚的材料结合强度略低于没有与苯乙烯共聚的烯丙基化木材，但共聚产物湿强度有所增加，尤其是热水浸泡后的湿强度。产物对苯抽提也有一定的抵抗性，抽提后强度仅略有下降[269]。

^{13}C 固体核磁共振波谱表明纤维素、半纤维素及木质素等各原料中的羟基均可进行烯丙基化，X 射线衍射表明经过烯丙基化后木材的结晶被破坏。烯丙基化后木材的软化温度低于其热分解温度，因而具有热塑性。α-纤维素和木聚糖烯丙基化产物的热塑性不如烯丙基化木质素的热塑性好。磨木木质素的熔融温度在烯丙基化后

显著下降。纤维素、木质素混合物烯丙基化产物的热塑性随着其木质素含量的下降而降低。除了木材中纤维素的结晶在烯丙基化过程中被破坏，致使产物可在一定温度下软化外，木材中的木质素在烯丙基化后可起增塑剂的作用，进一步提高了木材的塑性[270]。

相对于乙酰化、苄基化等化学改性手段，烯丙基化的研究比较少，其反应机理及产品的性能、应用都需要进一步探索。

1.5 乳液胶黏剂

乳液胶黏剂是以单体和水在乳化剂和引发剂作用下，在一定温度下进行聚合反应所得到的产物。乳液聚合技术起源于20世纪早期，1920年已有专利出现，30年代初乳液聚合方法已见诸于工业化生产。第二次世界大战期间，乳液聚合理论研究，产品的开发取得了较大的进展。目前它已成为高分子科学与技术的重要领域，是生产高分子聚合物的重要方法之一。在近一个世纪以来，开发的乳液胶黏剂产品有：聚醋酸乙烯（PVAc）乳液、丙烯酸酯共聚乳液、氯丁胶乳（CR）、聚醋酸乙烯-乙烯（VAE）乳液、水性聚合物-异氰酸酯（API）胶黏剂及丁苯胶乳等。乳液聚合中，反应介质是水，因此具有体系黏度低、散热快、生产安全等优点，乳液聚合能实现较高的聚合反应速率，同时兼具高的分子量，制得的聚合物乳液可以直接用作乳胶漆、胶黏剂、水泥添加剂等。

随着人类环保意识日益增强，甲醛释放问题成为人类关注的焦点，研制高品质无毒木材用胶黏剂成为未来主要发展趋势。同时大径级木材严重短缺，利用小径级人工速生林生产集成材用于建筑行业的柱、梁、桁架及家具行业装饰，已经受到越来越多的重视。因此，乳液胶黏剂在今后木材工业中的应用会越来越多，用量也会逐渐增加。根据中国胶粘剂和胶粘带工业协会统计，2013年我国木工和细木工加工及后期加工产品所用乳液胶黏剂消费量达84.8万吨，在胶黏剂和密封剂产品（不包含三醛胶）市场占有率约为13.9%，2013年我国各种聚合物乳液胶黏剂销售量及增长率如表1-5所示。随着人造板材用量的增大，各类乳液胶黏剂在木材工业中的重要性可想而知，它将为木材加工行业提供更多的选择。

表 1-5 2013 年我国各种聚合物乳液胶黏剂销售量及增长率

乳液名称	消费量/万吨	增长率/%	乳液名称	消费量/万吨	增长率/%
PVAc	75.0	8.7	API	8.8	—
丙烯酸酯乳液	235.6	4.7	CR	0.2	—
VAE 乳液	47.3	8.2			

1.5.1 聚醋酸乙烯酯乳液胶黏剂

聚醋酸乙烯酯（PVAc）乳液俗称白乳胶，一般是以醋酸乙烯单体（VAc）为主单体，水为分散介质，聚乙烯醇（PVA）为保护胶体，在引发剂作用下借助乳液聚合或其他聚合方法均聚或与其他单体共聚制成聚合物乳液。PVAc 乳液为单组分乳液，具有价格低、生产方便、粘接强度高、无毒等特点，由于与其他树脂相容性广、胶合性佳，胶合时所需压力较小，胶膜无色透明、不污染材面，且胶膜具有可挠性等优点，用途广泛，被应用于木材加工、织物粘接、家具组装、制造业、包装业以及家庭装修等诸多领域，成为工业中的一个大宗产品[271]，随着国民经济的快速发展，其应用领域将会进一步扩大，其用量还将大幅度增加。根据中国胶粘剂和胶粘带工业协会统计，我国 PVAc 乳液主要的生产企业如表 1-6 所示。

表 1-6　2013 年我国 PVAc 乳液主要生产企业

序号	企业名称	产量/万吨	产品规格说明
1	浙江灵桥汽化工贸有限公司	7.7	固含量大多为 20％～30％
2	广州一江化工有限公司	5.3	以固含量 20％～30％为主
3	浙江顶立胶业有限公司	4.9	固含量 25％～50％，改性产品居多
4	江苏黑松林粘合剂厂有限公司	4.4	以固含量 35％～45％为主
5	广东龙马化学有限公司	4.2	以固含量 30％～35％为主
6	山西三维集团股份有限公司	2.1	固含量 30％占 70％,30％以上占 30％
7	广东金万得胶黏剂有限公司	2.0	以固含量 25％～30％为主
8	辽宁昌氏化工(集团有限公司)	1.3	以固含量 30％～40％为主

但是 PVAc 也存在很多不足之处：它是线性长链状高分子，分子链间仅有弱的极性引力，玻璃化温度（T_g）较低（27℃左右），当温度高于 T_g，分子链移动性变大，弹性模量快速降低；在湿热条件下，其粘接强度会有很大程度的降低，因而缺乏耐寒性、耐湿性、耐机械稳定性、抗蠕变性能差；当接触水或处于高湿环境下，分子链上的部分乙酰基易被水解成羟基，亲水性的羟基易将水分子吸附到胶合层，水分子透过木材及胶合层渗透至木材与 PVAc 界面上，引起胶合层软化，降低粘接强度，这些缺点限制了 PVAc 聚合物乳液的应用。

1.5.1.1　聚醋酸乙烯酯乳液的聚合机理

传统乳液聚合一般分为三个阶段，阶段Ⅰ：乳液成核期，水相中的自由基不断进入增溶胶束，引发其中的单体成核，单体继续增长聚合，胶束不断减少；阶段Ⅱ：胶粒数恒定期，胶粒内的单体浓度恒定，聚合速率也恒定，胶粒不断长大；阶段Ⅲ：减速期，胶粒内的残余单体继续聚合，聚合速率下降[272]。

但事实上，由于单体的水溶性不同，其聚合机理和结果各异。一些水溶性较大的单体如醋酸乙烯酯（溶解度 2.5％，25℃）、丙烯酸甲酯（溶解度 5.2％，20℃）等，就不适用苯乙烯（溶解度 0.027％，25℃）、丁二烯（溶解度 0.081％，25℃）等的乳液聚合模型。在阶段Ⅰ中，由于 VAc 单体也存在于水相中，水溶性引发剂热分解产生的自由基首先引发水相中的 VAc 单体，并聚合形成短链单体自由基，当聚合度增至一定程度后才从水中沉淀析出，这些自由基会聚集在一起，絮凝成核，单体不断扩散入内聚合成初级乳胶粒子。这些初级乳胶粒子或者继续吸附单体增长，或者和其他初级胶粒进行聚并，成为最终的乳胶粒子。

醋酸乙烯酯无皂乳液聚合是在不使用乳化剂或者乳化剂量小于其临界胶束浓度的情况下进行聚合。由于乳化剂的引入会影响 PVAc 产品的性能如耐水性等，故在 PVAc 乳液聚合时通常不加乳化剂，只加起分散作用的保护胶体。由于保护胶体如 PVA 等与水互溶，乳液中不存在胶束。阶段 I 中，自由基在水相引发 VAc 单体聚合形成初级粒子时，部分保护胶体自动从水相中迁移至粒子表面起稳定作用，在之后的初级乳胶粒子继续增长的阶段，保护胶体亦能与单体发生化学接枝[273]。

1.5.1.2 聚醋酸乙烯酯乳液的改性研究

乳液型胶黏剂与有机溶剂型胶黏剂相比，其最大的弱点就是耐水性稍差，为了使 PVAc 乳液在不同的领域得到应用，人们通常都对其进行改性，如共混、共聚、交联、保护胶体改性等以满足使用性能[274]。近几年来，国内外学者不断对 PVAc 乳液进行各方面的改性，包括使用添加剂改性、共聚改性、共混改性、保护胶体改性、引发体系和乳化剂优化等方面，在不影响其涂布、稳定性等其他性能的情况下，以期制备出耐水的聚醋酸乙烯酯乳液。因此开发一种工艺简单，单组分或者双组分，耐水性好且有一定的抗热蠕变能力的 PVAc 乳液已经渐呈趋势。

(1) 引发体系

引发剂的主要作用是产生自由基，然后引发聚合反应。乳液聚合反应基本都是由自由基引发，传统的乳液聚合中使用的引发剂是热分解引发剂，分子中含有 O—O 键和 N＝N 键的化合物分解的键能在 $125\sim146kJ/mol$，通常它们的反应活性较低，在室温下较稳定，在较高温度下才能进行分解引发聚合。而氧化还原引发剂体系的活化能较低，在低温下也能较快地引发单体聚合。

人们对 VAc 乳液聚合引发体系的改进也主要集中在氧化还原引发体系的研究。采用氧化还原体系进行 VAc 乳液聚合，保持其他反应条件不变，引发剂分解生成初级自由基的活化能可以大幅度降低，聚合反应可以在较低温度条件下进行，得到聚合分子量较大的聚合物，同时，避免了温度过高对聚合物性能产生的不良影响。Agirre 等[275]用聚乙烯醇作为保护胶体，采用氧化还原体系叔丁基过氧化氢/抗坏血酸（TBHP/AsAc）和过硫酸钾/焦亚硫酸钠（KPS/NaMs）进行 VAc 和 VeoVa10 的高固含量（57%）共聚反应，分别研究了这两种氧化还原引发体系的特性。在聚合反应初期，TBHP/AsAc 和 KPS/NaMs 粒径增长趋势相似，但是待单体滴加完毕后，TBHP/AsAc 体系粒径突然增大，并且发现 TBHP/AsAc 聚合反应速率较 KPS/NaMs 快。类似这样的氧化还原引发体系包括双氧水/酒石酸、过硫酸钾/亚硫酸氢钠[276]、叔丁基过氧化氢/甲醛次硫酸氢钠（TBHP/SFS)[277,278]等。

一些重要的氧化还原体系如下所示：

① 过硫酸盐-酸性亚硫酸盐

$$S_2O_8^{2-}+HSO_3^- \longrightarrow SO_4^- \cdot +SO_3^- \cdot +HSO_4^-$$

② 过硫酸盐-硫代硫酸盐

$$S_2O_8^{2-}+S_2O_3^{2-} \longrightarrow SO_4^- \cdot +S_2O_3^- \cdot +SO_4^{2-}$$

③ 过硫酸盐-甲醛次硫酸氢钠

$$S_2O_8^{2-}+HOCH_2SO_2^-+OH^- \longrightarrow 2SO_3^- \cdot +CH_2O+SO_4^{2-}+H_2O$$

④ 过氧化氢-甲醛次硫酸氢钠

$$2H_2O_2+HOCH_2SO_2^- \longrightarrow 2HO \cdot +HOCH_2SO_3^-+H_2O$$

⑤ 叔丁基过氧化氢-甲醛次硫酸氢钠

$$2(CH_3)_3CO—OH+HOCH_2SO_2^- \longrightarrow 2(CH_3)_3CO \cdot +H_2O+HOCH_2SO_3^-$$

⑥ 过氧化氢-Fe^{2+}

$$H_2O_2+Fe^{2+} \longrightarrow HO \cdot +OH^-+Fe^{3+}$$

⑦ 过硫酸盐-Fe^{2+}

$$S_2O_8^{2-}+Fe^{2+} \longrightarrow SO_4^- \cdot +SO_4^{2-} \cdot +Fe^{3+}$$

其他的还原性金属离子还包括 Cr^{2+}、Cu^+、Ti^{2+}。

⑧ 有机氧化还原引发剂（过氧化氢异丙苯/苯亚磺酸）

$$2C_6H_5C(CH_3)_2OOH+C_6H_5SO_2H \longrightarrow 2C_6H_5C(CH_3)_2O \cdot +C_6H_5SO_3H+H_2O$$

⑨ 过氧化苯甲酰-苯基膦酸

$$(C_6H_5COO)_2+C_6H_5PO(OH)_2 \longrightarrow 2C_6H_5 \cdot +C_6H_5P(O)(OH)_2+2CO_2$$

林华等[279]以 Fe^{2+}/H_2O_2 氧化还原体系研究了 VAc 与木薯淀粉的接枝共聚反应。他们认为 VAc 乳液聚合反应的转化率和接枝率与加入氧化剂、还原剂、单体的顺序存在一定的关系。先加入还原剂和 $FeSO_4$，再加入氧化剂，则单体的转化率比较高。Bin Wang 等[280]在低温条件下，用氧化还原引发体系 $NaHSO_3$ 和 KPS 引发 VAc 的无皂乳液聚合，聚合反应速率取决于引发剂的用量、单体浓度，反应温度和引发速度。

（2）保护胶体

聚醋酸乙烯酯（PVAc）乳液聚合中常加入保护胶体以控制乳胶粒的尺寸、分布和提高乳液的稳定性，保护胶体能在乳胶粒表面形成保护层以防止粒子团聚，与普通的乳化剂相比，保护胶体还能够提高乳液胶膜的强度。聚乙烯醇是聚醋酸乙烯酯乳液中最常用的乳化剂，习惯称之为保护胶体，聚乙烯醇在乳液中除了起乳化剂的作用外，也起保护胶体增稠的作用。保护胶体如 PVA 等加入乳液后，以空间位阻的作用稳定乳液，降低水的表面张力，其作用与表面活性剂相似。

PVA 具有优异的耐化学品和物理性能，例如成膜性、乳化性能、粘接性能、拉伸性能和柔韧性，同时也具有非常低的毒性，已经广泛用于不同的行业中，特别是纺织、造纸、胶黏剂、涂料、凝胶、乳液聚合以及包装等[281~283]。保护胶体的性能随其分子量大小、支化度和组成不同而变化。Gilmore 等[284,285]认为乳液体系中 PVA 分为三部分，分别为溶于水相、在乳胶粒表面物理吸附以及与 PVAc 化学接枝。PVAc 通过链转移接枝到 PVA 上，提高了胶粒的稳定性并且 PVA 的存在使 VAc 单体聚合速率减慢。因此 PVA 的组成和结构对 PVAc 乳液的冻融稳定性和耐水性等有重要的影响。对 PVA 进行改性，即可以保留 PVA 的特点及乳液原有的性质，又可提高 PVAc 乳液的耐水性等，具有较大的实用价值，因此也是目前 PVAc 乳液改性的主要方向之一。

保护胶体改性的主要途径是在其分子链上引入疏水基团，如羟基酯化、缩醛化、乙酰化[286,287]，或者使用乙烯-乙烯醇共聚物作保护胶体[288~290]。阎立梅等[291]将缩甲醛化后的 PVA 作为保护胶体使用，得到的 PVAc 乳液在低温下的黏度稳定性和冻融稳定性显著改善，同时乳化能力提高，与醋酸乙烯酯的接枝率提高。刘冰坡[289]将用双乙烯酮乙酰乙酰化的 PVA 作为保护胶体，制备出能够达到 EN204 D3 等级标准的高强度耐水 PVAc 乳液。

(3) 共混改性

共混改性就是在乳液中加入一定量添加剂、外交联剂等，与乳液进行复配，使乳液成膜后形成网状大分子结构，从而改善胶膜的耐水性、耐寒性、抗蠕变性和粘接性能等。聚合物共混乳液具有性能优异、加工周期短、价格低廉等特点，其发展的速度非常快。Kaboorani 等[292]采用 MUF 和 MF 与聚醋酸乙烯乳液共混，分析不同添加量（15%、30%、50%、70%、100%）对乳液性能的影响，结果显示 MUF 和 MF 的加入对于强度的提高都有帮助。Khan 等[293]采用剥离的石墨烯溶液与聚醋酸乙烯乳液胶黏剂共混，该石墨烯溶液加入 0.1%（体积分数）时胶黏剂的硬度能够增大 50%，拉伸强度增大 100%。乳液共混的关键在于两种乳液或多种乳液之间的相容性好，分子之间的相互作用力强，否则混合乳液将会发生相分离导致改性失败，因此，PVAc 乳液的共混改性适用还是有限的。

(4) 共聚改性

虽然物理共混改性工艺简单，也能提高相关性能，但物理共混必须解决 PVAc 和共混组分的相容性问题，而且共混物的稳定性也存在问题。目前对聚醋酸乙烯改性应用最多的还是共聚改性。共聚改性即在制备 PVAc 过程中加入一些具有特定功能的共聚单体[294]，使之与醋酸乙烯共聚，最终得到共聚乳液。共聚改性可以改变 PVAc 的最低成膜温度，并且可以在聚合物主链上引入反应性的官能团，使之具有一定的反应能力，实现内部的可塑化和对外的亲和性，使 PVAc 的综合性能得到提高。

常用于与 VAc 共聚的单体有丙烯酸及丙烯酸酯、苯乙烯、丙烯腈、乙烯及含有羧基或多官能团的单体等。贺磊等[295]以醋酸乙烯酯、丙烯酸丁酯、N-羟甲基丙烯酰胺和丙烯酸为单体，制备了木材工业用四元乳液胶黏剂，其乳液平均粒径为 $0.38\mu m$，湿强度可达 4.57MPa。Zhang 等[296]采用淀粉接枝醋酸乙烯得到耐水性能优良的木材胶黏剂，粘接干强度达到 7.88MPa，湿态强度达到 4.09MPa。

Lu 等[297]用 VAc 与 VeoVa10、AAEM 进行共聚反应，加入二元胺进行交联反应形成烯胺，聚合物的玻璃化转变温度升高，胶黏剂干剪切强度、湿剪切强度、耐沸水强度都有所改善。Cui 等采用 N-羟甲基丙烯酰胺与 VAc 进行共聚反应，改善了聚合物的化学、物理和热稳定性能[298]。

将 VAc 与含有羧基基团的单体共聚可以得到抗冻融 PVAc 乳液，这是由于羧基在乳液颗粒表面富集，形成具有双电层保护作用的保护层，提高乳液冻融稳定性。常用的含羧基单体有丙烯酸、甲基丙烯酸、马来酸、马来酸酐、马来酸单烷基酯、衣康酸等。采用丙烯酸与 VAc 进行共聚合成的共聚物乳液与 PVAc 均聚物乳液相比，共聚物乳液具有更好的耐热性、耐溶剂性及更好的粘接性能等。用玻璃化转变温度较低的一些单体与 VAc 共聚也可取得一定的效果。

1.5.1.3　聚醋酸乙烯酯乳液胶黏剂的发展前景

聚醋酸乙烯酯（PVAc）乳液作为产量最大的合成聚合物乳液之一，在胶黏剂领域占有重要的地位，针对应用中显现出的不足，人们通过各种方法对其进行了大量的改性研究，并取得了很大进展，使 PVAc 乳液的性能得到了大大改善。

随着 PVAc 乳液在高档家具、汽车内装饰、汽车篷布等行业的广泛应用，人们对其耐水性、耐热性、无毒环保性能有了更高的要求。耐水性能好，粘接强度高，耐久性强的 PVAc 乳液将是未来产业化的主要方向。对于水性聚合物胶黏剂的需求将会不断增大，同时新产品、新工艺将同步提高，随着人们生活水平的不断提高，对于产品的需求和要求也越来越苛刻。

1.5.2　水性聚合物-异氰酸酯胶黏剂

水性聚合物-异氰酸酯胶黏剂（API）开发于 20 世纪 50 年代，80 年代以来发展较快，至今已成为一个品种繁多，应用广泛的胶黏剂类别。异氰酸酯胶黏剂是一类分子链中含有异氰酸酯基（—NCO）及少量氨基甲酸酯（—NH—COO—）的反应型胶黏剂，能够与木材中的羟基反应，在木材和胶层之间可生成氨基甲酸酯共价键，同时还可与木材中的水反应生成聚脲，因此制得的板材胶接强度高、热压时间短且耐水性好。由于它具有用量小、无甲醛释放、耐水性佳、胶接强度高等优点，因此，在环保型木材胶黏剂的开发研究中，它具有较大的潜力。

1.5.2.1　API 胶黏剂的特点

集成材（Glued Laminated Timber）是将木材纤维方向相平行的板材或小方木在长度、宽度或厚度上胶合而成的板材或方材，分为结构集成材和非结构集成材两大类。集成材保留了天然木材的结构和特性，而且在技术性能方面优于天然木材，其外表美观、材质均匀、性能可靠，是建筑工程、装修和家具的理想基材，在国内外市场上深受欢迎。我国木材资源紧缺，大径级优质材尤为稀少。集成材可利用短小料和小径材制造，提高了木材的利用率和附加值，并可制成人造板不能代替的大规格板材和方材，是木材工业新的发展方向，前景十分广阔[299]。

集成材所用的胶黏剂很多，干酪素胶是古老的胶种，该胶无毒、抗震性好，可以低温固化，干状胶合强度好，缺点是耐水性差，抗腐性差，固化时间长，在集成材开发初期，用得较多，现已被合成树脂胶所代替。间苯二酚-甲醛树脂胶，可以常温固化，胶接耐久性极好，呈中性或微碱性，对木质纤维素无损害，但成本较高，很少采用。常用性能与之相近的苯酚-间苯二酚-甲醛树脂胶代替，因该胶的价格比间苯二酚-甲醛树脂胶低得多，得到广泛应用。醇溶性酚醛树脂也可用于结构集成材生产，但要求 pH 值在 2 以下固化，易产生酸裂化，而较少用。单组分聚氨酯胶有优良的力学性能，优异的耐水性、耐热、耐溶剂性能，可以黏合湿木材，在欧洲结构集成材生产中用得较多。

水性高分子聚合物异氰酸酯胶黏剂是由日本光洋产业公司于 1971 年和朝日、可乐丽公司共同开发的，当时是以 PVA 水溶液（100 份）和固化剂 AE（10 份）配制而成的，商品名 KR-120，在日本木材加工领域迅速推广。KR-120 在日本市场化阶段，研究人员针对不同市场需求，改变主剂组成开发出供 PVC 膜层压的 KR-301、压敏胶 KR-171、供耐磨布衬用 KC 系列胶黏剂及长适用期 KR-LL。1975 年日本开始工业化生产，年产量 360 吨，1987 年年产量 10300 吨。1981 年日本接着剂工业协会将这种双组分水性胶命名为 Aqueous Vinyl Polymer Solution Iso-eyanate，简称 API。1992 年 JAS 标准规定 API 与间苯二酚胶黏剂同样可以用于生产结构集成材。1994 年日本已有七家公司生产 API，商品出口到 30 多个国家和地区[300]。

随着我国集成材工业的发展，API 胶的研制开发兴起，冉全印等从 1991 年开始进行 API 胶在集成材生产应用中的研究，1994 年研制成 SR-80 木材拼接胶，其各项指标均达到非结构用集成材胶黏剂的技术要求，1996 年冉全印等又研制成结构集成材用的 SR-100 胶黏剂[301]，孟令辉等 1995 年进行集成材胶的研制[302]，用共聚方法合成改性聚醋酸乙烯乳液为主剂，采用异氰酸酯为固化剂，实现集成材的在线生产，该 API 胶的性能达到或优于当时同类进口胶的指标。

为适应我国集成材工业的需求，国内出现黑龙江光明胶业、上海东和等年产 3000 吨以上的 API 胶生产企业。日本光洋、美国国民淀粉、美国波士、美国富乐等公司纷纷在中国建厂生产 API 胶。据不完全统计，目前国内 API 胶产量达 50 万吨以上。

水性高分子聚合物异氰酸酯胶黏剂通常是以 PVA 水溶液和苯乙烯-丁二烯乳液、聚丙烯酸酯乳液、VAE 乳液、PVAc 乳液等水性高分子聚合物加填料（常用碳酸钙、白炭黑、陶土、石膏粉、滑石粉、淀粉等）为主剂和多官能度异氰酸酯化合物（通常为 MDI、TDI、P-MDI、PAPI 等）为交联剂构成的双组分胶黏剂。填料的加入能够增加胶黏剂的固含量，防止胶层收缩，改善胶黏剂的渗透性，防止胶黏剂过分渗入木材内部造成粘接面缺胶，增加胶层的硬度从而提高粘接强度。API

胶黏剂的使用可将短材接长、薄材加厚、窄材拼宽、小材大用，也可用于指接、硬木、门窗及其他木制品的粘接，有利于扩大人造板原料的来源，提高资源的综合利用率。

主剂中可以含有多种活性氢基团，如—OH、NH₂—、—NH—、—COOH、—CONH—、—NHCOO—等，木材本身也有酚羟基、脂肪族羟基等活性氢基团。主剂和木材中的这些活性氢基团与异氰酸酯发生如下反应，形成交联的立体网络结构，产生强力的胶接。

交联反应

P—OH ＋OCN—R—NCO＋ HO—P ——→ P—OCONH—R—NHCOO—P

主剂聚合物　　　　　异氰酸酯　　　　主剂聚合物　　　　　　交联的主剂聚合物

异氰酸酯和木材反应

P—OH ＋OCN—R—NCO＋HO—WOOD ——→ P—OCONH—R—NHCOO—WOOD

主剂聚合物　　　　异氰酸酯　　　　木材　　　　　　　　　主剂聚合物木材交联

上述交联固化反应在大量水存在下进行，水也是一种含活性氢的化合物，可以与异氰酸酯发生反应并释放 CO_2。

异氰酸酯与水的反应，不仅消耗交联剂异氰酸酯，而且放出 CO_2 引起胶层出现泡孔，使强度降低，因此，在保证交联反应能保持合适速率的前提下，应尽可能抑制异氰酸酯与水的反应。

异氰酸酯与活性氢基的反应一般比较容易进行，通常在常温下（5～25℃）即能交联反应，35℃即能迅速发生交联反应，使体系的黏度和可涂布性显著变化。因此，API胶主剂和交联剂按比例混合均匀后需立即使用，尽快用完，才能达到较好的胶合强度。

API胶具有下列优点：

① 主剂以水为分散介质，不含甲醛、苯酚，不污染环境。胶黏剂体系呈中性，不污染胶接材料，是一类环保型产品。

② 初黏性好，可常温固化获得优异的耐水胶接强度，其耐水性、耐热性可根据固化剂用量多少来调节，可以根据基材不同采用常温或加热固化，使用方便。

③ 性能与结构集成材用的间苯二酚甲醛树脂相当，成本相对较低。

④ 分子设计和配比灵活，可以通过改变异氰酸酯的种类、羟基化合物的种类和分子量，以及它们之间的比例，进行分子设计，制成各种高性能的胶料，适应多种基材使用，满足各行各业的需求。

赵姝等[303]用共聚方法对聚乙酸乙烯酯乳液进行改性，合成了一种胶合板用水性高分子-异氰酸酯（API）胶主剂。用异氰酸酯作 API 胶的固化剂，测得胶黏剂对木材的湿胶合强度达到 1.3MPa 以上，胶合板的甲醛释放量仅为 0.0144mg/L。李翾[304]制备了一种以自交联丙烯酸树脂为主剂，硅溶胶和异氰酸酯三聚体为外加交联剂的无醛木材胶黏剂，此木材胶黏剂在细木工板上的胶合强度达 0.82MPa，横向静曲强度达 20.5MPa，耐水性为 12h，均符合国家标准。

1.5.2.2　API 胶黏剂的应用及发展前景

API 是用途很广的一种胶黏剂，其主要用途有：家具、胶合板、装饰板、金属、塑料与木制品的复合。API 胶黏剂属无醛木材胶黏剂，其在胶接强度、耐水性、固化速率等方面均优于传统的胶黏剂。作为一种可以广泛采用的木材工业用胶黏剂，价格高是限制 API 应用的一个重要因素，另外 API 活性较高，反应过快，能与水发生反应，故对生产工艺流程控制要求高，如用于刨花板生产需严格控制计量进料和铺装系统，还需进行脱模处理以防粘板。因此解决这些问题就成了今后 API 胶黏剂的研究方向，目前已经有了许多关于这方面的研究。

尽管 API 胶黏剂价格较高，但它具有传统胶黏剂无法比拟的优点，是木材胶黏剂的新的发展方向，也是当前研究的热点。目前 API 胶黏剂的研究主要集中在降低其成本和保护高活性的异氰酸酯基上，特别是通过改进工艺，寻找或合成新的物质对高活性的异氰酸酯基进行保护，开发储存期久的 API 胶黏剂。随着进一步的发展，国内外对 API 胶的研究也越来越多，其中之一就是降低其成本，随着合成技术的不断成熟，价格会随之下降。

1.5.3　丙烯酸酯乳液胶黏剂

丙烯酸酯类胶黏剂是由多种丙烯酸酯类单体共聚所得到的一类乳液型胶黏剂。由于丙烯酸酯类单体容易发生自聚或与其他乙烯基单体发生共聚反应，因此可通过分子设计来制备不同性能的丙烯酸树脂乳液。作为水性胶黏剂的一种，丙烯酸酯乳液具有安全无公害、合成容易、聚合时间短、使用方便、聚合物分子量较高以及对多种材料具有较好的粘接性能等优点，因而有巨大的商品生产重要性[305]。

目前，丙烯酸系聚合物乳液胶黏剂已广泛用于各行各业及日常生活中，例如胶带、造纸、涂料、标签、织物聚合、织物印花、木材加工等。但是，用于木材加工的该类聚合物乳液却相对较少，一方面是由于丙烯酸系聚合物乳液的成本较高，另一方面丙烯酸酯类乳液含有亲水性的酯基，水分子容易进入胶层表面。为了兼顾性能和价格两方面的要求，通常将丙烯酸系单体与醋酸乙烯酯单体进行共聚，制备高性能的改性丙烯酸系聚合物乳液。尹诗衡等对丙烯酸酯、醋酸乙烯酯进行种子乳液聚合，合成了一种高性能的醋酸乙烯-丙烯酸丁酯共聚乳液，该乳液的耐水耐寒性优于均聚乳液（PVAc）[306]。贺磊采用半连续乳液聚合的方法制备了木材工业用的醋丙乳液胶黏剂，通过控制单体和引发剂的滴加时间以及聚合温度等因素，并引入了功能性交联单体，研制出了可在常温下快速固化的醋丙乳液，该乳液用于木材的粘接有较高的剪切强度[307]。李轩等[308]以苯乙烯、丙烯酸丁酯、丙烯酸、N-羟甲基丙烯酰胺为单体，以聚乙烯醇（PVA）为保护胶体，采用无皂种子乳液聚合法制备了稳定且性能优异的丙烯酸树脂乳液黏合剂。以此丙烯酸树脂乳液为主剂，以硅溶胶和封端异氰酸酯为外加交联剂复合制得性能优异的无醛人造板胶黏剂。

由于丙烯酸系聚合物乳液胶黏剂对压力较为敏感，且本身具有常温较快固化成膜的特性，因此在木材加工中特别是在指接材、集成材及贴面材料上，丙烯酸系聚合物乳液胶黏剂可以得到很好的应用。由于集成材长度方向及厚度方向范围很大，用一般的热压胶合工艺传热太慢，浪费能源且效率也很低。用传统的醋酸乙烯酯乳液胶黏剂，尽管它能常温固化，但固化时间较长、强度不大、耐水性差、效率很低。通过乳液聚合的方法可制得纯丙乳液、醋丙乳液、苯丙乳液及硅丙乳液，利用丙烯酸系聚合物乳液胶黏剂常温较快固化的特性，并应用于集成材领域是目前发展的重要趋势之一[309]。

丙烯酸系单体的共聚物乳液作为木材胶黏剂时，通常都具有接触胶黏剂的特点，而且，从应用上看，聚丙烯酸酯乳液胶黏剂主要用于在木材表面上粘贴其他膜材料，如乙烯基树脂膜、纸、金属等。

1.5.4 VAE 乳液胶黏剂

VAE 乳液是 1965 年由美国 Air Products and Chemical 公司开发成功的，是以醋酸乙烯（VAc）和乙烯为主要原料，以水为介质，采用乳液聚合工艺，在引发剂作用下共聚得到的一种热塑性聚合物，国外将其统称为 EVA，而我国则按 VAc 含量不同将其分为 EVA 树脂（VAc 含量＜40％），EVA 橡胶（VAc 含量 40％～70％）和 VAE 乳液（VAc 含量 70％～95％）。1980 年世界 VAE 乳液产量达 22 万吨，1988 年产量已达 50 万吨，到现在，全球 VAE 乳液产量已达到 300 多万吨。

由于 VAE 共聚物具有优异的综合性能，被广泛用于复合包装材料、卷烟、建筑水泥砂浆改性、建筑防水、木材、无纺布制造以及各种极性与非极性材料的通用粘接。它的成膜温度比聚醋酸乙烯乳液低，对氧、臭氧和紫外线都很稳定，耐冻融稳定性、耐酸、耐碱及储藏稳定性均优于醋酸乙烯均聚乳液。随着应用范围的不断发展，多元改性乳液成为 VAE 乳液系列产品的重要组成部分，为了提高固化速率和粘接强度，已经开发出高固含量（65％～75％）的 VAE 产品[310]。

VAE 乳液虽然可以直接用作胶黏剂，但性能不够理想，若作为木材胶黏剂，胶合强度达不到使用要求，因此有很多专家学者对其性能进行了改进，主要的改性方法有共混法、共聚法、交联法、转相乳化法等，使之满足更多的需要。

与日本、美国和欧洲发达国家和地区相比，我国 VAE 乳液的研究起步较晚但发展迅速，到 2013 年国内 VAE 最大产能已达到 60 万吨，年均增长率超过 20％，VAE 乳液在木工胶行业市场用量一直很大，以较大幅度增长。VAE 乳液的主要生产厂家和产量如表 1-7 所示。

表 1-7　2013 年国内 VAE 乳液的生产企业产能及产量

序号	生产企业	产能/（万吨/年）	产量/（万吨/年）	主要乳液牌号
1	大连化工工厂（江苏）	20.0	11.5	DA101、DA102、DA177
2	北京东方石油化工有限公司有机化工厂	12.0	10.5	VAE707、VAE705、VAE817 等
3	塞拉尼斯（南京）工厂	12.0	10.5	Celvolit cp149、147、143
4	瓦克化学（南京）有限公司	12.0	8.2	VINNAPAS EP705A
5	四川维尼龙厂	6.0	5.0	VAE707、705、600、716、718 等
6	安徽皖维高新材料股份有限公司	6.0	5.3	VAE707、705、706
7	山西三维集团股份有限公司	3.0	1.8	SWE-10、SWE-11、SWE-17 等

　　VAE 乳液是重要的水基胶黏剂，其成本低廉，符合环保要求及未来发展的方向，在胶黏剂产业中具有广阔的发展前景，值得进一步研究和开发应用。未来 VAE 乳液的发展趋势主要包括以下几个方面：高固含量以满足高速施胶领域的应用要求，提高乙烯含量以改善对低表面能物质的粘接力，采用多元共聚法以适应不同应用条件下的应用领域的需要，采用自交联法以改善 VAE 自身的性能，细粒径化以满足高光度的应用需求[311]。

参 考 文 献

[1]　杜官本，华毓坤．脲醛树脂结构研究进展[J]．林业科学，1999，35（4）：86-92.

[2]　Chow S，Steiner P R．Catalytic，exothermic reactions of urea-formaldehyde resin[J]．Holzforschung-International Journal of the Biology，Chemistry，Physics and Technology of Wood，1975，29（1）：4-10.

[3]　Kollman F F P，Kuenzi E W，Stamm A J．Principles of wood science and technology[M]．Springer-Verlag，1984：312-550.

[4]　Pratt T J，Johns W E，Rammon R M，et al．A novel concept on the structure of cured urea-formaldehyde resin[J]．The Journal of Adhesion，1985，17（4）：275-295.

[5]　Dunker A K，John W E，Rammon R，et al．Slightly bizarre protein chemistry：Urea-formaldehyde resin from a biochemical perspective[J]．The Journal of Adhesion，1986，19（2）：153-176.

[6]　赵临五，王春鹏．脲醛树脂胶黏剂——制备、配方、分析与应用[M]．北京：化学工业出版社，2005.

[7]　柳川．二羟甲基脲和三聚氰胺或羟甲基三聚氰胺之间的反应研究[J]．木材学会志[日]，1962，8（3）：234-238.

[8]　Tomita B，Hse C Y．Analyses of Cocondensation of Melamine and Urea through Formaldehyde with Carbon 13 Nuelear Magnetic Resonance Spectroscopy[J]．Mokuzai Gakkaishi，1995，41（3）：349-354.

[9]　Ebdon J R，Heaton P E，Huckerby T N，et al．Characterization of urea-formaldehyde and melamine-formaldehyde adducts and resins by ^{15}N-NMR spectroscopy[J]．Polymer，1984，25（6）：821-825.

[10]　王辉，杜官本．MUF 共缩聚树脂合成过程中结构形成分析[J]．合成树脂及塑料，2013，30（3）：29-32.

[11]　郑云武，朱丽滨，顾继友，等．三聚氰胺添加方式对 MUF 胶粘剂性能的影响[J]．中国胶粘剂，2012，21（1）：1-5.

[12]　Zhang J Z，Wang X M，Zhang S F，et al．Effects of melamine addition stage on the performance and curing behavior of melamine-urea-formaldehyde（MUF）resin[J]．BioResources，2013，8（4）：5500-5514.

[13] Mao A, Kim M G. The effects of adding melamine at different resin synthesis points of low mole ratio urea-melamine-formaldehyde (UMF) resins [J]. BioResources, 2013, 8 (4): 5733-5748.

[14] 杜官本. 尿素与甲醛加成及缩聚产物[13]C-NMR 研究 [J]. 木材工业, 1999, 13 (4): 9-13.

[15] 胡岚方. 秸秆乙醇残渣改性脲醛树脂的制备与应用 [D]. 北京: 中国林业科学研究院, 2015.

[16] Amirou S, Zhang J Z, Essawy H A, et al. Utilization of hydrophilic/hydrophobic hyperbranched poly (amidoamine) s as additives for melamine urea formaldehyde adhesives [J]. Polymer Composites, 2015, 36 (12): 2255-2264.

[17] Essawy H A, Mohamed H A, Elsayed N H. Upgrading the adhesion properties of a fast-curing epoxy using hydrophilic/hydrophobic hyperbranched poly (amidoamine) s [J]. Journal of Applied Polymer Science, 2013, 127 (6): 4505-4514.

[18] Li X, Essawy H A, Pizzi A, et al. Modification of tannin based rigid foams using oligomers of a hyper-branched poly (amine-ester) [J]. Journal of Polymer Research, 2012, 19 (12): 1-9.

[19] Zhou X, Essawy H, Pizzi A, et al. First/second generation of dendritic ester-co-aldehyde-terminated poly (amidoamine) as modifying components of melamine urea formaldehyde (MUF) adhesives: subsequent use in particleboards production [J]. Journal of Polymer Research, 2014, 21 (3): 1-15.

[20] Deng S D, Pizzi A, Du G B, et al. Synthesis, structure, and characterization of glyoxal-urea-formaldehyde cocondensed resins [J]. Journal of Applied Polymer Science, 2014, 131 (21): 8558-8572.

[21] Mamiński M, Król M, Grabowska M, et al. Simple urea-glutaraldehyde mix used as a formaldehyde-free adhesive: effect of blending with nano-Al_2O_3 [J]. European Journal of Wood and Wood Products, 2011, 69 (3): 505-506.

[22] Zhu X F, Xu E G, Lin R H, et al. Decreasing the formaldehyde emission in urea-formaldehyde using modified starch by strongly acid process [J]. Journal of Applied Polymer Science, 2014, 131 (9): 742-751.

[23] Ye J, Qiu T, Wang H Q, et al. Study of glycidyl ether as a new kind of modifier for urea-formaldehyde wood adhesives [J]. Journal of Applied Polymer Science, 2013, 128 (6): 4086-4094.

[24] Kumar A, Gupta A, Sharma K, et al. Influence of activated charcoal as filler on the properties of wood composites [J]. International Journal of Adhesion and Adhesives, 2013, 46: 34-39.

[25] 于晓芳, 王喜明. 有机蒙脱土改性脲醛树脂胶黏剂的制备及结构表征 [J]. 高分子学报, 2014, (9): 1286-1291.

[26] 夏志远, 季仁和, 颜镇. 木材工业实用大全: 胶粘剂卷 [M]. 北京: 中国林业出版社, 1996.

[27] Pizzi A. Advanced wood adhesives technology [M]. CRC Press, 1994.

[28] 韩书广, 吴羽飞. 脲醛树脂化学结构及反应的[13]C-NMR 研究 [J]. 南京林业大学学报: 自然科学版, 2006, 30 (5): 15-20.

[29] 杜官本. 摩尔比对脲醛树脂初期产物结构影响的研究 [J]. 粘接, 1999, 20 (3): 1-5.

[30] 杜官本. 酸性环境下脲醛树脂结构形成特征 [J]. 西南林学院学报, 1999, 19 (2): 127-128.

[31] 杨迪. 凝胶色谱测定聚合物相对分子质量及其分布 [J]. 现代塑料加工应用, 2005, 17 (6): 36-39.

[32] Mansouri H R, Pizzi A. Urea-formaldehyde-propionaldehyde physical gelation resins for improved swelling in water [J]. Journal of Applied Polymer Science, 2006, 102 (6): 5131-5136.

[33] Holopainen T, Alvila L, Rainio J, et al. Phenol-formaldehyde resol resins studied by ^{13}C-NMR spectroscopy, gel permeation chromatography, and differential scanning calorimetry [J]. Journal of Applied Polymer Science, 1997, 66 (6): 1183-1193.

[34] Ferra J M, Mendes A M, Costa M R N, et al. Characterization of urea-formaldehyde resins by GPC/SEC and HPLC techniques: effect of ageing [J]. Journal of Adhesion Science and Technology, 2010,

24 (8-10)：1535-1551.

[35] Karas M，Bachmann D，Bahr U，et al. Matrix-assisted ultraviolet laser desorption of non-volatile compounds [J]．International Journal of Mass Spectrometry and Ion Processes，1987，78：53-68.

[36] Pasch H，Pizzi A. Considerations on the macromolecular structure of chestnut ellagitannins by matrix-assisted laser desorption/ionization-time-of-flight mass spectrometry [J]．Journal of Applied Polymer Science，2002，85 (2)：429-437.

[37] Pasch H，Deffieux A，Ghahary R，et al. Analysis of macrocyclic polystyrenes. 2. Mass spectrometric investigations [J]．Macromolecules，1997，30 (1)：98-104.

[38] 王晓青，陈栓虎．基质辅助激光解吸电离飞行时间质谱在聚合物表征中的应用 [J]．质谱学报，2008，29 (1)：51-59.

[39] Danis P O，Karr D E，Mayer F，et al. The analysis of water-soluble polymers by matrix-assisted laser desorption time-of-flight mass spectrometry [J]．Organic Mass Spectrometry，1992，27 (7)：843-846.

[40] Schrod M，Rode K，Braun D，et al. Matrix-assisted laser desorption/ionization mass spectrometry of synthetic polymers. VI. Analysis of phenol-urea-formaldehyde cocondensates [J]．Journal of Applied Polymer Science，2003，90 (9)：2540-2548.

[41] Despres A，Pizzi A，Pasch H，et al. Comparative ^{13}C NMR and matrix-assisted laser desorption/ionization time-of-flight analyses of species variation and structure maintenance during melamine-urea-formaldehyde resin preparation [J]．Journal of Applied Polymer Science，2007，106 (2)：1106-1128.

[42] Du G B，Lei H，Pizzi A，et al. Synthesis-structure-performance relationship of cocondensed phenol-urea-formaldehyde resins by MALDI-ToF and ^{13}C NMR [J]．Journal of Applied Polymer Science，2008，110 (2)：1182-1194.

[43] Steiner P R，Warren S R. Behavior of urea-formaldehyde wood adhesives during early stages of cure [J]．Forest Products Journal，1987，37 (1)：20-22.

[44] Mizumachi H. Activation energy of the curing reaction of urea resin in the presence of wood [J]．Wood Sci For Prod Res Soc [Madison]，1973，6 (1)：14-18.

[45] 郝丙业，刘正添．应用 DSC 研究脲醛树脂胶和异氰酸酯胶混合液的固化过程 [J]．木材工业，1993，7 (2)：2-6.

[46] 王淑敏，时君友．采用 DSC 对低毒脲醛树脂固化特性的研究 [J]．林产工业，2012，39 (5)：27-28.

[47] 马红霞．毛竹/杨木复合材料界面胶合性能及其影响因素研究 [D]．北京：中国林业科学研究院，2009.

[48] Kim S，Kim H J，Kim H S，et al. Thermal analysis study of viscoelastic properties and activation energy of melamine-modified urea-formaldehyde resins [J]．Journal of Adhesion Science and Technology，2006，20 (8)：803-816.

[49] Fan D B，Li J Z，Mao A. Curing characteristics of low molar ratio urea-formaldehyde resins [J]．Journal of Adhesion and Interface，2006，7 (4)：45-52.

[50] 过梅丽．高聚物与复合材料的动态力学热分析 [M]．北京：化学工业出版社，2002.

[51] 朱丽滨，顾继友．利用动态热机械分析仪对低毒脲醛树脂性能的研究 [J]．林产工业，2006，33 (5)：36-38.

[52] 杜官本，雷洪．脲醛树脂固化过程的热机械性能分析 [J]．北京林业大学学报，2009，(3)：106-110.

[53] Bucking G. Resin blending of MDF fiber [C]．Proceedings of the Washington State University International Symposium on Particleboard，1982.

[54] Gran G. Blowline blending in dry process fiberboard production [C]．Proceedings of the Washington

State University International Symposium on Particleboard, 1982.

[55] Loxton C, Thumm A, Grigsby W J, et al. Resin distribution in medium density fiberboard. Quantification of UF resin distribution on blowline-and dry-blended MDF fiber and panels [J] . Wood and Fiber Science, 2007, 35 (3): 370-380.

[56] Robson D. What happens with blending in MDF blowline [C] . Proceedings of the Washington State University International Particleboard/Composite Materials Series Symposium (USA), 1991.

[57] Ede R M, Thumm A, Coombridge B A, et al. Visualization and quantification of wax on MDF panels: a comparison of emulsion and molten waxes [C] . Washington State University International Particleboard/Composite Materials Symposium (USA), 1998.

[58] Thumm A, McDonald A G, Donaldson L A. Visualisation of UF resin in MDF by cathodoluminescence/scanning electron microscopy [J] . European Journal of Wood and Wood Products, 2001, 59 (3): 215-216.

[59] Xing Cheng, Deng J, Zhang S Y, et al. UF resin efficiency of MDF as affected by resin content loss, coverage level and pre-cure [J] . Holz als Roh-und Werkstoff, 2006, 64 (3): 221-226.

[60] Brady D E, Kamke F A. Effects of hot-pressing parameters on resin penetration [J] . Forest Products Journal, 1988, 38 (11-12): 63-68.

[61] Collett B M. A review of surface and interfacial adhesion in wood science and related fields [J] . Wood Science and Technology, 1972, 6 (1): 1-42.

[62] Frashour R. Production variables, blowline, and alternative blending systems for medium density fiberboard [C] . Proceedings of the NPA resin and blending seminar National Particleboard Association, Gaithersburg Maryland, 1990.

[63] Bolton A J, Dinwoodie J M, Davies D A. The validity of the use of SEM/EDAX as a tool for the detection of UF resin penetration into wood cell walls in particleboard [J] . Wood Science and Technology, 1988, 22 (4): 345-356.

[64] Koran Z, Vasisht R C. Scanning electron microscopy of plywood glue lines 1 [J] . Wood and Fiber science, 2007, 3 (4): 202-209.

[65] Hameed M, Roffael E. On the penetrability of various glues in chips from pine sapwood and heartwood [J] . Holz als Roh-und Werkstoff, 2001, 58 (6): 432-436.

[66] Sernek M, Resnik J, Kamke F A. Penetration of liquid urea-formaldehyde adhesive into beech wood [J]. Wood and Fiber Science, 1999, 31 (1): 41-48.

[67] Rapp A O, Bestgen H, Adam W, et al. Electron energy loss spectroscopy (EELS) for quantification of cell-wall penetration of a melamine resin [J] . Holzforschung, 1999, 53 (2): 111-117.

[68] Rost F W D. Fluorescence microscopy [M] . Cambridge University Press, 1992.

[69] Wilson T, Sheppard C. Theory and practice of scanning optical microscopy [M] . Academic Press London, 1984.

[70] Xing Cheng. Characterization of urea-formaldehyde resin efficiency affected by four factors in the manufacture of medium density fibreboard [D] . Universite Laval, 2003.

[71] Loxton C, Hague J. Resin blending in the MDF industry-can it be improved [C] . Proceedings of the 3rd Pacific Rim Bio-Based Composite Symposium, Kyoto, Japan, December, 1996.

[72] Xing C, Riedl B, Cloutier A, et al. The effect of urea-formaldehyde resin pre-cure on the internal bond of medium density fiberboard [J] . Holz als Roh-und Werkstoff, 2004, 62 (6): 439-444.

[73] 张莉. 酚醛泡沫绝热材料的常温制备及性能研究 [D] . 武汉: 武汉理工大学, 2006.

[74] 赵临五, 王春鹏. 低毒快速固化酚醛树脂胶研制及应用 [J] . 林产工业, 2000, 27 (4): 17-21.

[75] 曾念, 谢建军, 丁出, 等. 中温固化高邻位酚醛树脂胶粘剂制备与性能研究 [J] . 中国胶粘剂, 2013,

21 (11): 38-42.

[76] 夏春. 壳法用酚醛树脂微波合成的研究 [D]. 武汉: 华中科技大学, 2005.

[77] 黄发荣, 焦杨声. 酚醛树脂及其应用 [M]. 北京: 化学工业出版社, 2003.

[78] 殷荣忠. 酚醛树脂及其应用 [M]. 北京: 化学工业出版社, 1990.

[79] Manfredi L B, De la Osa O, Fernandez N G, et al. Structure-properties relationship for resols with different formaldehyde/phenol molar ratio [J]. Polymer, 1999, 40 (13): 3867-3875.

[80] Aierbe G A, Echeverría J M, Martin M D, et al. Influence of the initial formaldehyde to phenol molar ratio (F/P) on the formation of a phenolic resol resin catalyzed with amine [J]. Polymer, 2000, 41 (18): 6797-6802.

[81] Park B D, Riedl B, Kim Y S, et al. Effect of synthesis parameters on thermal behavior of phenol-formaldehyde resol resin [J]. Journal of Applied Polymer Science, 2002, 83 (7): 1415-1424.

[82] Astarloa-Aierbe G, Echeverria J M, Martin M D, et al. Kinetics of phenolic resol resin formation by HPLC. 2. Barium hydroxide [J]. Polymer, 1998, 39 (15): 3467-3472.

[83] Astarloa-Aierbe G, Echeverría J M, Vazquez A, et al. Influence of the amount of catalyst and initial pH on the phenolic resol resin formation [J]. Polymer, 2000, 41 (9): 3311-3315.

[84] Luukko P, Alvila L, Holopainen T, et al. Effect of alkalinity on the structure of phenol-formaldehyde resol resins [J]. Journal of Applied Polymer Science, 2001, 82 (1): 258-262.

[85] Astarloa-Aierbe G, Echeverría J M, Riccardi C C, et al. Influence of the temperature on the formation of a phenolic resol resin catalyzed with amine [J]. Polymer, 2002, 43 (8): 2239-2243.

[86] 叶果, 巢亮, 韩健. 中温固化型酚醛树脂胶粘剂合成工艺的研究 [J]. 粘接, 2008, 29 (1): 25-28.

[87] 王健, 张一帆. 胶合板用快速固化酚醛树脂胶黏剂 [J]. 东北林业大学学报, 2011, 38 (12): 75-76.

[88] 张一帆, 何良佳, 韩仁璐. 木质建筑模板用快速固化酚醛树脂的研究 [J]. 建筑材料学报, 2009, 12 (6): 752-755.

[89] Zhao Y, Yan N, Feng M. Characterization of phenol-formaldehyde resins derived from liquefied lodgepole pine barks [J]. International journal of adhesion and adhesives, 2010, 30 (8): 689-695.

[90] Pérez J M, Oliet M, Alonso M V, et al. Cure kinetics of lignin-novolac resins studied by isoconversional methods [J]. Thermochimica Acta, 2009, 487 (1): 39-42.

[91] Wang M C, Leitch M, Xu C C. Synthesis of phenol-formaldehyde resol resins using organosolv pine lignins [J]. European Polymer Journal, 2009, 45 (12): 3380-3388.

[92] Kim S, Kim H S, Kim H J, et al. Fast curing PF resin mixed with various resins and accelerators for building composite materials [J]. Construction and Building Materials, 2008, 22 (10): 2141-2146.

[93] Mirski R, Dziurka D, Łecka J. Properties of phenol-formaldehyde resin modified with organic acid esters [J]. Journal of Applied Polymer Science, 2008, 107 (5): 3358-3366.

[94] Tomita B, Matsuzaki T. Cocondensation between resol and amino resins [J]. Industrial & Engineering Chemistry Product Research and Development, 1985, 24 (1): 1-5.

[95] 时君友. 改性酚醛树脂胶粘剂的研究 [J]. 北华大学学报: 自然科学版, 2004, 5 (1): 75-79.

[96] Zanetti M, Pizzi A, Faucher P. Low-volatility acetals to upgrade the performance of melamine-urea-formaldehyde wood adhesive resins [J]. Journal of applied polymer science, 2004, 92 (1): 672-675.

[97] 傅深渊, 程书娜, 马灵飞, 等. 三聚氰胺-苯酚-甲醛共缩聚合成机理及性能研究 [J]. 北京林业大学学报, 2008, 30 (3): 107-112.

[98] 高振忠, 廖峰, 邓世兵, 等. PMUF 树脂胶黏剂的制备与性能 [J]. 林业科学, 2009, 45 (8): 124-128.

[99] 谢建军, 曾念, 黄凯, 等. 两步碱催化法制备尿素和三聚氰胺改性 PF 胶粘剂 [J]. 中国胶粘剂,

2011, 20 (1): 7-10.

[100] 陶毓博, 李鹏, 陆仁书, 等. 尿素改性酚醛树脂胶粘剂的研究 [J]. 林产工业, 2005, 32 (1): 13-16.

[101] 赵临五, 王春鹏, 庄晓伟, 等. E_0 级室外型胶合板用 PUF 树脂胶的研制 [J]. 粘接, 2011, 32 (2): 40-43.

[102] 蒋玉凤, 张伟, 赵临五, 等. E_0 级 II 类胶合板用 PUF 树脂的制备及 ^{13}C-NMR 定量分析 [J]. 林产化学与工业, 2012, 32 (2): 135-139.

[103] 刘纲勇, 邱学青, 杨东杰, 等. 尿素对木质素酚醛树脂胶粘剂性能的影响 [J]. 精细化工, 2008, 25 (9): 922-925.

[104] 时君友, 韩忠军. 尿素改性酚醛树脂胶粘剂的研究 [J]. 粘接, 2006, 27 (1): 15-17.

[105] 黄河浪, 周晓芸, 薛丽丹, 等. 尿素改性酚醛树脂对胶合板性能的影响 [J]. 林产工业, 2006, 33 (6): 17-19.

[106] 杜官本, 雷洪, 赵伟刚, 等. 尿素用量对苯酚-尿素-甲醛共缩聚树脂的影响 [J]. 北京林业大学学报, 2009, (2): 122-127.

[107] Prauchner M J, Pasa V M, Molhallem N D, et al. Structural evolution of Eucalyptus tar pitch-based carbons during carbonization [J]. Biomass and Bioenergy, 2005, 28 (1): 53-61.

[108] Rabou L. Biomass tar recycling and destruction in a CFB gasifier [J]. Fuel, 2005, 84 (5): 577-581.

[109] 王素兰, 张全国, 李继红. 生物质焦油及其馏分的成分分析 [J]. 太阳能学报, 2006, 27 (7): 647-651.

[110] Mazela B. Fungicidal value of wood tar from pyrolysis of treated wood [J]. Waste Management, 2007, 27 (4): 461-465.

[111] Qiao W M, Song Y, Huda M, et al. Development of carbon precursor from bamboo tar [J]. Carbon, 2005, 43 (14): 3021-3025.

[112] 李晓娟, 常建民, 范东斌, 等. 落叶松生物油-酚醛树脂胶粘剂的研制及性能研究 [J]. 粘接, 2009, (11): 61-63.

[113] 常建民, 李晓娟, 许守强, 等. 落叶松生物油醛树脂胶粘剂制备刨花板的工艺研究 [J]. 中国胶粘剂, 2010, 9 (4): 1-4.

[114] 周建斌, 张合玲, 邓丛静, 等. 棉秆焦油替代苯酚合成酚醛树脂胶粘剂的研究 [J]. 中国胶粘剂, 2008, 17 (6): 23-26.

[115] 周建斌, 张合玲, 邓丛静, 等. 竹焦油替代苯酚合成酚醛树脂胶黏剂的研究 [J]. 生物质化学工程, 2008, 42 (2): 8-10.

[116] 李林, 张鹏远. 木焦油部分替代苯酚合成酚醛树脂胶粘剂的研究 [J]. 粘接, 2009, (12): 59-63.

[117] 张琪, 常建民, 许守强, 等. 木焦油改性生物油-酚醛树脂胶粘剂的工艺条件研究 [J]. 中国胶粘剂, 2012, 21 (6): 19-22.

[118] 许守强, 常建民, 夏碧华, 等. 四种原料生物油-酚醛树脂胶粘剂特性研究 [J]. 中国胶粘剂, 2010, 19 (7): 5-8.

[119] 张继宗, 伊江平, 姚思旭, 等. 高替代率竹焦油酚醛树脂的合成工艺研究 [J]. 中国胶粘剂, 2012, 21 (5): 1-4.

[120] 周太炎, 杜郢, 王哲, 等. 低游离甲醛含量酚醛树脂胶粘剂的合成 [J]. 热固性树脂, 2011, 26 (6): 35-38.

[121] 穆有炳, 王春鹏, 赵临五, 等. 低游离甲醛羟甲基化木质素磺酸盐-酚醛复合胶黏剂研究 [J]. 林产化学与工业, 2009, 29 (3): 38-42.

[122] 李建锋. 环保型酚醛树脂胶粘剂的合成 [J]. 科学技术与工程, 2011, 11 (23): 5707-5710.

[123] 杨红旗, 陈广辉, 王金林. PVAc 改性酚醛树脂制备铝木复合材料研究 [J]. 西北林学院学报,

2013，28（1）：170-173.

[124] 鲍敏振，于红卫，鲍滨福. 丙二酸二乙酯改性酚醛树脂胶粘剂的制备与性能研究［J］. 中国胶粘剂，2013，22（6）：26-30.

[125] 郭立颖，史铁钧，李忠，等. 离子液体与杉木粉对酚醛胶粘剂性能的影响［J］. 材料研究学报，2009，23（3）：311-316.

[126] 杜郢，周太炎，王哲，等. 酚醛树脂胶粘剂的复合改性［J］. 高分子通报，2012，（2）：79-83.

[127] 谢建军，曾念，黄燕，等. 复合催化间苯二酚/膨润土改性酚醛树脂胶粘剂研究［J］. 中国胶粘剂，2013，21（12）：59-60.

[128] 陈烈强，胡亚林，周文贤. 废旧电路板热解油合成酚醛树脂胶粘剂的研究［J］. 环境科学与技术，2010，33（5）：59-62.

[129] 靳艳巧，张义转，何洲峰，等. 木质素液化多元醇改性酚醛树脂胶粘剂的合成与性能［J］. 高分子材料科学与工程，2013，29（5）：5-8.

[130] Moubarik A，Grimi N，Boussetta N，et al. Isolation and characterization of lignin from Moroccan sugar cane bagasse：Production of lignin-phenol-formaldehyde wood adhesive［J］. Industrial Crops and Products，2013，45：296-302.

[131] Jung K A，Woo S H，Lim S R，et al. Pyrolytic production of phenolic compounds from the lignin residues of bioethanol processes［J］. Chemical Engineering Journal，2015，259：107-116.

[132] 孙其宁，秦特夫，李改云. 木质素活化及在木材胶粘剂中的应用进展［J］. 高分子通报，2008，（9）：55-60.

[133] Rodrigues Pinto P C，Borges da Silva E A，Rodrigues A r E d. Insights into oxidative conversion of lignin to high-added-value phenolic aldehydes［J］. Industrial & Engineering Chemistry Research，2010，50（2）：741-748.

[134] Alonso M V，Oliet M，Dominguez J C，et al. Thermal degradation of lignin-phenol-formaldehyde and phenol-formaldehyde resol resins：structural changes，thermal stability，and kinetics［J］. Journal of Thermal Analysis and Calorimetry，2011，105（1）：349-356.

[135] Doherty W O S，Mousavioun P，Fellows C M. Value-adding to cellulosic ethanol：Lignin polymers［J］. Industrial Crops and products，2011，33（2）：259-276.

[136] Qiao W，Li S J，Guo G W，et al. Synthesis and characterization of phenol-formaldehyde resin using enzymatic hydrolysis lignin［J］. Journal of Industrial and Engineering Chemistry，2015，21：1417-1422.

[137] Matsushita Y，Wada S，Fukushima K，et al. Surface characteristics of phenol-formaldehyde-lignin resin determined by contact angle measurement and inverse gas chromatography［J］. Industrial Crops and Products，2006，23（2）：115-121.

[138] Alonso M V，Oliet M，Rodrıguez F，et al. Modification of ammonium lignosulfonate by phenolation for use in phenolic resins［J］. Bioresource Technology，2005，96（9）：1013-1018.

[139] 穆有炳，王春鹏，赵临五，等. E_0级碱木质素-酚醛复合胶粘剂的研究［J］. 现代化工，2008，28（2）：221-224.

[140] Mansouri N E E，Pizzi A，Salvado J. Lignin-based polycondensation resins for wood adhesives［J］. Journal of Applied Polymer Science，2007，103（3）：1690-1699.

[141] Lee W J，Chang K C，Tseng I M. Properties of phenol-formaldehyde resins prepared from phenol-liquefied lignin［J］. Journal of Applied Polymer Science，2012，124（6）：4782-4788.

[142] Cheng S N，Yuan Z S，Leitch M，et al. Highly efficient de-polymerization of organosolv lignin using a catalytic hydrothermal process and production of phenolic resins/adhesives with the depolymerized lignin

as a substitute for phenol at a high substitution ratio [J]. Industrial Crops and Products, 2013, 44: 315-322.

[143] Wu S B, Zhan H Y. Characteristics of demethylated wheat straw soda lignin and its utilization in lignin-based phenolic formaldehyde resins [J]. Cellulose Chemistry and Technology, 2001, 35 (3-4): 253-262.

[144] Hu L H, Pan H, Zhou Y H, et al. Methods to improve lignin's reactivity as a phenol substitute and as replacement for other phenolic compounds: A brief review [J]. BioResources, 2011, 6 (3): 3515-3525.

[145] Jin Y Q, Cheng X S, Zheng Z B. Preparation and characterization of phenol-formaldehyde adhesives modified with enzymatic hydrolysis lignin [J]. Bioresource Technology, 2010, 101 (6): 2046-2048.

[146] Zhang W, Ma Y F, Wang C P, et al. Preparation and properties of lignin-phenol-formaldehyde resins based on different biorefinery residues of agricultural biomass [J]. Industrial Crops and Products, 2013, 43: 326-333.

[147] 陈艳艳, 常杰, 范娟. 秸秆酶解木质素制备木材胶黏剂工艺 [J]. 化工进展, 2011, (S1): 306-312.

[148] 杨辉, 王凤奇, 黄勇. 含木质素的发酵残渣在脲醛树脂中的应用研究 [J]. 中国胶粘剂, 2011, 20 (12): 33-37.

[149] 仲豪, 张静, 龚方红, 等. 木质素在脲醛树脂胶粘剂中的应用 [J]. 中国胶粘剂, 2010, 19 (11): 32-35.

[150] 彭园花, 曾祥钦, 卢红梅. 木质素的提纯及其在腮醛树脂胶粘剂中的应用 [J]. 贵州化工, 2006, 31 (4): 16-17.

[151] 俞丽珍, 顾婷, 孙乐花, 等. 木质素改性脲醛树脂胶粘剂合成工艺及性能研究 [J]. 中国胶粘剂, 2012, 21 (9): 9-12.

[152] 张亚慧, 于文吉. 大豆蛋白胶粘剂在木材工业中的研究与应用 [J]. 高分子材料科学与工程, 2008, 24 (5): 20-23.

[153] 郭梦麟. 蛋白质木材胶黏剂 [J]. 林产工业, 2005, 32 (5): 3-7.

[154] Hojilla-Evangelista M P. Adhesion properties of plywood glue containing soybean meal as an extender [J]. Journal of the American Oil Chemists' Society, 2010, 87 (9): 1047-1052.

[155] 孙超. 大豆分离蛋白的接枝改性及其溶液行为研究 [D]. 无锡: 江南大学, 2005.

[156] Wang D, Sun X S, Yang G, et al. Improved water resistance of soy protein adhesive at isoelectric point [J]. Transactions of the ASABE, 2009, 52 (1): 173-177.

[157] 庞久寅, 董丽娜, 张士成. 大豆蛋白复合胶黏剂的研究进展 [J]. 生物质化学工程, 2008, 42 (2): 41-44.

[158] 张梅, 周瑞宝, 米宏伟, 等. 醇法大豆浓缩蛋白物理改性研究 [J]. 粮食与油脂, 2003, (8): 3-5.

[159] 袁道强, 杨丽. 超声波改性提高大豆分离蛋白酸性条件下溶解性的研究 [J]. 粮食与饲料工业, 2008, (1): 27-28.

[160] 张钟, 王华. 不同干燥方法对大豆分离蛋白功能性质的影响 [J]. 食品与机械, 2003, (2): 11-13.

[161] 朱建华, 杨晓泉, 熊犍. 超声处理对大豆分离蛋白热致凝胶功能性质的影响 [J]. 食品与生物技术学报, 2006, 25 (1): 15-20.

[162] Heremans K, Smeller L. Protein structure and dynamics at high pressure [J]. Biochimica et Biophysica Acta (BBA)-Protein Structure and Molecular Enzymology, 1998, 1386 (2): 353-370.

[163] 陈公安, 崔永岩. 大豆蛋白质塑料耐水性能改善的研究进展 [J]. 塑料, 2006, 35 (2): 93-97.

[164] 胡宝松, 张绍英. 超高压射流破碎对大豆分离蛋白功能性质的影响 [J]. 大豆通报, 2007, (4): 30-34.

[165] 李迎秋，章万忠，陈正行. 高压脉冲电场对大豆分离蛋白结构特征的影响 [J]. 食品科学，2007，28
      （3）：42-46.

[166] Hettiarachchy N S，Kalapathy U，Myers D J. Alkali-modified soy protein with improved adhesive and
      hydrophobic properties [J]. Journal of the American Oil Chemists' Society, 1995，72（12）：
      1461-1464.

[167] Zhong Z K，Sun X Z S，Wang D H. Isoelectric pH of polyamide-epichlorohydrin modified soy protein
      improved water resistance and adhesion properties [J]. Journal of Applied Polymer Science, 2007，
      103（4）：2261-2270.

[168] Sun X Z，Bian K. Shear strength and water resistance of modified soy protein adhesives [J]. Journal
      of the American Oil Chemists' Society, 1999，76（8）：977-980.

[169] 黄友如，华欲飞. 大豆分离蛋白化学改性及其对功能性质影响 [J]. 粮食与油脂，2003，（4）：17-19.

[170] Puppo M C，Sorgentini D A，Anon M C. Rheological study of dispersions prepared with modified soy-
      bean protein isolates [J]. Journal of the American Oil Chemists' Society, 2000，77（1）：63-71.

[171] Wagner J R，Sorgentini D A，Anon M C. Thermal and electrophoretic behavior，hydrophobicity，and
      some functional properties of acid-treated soy isolates [J]. Journal of Agricultural and Food
      Chemistry, 1996，44（7）：1881-1889.

[172] 焦剑雷. 聚合物结构性能与测试 [M]. 北京：化学工业出版社，2005.

[173] 李永辉，方坤，盛奎川. SDS 改性大豆分离蛋白胶粘剂的性能研究 [J]. 粮油加工，2007，8：
      90-93.

[174] Huang W N，Sun X Z. Adhesive properties of soy proteins modified by sodium dodecyl sulfate and sodi-
      um dodecylbenzene sulfonate [J]. Journal of the American Oil Chemists' Society, 2000，77（7）：
      705-708.

[175] 肖进新，赵振国. 表面活性剂应用原理 [M]. 北京：化学工业出版社，2003.

[176] 杨涛. 大豆基胶粘剂的研制 [D]. 南京：南京林业大学，2009.

[177] 童玲，林巧佳，翁显英，等. 用大豆制备环保型木材胶粘剂的研究 [J]. 中国生态农业学报，2008，
      16（4）：957-962.

[178] Fan D B，Qin T F，Chu F X. A soy flour-based adhesive reinforced by low addition of MUF resin [J].
      Journal of Adhesion Science and Technology, 2011，25（1-3）：323-333.

[179] 熊正俊，赵国华. 酰化对大豆蛋白结构和功能性质影响 [J]. 粮食与油脂，2001，（9）：5-7.

[180] Zhong Z K，Sun X S S，Fang X H，et al. Adhesion properties of soy protein with fiber cardboard [J].
      Journal of the American Oil Chemists' Society, 2001，78（1）：37-41.

[181] Zhong Z K，Sun X S S，Fang X H，et al. Adhesive strength of guanidine hydrochloride-modified soy
      protein for fiberboard application [J]. International Journal of Adhesion and Adhesives, 2002，22
      （4）：267-272.

[182] Zhong Z K，Sun X S S，Wang D H，et al. Wet strength and water resistance of modified soy protein
      adhesives and effects of drying treatment [J]. Journal of Polymers and the Environment, 2003，11
      （4）：137-144.

[183] Huang W N，Sun X Z. Adhesive properties of soy proteins modified by urea and guanidine hydrochlo-
      ride [J]. Journal of the American Oil Chemists' Society, 2000，77（1）：101-104.

[184] 童玲. 复合改性大豆基木材胶粘剂的研究 [D]. 福州：福建农林大学，2007.

[185] 童玲，林金春，魏起华，等. 乙酸酐对大豆基木材胶粘剂的改性研究 [J]. 福建林业科技，2008，35
      （4）：37-40.

[186] 黄曼，卞科. 交联剂对大豆分离蛋白疏水性的影响 [J]. 郑州工程学院学报，2002，23（2）：5-9.

[187]　Liu Y，Li K C. Development and characterization of adhesives from soy protein for bonding wood [J]. International Journal of Adhesion and Adhesives，2007，27 (1)：59-67.

[188]　雷洪，杜官本，周晓剑. 乙二醛对蛋白基胶黏剂结构及性能的影响 [J]. 西南林学院学报，2011，31 (2)：70-73.

[189]　雷文. 国内大豆胶粘剂的改性研究进展 [J]. 大豆科学，2011，30 (2)：328-332.

[190]　李临生，张淑娟. 戊二醛与蛋白质反应的影响因素和反应机理 [J]. 中国皮革，1997，26 (12)：8-12.

[191]　雷文，杨涛，徐金保，等. 共聚改性大豆蛋白制备胶粘剂的研究 [J]. 大豆科学，2010，29 (2)：299-301.

[192]　桂成胜，刘小青，王古月，等. 钠基蒙脱土增强豆胶的耐水性研究 [J]. 林产工业，2012，39 (6)：23-25.

[193]　Gui C S，Wang G Y，Wu D，et al. Synthesis of a bio-based polyamidoamine-epichlorohydrin resin and its application for soy-based adhesives [J]. International Journal of Adhesion and Adhesives，2013，44：237-242.

[194]　Gui C S，Liu X Q，Wu D，et al. Preparation of a new type of polyamidoamine and its application for soy flour-based adhesives [J]. Journal of the American Oil Chemists' Society，2013，90 (2)：265-272.

[195]　Kalapathy U，Hettiarachchy N S，Myers D，et al. Modification of soy proteins and their adhesive properties on woods [J]. Journal of the American Oil Chemists' Society，1995，72 (5)：507-510.

[196]　Gounga M E，Xu S Y，Wang Z. Whey protein isolate-based edible films as affected by protein concentration，glycerol ratio and pullulan addition in film formation [J]. Journal of Food Engineering，2007，83 (4)：521-530.

[197]　杨森，唐传核. 加工参数对转谷氨酰胺酶促大豆分离蛋白凝胶的影响 [J]. 现代食品科技，2010，26 (12)：1299-1304.

[198]　唐传核，杨晓泉. 微生物转谷氨酰胺酶催化大豆 11S 球蛋白聚合研究 [J]. 食品科学，2002，23 (3)：42-46.

[199]　Zhao L，Cao B，Wang F，et al. Chinese wattle tannin adhesives suitable for producing exterior grade plywood in China [J]. Holz als Roh-und Werkstoff，1994，52 (2)：113-118.

[200]　Zhao L，Cao B，Wang F，et al. Factory trials of Chinese wattle tannin adhesives for antislip plywood [J]. Holz als Roh-und Werkstoff，1996，54 (2)：89-91.

[201]　王锋，赵临五，曹葆卓，等. 单宁胶用活性酚醛树脂交联剂的研究 [J]. 林产化学与工业，1996，16 (1)：20-26.

[202]　雷洪，杜官本. 生物质木材胶黏剂的研究进展 [J]. 林业科技开发，2012，26 (3)：7-11.

[203]　Mccoy J P A. Process of hardening phenolic condensation products：US，1269627 [P/OL]. 1918.

[204]　Dalton L K. Tannin-formaldehyde resins as adhesives for wood [M]. Australia：Commonwealth Scientific and Industrial Organization，1950.

[205]　Dalton L K. Resins from sulphited tannins as adhesives for wood [J]. Australian Journal of Applied Science，1953，(4)：136-145.

[206]　张慧君. 木材用胶黏剂的现状和发展趋势 [J]. 南阳师范学院学报，2008，7 (12)：50-54.

[207]　Trosa A，Pizzi A. A no-aldehyde emission hardener for tannin-based wood adhesives for exterior panels [J]. European Journal of Wood and Wood Products，2001，59 (4)：266-271.

[208]　孙丰文. 粉状落叶松单宁酚醛树脂胶生产胶合板的研究 [J]. 木材工业，2000，14 (6)：6-8.

[209]　雷洪，杜官本. 单宁基木材胶黏剂的研究进展 [J]. 林产工业，2009，35 (6)：15-19.

[210]　孙丰文，张齐生. 粉状落叶松单宁酚醛胶在木质胶合板上的应用 [J]. 林业科技开发，2000，14

(1)：34-35.

[211] 张齐生，焦士任．单宁酚醛树脂胶在竹材胶合板中的应用研究 [J]．林产工业，1991，(4)：11-15.

[212] 孙丰文，张齐生，蒋身学．粉状落叶松单宁胶在集装箱底板生产中的应用 [J]．林业科技开发，
2001，15 (1)：24-26.

[213] Fierz-David H E. The liquefaction of wood and some general remarks on the liquefaction of coal [J]．
Chemistry and Industry Review，1925，44：942.

[214] Appell H R, Fu Y C, Illig E G, et al. Conversion of cellulosic wastes to oil [J]．NASA STI/Recon
Technical Report N，1975，75：275.

[215] Figueroa C, Schaleger L L, Davis H G. LBL continuous bench-scale liquefaction unit，operation and
results [J]．Energy from Biomass and Wastes Ⅵ，1982，1097-1112.

[216] Nakano T. Mechanism of thermoplasticity for chemically-modified wood [J]．Holzforschung，1994，
48 (4)：318-324.

[217] Shiraishi N, Kishi H. Wood-phenol adhesives prepared from carboxymethylated wood. I [J]．Journal
of Applied Polymer Science，1986，32 (1)：3189-3209.

[218] 何江，吴书泓．木材的液化及其在高分子材料中的应用 [J]．木材工业，2002，16 (2)：9-11.

[219] Alma M H, Shiraishi N. Preparation of sulfuric acid-catalyzed phenolated wood resin [J]．Journal of
Polymer Engineering，1998，18 (3)：179-196.

[220] Yao Y G, Yoshioka M, Shiraishi N. Combined liquefaction of wood and starch in a polyethylene gly-
col/glycerin blended solvent [J]．Mokuzai Gakkaish，1993，39 (8)：930-938.

[221] Singh R, Srivastava V, Chaudhary K, et al. Conversion of rice straw to monomeric phenols under
supercritical methanol and ethanol [J]．Bioresource technology，2015，188：280-286.

[222] Hassan E-B M, Mun S P. Liquefaction of pine bark using phenol and lower alcohols with methanesulfo-
nic acid catalyst [J]．Journal of Industrial and Engineering Chemistry，2002，8 (4)：359-364.

[223] Li G, Hse C, Qin T. Wood liquefaction with phenol by microwave heating and FTIR evaluation [J]．
Journal of Forestry Research，2015，26 (4)：1043-1048.

[224] Lu Z X, Wu Z G, Fan L W, et al. Rapid and solvent-saving liquefaction of woody biomass using
microwave-ultrasonic assisted technology [J]．Bioresource Technology，2016，199：423-426.

[225] Lee W J, Liu C T. Preparation of liquefied bark‐based resol resin and its application to particle board
[J]．Journal of Applied Polymer Science，2003，87 (11)：1837-1841.

[226] 傅深渊，余仁广，杜波，等．竹材残料液化及其液化物胶粘剂的制备 [J]．林产工业，2004，31
(3)：35-38.

[227] 淑蕙．植物纤维化学 [M]．北京：中国轻工业出版社，2001.

[228] Yamada T, Ono H, Ohara S, et al. Characterization of the products resulting from direct liquefaction
of cellulose I. Identification of intermediates and the relevant mechanism in direct phenol liquefaction of
cellulose in the presence of water [J]．Mokuzai Gakkaishi，1996，42 (11)：1098-1104.

[229] 山田竜彦．木材の液化技術の開発と反応機構の解明 [J]．木材工業，1999，54 (1)：2-7.

[230] Lin L Z, Yao Y G, Yoshioka M, et al. Liquefaction mechanism of cellulose in the presence of phenol
under acid catalysis [J]．Carbohydrate polymers，2004，57 (2)：123-129.

[231] Lin L Z, Yao Y G, Yoshioka M, et al. Liquefaction mechanism of lignin in the presence of phenol at
elevated temperature without catalysts. Studies on β-O-4 lignin model compound. I. Structural charac-
terization of the reaction products [J]．Holzforschung-International Journal of the Biology,
Chemistry, Physics and Technology of Wood，1997，51 (4)：316-324.

[232] Lin L Z, Yao Y G, Shiraishi N. Liquefaction mechanism of β-O-4 lignin model compound in the pres-

ence of phenol under acid catalysis. Part 1. Identification of the reaction products [J]. Holzforschung, 2001, 55 (6): 617-624.

[233] Lee S H, Wang S Q. Effect of water on wood liquefaction and the properties of phenolated wood [J]. Holzforschung, 2005, 59 (6): 628-634.

[234] Pu S, Shiraishi N. Liquefaction of wood without a catalyst II. Weight loss by gasification during wood liquefaction, and effects of temperature and water [J]. Mokuzai Gakkaishi, 1993, 39 (4): 453-458.

[235] 戈进杰, 吴睿, 邓葆力, 等. 基于甘蔗渣的生物降解材料研究 [J]. 高分子材料科学与工程, 2003, 19 (2): 194-197.

[236] Akhtar J, Amin N A S. A review on process conditions for optimum bio-oil yield in hydrothermal lique-faction of biomass [J]. Renewable and Sustainable Energy Reviews, 2011, 15 (3): 1615-1624.

[237] 陈秋玲, 李如燕, 孙可伟, 等. 利用麦秆制聚氨酯多元醇研究 [J]. 高分子通报, 2009, 11: 37-43.

[238] Pu S, Shiraishi N. Liquefaction of wood without a catalyst, I. Time course of wood liquefaction with phenols and effects of wood/phenol ratios [J]. Mokuzai Gakkaishi, 1993, 39 (4): 446-452.

[239] Kurimoto Y, Tamura Y. Species effects on wood-liquefaction in polyhydric alcohols [J]. Holzfors-chung, 1999, 53 (6): 617-622.

[240] Maldas D, Shiraishi N. Liquefaction of biomass in the presence of phenol and H_2O using alkalies and salts as the catalyst [J]. Biomass and Bioenergy, 1997, 12 (4): 273-279.

[241] Lee W J, Lin M S. Preparation and application of polyurethane adhesives made from polyhydric alcohol liquefied Taiwan acacia and China fir [J]. Journal of Applied Polymer Science, 2008, 109 (1): 23-31.

[242] Kržan A, Žagar E. Microwave driven wood liquefaction with glycols [J]. Bioresource Technology, 2009, 100 (12): 3143-3146.

[243] Maldas D, Shiraishi N, Harada Y. Phenolic resol resin adhesives prepared from alkali-catalyzed lique-fied phenolated wood and used to bond hardwood [J]. Journal of Adhesion Science and Technology, 1997, 11 (3): 305-316.

[244] 秦特夫, 罗蓓, 李改云. 人工林木材的苯酚液化及树脂化研究: II. 液化木基酚醛树脂的制备和性能表征 [J]. 木材工业, 2006, 20 (5): 8-10.

[245] 于红卫, 叶结旺, 朱伯荣, 等. 油茶饼粕苯酚液化物的树脂化研究 [J]. 林产工业, 2012, 39 (1): 31-35.

[246] 郑志锋, 邹局春, 刘本安, 等. 核桃壳液化产物制备木材胶粘剂的研究 [J]. 粘接, 2007, 28 (4): 1-3.

[247] Roslan R, Zakaria S, Chia C H, et al. Physico-mechanical properties of resol phenolic adhesives de-rived from liquefaction of oil palm empty fruit bunch fibres [J]. Industrial Crops and Products, 2014, 62: 119-124.

[248] Hill C A, Forster S, Farahani M, et al. An investigation of cell wall micropore blocking as a possible mechanism for the decay resistance of anhydride modified wood [J]. International Biodeterioration & Biodegradation, 2005, 55 (1): 69-76.

[249] Iwamoto Y, Itoh T. Vapor phase reaction of wood with maleic anhydride (I): dimensional stability and durability of treated wood [J]. Journal of Wood Science, 2005, 51 (6): 595-600.

[250] Iwamoto Y, Itoh T, Minato K. Vapor phase reaction of wood with maleic anhydride (II): mechanism of dimensional stabilization [J]. Journal of Wood Science, 2005, 51 (6): 601-606.

[251] Jebrane M, Sebe G. A novel simple route to wood acetylation by transesterification with vinyl acetate [J]. Holzforschung, 2007, 61 (2): 143-147.

[252] Chang H T，Chang S T. Improvements in dimensional stability and lightfastness of wood by butyryla-tion using microwave heating [J]. Journal of Wood Science，2003，49（5）：455-460.

[253] Prakash G K，Pandey K K，Ram R K，et al. Dimensional stability and photostability of octanoylated wood [J]. Holzforschung，2006，60（5）：539-542.

[254] Rowell R M. Acetylation of wood：A journey from analytical technique to commercial realityAcetylation [J]. Forest Products Journal，2006，56（9）：4-12.

[255] Mohebby B，Talaii A，Najafi S K. Influence of acetylation on fire resistance of beech plywood [J]. Materials Letters，2007，61（2）：359-362.

[256] Gardea-Hernández G，Ibarra-Gómez R，Flores-Gallardo S，et al. Fast wood fiber esterification. I. reaction with oxalic acid and cetyl alcohol [J]. Carbohydrate Polymers，2008，71（1）：1-8.

[257] Takatani M，Ito H，Ohsugi S，et al. Effect of lignocellulosic materials on the properties of thermo-plastic polymer/wood composites [J]. Holzforschung，2000，54（2）：197-200.

[258] 卢珣. 全植物纤维复合材料的制备、结构与性能 [D]. 广州：中山大学，2001.

[259] 章毅鹏，廖建和，桂红星. 剑麻纤维及其复合材料的研究进展 [J]. 热带农业科学，2008，27（5）：53-57.

[260] 万东北，罗序中，黄桂萍，等. 甘蔗渣苯甲基化改性研究 [J]. 林业科技，2005，30（3）：57-59.

[261] Kiguchi M. Chemical modification of wood surfaces by etherification Ⅰ. Manufacture of surface hot-melted wood by etherification [J]. Journal of the Japan Wood Research Society，1990，36（8）：651-658.

[262] Honma S，Okumura K，Yoshioka M，et al. Mechanical and thermal properties of benzylated wood [C]. Rotorua，New Zealan：International Symp on Chemical Modification of Lignocellulosics，1992，176：140-146.

[263] Kiguchi M. Chemical modification of wood surfaces by etherification Ⅲ-Some properties of self-bonded benzylated particleboard [J]. Journal of the Japan Wood Research Society. 1992，38（2）：150-158.

[264] 余权英，谭向华. 木材氰乙基化改性研究（Ⅱ）[J]. 林产化学与工业，1995，15（4）：31-38.

[265] Yamawaki T，Morita M，Sakata I. Production of thermally auto-adhered medium density fiberboard from cyaanoethylated wood fibers [J]. Mokuzai Gakkaishi，1991，37（5）：449-455.

[266] Sarkar A，Pillay S A，Sailaja R R，et al. Thermoplastic composites from cyanoethylated wood and high density polyethylene [J]. Journal of Polymer Materials，2001，18（4）：399-407.

[267] 容敏智，卢珣，章明秋. 剑麻增强氰乙基化木复合材料的研究 [J]. 中山大学学报：自然科学版，2007，46（1）：52-56.

[268] Cho T S，Doh G H，Park S B，et al. Conversion of chemically modified wood to thermoplastic material (I) chemical treatments for thermoplasticization [J]. Research Reports of the Forestry Research Insti-tute Seoul，1993，47：77-85.

[269] Ogawa T，Ohkoshi M. Properties of medium density fiberboards produced from thermoplasticized wood fibers by allylation without adhesives [J]. Journal of the Japan Wood Research Society，1997，43（1）：61-67.

[270] Ohkoshi M，HayashiA N，Ishihara M. Bonding of wood by thermoplasticizing the surfaces Ⅲ-mecha-nism of thermoplasticization of wood by allylation [J]. Journal of the Japan Wood Research Society，1992，38（9）：854-861.

[271] 刘海英，李志国，顾继友. 乳液胶粘剂研究进展 [J]. 粘接，2015，36（2）：41-46.

[272] 潘祖仁，孙经武. 高分子化学 [M]. 北京：化学工业出版社，2007.

[273] 青晨，蔡佩英，徐建军，等. 醋酸乙烯-丙烯酸无皂乳液共聚的研究 [J]. 涂料工业，2006，36（2）：

7-11.

[274] Zhao L F, Liu Y, Xu Z D, et al. State of research and trends in development of wood adhesives [J]. Forestry Studies in China, 2011, 13 (4): 321-326.

[275] Agirre A, Calvo I i, Weitzel H P, et al. Semicontinuous emulsion co-polymerization of vinyl acetate and veoVa10 [J]. Industrial & Engineering Chemistry Research, 2013, 53 (22): 9282-9295.

[276] Su L, Jia E P, Jiang M J, et al. Preparation of syndiotacticity-rich high molecular weight polyvinyl alcohol by low temperature emulsifier-free emulsion copolymerization of vinyl acetate and vinyl pivalate [J]. Journal of Macromolecular Science, Part A, 2015, 52 (4): 260-266.

[277] Kechagia Z, Kammona O, Pladis P, et al. A kinetic investigation of removal of residual monomers from polymer latexes via post-polymerization and nitrogen stripping methods [J]. Macromolecular Reaction Engineering, 2011, 5 (9-10): 479-489.

[278] KohutSvelko N, Pirri R, Asua J M, et al. Redox initiator systems for emulsion polymerization of acrylates [J]. Journal of Polymer Science Part A: Polymer Chemistry, 2009, 47 (11): 2917-2927.

[279] 林华, 李超, 符新. 以 Fe^{2+}-H_2O_2氧化还原体系引发木薯淀粉与醋酸乙烯酯接枝共聚反应研究 [J]. 化学世界, 2008, 49 (2): 86-89.

[280] Wang B, Bao X M, Jiang M J, et al. Synthesis of high-molecular weight poly (vinyl alcohol) by low-temperature emulsifier-free emulsion polymerization of vinyl acetate and saponification [J]. Journal of Applied Polymer Science, 2012, 125 (4): 2771-2778.

[281] Kawai F, Hu X P. Biochemistry of microbial polyvinyl alcohol degradation [J]. Applied Microbiology and Biotechnology, 2009, 84 (2): 227-237.

[282] Ma K W, Wang X, Dang Y P, et al. Primary study on the assay of superficial hydroxyl group content upon the solid polyvinyl alcohol [J]. Colloids and Surfaces B: Biointerfaces, 2006, 50 (1): 72-75.

[283] He C H, Gong J. The preparation of PVA-Pt/TiO_2 composite nanofiber aggregate and the photocatalytic degradation of solid-phase polyvinyl alcohol [J]. Polymer Degradation and Stability, 2003, 81 (1): 117-124.

[284] Gilmore C M, Poehlein G W, Schork F J. Modeling poly (vinyl alcohol)-stabilized vinyl acetate emulsion polymerization. I. Theory [J]. Journal of Applied Polymer Science, 1993, 48 (8): 1449-1460.

[285] Gilmore C M, Poehlein G W, Schork F J. Modeling poly (vinyl alcohol) -stabilized vinyl acetate emulsion polymerization. II. Comparison with experiment [J]. Journal of Applied Polymer Science, 1993, 48 (8): 1461-1473.

[286] Yamada M, Taki K, Yoshida H, et al. Physical properties and wood bonding performance of polyvinyl acetate emulsion with acetoacetylated PVA as protective colloid [J]. Mokuzai Gakkaishi, 2007, 53 (1): 25-33.

[287] 程增会, 林永超, 刘美红, 等. 改性聚乙烯醇 (WR-14) 对聚醋酸乙烯酯乳液性能的影响 [J]. 中国胶粘剂, 2015, 24 (2): 1-5.

[288] 李晓平, 赵飞, 顾继友. 聚醋酸乙烯酯乳液对木材的胶接及改性 [J]. 粘接, 2004, 25 (3): 39-41.

[289] 刘冰坡. 高强度耐水乳液的研制 [J]. 中国胶粘剂, 2002, 11 (5): 10-12.

[290] Pizzi A, Mittal K L. Wood adhesives [M]. CRC Press, 2011.

[291] 阎立梅, 朱立超, 赵颖, 等. PVAF 为保护胶体的 PVAc 乳液性能研究 [C]. 中国粘接学术研讨会及产品展示会, 2000: 124-126.

[292] Kaboorani A, Riedl B. Improving performance of polyvinyl acetate (PVA) as a binder for wood by combination with melamine based adhesives [J]. International Journal of Adhesion and Adhesives,

2011, 31 (7): 605-611.

[293] Khan U, May P, Porwal H, et al. Improved adhesive strength and toughness of polyvinyl acetate glue on addition of small quantities of graphene [J]. ACS Applied Materials & Interfaces, 2013, 5 (4): 1423-1428.

[294] 林永超. 耐水聚醋酸乙烯酯乳液胶黏剂研究 [D]. 南京: 南京理工大学, 2013.

[295] 贺磊, 孙丰文, 张茜, 等. 木材工业用 VAC-BA-NMA-AA 四元共聚乳液胶黏剂的制备与表征 [J]. 林产工业, 2010, 37 (5): 24-27.

[296] Zhang Y H, Ding L L, Gu J Y, et al. Preparation and properties of a starch-based wood adhesive with high bonding strength and water resistance [J]. Carbohydrate Polymers, 2015, 115: 32-37.

[297] Lu J, Easteal A J, Edmonds N R. Crosslinkable poly (vinyl acetate) emulsions for wood adhesive [J]. Pigment & Resin Technology, 2011, 40 (3): 161-168.

[298] Cui H W, Du G B. Development of novel polymers prepared by vinyl acetate and N-hydroxymethyl acrylamide [J]. Journal of Thermoplastic Composite Materials, 2013, 26 (6): 762-776.

[299] 刘铜宾, 申世杰. 浅谈集成材用胶粘剂及其发展趋势 [J]. 中国人造板, 2006, 13 (7): 10-12.

[300] 赵飞明, 陈江涛, 徐艳武. 水基聚乙烯醇聚氨酯材料 [C]. 中国聚氨酯工业协会第十五次年会论文集, 2010.

[301] 冉全印, 叶素. 水基聚氨酯胶粘剂在集成材生产中的应用 [J]. 林产工业, 1997, (4): 25-29.

[302] 孟令辉, 邢玉清. 集成材用胶粘剂的研制 [J]. 化学与粘合, 1996, (3): 144-145.

[303] 赵殊, 王胜龙, 兰恒宇. API 胶主剂-改性聚乙酸乙烯酯乳液的研制 [J]. 化学与粘合, 2009, 31 (5): 7-10.

[304] 李翾. 丙烯酸树脂乳液/水分散异氰酸酯无甲醛人造板胶黏剂的制备与黏合性能研究 [D]. 西安: 陕西科技大学, 2012.

[305] 刘艳, 鹿振友, 左春丽. 浅谈结构集成材用胶粘剂的现状及发展趋势 [J]. 人造板通讯, 2004, 12: 8-10.

[306] 尹诗衡, 张心亚, 瞿金清, 等. 醋丙乳液的研制 [J]. 中国胶粘剂, 2004, 13 (1): 30-32.

[307] 贺磊, 孙丰文. 木材工业用醋丙乳液胶粘剂的制备及性能研究 [J]. 西南林学院学报, 2009, 29 (2): 71-73.

[308] 李轩, 沈一丁, 李小瑞. 丙烯酸树脂-硅溶胶-封端异氰酸酯无醛人造板粘合剂的制备及性能表征 [J]. 功能材料, 2011, 42 (9): 639-645.

[309] 付凡, 贺磊, 孙丰文. 国内乳液胶黏剂在木材工业中的应用现状与趋势 [J]. 江西林业科技, 2010, (1): 57-59.

[310] 刘冰坡, 王克友. 新型 VAE 乳液及其在胶粘剂中的应用 [J]. 中国胶粘剂, 2005, 14 (7): 24-26.

[311] 王文婷. VAE 乳液研究进展 [J]. 中国胶粘剂, 2010, 19 (8): 59-62.

第2章

改性脲醛树脂胶黏剂

脲醛树脂结构中的羟甲基使其具有亲水性，又易与氨基（—NH₂）交联，并能与木质纤维上的羟基（—OH）反应，热固化后使人造板产生胶合强度。但是固化后的树脂中残留的羟甲基使人造板的耐水性与耐老化性差、树脂易龟裂、胶层变脆。同时，在合成低 F/U 摩尔比脲醛树脂时还会遇到易凝胶、储存期短等问题。对低甲醛释放脲醛树脂的研究热点在于优化酸性缩聚阶段的工艺及条件，使易断裂而产生甲醛的亚甲基醚键接形式尽量转化成不易产生甲醛的亚甲基键接形式，在降低甲醛释放量的同时实现了胶合强度的提高。采用不同的改性方法对其进行改性，可获得具有不同性能的脲醛树脂。用三聚氰胺改进脲醛树脂的耐水性是最常用的有效方法。由于三聚氰胺具有六个活性基团，促进了脲醛树脂的交联，形成三维网状结构，同时封闭了许多吸水性基团，大大提高了脲醛树脂的耐水性。而固化是胶合的关键过程。研究表明，固化过程直接影响板材胶合强度、甲醛释放量和生产效率。合理的固化体系可在保证令人满意的生产效率的同时降低甲醛释放量。

优化酸性阶段的工艺条件，增加亚甲基的比例，减少亚甲基醚键的含量，使树脂在甲醛释放量与胶合强度间取得平衡。保证树脂中含有一定量的羟甲基，从而获得令人满意的预压效果。通过添加三聚氰胺使脲醛树脂在耐水、耐候等性能方面有所改善。本章从改性脲醛树脂胶黏剂制备中的控制甲醛释放量、改善耐水性与固化体系的完善等方面加以详述。

2.1 控制人造板甲醛释放量的研究

2.1.1 人造板甲醛释放的机理

人造板释放的甲醛来自以下几方面：脲醛树脂中的游离甲醛；人造板热压过程中脲醛树脂的亚甲基醚键（—CH_2—O—CH_2—）裂解、羟甲基（—CH_2OH）基团缩聚交联成亚甲基（—CH_2—），放出甲醛；人造板储放和使用过程中，其芯层热压时未完全交联的脲醛树脂的亚甲基醚键（—CH_2—O—CH_2—）、羟甲基（—CH_2OH）等进一步反应，释放出甲醛；在高温、高湿环境下，木材中的半纤维素分解，也会释放甲醛。

人造板释放甲醛的原因是复杂的，并且是不可避免的。而脲醛树脂胶制成的人造板产生甲醛释放的最直接、最主要的原因还是胶液中的游离甲醛和树脂分子结构的不合理。一般认为脲醛树脂释放甲醛的机理主要有以下三方面。

（1）反应的可逆性

根据 Schildknecht[1] 的论述，尿素和甲醛的加成反应（羟甲基反应），在中性或弱碱性条件下最为顺利，其反应过程是一个可逆平衡过程：

$$
\begin{array}{c}
NH_2 \\
| \\
C=O \\
| \\
NH_2
\end{array}
+ CH_2O \rightleftharpoons
\begin{array}{c}
NHCH_2OH \\
| \\
C=O \\
| \\
NH_2
\end{array}
$$

$$
\begin{array}{c}
NHCH_2OH \\
| \\
C=O \\
| \\
NH_2
\end{array}
+ CH_2O \rightleftharpoons
\begin{array}{c}
NHCH_2OH \\
| \\
C=O \\
| \\
NHCH_2OH
\end{array}
$$

根据可逆反应的特点，即使正反应和逆反应达到平衡，混合液中也始终有单体甲醛存在，这就决定了在常规反应条件下，若无另外的物质参与反应，脲醛树脂中永远存在游离甲醛。当脲醛树脂配制成胶黏剂加入被黏合的木料中，残留在树脂中未反应的甲醛被木材吸收，加热固化时一部分甲醛逸出，一部分还残留在木材空隙中，随着时间的推移，逐步扩散到空气中。

（2）亚甲基醚键的形成与断裂

通常情况下，脲醛树脂是通过亚甲基（—CH_2—）的形成来增加分子链长度的，但在某些情况下分子链中的某些增长链段是通过形成亚甲基醚键（—CH_2—O—CH_2—）这类副反应来完成的[2]。在碱性条件下缩聚容易形成亚甲基醚键，pH 值越高，反应速率越高，这种副反应进行得越充分。

$$
\begin{array}{c}
-NH \\
| \\
C=O \\
| \\
NHCH_2OH
\end{array}
+
\begin{array}{c}
NH- \\
| \\
C=O \\
| \\
NHCH_2OH
\end{array}
\xrightarrow{OH^-}
\begin{array}{c}
-NH \\
| \\
C=O \\
| \\
NH-CH_2-O-CH_2-NH
\end{array}
\begin{array}{c}
NH- \\
| \\
C=O
\end{array}
+ H_2O
$$

而亚甲基醚键在脲醛树脂受热固化过程中，将裂解而释放甲醛，在酸性介质及有水存在的条件下，分解反应加速[3]。

（3）羟甲基的分解

脲醛树脂分子结构中的羟甲基是一种活性基团，是树脂化反应和胶接反应的关键。胶液形成后，脲醛树脂分子结构中仍含有一定量的羟甲基，一般 10％以上（对固含量 50％左右的树脂而言）[4]。羟甲基在受热情况下，尤其是在 126℃以上的温度条件下，将分解释放甲醛，同亚甲基醚键的分解反应一样，酸性环境和水的存在都能加速分解。因此，将脲醛树脂的热压温度控制在 120℃以下，有利于减缓羟甲基的分解反应，从而降低甲醛释放量。

由此可见，脲醛树脂释放的甲醛主要来自于其中的游离甲醛和以羟甲基和亚甲基醚键形式存在于脲醛树脂结构中的结合甲醛。

2.1.2 降低树脂的甲醛/尿素摩尔比

为了降低人造板的甲醛释放量，可以从降低脲醛树脂中的游离醛含量着手，降低游离醛最有效的方法是降低脲醛树脂的甲醛与尿素的摩尔比。

（1）脲醛树脂的 F/U 摩尔比对游离甲醛含量和树脂理化性能的影响

实践证明，脲醛树脂的 F/U 摩尔比愈低，树脂的游离甲醛含量也愈低，所制得人造板的甲醛释放量也低。在反应釜中加入一定量的甲醛，将 pH 值调至 1～3（r_1），加入第一批尿素，升温至 90℃反应 1h，调 pH 值至 8～9（r_2）加入第二批尿素，反应 40min。再调 pH 值为 4～5（r_3）反应到所需黏度，再将 pH 值调整到 8～9（r_4），加入第三批尿素，使 F/U 摩尔比达到预定值，降温至 80℃反应 0.5h，真空脱水冷却，出料。

表 2-1 不同 F/U 摩尔比脲醛树脂的性能

UF 树脂	F/U 摩尔比				游离甲醛含量/％	黏度/Pa·s	刨花板甲醛释放量/(mg/100g)	胶合板甲醛释放量/(mg/100g)
	r_1	r_2	r_3	r_4				
1	3.0	3.0	3.0	1.40	0.24	0.03	32	29
2	3.0	2.2	1.6	1.40	0.52	0.10	22	20
3	3.0	2.0	2.0	1.25	0.17	0.15	24	25
4	3.0	2.0	1.6	1.25	0.25	0.20	16	18

UF 树脂	F/U 摩尔比				游离甲醛含量/%	黏度/Pa·s	刨花板甲醛释放量/(mg/100g)	胶合板甲醛释放量/(mg/100g)
	r_1	r_2	r_3	r_4				
5	3.0	2.0	2.0	1.10	0.06	0.17	18	15
6	3.0	2.0	1.6	1.10	0.15	0.20	11	9
7	3.0	2.0	1.6	1.00	0.08	0.25	6	5

从表 2-1 中可看出，摩尔比对脲醛树脂的性能影响是很明显的，它随着最终摩尔比 r_4 下降，树脂游离甲醛呈下降趋势，甲醛释放量也呈下降趋势。r_4 为 1.40 和 1.25 时，刨花板的甲醛释放量只能符合 E_2 级（10~30mg/100g）的指标要求；当 r_4 为 1.10 和 1.00 时只有 r_3 为 1.6 才能达到 E_1 级（10mg/100g 以下）的要求，而 r_3 为 2.0 时，游离甲醛含量比树脂 6 低，但甲醛释放量达不到 E_1 级板指标要求。

但是摩尔比降低是有限度的，摩尔比太低会导致胶接强度下降，特别是湿强度的下降更为显著，同时会导致脲醛树脂储存稳定性差和固化时间延长等不良后果，这是采用低摩尔比必须解决的问题。

摩尔比低的脲醛树脂固化时间长，主要由于树脂的游离甲醛含量低，致使加入酸性盐固化剂分解速率缓慢的结果。改进的方法是，在加入酸性盐固化剂的同时，加入少量的强酸；或加入 2%~3% 的缩糖。缩糖在常温下较稳定，有一定的潜伏性，而在加热条件下分解产生甲酸和乙酰丙酸使 pH 值迅速下降，促使树脂很快固化，所以不受树脂的游离醛含量高低的影响。

脲醛树脂的胶接强度与树脂结构有关，二羟甲基脲是影响胶黏剂与木材粘接力的主要因素，而亚甲基二脲是影响胶黏剂内聚力的关键，二者应有恰当比例，否则就会影响胶接质量。脲醛树脂摩尔比大小是影响胶接质量的主要因素之一，一般 F/U 摩尔比在 1.3~2.0 比较好。过高和过低都会影响胶接强度（特别是湿强度）。摩尔比太低树脂不能很好交联成网状结构；过高由于羟甲基团多，吸湿性大而使胶接强度低。实验结果见表 2-2。

表 2-2　不同 F/U 摩尔比对脲醛树脂性能的影响

F/U 摩尔比	脲醛树脂的理化指标						胶合板剪切强度（63℃水浸 3h）	
	黏度/mPa·s	固含量/%	游离醛含量/%	固化时间/s	羟甲基含量/%	亚甲基含量/%	强度值/MPa	木破率/%
1.6	565	63.6	1.47	34.2	14.8	9.2	1.17	100
1.5	505	63.9	1.01	35.7	14.7	9.4	1.50	86
1.4	565	65.0	0.50	37.6	14.0	9.9	1.29	30
1.3	455	64.7	0.45	39.8	13.1	10.1	1.00	15
1.2	480	66.2	0.28	53.0			开胶	0

从表 2-2 可见，摩尔比越高，游离醛含量越高，固化越快。摩尔比降低至 1.3 以下，胶接强度受一定影响。通常 F/U 摩尔比低的脲醛胶，游离醛含量低，可制得低甲醛释放量的人造板。国外 E_1 级刨花板用的脲醛胶的 F/U 摩尔比均小于 1.2，

Pizzi 等[5,6]用 F/U 摩尔比为 0.9~1.0 的脲醛胶制得 E_1 级刨花板。国内有多家工厂以 F/U 摩尔比小于 1.2 的脲醛胶制得 E_1 级胶合板。但是，低游离醛的脲醛胶，不一定能制得甲醛释放量低的人造板，如以 F/U 摩尔比 1.3~1.4 制胶，尿素分六、七批加入，制得的脲醛胶的游离醛含量小于 0.1%，也正是由于多批次加尿素，使胶中的羟甲基含量高，热压制板时羟甲基分解释放甲醛，使胶合板的甲醛释放量较高。可见低游离醛的脲醛胶是生产低甲醛释放量人造板的必要条件而非充分条件，还需考虑脲醛树脂结构中有合理的羟甲基含量及其他相应条件。

（2）酸性阶段 F/U 摩尔比对脲醛树脂性能的影响

脲醛树脂要获得良好的胶接强度，在加成阶段要生成足够的二羟甲基脲，F/U 摩尔比应在 2.0 以上。而酸性阶段主要生成亚甲基二脲，这阶段摩尔比大小，对胶接质量影响更大（特别是低摩尔比脲醛树脂），如摩尔比超过 2.0，后期弱碱性或中性介质时加入的尿素量必然增多，会生成大量一羟甲基脲并残留游离尿素，使交联度降低，影响网状结构的生成，而使胶接质量下降。表 2-3 是在总摩尔比 F/U 为 1.4 固定不变，改变酸性反应阶段的摩尔比对胶接质量的影响。

表 2-3　改变酸性反应阶段的 F/U 摩尔比对脲醛树脂性能的影响

F/U 摩尔比	脲醛树脂的理化指标						胶合板剪切强度（63℃水浸 3h）	
	外观	黏度 /mPa·s	固含量 /%	游离醛含量/%	羟甲基含量/%	亚甲基含量/%	强度值 /MPa	木破率 /%
2.2	透明液	228	62.34	0.38	16.76	6.32	开胶	0
2.0	透明液	237	63.75	0.35	16.52	6.40	1.23	18
1.8	半透明液	275	62.55	0.41	13.92	9.14	1.18	20
1.6	浑浊液	340	61.22	0.44	11.94	10.71	1.61	40
1.4	浑浊液	600	64.20	0.37	11.88	11.88	1.83	60

从表 2-3 可见，制备低摩尔比脲醛树脂时，改变酸性阶段摩尔比对胶接强度有较大影响。摩尔比太高，胶接强度显著下降，而对游离甲醛含量影响不大。

低摩尔比的脲醛树脂要想获得较高的储存稳定性，关键在于酸性反应阶段摩尔比的大小。酸性缩聚反应是由羟甲基转变为亚甲基的过程，摩尔比高，生成的主要是侧链带羟基的亚甲基化合物和含醚键的化合物，因此溶液是透明的，储存稳定性好。而低摩尔比，则生成物中大部分是含羟甲基基团少的不溶性低分子量亚甲基脲，因此溶液浑浊。在这些化合物的末端有很多活性基团，分子间易发生缔合作用，因此黏度增长快，甚至出现膏状（一种虚假现象又称假黏度）。表 2-4 是在总摩尔比 F/U 固定为 1.2，改变酸性阶段摩尔比的大小，对树脂储存稳定性和胶合强度的影响。

表 2-4　酸性阶段 F/U 摩尔比对脲醛树脂储存稳定性和强度的影响

F/U 摩尔比	外观	储存期（室温）	椴木胶合板剪切强度 （63℃水浸 3h）/ MPa
1.4	酸性反应阶段即浑浊	第二天呈膏状	1.50
1.6	酸性反应阶段即浑浊	半个月	1.24
1.8	树脂冷却后浑浊	一个月	1.04
2.0	透明液第二天微浑浊	二个月	0.90
2.2	透明液数日后浑浊	三个月	开胶
2.4	透明液半个月浑浊	三个月以上	开胶

综上所述，制备低摩尔比脲醛树脂，酸性反应阶段摩尔比大小对树脂的胶接强度、储存稳定性都有很大影响，而二者是有矛盾的。在这种情况下，应首先考虑在保证良好的胶接强度的基础上，使储存期尽量长些。制备低摩尔比脲醛树脂，酸性阶段的摩尔比如果在 2.2 以上，就会使胶合板开胶，压制刨花板时，平面抗拉强度低，吸水膨胀率高，而树脂的储存稳定性相对较好。从综合性能考虑，酸性反应阶段的 F/U 摩尔比，不得超过 2.0，也不要低于 1.6。

2.1.3　合成工艺条件对树脂性能的影响

为了获得稳定的低摩尔比脲醛树脂，对尿素的加入次数和方法，每次加入尿素时 F/U 摩尔比及介质环境（pH 值）和反应温度、反应时间都应当严格控制。

低摩尔比脲醛树脂的制备目前采用尿素分批加入的多次缩聚工艺，大多采用尿素分三次加入工艺。第一次加入适量尿素，使加成反应在较高摩尔比下进行，可以减缓激烈的放热反应，能形成大量二羟甲基脲，保证缩聚后树脂分子上含有足够的羟甲基。但摩尔比也不宜太高，否则生成不稳定的中间产物如醚键等的概率增大，故选择 F/U 摩尔比在 2.0~2.5 为好。尿素与甲醛的聚合属逐步聚合，在形成大量二羟甲基脲的基础上，二次尿素的加入促使反应向有利于树脂形成的方向进行，同时对中间不稳定产物的生成起一定的抑制作用，缩聚阶段摩尔比对脲醛树脂性能的影响上节已有说明，F/U 摩尔比应在 1.6~2.0 为好。最后一批尿素的加入，实际上起捕捉游离甲醛的作用。

也可以采用甲醛二次加入的方法，在第一次甲醛和第一次尿素加成反应后，碱性条件下加入第二次甲醛和第二次尿素，由于提高了反应液 F/U 摩尔比，增加了羟甲基脲，特别是二羟甲基脲的含量，因而使脲醛树脂的游离醛含量降低，采用甲醛二次缩聚法，在 F/U 摩尔比较高时，制成游离醛含量低，胶合强度较高的脲醛胶。

脲醛树脂的生产工艺条件包括反应介质的 pH 值、反应温度和反应时间三个方面。一般来讲脲醛树脂的性能受反应介质 pH 值的影响最大。在加成反应阶段，介质呈中性和弱碱性，为了减少亚甲基醚键形成的概率，碱性不宜太强，反应时间不宜太长。在酸性缩聚反应阶段，pH 值下降一个单位，反应体系中氢离子浓度将增加 10 倍，H^+ 有异化羟甲基为阳离子亚甲基（$—CH_2^+$）和异化甲二醇（甲醛水化物）为阳离子亚甲醇（$—CH_2OH^+$）的作用，这两种碳正离子的存在除了加快缩聚反应速率外，还减少了反应体系中羟甲基的相对含量，从而减小了在分子结构上形成二亚甲基醚键结构的概率。酸性条件下，树脂分子缩聚速率加快，如在强酸条件下反应会趋于激烈，若不控制反应，温度迅速升高，势必导致迅速交联，所得树脂分子量大、黏度大，而且反应不均匀、不完全，树脂的游离醛含量增高。选择能控制缩聚反应平稳进行的 pH 值是至关重要的。

在采用强酸工艺条件下，弱碱性阶段才是树脂基本结构形成的主要阶段，此时的 pH 值控制对树脂性能至关重要。

在反应釜中加入一定量的甲醛，将 pH 值调至 1～3（r_1），加入第一批尿素，升温至 90℃反应 1h；调 pH 值至 8～9（r_2）加入第二批尿素，反应 40min；再调 pH 值为 4～5（r_3）反应到所需黏度；最后将 pH 值调整到 8～9（r_4），加入第三批尿素，使 F/U 摩尔比达到预定值，降温至 80℃反应 0.5h，真空脱水冷却，出料。从表 2-5 中可看出，尽管 UF 树脂的最终摩尔比相同（1.25），缩合相近（黏度相近），但随着 pH 值升高，游离甲醛含量和甲醛释放量都降低。这说明经过较强的碱处理后，树脂中易释放甲醛的成分含量降低。树脂中游离甲醛的含量降低，是因为碱可以促使甲醛的康尼查罗反应，生成甲酸和甲醇。而甲醛释放量降低说明树脂中易释放甲醛的羟甲基和羟甲基醚键也降低了。

反应温度和反应时间，同样对树脂质量产生影响，如反应温度过低或反应时间不足，无疑会使反应不完全，导致树脂分子小或结构不稳定，从而增加游离醛含量。

表 2-5 弱碱性阶段 pH 值对脲醛树脂性能的影响

UF 树脂	pH 值	游离甲醛含量/%	黏度/Pa·s	胶合板甲醛释放量/(mg/100g)	刨花板甲醛释放量/(mg/100g)
1	8.0	0.25	0.17	16	18
2	9.5	0.11	0.20	12	10
3	10.5	0.07	0.18	11	10

从人造板释放甲醛的来源看，除了游离醛外，更为重要的是脲醛树脂结构中的二亚甲基醚键（$—CH_2—O—CH_2—$）键和羟甲基（$—CH_2OH$）的多少，这是热压成板和应用过程中的主要甲醛释放源。处理好反应过程中反应介质的 pH 值、反应温度和反应时间之间的关系，并加以严格控制，使缩聚反应完全，使树脂的 $—CH_2—$键多，$—CH_2—O—CH_2—$键尽可能少，保持适量的$—CH_2OH$基团，可以制得结构合理的低甲醛释放量脲醛树脂。

游离醛少，$—CH_2—O—CH_2—$键少，$—CH_2OH$ 基团少，造成脲醛树脂的交联密度不够，影响胶接强度。通常加入三聚氰胺、苯酚、MF 树脂或其他交联促进剂，以保证胶合强度符合要求。

2.1.4　添加甲醛捕捉剂对甲醛释放量的影响

固定填料总用量为 20%，改变甲醛捕捉剂用量，用低摩尔比 UF 胶压制一批胶合板，测试甲醛释放量和胶合强度，结果见表 2-6。

由表 2-6 可见，低摩尔比 UF 胶压制的胶合板甲醛释放量较低，不加甲醛捕捉剂，椴木三合板的甲醛释放量为 12.7mg/100g，添加 5%～10%甲醛捕捉剂后压制的不同树种的胶合板甲醛释放量均符合 E_1 级要求。通过对全杨木和全椴木添加不同比例的甲醛捕捉剂后的胶合强度的对比可以看出，甲醛捕捉剂用量增加，对板材的胶合强度没有明显的不良影响。

表 2-6　甲醛捕捉剂用量对甲醛释放量和胶合强度的影响

树种 组坯厚/mm	热压工艺	甲醛捕捉剂 /g	面粉 /g	平均胶合强度 /MPa	木破率 /%	试件合格率/%	甲醛释放量 /(mg/100g)
杨木-杨木-杨木 1.7-1.7-1.7	100～110℃ 1.0MPa 300s	0	20	0.67	100	100	8.2
		5	15	0.81	90	100	7.6
		10	10	0.96	20	100	6.1
椴木-椴木-椴木 1.0-1.5-1.0	100～110℃ 1.0MPa 150s	0	20	1.79	17	100	12.7
		5	15	1.60	69	100	8.8
		10	10	1.70	12	100	8.5
椴木-杨木-椴木 0.6-2.8-0.6	105～115℃ 1.0MPa 150s	10		0.95	3	100	6.0
桦木-杨木-桦木 0.75-1.7-0.75	105～115℃ 1.4MPa 120s	10	10	1.29	14	100	4.9
奥古曼-杨木-奥古曼 0.5-1.7-0.5	100～110℃ 1.0MPa 120s	10	10	1.41	34	100	5.4
椴木-杨木(5层)-椴木 0.6-1.75×5-0.6	100～100℃ 1.0MPa 500s	10	10	2.06	33	100	7.4

注：调胶配方为 UF 胶 100g，固化促进剂 1g，NH_4Cl 1g。

2.1.5　制板工艺与后处理对甲醛释放量的影响

为了降低人造板的甲醛释放量，除了从根本上降低树脂的游离甲醛含量，使树脂具有合理的结构（—CH_2—键多，—CH_2—O—CH_2—键少，—CH_2OH 基团适量）外，还需注重树脂的使用，尽量创造条件，在压板过程中使板内的树脂胶层在胶合时间内充分固化，以减少游离醛在板内储存或扩散。厚板芯层由于固化不良，极易产生残留的甲醛，在热压时，游离甲醛与水蒸气一道由表层向中心部分移动；在冷却阶段，芯层积存的甲醛又以相反方向向表层扩散。因此在制板过程中，对表、芯层使用的胶黏剂品种、固化剂品种、数量做适当选择，创造表、芯胶层同步固化条件，有利于降低人造板（尤其是厚板）的甲醛释放量。

对制成的人造板进行后处理，也是降低人造板甲醛释放量常用的有效方法。甲醛释放量超过 E_2 级接近 E_1 级的人造板经后处理后，可以达到 E_2 级或 E_1 级，这不失为一种补救措施。

（1）人造板进行后处理

一般用氨水、尿素、盐酸羟胺、亚硫酸（氢）钠等可与甲醛反应的物质对人造板进行后处理。用氨对人造板做后期处理，可以显著降低人造板的甲醛释放量。在处理过程中，氨和人造板中游离甲醛起化学反应，生成比较稳定的六亚甲基四胺，使板的 pH 值向碱性方向变化。甲醛释放量降低的强度，取决于人造板与氨接触的时间，板的厚度，处理前人造板的甲醛释放量等因素。

$$6CH_2O + 4NH_3 \longrightarrow C_6H_{12}N_4 + 6H_2O$$

用尿素和铵盐水溶液处理。人造板在成板后尚未冷却时，用一定浓度的尿素溶液喷洒，处理后的人造板甲醛释放量约可下降 30%，最好的效果可降低 50%。因为尿素可以和甲醛反应，而且尿素水溶液在受热时，尤其在酸性条件下，生成铵离子，铵离子与甲醛生成六亚甲基四胺。

以实验室自制的液状甲醛捕集剂双面喷洒处理桉木和杨木多层胶合板，以降低胶合板的甲醛释放量，比较其用量对甲醛释放量和胶合强度的影响（见表 2-7）。

表 2-7　喷洒甲醛捕集剂用量对甲醛释放量和胶合强度的影响

胶合板种类	甲醛捕集剂/g	胶合强度/MPa	木破率/%	合格率/%	甲醛释放量/(mg/L)
桉木三合板	—	$\dfrac{1.11}{0.80\sim2.10}$	83	100	0.29
桉木三合板	80	$\dfrac{1.08}{0.81\sim1.77}$	93	100	0.12
桉木五合板	—	$\dfrac{1.61}{0.93\sim2.51}$	95	100	0.27
桉木五合板	90	$\dfrac{1.91}{1.05\sim2.73}$	94	100	0.10
桉木七合板	—	$\dfrac{1.80}{1.03\sim3.29}$	83	100	0.30
桉木七合板	170	$\dfrac{1.28}{0.70\sim1.73}$	96	100	0.06
桉木九合板	—	$\dfrac{1.79}{1.48\sim2.90}$	97	100	0.28
桉木九合板	90	$\dfrac{1.78}{1.13\sim2.51}$	90	100	0.13
杨木三合板	—	$\dfrac{1.08}{0.70\sim2.09}$	100	100	0.59
杨木三合板	100	$\dfrac{1.04}{0.89\sim1.28}$	56	100	0.13
杨木五合板	—	$\dfrac{1.47}{1.08\sim1.86}$	89	100	0.49

胶合板种类	甲醛捕集剂/g	胶合强度/MPa	木破率/%	合格率/%	甲醛释放量/(mg/L)
杨木五合板	125	$\dfrac{1.45}{1.15\sim2.15}$	50	100	0.15
杨木七合板	—	$\dfrac{1.50}{1.07\sim2.36}$	88	100	0.53
杨木七合板	120	$\dfrac{1.79}{1.27\sim2.37}$	63	100	0.21
杨木九合板	—	$\dfrac{1.74}{0.99\sim2.59}$	73	100	0.60
杨木九合板	120	$\dfrac{1.66}{1.04\sim3.71}$	84	100	0.16

注：表中胶合强度分子为平均胶合强度，分母为最低～最高强度。

从表 2-7 中数据可以看出，所使用的液状甲醛捕集剂可以显著地降低胶合板的甲醛释放量，同时对胶合板的强度没有影响。对于桉木多层板，80g 的喷洒量可以将其甲醛释放量降低 60% 左右，在甲醛捕集剂的用量加倍的情况下甚至可以低至原始甲醛释放量的 1/5，但由于喷洒量多而对胶合强度产生了些许影响（仍然符合 Ⅱ 类板要求）。对于杨木多层板而言，达到类似的甲醛释放量降低效果所需的喷洒量要多出一半，而此时的胶合板均可以从 E_1 级变为 E_0 级，这样的改性效果在生产实践上是极具应用价值的。

（2）人造板应用时进行涂料、贴面装饰

在涂料中加入尿素、氨、酪蛋白等可与甲醛反应的物质，可有效降低甲醛释放量。用微薄木、三聚氰胺层压板、PVC 薄膜贴面，也可有效降低甲醛释放量。涂饰和贴面可以将人造板中的游离甲醛密封在制品内部，防止其泄漏而污染环境。涂饰和贴面同时能防止大气水分对胶层的影响，既能减缓亚甲基醚键和羟甲基的分解速度，又能有效地防止胶层因高分子链降解而开裂。此外，涂饰和贴面尚有掩盖制品表面缺陷，美化表面，提高其使用价值和保护表面的作用，使制品表面具有耐磨、耐热、耐水、耐气候、耐化学药等性能。所以，涂饰和贴面是一条值得推广的降低甲醛释放量的有效途径。

2.2 三聚氰胺改进脲醛树脂耐水性的研究

尿素与甲醛反应生成的树脂中，含有羟基和酰胺基，因此其在水中，特别是高于 70℃ 的热水中稳定性差，易于水解。这主要是脲醛树脂中的酰胺键水解，树脂结构破坏的缘故：

$$—H_2CNHCO—N—CH_2— \xrightarrow{H_2O} —CH_2—NH_2 + HOOCH_2—N—CH_2—$$

因此相应的强度降低直至丧失。三聚氰胺可与羟甲基脲反应，使羟基和酰胺基减少，并在初期脲醛树脂中引入三氮杂环，提高了耐水性和耐热性。采用了1.1：1的F/U摩尔比，并且强调了酸性阶段的不同pH值与摩尔比的控制，使亚甲基桥键的含量相对较多，羟甲基和亚甲基醚键的含量相对较少，从而达到提高胶合强度和降低甲醛释放量的目的。选择在酸性阶段加入三聚氰胺，同时还二次加入甲醛，加深了三聚氰胺与尿素、甲醛的共缩聚程度，也就提高了三聚氰胺的改性效果。三聚氰胺改性脲醛树脂的合成工艺如下：在反应釜中加入第一批甲醛，将pH值调至7.2～7.8，加入第一批尿素，升温至90℃反应30min；调pH值至5.4～5.6，反应至所需黏度；加入第二批甲醛和三聚氰胺，调pH值至8.0～8.5，反应20min；调pH值至6.5～6.9，加入第二批尿素，反应至所需黏度；再将pH值调至7.5～8.0，加入第三批尿素，降温至75℃，反应0.5h，冷却出料。以该三聚氰胺改性脲醛树脂压制E_1级胶合板的工艺如下。调胶工艺：在MUF树脂中依次加入面粉、NH_4Cl，搅匀即可，NH_4Cl的用量为0～1份，面粉的用量为20～30份，以调胶后的黏度适合涂布要求为宜。材料：柳桉-杨木-柳桉，单板含水率8%～12%，单板厚1.7mm，施胶量280g/m^2（双面），涂胶后预压1h。热压条件：压力1.0MPa，温度105～110℃，热压时间4.5min。

针对室外级人造板以及室内级地板的需求，进一步调整三聚氰胺改性脲醛树脂合成工艺。将甲醛溶液、第一批尿素、第一批三聚氰胺加入反应器，用30% NaOH溶液调pH值至8.0～9.0，升温至90℃反应30min。用20% NH_4Cl溶液调pH值至5.4～6.2，90℃反应至浊点，并继续反应15～20min。用30% NaOH溶液调pH值至6.5～6.9，加入第二批尿素和第二批三聚氰胺，90℃反应40min。用30% NaOH溶液调pH值至8.0～9.0，加入第三批三聚氰胺，90℃反应40min。降温至70℃加入第三批尿素，50～60℃反应20min，冷却出料。由于三聚氰胺占树脂总量分别为8.5%、13.57%、17.07%，其用途也不同，分别记为E_0级胶合板胶、E_0级地板胶、E_1级室外胶。

2.2.1　树脂的化学结构分析

^{13}C NMR仪（Bruker DPX300）选用管径为5mm的样品管，将所制得的三聚氰胺改性脲醛树脂经冷冻干燥后取样品10mg，加入0.1mL全氘化二甲基亚砜（DMSO-d_6）。脉冲序列采用反门控去偶法（zgig），弛豫时间为6s，扫描次数24000次，谱宽300。树脂的定量结构分析结果如表2-8所示。

定量分析：树脂配方为甲醛溶液（36.51%）200g，尿素124.8g，聚乙烯醇2g，三聚氰胺10g，此时F/U摩尔比为1.17：1。化学分析得游离醛含量为0.09%。由于尿素中的碳氧双键与三嗪环上的碳氮双键在反应过程中不发生断裂，其化学位移在157～168，游离甲醛量因冷冻干燥而有所损耗，甲氧基碳归属为甲醇。取谱图中除羰基碳、游离甲醛碳、甲氧基碳以外的积分面积为基准量，这一积分面积对应除游离醛之外的甲醛总摩尔数。

基准量：0.298＋0.240＋1.158＋3.807＋22.957＋8.335＋0.595＋7.604＝44.994

除游离醛外总甲醛摩尔数：200×0.3651÷30 － 336.8×0.0009÷30＝2.4231

羟甲基/甲醛 摩尔比：22.957÷44.994×2.4231÷2.434＝0.5079

亚甲基醚/甲醛 摩尔比：(0.298＋0.240＋1.158＋3.807)÷44.994×2.4231÷2.434＝0.1218

亚甲基/甲醛 摩尔比：(8.335＋0.595＋7.604)÷44.994×2.4231÷2.434＝0.3658

表 2-8　三聚氰胺改性脲醛树脂^{13}C NMR 定量分析结果

名称及结构式	化学位移		积分面积
	文献值	实测值	
C—N(CH$_2$OCH$_3$)$_2$	167.4	168.032	1.000
		167.867	1.666
		167.746	0.831
C—NHCH$_2$OCH$_3$	166.7	166.953	0.614
		166.720	
C—NHCH$_2$OH	166.3	166.524	2.253
单取代脲　NH$_2$—CO—NH—	161～162	161.102	9.537
双取代脲　—NH—CO—NH—	160～161	160.385	
		159.863	
		159.608	
		159.178	
三取代脲　—NH—CO—N=	159～160	158.810	53.441
		158.542	
		158.341	
		158.189	
C—N(CH$_2$OCH$_3$)$_2$	77.3	75.215	0.298
		74.793	0.240
C—NHCH$_2$OCH$_3$	72.9	72.659	1.158
C—NHCH$_2$OCH$_2$NH—	69.9	69.150	3.807
		65.175	
羟甲基　—NH—CH$_2$OH	64～66	64.834	22.957
		64.435	
		64.293	
		55.337	
甲氧基　—CH$_2$OCH$_3$	55～56	55.180	3.003
		55.064	
		54.965	
亚甲基　—N(CH$_2$)—CH$_2$—NH—	53～54	53.251	8.335
		53.048	
亚甲基　—NH—CH$_2$—NH—	46～48	49.456	0.595
		46.237	7.604

根据文献报道，三聚氰胺上的碳原子吸收峰的化学位移应为 165.7，可在谱图上却找不到这一峰值，说明树脂中不存在游离的三聚氰胺，而是以羟甲基、亚甲基醚键链接的形式存在的，从其分别对应的积分面积来看，以亚甲基醚键链接形式存在的三聚氰胺占三聚氰胺总量的 55% 以上，这说明三聚氰胺不仅参与了与甲醛的加成反应，生成了羟甲基三聚氰胺，更进一步参与了缩聚反应，提高了交联程度。

　　化学位移在 166~168 的峰为三聚氰胺上碳原子的吸收峰，其积分面积之和为 6.364，化学位移在 158~161 的峰为尿素上碳原子的吸收峰，其积分面积之和为 62.98，所以三聚氰胺与尿素的摩尔比为 1:29.69，三聚氰胺占尿素的质量分数为 7.07%，这与三聚氰胺投料量 8% 是接近的，从另一个角度说明了核磁谱图的准确性。

　　在谱图中未见以亚甲基键接形式存在的三聚氰胺，根据 Frank N. Jones 等的研究，羟甲基三聚氰胺缩聚形成的亚甲基桥键并不如所估计得那么稳固，在无环结构中，甚至还不如亚甲基醚键牢固。

　　在对室外级人造板以及室内级地板用三聚氰胺改性脲醛树脂的类似分析中发现，总亚甲基含量胶合板用 MUF 4.74% 最高，地板胶 2.71% 居中，室外胶 2.48% 最低，总游离醛含量地板胶 0.14% 最高，胶合板胶和室外胶的游离醛含量分别为 0.088%、0.020%，三种胶的游离醛含量都很低。总二亚甲基醚的含量，胶合板胶 1.52% 最高，室外胶 1.31% 次之，地板胶 1.00% 最低。这说明地板胶的化学结构优于其他两种胶，其化学稳定性好，耐老化性能也佳。

　　从总羟甲基含量来看，室外胶 13.68% 最高，地板胶 10.24% 次之，胶合板胶 7.30% 最低。大量的羟甲基在固化过程中会发生交联，提高胶合强度，实验证明用室外胶的人造板的胶合强度最高，而且羟甲基含量高，在固化过程中会释放出大量的甲醛，实验也证明室外胶的人造板的甲醛释放量最高。室外胶的亚甲基含量最低，总二亚甲基醚的含量也很高，说明了其结构的不稳定性。从储存的时间上看，室外胶的储存时间最短，胶合板胶的储存时间最长。

　　从羟甲基脲的结构看，地板胶的叔氨基结构的羟甲基脲的含量为 1.18%，仲氨基结构的羟甲基脲的含量为 9.18%，都居中；胶合板胶的叔氨基结构的羟甲基脲的含量为 0.89%，仲氨基结构的羟甲基脲的含量为 6.42%，都最低；室外胶的叔氨基结构的羟甲基脲的含量为 2.33%，仲氨基结构的羟甲基脲的含量为 11.35%，都最高。三种 MUF 树脂所含不同结构羟甲基脲含量的不同，说明它们交联固化反应能力存在差异。

　　为了更好地了解树脂的结构及其在聚合反应过程中的结构变化，应用核磁共振分析方法，分析反应过程中的分子结构变化，推测其聚合机理，从分子结构的变化阐述树脂性能差异的原因。通过对聚合过程的研究，更加清楚如何控制反应过程中树脂的结构，从而制备出高性能的 MUF 树脂。所用的配方中 F 与 U 物质的量之比为 (1.2~1.5):1，F 与 (U+M) 物质的量之比为 (1.1~1.2):1。先将第 1

批 F、U、M 加入反应器中，此时 F 与 U 物质的量之比值为 2.18，F 与（U＋M）物质的量之比值为 2.09，在碱性反应阶段，调 pH 值为 7.0～7.5，反应 30min，得样品 1#；调 pH 值为 5.8～6.2，反应至浊点，得样品 2#；浊点后保温 15min 后，得样品 3#；调 pH 值为 6.5～6.9，并加第 2 批 U 和 M 后反应 40min 后，得样品 4#；调 pH 值为 8.0～9.0，并加第 3 批 M，反应 40min 后，得样品 5#；在加入第 3 批 U 后，反应完成冷却后，得样品 6#（最终产物）。

对于样品 1#，理论上碱性条件下的缩聚反应只生成亚甲基醚的桥键，不会有亚甲基键的形成，实际反应中，由于 pH 值下降，有少量亚甲基键形成，转化为亚甲基键的碳原子占总甲醛的 13.07%，转化为亚甲基醚键的碳原子占总甲醛的 30.80%，而转化为羟甲基的碳原子占总甲醛的 48.36%，将近一半，说明此阶段的羟甲基化反应是完全的。反应过程中 MUF 树脂的成分见表 2-9。

表 2-9　反应过程中 MUF 树脂成分分析

编号	固含量/%	游离醛含量/%	（羟甲基/树脂）质量分数/%	（亚甲基醚/树脂）质量分数/%	（亚甲基/树脂）质量分数/%
1#	46.09	2.08	13.39	12.16	1.63
2#	45.20	2.44	10.12	13.62	2.45
3#	45.19	2.89	21.30	5.38	3.94
4#	49.48	0.35	8.85	9.28	5.08
5#	53.91	0.15	13.26	3.32	3.11
6#	55.04	0.10	10.98	3.33	3.59

对于样品 2#，在调低 pH 值的过程中，pH 值不是快速调至 5.5 左右，所以该步反应中的羟甲基不仅会转变成亚甲基，而且在 pH 值较高时先缩聚成亚甲基醚键，再由亚甲基醚键进一步缩聚成亚甲基键，并有甲醛产生。正因为如此，转化成羟甲基的碳原子占总甲醛的量从 48.36% 降到 36.56%，换算成质量分数为从 13.39% 降到 10.12%。转化成亚甲基醚键的碳原子占总甲醛的量从 30.80% 上升到 33.90%，转化成亚甲基键的碳原子占总甲醛的量从 13.07% 升到 19.61%，而游离甲醛的含量从 2.08% 上升至 2.44%，说明这种解释的可依据性。同时，羟甲基含量下降，使这时的树脂的水溶性变差，出现了浊点，也从侧面说明了树脂的变化。样品 3# 是在到达浊点后，继续反应 15min，缩聚反应完全，亚甲基含量增加，即羟甲基先缩聚成亚甲基醚，再由亚甲基醚进一步缩聚成亚甲基，释放出甲醛，所以与样品 2# 相比，游离甲醛含量从 2.44% 增加到 2.89%，亚甲基占树脂的含量也从 2.45% 增加到 3.94%，亚甲基醚占树脂的含量从 13.62% 降到 5.38%，这种缩聚程度的加深，使部分亚甲基醚转化为亚甲基，这种转变有利于体系迅速网络化，提高固化速度，减少凝胶时间，增加树脂的黏度。对于样品 4#，F 与（U＋M）物质的量之比为（1.5～1.7）∶1，由于尿素、三聚氰胺的加入，聚合态游离醛的含量明显减少，未取代脲增加，化学位移 δ67～69 处的二亚甲基醚明显减少，占树脂的含量降到 9.28%，化学位移 δ64～66 处的仲羟甲基量增多，亚甲基的含量从

3.94％增到 5.08％，游离醛的含量大幅降低，从 2.89％降到 0.35％。对于样品 5#，F 与（U+M）物质的量之比为（1.3～1.5）:1。样品中的三嗪环结构引起的吸收峰面积增多，化学位移 $\delta 70\sim72$ 处的吸收主要来自三聚氰胺的羟甲基脲，且为叔羟甲基，游离醛的含量继续降低，图谱上游离醛的峰已不是很明显，化学位移 $\delta 67\sim69$ 处产生二亚甲基醚峰，化学位移 $\delta 64\sim66$ 处的仲羟甲基的吸收峰比样品 4# 明显。羟甲基占树脂的含量从 8.85％升到 13.26％，总亚甲基醚的含量从 9.28％降到 3.32％。对于样品 6#，加入尿素后，F 与（U+M）物质的量之比为（1.1～1.2）:1。尿素主要是为了吸附甲醛，进一步减少游离醛，形成羟甲基脲，游离醛确实从 0.15％降到 0.10％。地板基材用 MUF 胶的合成采用弱碱—弱酸—弱碱工艺，在碱性阶段主要为加成反应，产物以一羟甲基脲和二羟甲基脲为主，并有少量的三羟甲基脲，而三聚氰胺和甲醛的产物主要为一羟甲基三聚氰胺和二羟甲基三聚氰胺；同时，随着反应中 pH 值降至 5.8～6.2，缩聚反应开始进行，一羟甲基脲与二羟甲基脲间、一羟甲基三聚氰胺与二羟甲基三聚氰胺间、一羟甲基脲与二羟甲基三聚氰胺间发生缩聚反应生成亚甲基键和醚键。其后的反应主要为缩聚反应，产物结构较为复杂。反应的最终产物压制的杨木胶合板，其甲醛释放量达 E_0 级，胶合强度达到 II 类板的要求。

2.2.2 甲醛/尿素摩尔比对树脂耐水性的影响

F/U 摩尔比是对 MUF 树脂性能影响最大的因素，因此首先比较了三聚氰胺用量为 3％时（以尿素总量计）不同摩尔比对 MUF 树脂最终性能的影响，在反应釜中加入第一批甲醛，将 pH 值调至 7.2～7.8（r_1），加入第一批尿素，升温至 90℃反应 30min；调 pH 值至 5.4～5.6（r_2），反应至所需黏度；加入第二批甲醛和三聚氰胺，调 pH 值至 8.0～8.5（r_3），反应 20min；调 pH 值至 6.5～6.9（r_4），加入第二批尿素，反应至所需黏度；再将 pH 值调至 7.5～8.0（r_5），加入第三批尿素，降温至 75℃，反应 0.5h，冷却出料。实验结果见表 2-10。

表 2-10　F/U 摩尔比对 MUF 树脂性能的影响

MUF 树脂	F/U 摩尔比					游离甲醛含量/％	黏度/Pa·s	甲醛释放量/(mg/L)	胶合强度/MPa
	r_1	r_2	r_3	r_4	r_5				
1	2.0	2.0	2.4	2.4	1.5	0.22	0.05	6.5	1.60
2	2.0	1.75	2.1	2.1	1.5	0.39	0.16	5.1	1.35
3	2.0	2.0	2.4	2.1	1.5	0.48	0.12	5.8	1.45
4	2.0	2.0	2.4	1.75	1.3	0.20	0.19	4.0	1.20
5	2.0	2.0	2.4	1.75	1.1	0.12	0.18	3.5	1.10
6	2.0	2.0	2.4	1.6	1.3	0.25	0.26	1.5	1.15
7	2.0	2.0	2.4	1.6	1.1	0.15	0.26	1.2	1.00

注：r_1、r_2、r_3、r_4、r_5 分别对应不同 pH 值阶段的甲醛与尿素的摩尔比。

可以看出，总体上随着最终摩尔比 r_5 的降低，游离甲醛含量、甲醛释放量、胶合强度都在降低。当摩尔比降至一定程度后，脲醛树脂中就存在了相当数量的游离尿素，可以吸收树脂中的游离甲醛、树脂热固化释放出的甲醛以及树脂固化后水解时放出的甲醛，从而达到低甲醛释放的目的。但这些尿素同样会与活泼的羟甲基脲反应，降低了脲醛树脂的交联程度，也就削弱了板材的胶合强度，因此摩尔比不宜过低。

若将第二批尿素在反应末期一次性加入，在弱碱性条件下，尿素与未反应的甲醛发生加成反应，生成羟甲基脲，树脂的游离甲醛量降低了，而羟甲基脲在受热及水解时会放出甲醛，这可以解释树脂 1 相对较低的游离甲醛含量和高甲醛释放量。将树脂 2 与 3 对比可知，在酸性阶段投放尿素量相同的情况下，较早投放尿素的树脂缩合程度较深，亚甲基桥键的含量相对较多，羟甲基和亚甲基醚键的含量相对较少，也就具有较低的甲醛释放量。具体反应如下：

$$
\begin{array}{c}
\text{HOH}_2\text{CHN}-\overset{\displaystyle\overset{O}{\|}}{C}-\text{NHCH}_2\text{OH} \ + \ \text{HOH}_2\text{CHN}-\overset{\displaystyle\overset{O}{\|}}{C}-\text{NHCH}_2\text{OH} \longrightarrow \\[2mm]
\text{HOH}_2\text{CHN}-\overset{\displaystyle\overset{O}{\|}}{C}-\text{NHCH}_2\text{OCH}_2\text{HN}-\overset{\displaystyle\overset{O}{\|}}{C}-\text{NHCH}_2\text{OH} \ +\text{H}_2\text{O}
\end{array}
$$

$$
\begin{array}{c}
\text{HOH}_2\text{CHN}-\overset{\displaystyle\overset{O}{\|}}{C}-\text{NHCH}_2\text{OH} \ + \ \text{HOH}_2\text{CHN}-\overset{\displaystyle\overset{O}{\|}}{C}-\text{NHCH}_2\text{OH} \longrightarrow \\[2mm]
\text{HOH}_2\text{CHN}-\overset{\displaystyle\overset{O}{\|}}{C}-\text{NHCH}_2\text{HN}-\overset{\displaystyle\overset{O}{\|}}{C}-\text{NHCH}_2\text{OH} \ +\text{HCHO}+\text{H}_2\text{O}
\end{array}
$$

另外，从树脂 4 与 6，5 与 7 的对比中可看出，酸性阶段的摩尔比超过某一特定值后，甲醛释放量会急剧上升，甚至超过最终摩尔比的影响。但酸性阶段的摩尔比也不可降得过低，这会导致缩合反应速率加快而不易控制。

2.2.3　三聚氰胺添加量对树脂性能的影响

三聚氰胺的用量对树脂的性能影响很大。表 2-11 中列出了采用相同工艺时，三聚氰胺的不同用量与改性脲醛树脂性能之间的关系。

表 2-11 中的树脂都采用相同的 F/U 摩尔比和弱碱—弱酸—弱碱制胶工艺，但随着三聚氰胺用量的增加，甲醛释放量不断降低，胶合强度则先提高后降低。这是由于三聚氰胺与甲醛的加成反应可以形成一系列从二羟甲基三聚氰胺到六羟甲基三聚氰胺的混合物，不同的羟甲基三聚氰胺之间互相发生缩合反应，生成亚甲基桥键和亚甲基醚键，并保留了一部分尚未反应的羟甲基基团，具体过程如下：

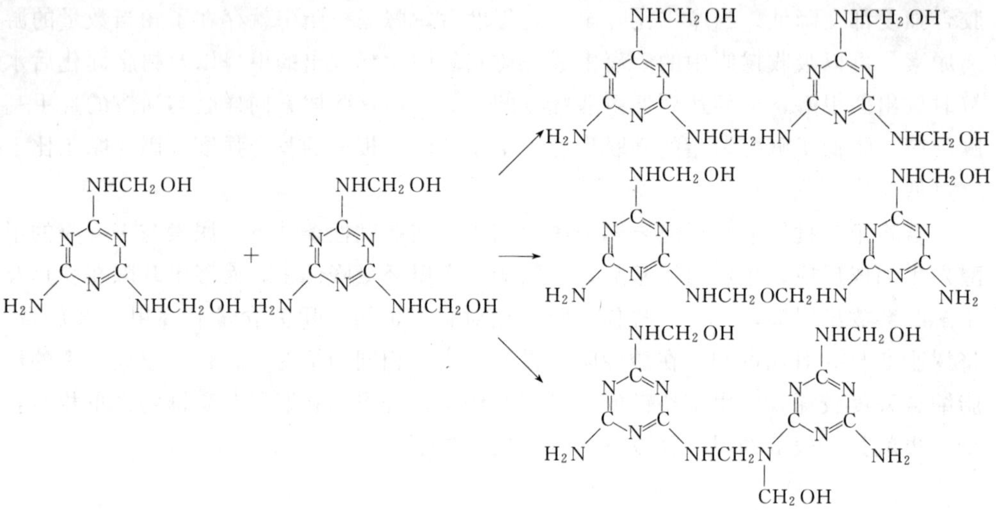

NHCH₂OH structures (三聚氰胺羟甲基化缩合反应示意图):

$$\text{[三聚氰胺羟甲基化物缩合反应结构式]}$$

表 2-11　三聚氰胺用量对树脂性能的影响

MUF 树脂	三聚氰胺 用量/%	游离甲醛 含量/%	黏度 /Pa·s	固化时间 /s	甲醛释放量 /(mg/L)	胶合强度 /MPa
1	0	0.17	0.25	72	1.7	0.6
2	1	0.18	0.23	95	1.4	0.8
3	3	0.15	0.26	110	1.2	1.0
4	5	0.12	0.28	138	1.1	0.6
5	7	0.08	0.27	140	1.0	0.5

注：以尿素总量的百分比计。

　　而正是相当数量亚甲基醚键的存在才使得 MUF 树脂在热固化时很少放出甲醛，而脲醛树脂在同样条件下却会产生大量的甲醛气体。随着三聚氰胺用量的增加，三聚氰胺与甲醛的缩合产物中的亚甲基醚键含量也增加，降低了树脂在热固化及水解时放出的甲醛量。同时引入了多官能度的三聚氰胺分子，提高了树脂的交联程度，加强了板材的胶合性能。另外，随着三聚氰胺羟甲基化的进行，其 N 原子的亲核性不断增强，反应活性也不断加强，而尿素的情况则恰恰相反，这就使得三聚氰胺的加入降低了树脂的固化速度，导致在同样的热压条件下由于固化不完全而使板材的胶合强度不断下降。因此，三聚氰胺的用量也不可过高。

　　讨论三聚氰胺加入量不同，F/(M+U) 摩尔比不同的树脂的合成，采用相同的实验工艺，相同的催化剂，但由于三聚氰胺占树脂总量分别为 8.50%、13.57%、17.07%，其用途也不同，分别为 E_0 级胶合板胶，E_0 级地板胶，E_1 级室外胶。首先进行了一些优化实验，三聚氰胺采取三次加入的方法，选择了 M/MUF 质量比 40%、F/U 摩尔比 1.3 相同的配方，分别将三聚氰胺按一次、二次、三次加入进行比较实验。其中一次法为三聚氰胺在最后一批尿素加入前一次加入；二次法中第一批三聚氰胺与第二批尿素同时加入；三次法即第一批三聚氰胺与第一批尿素同时加入，第二批三聚氰胺与第二批尿素同时加入，第三批三聚氰胺在最后一批尿素加入前加入，三种添加方式分别制两次MUF胶，并压制杨木三合板。采用三聚氰胺一次加入改性法，胶合强度略高于二次和三次加入法，但是三聚氰胺三次加入的MUF胶压制的胶合板，甲醛释放量明显较低。这主要是因为三聚氰胺在前面加入，参与了树脂的加成反应与缩聚反应，特别是在缩聚反应中由于三聚氰胺的加入，形成的甲基醚键不易断链，减少了释放的甲醛，并且三聚氰胺在树脂化过程中，增加了其空间结构，有利于树脂的进一步交联。

E_0级胶合板胶是在E_1级胶的基础上研制而成的，加入三聚氰胺与甲醛反应，固化时缩聚形成的亚甲基醚键较为稳定，胶合强度增加，不会像羟甲基脲之间缩聚形成亚甲基醚键同时释放出甲醛，三聚氰胺的加入既能增加胶合板的胶合强度，又能降低甲醛释放量，达到改性目的。因此选取了几组三聚氰胺加入量不同的实验，分别压制杨木和桉木板，实验结果见表2-12。随着三聚氰胺用量的增加，甲醛释放量明显降低，胶合强度也降低，这主要是三聚氰胺增加，F/(U+M)摩尔比降低，降到0.99小于1，造成交联不完全。所以当三聚氰胺用量为10.0%时，无论是杨木还是桉木，其胶合强度都低于三聚氰胺用量为8.5%时，这也证明了三聚氰胺用量不是越多越好。随着F/(U+M)的摩尔比从1.05降到0.99，甲醛释放量降低，并且桉木甲醛释放量符合E_0级要求，说明这种配方的可行性。

表2-12　不同F/(U+M)摩尔比的MUF胶压板试验结果

F/(U+M)	M/MUF /%	桉木			杨木		
		胶合强度 /MPa	合格率 /%	甲醛释放量 /(mg/L)	胶合强度 /MPa	合格率 /%	甲醛释放量 /(mg/L)
1.05	7.0	$\dfrac{1.12}{0.52\sim1.86}$	95	0.37	$\dfrac{0.80}{0.21\sim1.21}$	71	0.52
1.03	8.5	$\dfrac{1.11}{0.58\sim2.10}$	95	0.30	$\dfrac{0.76}{0.19\sim1.50}$	64	0.41
1.01	8.5	$\dfrac{1.14}{0.25\sim1.90}$	93	0.11	$\dfrac{0.75}{0.23\sim1.13}$	64	0.44
0.99	10.0	$\dfrac{0.97}{0.64\sim1.18}$	93	0.09	$\dfrac{0.50}{0.42\sim0.70}$	7	0.51

选用M/F质量比20%、24%、28%、32%，每组三聚氰胺添加量又选用F/U摩尔比1.3、1.4、1.5、1.6四种不同尿素添加量进行16个不同配方的MUF胶制胶试验，并分别压制杨木三合板。①四组16个MUF胶压制的杨木三合板，胶合强度全部符合Ⅱ类板的要求。M/F质量比20%、24%、28%、32%四组MUF胶中，F/U摩尔比从1.3逐步增加到1.6，胶合强度逐步增加，甲醛释放量也随之增加。②M/F质量比20%的四个MUF胶压制的杨木三合板，甲醛释放量＞0.5mg/L，M/F质量比24%、28%、32%三组MUF胶中，F/(U+M)摩尔比1.20以下

的 9 个 MUF 胶压制的杨木三合板甲醛释放量≤0.5mg/L，可以从中选择 E_0 级地板胶配方。

综合考虑胶合强度较好，甲醛释放量<0.5mg/L，三聚氰胺含量较少的配方，选用 M/U 质量比 24%，F/U 摩尔比 1.4，F/(U+M) 摩尔比 1.15 为 E_0 级地板胶配方，进行重复压板试验，6 次重复压板试验再现性好，胶合强度较高，即使 100℃水煮 3h 还有一定胶合强度，甲醛释放量均小于 0.4mg/L，符合 E_0 级板要求；100℃水煮 3h 浸渍剥离率低，适合制作地板基材。添加 6% 的水，固含量降低 3% 左右，而胶合强度和甲醛释放量类似，但三聚氰胺占树脂的总量由 13.6% 降到 12.7%，成本较低。

室外级 MUF 胶是在 E_0 级地板胶的基础上，研制的适用于室外模板、集装箱板的胶黏剂，可取代酚醛树脂，当苯酚价格>7000 元/吨时，用 MUF 胶取代 PF 胶生产室外级胶合板将会产生经济效益。采用三聚氰胺分三批添加，选用 F/(U+M) 摩尔比 1.21～1.25，M/MUF 质量比为 15.0%～20.7%；F/(U+M) 摩尔比 1.41～1.45，M/MUF 质量比为 13.6%～19.8%；F/(U+M) 摩尔比 1.48～1.51，M/MUF 质量比为 11.7%～18.0% 等三组 12 个配方进行制胶压板试验。

F/(U+M) 摩尔比 1.21～1.25 这组，随着 U 的增加，M 的减少，胶合板的胶合强度随之减小，合格率也随之降低，但除 F/(U+M) 摩尔比为 1.25 外，其余的都能符合Ⅰ类板的强度要求，甲醛释放量也都能符合 E_0 级要求，但 M 的加入量太大，不符合经济要求。所以增加甲醛的加入量，增大 F/(U+M) 的摩尔比，以期能提高其胶合强度。实验中选择了 F/(U+M) 的摩尔比为 1.41～1.51 几组实验，F/U 的摩尔比相应增加，除 F/(U+M) 为 1.50 外，因 M/MUF 仅 11.7%，其余的胶合强度都能符合Ⅰ类板的强度要求，但甲醛释放量都较高，只能符合 E_1 级标准。由于该胶主要用于室外，对甲醛释放量的要求低于室内用胶，对胶合强度的要求较高，所以在比较了 F/(U+M) 摩尔比 1.21～1.25 和 1.41～1.51 的两组试验结果后，选择了 F/(U+M) 摩尔比为 1.49 的配方作为实验配方。由该配方的重复试验可见，用杨木压制的三合板甲醛释放量都较高，均<1.5mg/L，符合 E_1 级要求，胶合强度都能符合Ⅰ类板的要求，合格率也很高。当三聚氰胺在树脂中的含量降低时，胶合强度就会降低，分别做了三聚氰胺含量为 8.5% 和 13.07% 的比较实验。实验结果表明，胶合强度从符合Ⅰ类板，降到符合Ⅱ类板。

2.2.4 添加助剂对树脂耐水性的影响

在树脂固化时，加入少量的异氰酸酯类固化剂可以在提高胶合性能的同时降低甲醛释放量。表 2-13 中列出了当添加 1% 异氰酸酯类固化剂时对两种改性脲醛树脂性能的影响。

表 2-13　固化剂对树脂性能的影响

MUF 树脂	固化剂用量/%	游离甲醛含量/%	黏度/Pa·s	甲醛释放量/(mg/L)	胶合强度/MPa
5#	0	0.12	0.18	3.5	1.1
5#	1	0.12	0.18	1.9	1.3
7#	0	0.15	0.26	1.2	1.0
7#	1	0.15	0.26	0.9	1.1

注：固化剂用量以树脂总量的百分比计。

　　由于固化剂分子两端含有活性基团，能与—OH、—NH—、—NH$_2$ 等官能团反应。当脲醛树脂固化时，固化剂与树脂中的—CH$_2$OH、—NH—反应，生成牢固的氨酯键与脲基甲酸酯键，提高了树脂的交联程度，反应如下：

$$R—N=C=O+HOH_2C—R' \longrightarrow R—NH—\overset{\displaystyle O}{\overset{\|}{C}}—O—CH_2—R'$$

氨酯键

$$R—N=C=O+R—NH—CO—CH_2—R' \longrightarrow R—NH—CO—\overset{\displaystyle R}{\overset{|}{N}}—CO—CH_2—R'$$

脲基甲酸酯键

　　同时固化剂还能与木材纤维中的羟基反应，从而达到提高胶合性能的目的。而形成的这些桥键与羟甲基、亚甲基醚键不同，它们在受热及水解时相当稳定，不会分解放出甲醛气体。在树脂 5# 中添加了 1% 固化剂后，甲醛释放量有了明显的降低，对照其工艺，发现在其最后的碱性阶段加入了大量的尿素，无疑此时形成了相当数量的羟甲基，而固化剂的加入将这些不稳定的基团转化成了稳定的桥键，从而显著降低了甲醛释放量。而在树脂 7# 中，羟甲基更多的是在酸性阶段缩合成了亚甲基。因此，同样的固化剂用量在树脂 7# 中降低甲醛释放量的效果不如树脂 5# 那么明显。

2.3　三聚氰胺改性脲醛树脂固化体系与工艺的研究

2.3.1　固化行为的研究

　　脲醛树脂与酚醛树脂不同。酚醛树脂不用固化剂，加热即能固化；而脲醛树脂要有固化剂，在室温或加热下，而且只有在树脂中含有游离羟甲基的情况下才进行固化。脲醛树脂转化为不熔不溶状态，这种转化是分子链之间形成横向交联的结果。横向交联不仅仅是分子链之间羟甲基相互作用，而且还有羟甲基和亚氨基中氢的相互作用。树脂转变成固化状态经历三个阶段（甲、乙、丙阶段）。在甲阶段，树脂是可溶于水的黏性液体（或固体）；在乙阶段，树脂是凝胶状疏松体；在丙阶段，树脂进一步转变成不熔不溶状的固体。与酚醛树脂不同，脲醛树脂即使在固化状态下在溶剂中也能膨胀，加热时也可软化，这证明脲醛树脂在固化时生成的交联键数量少。脲醛树脂为基料的胶黏剂的某些性质取决于脲醛缩聚机理和固化树脂空间结构。在原树脂中羟甲基和醚基基团含量的增加，会引起胶黏剂固化过程中甲醛析出量的增加。如果在固化后的树脂中含有相当多的游离羟甲基基团，则胶合强度和耐水性明显降低。

传统观点认为脲醛树脂是热固性树脂，当树脂的 pH 值降至 3.0～4.0 即可固化。在固化过程中，树脂中的一些具有反应活性的官能团或分子，如—CH_2OH、—NH—、—CH_2OCH_2—、CH_2O 之间会发生反应，使树脂交联形成三维网络结构，变成不熔不溶的白色固体。脲醛树脂的结构，按经典理论可简单描述为：在未固化前，脲醛树脂是由取代脲和亚甲基或少量的二亚甲基醚链节交替重复生成的多分散聚合物。依据反应条件的不同，分子链上有不同程度的羟甲基或短支链。固化时，这些分子之间通过羟甲基（或甲醛，或—CH_2O—CH_2—的分解产物）与—NH—反应形成—CH_2—的交联，成为三维空间结构。

脲醛胶体学说理论认为脲醛树脂是线型的聚合物，在水中形成胶体分散体系，当胶体稳定性遭到破坏时，胶体粒子凝结、沉降，脲醛树脂发生固化或胶凝。脲醛胶体的稳定性缘于粒子周围有一层甲醛分子吸附层或质子化的甲醛分子吸附层，当胶粒凝结时，就有甲醛或氢离子释放出来。胶体理论在脲醛树脂性能和改性途径及解释方面也赋予了新的认识。在脲醛树脂中添加食盐既可提高其固化速度，又可降低成本，这已被美国工业界普遍采用。经典理论认为这一方法是增加离子强度，提高固体含量所致，但对其过程中 pH 值变化无法说明。胶体理论认为添加食盐使胶粒的双离子层变薄，胶体不稳定，凝结加速，并满意地解释了过程中 pH 值微小的变化，可见胶体理论对脲醛树脂一系列的性能有新的认识。

MUF 树脂的固化是将线型可溶性树脂转变成体型的过程，是缩聚反应的继续，是形成胶合强度的关键过程，对产品的胶接质量起到重要作用。选用了 M/MUF 质量比为 3.0%、8.5%、13.57%、17.07% 四种三聚氰胺改性脲醛树脂，分别记作 MUF1、MUF2、MUF3、MUF4，与 UF 树脂做 TG 比较。

100～140℃这部分的质量损失主要是水分的损失，包括树脂内部的水和缩聚产生的水，完全的缩聚反应只有当水完全分解后才会产生。由于 MUF3 的三聚氰胺含量较高，树脂间的连接紧密，水分的完全损失需要更高的温度。140～200℃的质量损失估计是尿素和三聚氰胺的衍生物的不同所致。三聚氰胺含量越高，产生的缩聚反应会越多，羟甲基类会向醚类转化。180℃和202℃时发生复杂的交叉反应。超过220℃，开始发生分解反应，氨基类亚甲基的水解，包括尿素。

相对于低三聚氰胺含量的 MUF，高含量的 MUF 会在热压过程中产生更多的缩聚结构，树脂结构更加紧密，质量损失需要更高的温度。加入固化剂后，发现树脂固化后损失的量越多，固化开始的温度越低。加入固化剂后质量损失的速度加快，缩聚反应速率加快。

不同树脂在不同固化体系下 DSC 曲线的形状和固化反应参数有所差别。在相同的升温速率下，UF 的 DSC 曲线的放热峰尖而窄，放出热量最多，说明反应进行得比较剧烈，其他 MUF 树脂的放热峰宽而平滑，放出的热量较少，反应进行得较平稳，这是因为 MUF 树脂添加了改性剂三聚氰胺，改性树脂的固化反应与未改性树脂的固化反应有所不同。不同固化体系下三种树脂固化反应起始温度不同，UF-1 稍低一些，说明其固化速度较快。

① 添加固化剂后树脂固化反应起始温度不同，添加固化剂后起始温度稍低，说明其固化速度较快。

② 相同升温速率下，不加改性剂的 UF 树脂固化起始温度稍低一些，固化反应比较剧烈，放出热量最多。加入三聚氰胺后树脂固化反应进行得比较平稳，放出的热量较少。

③ 改性剂三聚氰胺的量不同，固化时释放的能量不同，固化的起始温度也不同，由此也说明，三聚氰胺的加入量不同，固化时需选择不同的固化温度。

④ 对添加相同量固化剂的低甲醛释放 MUF 树脂固化反应动力学的分析表明，固化剂的效果不同，由此说明，固化时需选择合适的固化剂，三聚氰胺含量较低的 MUF 树脂应选择复合固化剂，以达到完全固化。

从固化时间上看，室外胶 $F/(U+M)$ 的摩尔比为 1.49 的固化时间为 60s 左右，地板胶的固化时间为 130s 左右，胶合板胶的固化时间为 200s 左右，随着三聚氰胺含量的增加，胶的固化时间逐渐缩短，本实验中固化时间测试是在加入固化剂 NH_4Cl 的条件下进行的，固化时间就是树脂从线型树脂向体型树脂转变的时间，固化时间的不同，说明了其结构的不同造成固化能力的差异。

从核磁图谱分析可见，羟甲基含量最高的室外胶其固化时间最短，地板胶的羟甲基含量居中，固化时间也居中，胶合板胶的羟甲基含量最低，固化时间最长，说明了羟甲基含量和树脂的固化时间有关，而且羟甲基含量越高，固化时间越短，固化得越彻底，所以室外胶只需一种固化剂，而地板胶和胶合板胶则需复合固化剂。从羟甲基脲的结构看，地板胶的叔氨基结构的羟甲基脲的含量为 1.18%，仲氨基结构的羟甲基脲的含量为 9.18%，都居中；胶合板胶的叔氨基结构的羟甲基脲的含量为 0.89%，仲氨基结构的羟甲基脲的含量为 6.42%，都最低；室外胶的叔氨基结构的羟甲基脲的含量为 2.33%，仲氨基结构的羟甲基脲的含量为 11.35%，都最高。三种 MUF 树脂所含不同结构羟甲基脲含量不同，说明它们交联固化反应能力存在差异。

对于三聚氰胺衍生物（三嗪）结构，三聚氰胺的加入量不同，室外胶的三聚氰胺含量最高，图谱中也只出现仲氨基结构的羟甲基三聚氰胺，胶合板胶的三聚氰胺含量最低，图谱中出现未反应的三聚氰胺，但比例很低，主要为叔氨基和仲氨基结构的羟甲基三聚氰胺，地板胶中三聚氰胺含量比胶合板胶高，所以图谱中未反应的三聚氰胺的比例也加大，但主要为叔氨基和仲氨基结构的羟甲基三聚氰胺。存在化学位移为 74～75 的二亚甲基醚键结构，而这个醚键在 MF、UF 中都没有出现，说明三聚氰胺和尿素之间的连接以亚甲基醚键形式存在。三聚氰胺的羟甲基较易和尿素的氨基缩聚为亚甲基键，而羟甲基的三聚氰胺则易于自缩聚。

2.3.2　酸性固化剂对树脂固化过程的影响

低 F/U 摩尔比的三聚氰胺改性脲醛树脂，由于游离甲醛含量低，仅仅使用 NH_4Cl 等酸性盐类固化剂，不足以使脲醛树脂的 pH 值下降至其完全固化，采用加入酸性固化剂构成的复合固化剂体系可以控制胶层的酸度，使其完全固化。

8.50％三聚氰胺（以 UMF 树脂计）改性的 E_0 级胶合板用脲醛树脂胶 F/(U＋M) 摩尔比为 1.01～1.03，以 1％ NH_4Cl 为固化剂压制的杂木三合板胶合强度符合国家标准，甲醛释放量<0.4mg/L。但是该胶以 1％ NH_4Cl 为固化剂压制的杨木三合板，胶合强度不理想，甲醛释放量在 0.5mg/L 左右。这是由 1％ NH_4Cl 为固化剂压制杨木三合板不能使该脲醛胶固化完全所致。F/(U＋M) 摩尔比为 1.01～1.03 的 8.50％三聚氰胺改性的脲醛树脂，分别添加 4 种 1％酸类固化剂及 1％ NH_4Cl 分别加 0.5％的 4 种酸类固化剂构成的双组分固化体系，压制杨木三合板，检测胶合强度和甲醛释放量，结果见表 2-14[7]。

表 2-14　三聚氰胺改性脲醛胶不同固化剂体系压板试验结果

固化体系及用量（以 UMF 胶质计）/%	F/(U＋M)摩尔比 1.03 UMF 胶			F/(U＋M)摩尔比 1.01 UMF 胶		
	胶合强度/MPa	合格率/%	甲醛释放量/(mg/L)	胶合强度/MPa	合格率/%	甲醛释放量/(mg/L)
1％ NH_4Cl	$\dfrac{0.63}{0.53\sim0.75}$	20	0.48	$\dfrac{0.62}{0.45\sim0.82}$	29	0.69
1％ H_3PO_4	$\dfrac{1.02}{0.82\sim1.14}$	100	0.99	$\dfrac{1.02}{0.72\sim1.25}$	100	0.72
1％草酸	$\dfrac{0.91}{0.70\sim1.06}$	100	0.94	$\dfrac{0.75}{0.63\sim0.86}$	83	0.74
1％酒石酸	$\dfrac{1.21}{0.99\sim1.37}$	100	0.87	$\dfrac{1.05}{0.76\sim1.26}$	100	0.59
1％甲酸	$\dfrac{1.19}{0.79\sim1.38}$	100	0.56	$\dfrac{1.04}{0.84\sim1.22}$	100	0.42
1％ NH_4Cl 0.5％ H_3PO_4	$\dfrac{0.86}{0.71\sim0.93}$	100	0.34	$\dfrac{1.00}{0.78\sim1.19}$	100	0.33
1％ NH_4Cl 0.5％草酸	$\dfrac{0.78}{0.66\sim0.83}$	93	0.43	$\dfrac{0.98}{0.77\sim1.17}$	100	0.30
1％ NH_4Cl 0.5％酒石酸	$\dfrac{0.84}{0.72\sim0.99}$	100	0.40	$\dfrac{0.96}{0.70\sim1.03}$	100	0.26
1％ NH_4Cl 0.5％甲酸	$\dfrac{0.97}{0.57\sim1.32}$	93	0.31	$\dfrac{0.98}{0.65\sim1.48}$	90	0.19

注：表中胶合板强度分子为平均胶合强度，分母为最低强度～最高强度。

从表 2-14 可见，这两种 UMF 树脂胶分别添加 1% 的 H_3PO_4、草酸、酒石酸、甲酸等酸性固化剂压制的杨木三合板，胶合强度大幅提高，均符合国家标准要求，甲醛释放量大部分略有提高，少数略有下降。而 1% NH_4Cl 分别添加 0.5% 的 H_3PO_4、草酸、酒石酸、甲酸等酸性固化剂组成的四组双组分固化剂压制的杨木三合板，胶合强度仍全部达标，甲醛释放量均比单独加 1% NH_4Cl 或四种酸性固化剂的杨木三合板低，达到 0.5mg/L 以下，都符合 E_0 级要求。可见采用复合固化剂体系可以有效地降低胶合板的甲醛释放量。

E_0 级地板用 MUF 胶 [F/U 摩尔比为 1.40，F/(U+M) 摩尔比为 1.15，M/MUF 12.7%] 其理化指标为：固含量 52.5%；pH 值为 7.7；黏度（25℃）110mPa·s；固化时间 124s；游离甲醛含量 0.09%。以 250g MUF 胶添加不同固化剂后放置不同时间测黏度，由表 2-15 可见，添加 NH_4Cl 和 H_3PO_4 复合固化剂的 2 组 MUF 胶黏度增长比单一添加 NH_4Cl 或 H_3PO_4 固化剂的 MUF 胶快，但在添加固化剂后 2h 内黏度变化不大，均可涂布操作。

表 2-15　三聚氰胺改性脲醛胶不同固化剂体系黏度试验结果　　　　单位：mPa·s

时间/h	1% NH_4Cl 0.5% H_3PO_4	1% NH_4Cl	0.5% H_3PO_4	0.7% NH_4Cl 0.3% H_3PO_4
0	83	78	78	93
1	165	98	95	128
2	280	120	120	210
4	4800	310	200	770
4.5	41500	440	205	1050
6	—	780	320	22500
7	—	2500	440	41800

2.3.3　热压工艺对固化行为的影响

热压温度的选取，主要根据胶料固化化学反应所需的条件和胶层水分挥发所必需的热量。一般都采用高于胶层固化所需的温度，但对排除水蒸气困难的针叶树种，例如含松脂量多的松木胶合板，则不能采用过高的温度。薄胶合板和每格压合张数少的胶合板可以采用较高的温度，但是多层胶合板或每格压合张数多的胶合板为了防止卸压过程出现"鼓泡"，往往采用稍低的温度。为了缩短热压周期，提高热压机的生产效率，趋于向高温方向发展。一般采用 175~185℃，也有采用 210℃ 的。185℃ 以上的热压温度叫作快速生产工艺温度。

板坯在热压过程中，温度上升是有规律的，自外层向内层逐步提高，起初距热压板最远的胶层温度低于其他层，最后才接近一致。板坯越厚，或每格压合张数越多，这个过程就越长。3mm 胶合板，单张热压只需要 8~15s，胶层温度即达到 100℃ 以上，45~60s 就能使胶层固化。而每格压四张时，则中心的胶层要几分钟才能达到 100℃ 以上。另外，大量的时间要耗用在内层水分排除上，每格压合的张数多，水分排除就慢，这对胶合板胶合质量均匀和厚度公差都不利。为了提高产量和胶合质量，减小厚度误差，应向单张热压和快速胶合发展。

固化剂是脲醛树脂的重要助剂，根据脲醛树脂的固化机理可知，用于脲醛树脂的固化剂，应是弱酸性的物质如草酸、苯磺酸、无水苯甲酸等有机酸；或与树脂混合时能够放出酸的酸铵盐类，如氯化铵、盐酸羟胺等。因为脲醛树脂本身的固化速度快，所以不宜直接采用强酸作为固化剂。固化剂的种类和用量对脲醛胶的适用期、胶合工艺条件以及胶合强度都有很大的影响。脲醛树脂加入固化剂后，胶黏剂的使用期（即生活力）受温度的影响较大。温度高时胶黏剂胶凝快，适用期短；温度低时胶黏剂胶凝慢，适用期则长。固化剂可分为单组分固化剂和多组分固化剂，目前在调胶时，应用最广泛的单组分固化剂就是氯化铵和硫酸铵，因为它们具有价格低廉、水溶性好、无毒无味、使用方便等特点，一般加入量（以固体氯化铵计）为脲醛树脂液的 0.2%～2.0%，过量则无明显作用。多组分固化剂有氯化铵和尿素，氯化铵与氨水，氯化铵与六亚甲基四胺、尿素三组分混合物等。采用多组分固化剂有两个目的，一是为了延长脲醛树脂的适用时间，特别在夏季，由于室温较高，单独使用氯化铵（或硫酸铵）时，其适用期往往不能满足使用要求，所以常使用多组分固化剂；二是在冬季，采用常温固化方式时，为加速树脂固化，常将氯化铵与浓盐酸合用，可使固化时间大大缩短。理想的固化剂应能使脲醛树脂胶的适用期长，固化时间短。为达此目的，通常使用延迟剂。延迟剂是固化剂中的一种组分。常用的延迟剂有氨水、尿素、六亚甲基四胺、三聚氰胺等。这些延迟剂在常温下能使上述反应的平衡向左移动，使生成的酸减少，固化速度减慢，适用期延长；而高温时上述反应的平衡向右移动，生成的酸迅速增加，固化速度加快，所以加入延迟剂后，低温时胶的固化速度慢，高温时固化速度快。

为了选择适宜的固化剂，应注意以下几个问题。

① 根据人造板生产工艺要求选择固化剂。一般来说，人造板生产对加入固化剂后的脲醛树脂胶的要求是，胶的适用期长，通常在 3～4h 左右；在胶合过程中要快速固化，同时不降低人造板的质量。

② 根据气候条件选择固化剂。如用氯化铵作固化剂压制胶合板，冬季一般加入量为 0.4%～0.8%（氯化铵固体对液体树脂而言），春秋季为 0.3%～0.5%，夏季为 0.2%～0.3%，还要加一些延迟剂（如氨水、尿素等）。甚至对一种脲醛树脂，为了保持一定的适用期，应严格按照气温变化来决定固化剂的用量。

③ 选择的固化剂，固化后的胶层 pH 值不宜过高或过低，一般要求胶层的 pH 值在 4～5，胶合强度最理想。胶层 pH 值低于 3.5 左右时，胶层易于老化，胶合强度下降。pH 值高于 5 时，胶层固化不完全，胶合强度也不理想。因此，选择的固

化剂，必须使胶层的 pH 值在要求的范围内，不能单纯考虑缩短固化时间，而忽略胶层的 pH 值对胶合强度的重要影响。

参 考 文 献

［1］ Schildknecht C E. Formaldehyde ［J］. Journal of Polymer Science，1954，13 （68）：192-205.

［2］ 王定选，陈万洮. 人造板和其他材料的甲醛散发 ［M］. 北京：中国林业出版社，1990.

［3］ 夏志远，季仁和，颜镇. 木材工业实用大全：胶粘剂卷 ［M］. 北京：中国林业出版社，1996.

［4］ 赵临五，王春鹏. 脲醛树脂胶黏剂——制备、配方、分析与应用 ［M］. 北京：化学工业出版社，2009.

［5］ Pizzi A，Mittal K L. Handbook of adhesive technology, revised and expanded ［M］. CRC Press，2003.

［6］ Zanetti M，Pizzi A. Low addition of melamine salts for improved melamine-urea-formaldehyde adhesive water resistance ［J］. Journal of Applied Polymer Science，2003，88 （2）：287-292.

［7］ 王春鹏，赵临五，等. E₀级胶合板用低成本 UMF 树脂胶的研制 ［J］. 林产工业，2007，34 （6）：46-50.

第3章

高性能酚醛树脂胶黏剂

酚醛（PF）树脂固化后具有较好的胶合强度和优良的耐候性，是室外级人造板常用的胶黏剂，但同时也存在着热压温度高、固化时间长、对单板含水率要求高、胶层颜色深、胶层内应力大、易老化龟裂、初黏性能低、易透胶、耐碱性差等缺点[1]。针对酚醛树脂的优缺点，国内外学者开展了大量的有关改性酚醛树脂的研究。在保证其优良物理及化学性能的前提下，降低生产成本、降低酚醛树脂中的游离醛和游离酚的含量、缩短固化时间、降低固化温度等成为研究的热点，并取得了一些显著的成果。

本章主要介绍高邻位酚醛树脂、快速固化酚醛树脂的制备，及采用尿素改性制备的室外级低成本 PUF 树脂、采用间苯二酚改性制备的冷固型酚醛树脂的研究和应用等方面的内容。

3.1 高邻位酚醛树脂的制备

3.1.1 PF 树脂的 ^{13}C NMR 谱图分析

（1）定性分析

Park[2]等曾详尽说明酚醛树脂中各种可能结构的 ^{13}C NMR 化学位移，及使用不同溶剂可能对官能团化学位移的影响。利用 ^{13}C NMR 对不同合成条件下制备的 PF 树脂进行分析，按照各基团化学位移和峰面积计算各基团的比例[3]，从而研究反应条件对树脂结构和性能的影响。图 3-1 为 PF-9 的 ^{13}C NMR 谱图，据文献 [2] 各谱峰归属如表 3-1 所示。

表 3-1　PF 树脂的 ^{13}C NMR 谱图化学位移归属

官能团名称及结构	化学位移		积分面积	
	文献值	试验值	编号	数值
苯酚环邻-对位相连亚甲基(o-p'，—CH_2—) 结构式：邻位OH苯环—CH_2—对位OH苯环	36.0	36.5	S_1	4.88
苯酚环对-对位相连亚甲基(p-p'，—CH_2—) 结构式：HO—苯环—CH_2—苯环—OH	41.0	41.7	S_2	3.69
甲醇 $\underline{C}H_3$—OH	50.0	50.9	S_3	1.01
苯酚邻位羟甲基(o-$\underline{C}H_2OH$) 结构式：OH苯环—CH_2OH	61～63	61.8～63.3	S_4	12.8
苯酚对位羟甲基(p-$\underline{C}H_2OH$) 结构式：HO—苯环—$\underline{C}H_2OH$	65.5～67	65.5	S_5	1.36
苯环上 $\underline{C}_2$～$\underline{C}_6$	115～133	117.6～134.7	S_6	88.0
苯环上 $\underline{C}_1$	152～159	151.7～158.7	S_7	3.56

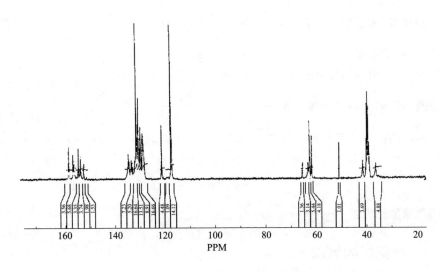

图 3-1　PF-9 的 ^{13}C NMR 谱图

（2）定量分析

利用 ^{13}C NMR 谱图对 PF 树脂定量分析的文献有 [4～7] 等，以 PF-9 为例说明 PF 树脂 ^{13}C NMR 的定量分析方法。

PF-9 配方为：

P：94.0g（1mol）；

F：107.0g 36.44%溶液（1.3mol）；

NaOH 溶液（50%）：14g；

F/P 摩尔比：1.3：1。

PF-9 的 ^{13}C NMR 谱图的定量计算如下。

使用苯酚为基准物，因其在 PF 树脂制备中投料准确，挥发性小、损耗少。

取苯环 $C_2 \sim C_6$ 积分面积的平均值为基准量。这是因为：①$C_2 \sim C_6$ 峰位相对集中，与其他碳峰不交叉；②$C_2 \sim C_6$ 自旋-晶核弛豫时间 t_1（C_1 21.5s，C_2、C_6 4.3s，C_3、C_5 3.9s，C_4 2.4s）与甲醛及其形成的其他碳核（$t_1 < 3s$）较接近，积分面积与碳数成较好的比例关系。

基准量：$S_P = \dfrac{S_6}{5} = \dfrac{88.0}{5} = 17.6$

邻、对位亚甲基/苯酚摩尔比：$m_1 = \dfrac{S_1}{S_P} = \dfrac{4.88}{17.6} = 0.28$

对、对位亚甲基/苯酚摩尔比：$m_1 = \dfrac{S_2}{S_P} = \dfrac{3.69}{17.6} = 0.21$

邻羟甲基/苯酚摩尔比：$m_4 = \dfrac{S_4}{S_P} = \dfrac{12.8}{17.6} = 0.73$

对羟甲基/苯酚摩尔比：$m_5 = \dfrac{S_5}{S_P} = \dfrac{1.36}{17.6} = 0.08$

亚甲基/苯酚摩尔比：$m_6 = m_1 + m_2 = 0.28 + 0.21 = 0.49$

羟甲基/苯酚摩尔比：$m_7 = m_4 + m_5 = 0.73 + 0.08 = 0.81$

酚醛树脂的平均聚合度：$\overline{X}_n = \dfrac{1}{1-m_6} = \dfrac{1}{1-0.49} = 1.96$

羟甲基酚的平均分子量：
$$\begin{aligned}\overline{M}_n &= (14 \times m_6 + 31 \times m_7 + 94 - m_6 - m_7) \times \overline{X}_n \\ &= (14 \times 0.49 + 31 \times 0.81 + 94 - 0.49 - 0.81) \times \\ &\quad 1.96 = 244.4\end{aligned}$$

F/P 摩尔比为：$\dfrac{m_6 + m_7}{S_P} = \dfrac{0.49 + 0.81}{1} = 1.3：1$

3.1.2 催化剂的影响

由于甲醛与苯酚的反应是一个逐步缩聚反应，为便于控制反应大多数酚醛树脂的制备都采用分步法。一般第一阶段的 F/P 摩尔比<1。然后，才逐步提高比例。特别是在酸性条件下的聚合，其摩尔比都不会超过 1。为比较不同催化剂对苯酚与甲醛反应的影响，将 F/P 摩尔比定为 0.6，分别采用三种不同的催化剂在 90℃下反应 50min。PF-1 用酸作催化剂，其 pH 值为 1.3；PF-4 用二价金属离子作催化剂，其 pH 值为 5.5；PF-6 用 NaOH 作催化剂，其 pH 值为 9.0。对应的性质和结构如表 3-2 所示。

表 3-2   不同催化剂对 PF 树脂的影响

树脂	F/P 摩尔比	pH 值	—CH$_2$OH		—CH$_2$—		$\overline{X}_n$	游离甲醛含量 /%
			p-	o-	p-p'	o-p'		
PF-1	0.6	1.3	0	0	0.22	0.32	2.2	0
PF-4	0.6	5.5	0.13	0.28	0	0	1.0	0.18
PF-6	0.6	9.0	0.06	0.32	0.06	0.06	1.2	0

在酸性条件下，由于羟基和酚环的质子化作用，酚环作为亲核中心其活性是相当小的。

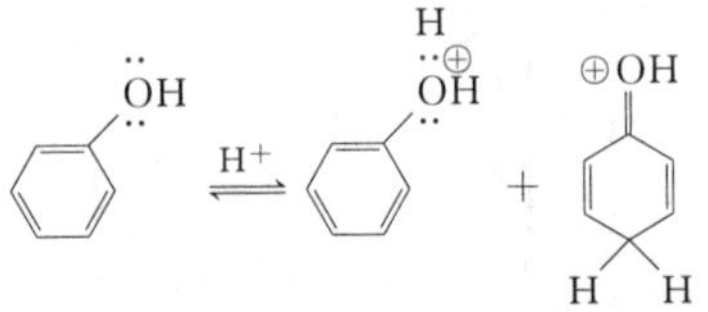

不过，醛分子发生质子化作用而被活化，这对酚环活性的降低是一种补偿。质子化的醛是一种更强的亲电子剂。

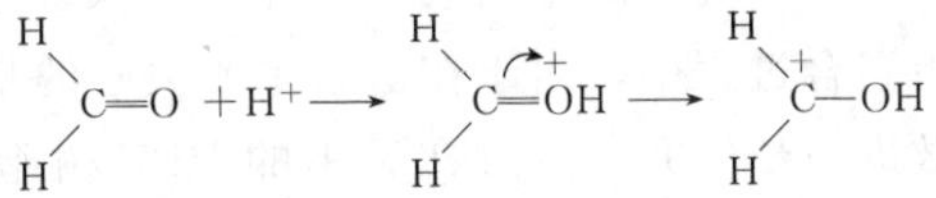

取代反应缓慢地进行，下一步由于进一步质子化作用以及作为亲核试剂的苯基羟基阳碳离子的生成，继而进行缩合反应[8]。

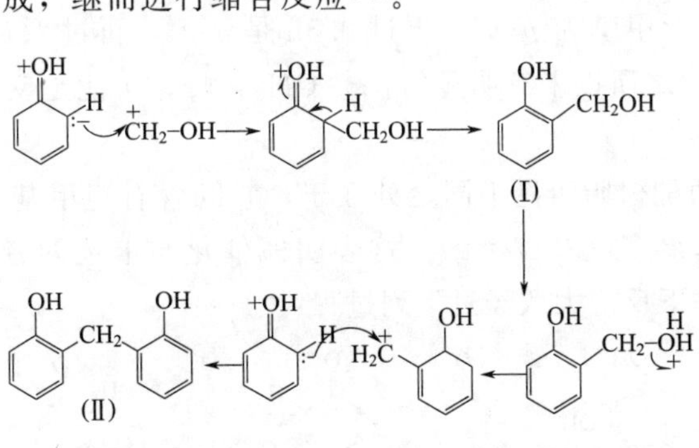

PF-1 树脂的^{13}C NMR 谱图上除去苯环碳外，只有亚甲基峰在化学位移 61～66

处的羟甲基峰完全消失，说明在该反应过程中的酚醇（Ⅰ）与苯酚缩合生成二羟基二苯甲烷型化合物（Ⅱ）是一个较快的反应，这一点也提示我们，在下一步加入甲醛时，不能再在酸性条件下继续反应。

Pizzi A 等[8]认为在 pH 值为 4～7 的范围内，当 F/P 摩尔比＜1 时二价金属离子如 Mn^{2+}、Zn^{2+}、Cd^{2+}、Mg^{2+}、Ca^{2+} 和 Ba^{2+} 对苯酚与甲醛之间的反应有定向效应。即在初期的缩合中邻羟甲基化要多，同时在酚醇的进一步缩合过程中邻、邻位的连接比例也要高，其过程大致如下：

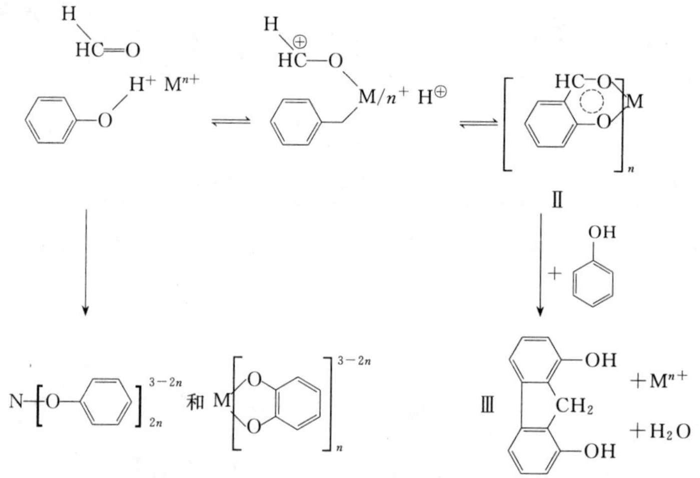

从表 3-2 中不难看出，在 PF-4 中，$o\text{-}CH_2OH$ 比 $p\text{-}CH_2OH$ 要多，其比例为 2.15∶1。但以碱催化的 PF-6 中，$o\text{-}CH_2OH/p\text{-}CH_2OH$ 为 5.3∶1。这一点说明就生成羟甲基而言，二价金属离子的定向效应，并不如碱。它的定向效应可能更多地体现在酚醇的进一步缩合过程中，由于在这里主要关心的是羟甲基，没有对二价金属离子的定向效应做进一步研究，不过在后来的 RPF 树脂结构的分析（3.4.1）中发现它对酚醇之间的定向作用的确比酸和碱要高，其实对于酸催化而言也可以生成 $o\text{-}o'$ 位亚甲基，Pethrick 等[9]曾对酸催化苯酚和甲醛的反应做过跟踪测试。结果发现，首先出现的亚甲基为 $p\text{-}p'$，再过 0.5h 是 $o\text{-}p'$，再过 1.5h 才出现 $o\text{-}o'$ 位亚甲基桥，在 PF-1 中之所以未有明显的 $o\text{-}o'\text{-}CH_2$—峰，可能是反应时间短以及 F/P 摩尔比太低所致。

PF-6 与上述两种树脂明显不同之处在于，它既含有羟甲基又含有亚甲基，而且羟甲基比亚甲基要多（3.17∶1）。这表明碱催化与上述两者存在很大的区别，Pizzi 认为碱性条件下反应大致经过下列过程：

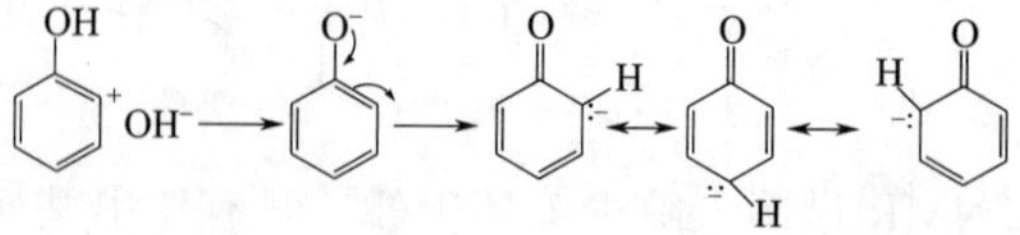

在碱性催化下有利于Ⅱ进行[8]，形成甲阶树脂。

3.1.3 工艺的影响

为得到适当羟甲基含量的 PF 树脂，向上述三种树脂（PF-1、PF-4、PF-6）中再加 0.7mol 甲醛（对 1mol 苯酚），使 F/P 摩尔比达到 1.3∶1，并将 pH 值均调到 10.0，再在 90℃下反应 1h，得到对应树脂 PF-2、PF-9、PF-7，表 3-3 中列出了它们的主要性质和组分。

从表 3-3 可以看出，平均聚合度仍以酸作第一步催化的 PF-2 最大，为 3.10，PF-9 和 PF-7 基本相当，分别为 1.96 和 1.80，其平均聚合度分别比第一阶段增长 0.90、0.96 和 0.60。三者基本在同一水平线上。反应体系中都没有游离甲醛存在，同时又都含有一定量的羟甲基和亚甲基，说明碱性条件下，甲醛与苯酚之间生成酚醇是一个较快的反应，而随后的酚醇之间的缩合是一个慢反应。这同以酸作催化的情况刚好相反。

表 3-3 不同树脂在碱性条件下的性质和组分

树脂	F/P 摩尔比	pH 值	—CH$_2$OH		—CH$_2$—		$\overline{X}_n$	游离甲醛含量 /%
			p-	o-	p-p'	o-p'		
PF-2	1.3	10.0	0.09	0.51	0.24	0.44	3.10	0
PF-9	1.3	10.0	0.08	0.73	0.21	0.28	1.96	0
PF-7	1.3	10.0	0.11	0.72	0.23	0.21	1.80	0

3.1.4 反应时间的影响

为证明上述的结论——在碱性条件下酚醇的进一步缩合反应是一个慢反应，将 PF-9 在 90℃下继续反应 1.5h，得到 PF-9B。PF-9B 与 PF-9 的比较见表 3-4。

表 3-4　反应时间对 PF 树脂的影响

树脂	F/P 摩尔比	pH 值	—CH₂OH		—CH₂—		$\overline{X}_n$
			p-	o-	p-p'	o-p'	
PF-9	1.3	10.0	0.08	0.72	0.21	0.28	1.96
PF-9B	1.3	10.0	0.05	0.71	0.22	0.30	2.10

从表 3-4 中看出，羟甲基、亚甲基、$\overline{X}_n$ 都无明显变化，这些完全证实了在 pH 值为 10.0、90℃下的酚醇之间的缩合反应是一个慢反应。

3.1.5　反应温度的影响

由表 3-4 可知，当 F/P 摩尔比为 1.3 时，用分步法制备的 PF 树脂虽然在碱性条件下都生成一定量的羟甲基，但羟甲基主要以邻羟甲基为主，对羟甲基较少，PF-2 为 0.09，PF-9 为 0.08，PF-7 为 0.11。这对以后研究间苯二酚同邻、对位羟甲基反应活性不利。所以，必须提高树脂中对位羟甲基的含量。根据 Lewis 的研究[8]，苯酚对位与甲醛的亲和能比邻位稍大一些（即 6.2∶5.25），由于两个邻位生成水杨醇比生成对位异构体要快 0.7 倍。因此，要提高对位羟甲基的量只有通过提高 F/P 的摩尔比和降低反应温度。降低反应温度还可以调整酚醇之间的缩合速度，为更好地比较邻、对位羟甲基同间苯二酚的反应，应尽可能地降低平均聚合度（$\overline{X}_n$），这样可以不考虑聚合度对间苯二酚缩聚反应的影响。根据上述的设想，将 F/P 摩尔比提高为 1.5∶1，温度降为 60℃，甲醛仍以分步法加入，制得 PF-13，其性质和组分见表 3-5。

表 3-5　PF-13 的主要性质和组分

树脂	F/P 摩尔比	pH 值	—CH₂OH		—CH₂—		$\overline{X}_n$
			p-	o-	p-p'	o-p'	
PF-13	1.5	10.0	0.30	0.98	0.17	0.06	1.30

从表 3-5 看到，虽然 F/P 提高到 1.5 但其聚合度只有 1.30，低于 PF-7、PF-9、PF-2，说明我们的设想完全正确，反应温度降低可以抑制酚醇之间的缩合作用。同时 p-CH₂OH 量也提高到 0.30，而且羟甲基的 o/p 为 3.3，而 PF-2、PF-7、PF-9 分别为 5.7、6.5、9.1，有所降低，完全达到预期目标。

3.2　快速固化酚醛树脂的应用 ⦙⦙⦙⦙⦙

国内外科技人员在提高 PF 胶固化速度方面进行了大量的研究工作，归纳起来有下列方法：

① 用 Zn^{2+}、Mg^{2+}、Ca^{2+} 等二价金属离子使苯酚邻位羟甲基化比例提高，未固化 PF 树脂自由对位增多，因而固化速度快[7, 10, 11]；

② 高碱性 PF 树脂凝胶时间短[12]；

③ 高聚合度 PF 树脂固化快[13]；

④ 外加固化促进剂缩短热压时间或降低热压温度[14~17]。

综合前人的研究路线，采用下列措施制备低毒快速固化 PF 胶[18, 19]：

① 选用含有二价金属离子和一价金属离子的复合催化剂，使苯酚与甲醛反应过程中苯酚邻位羟甲基含量提高，得到固化较快的 PF 胶；

② 改进聚合工艺，甲醛多批逐步加入，使甲醛与苯酚充分反应，游离酚含量下降，并在反应后期加入适量甲醛捕集剂，使残留甲醛量减少，从而得到游离酚和游离醛含量均低的低毒 PF 胶；

③ PF 胶使用前加入 5%～10% 特制的固化剂，使其能以与 UF 胶相似的热压温度、时间压制室外级人造板。

3.2.1 理化指标

用复合催化剂和改进的聚合工艺制得的小试、中试和生产试验制得的低毒快速固化 PF 胶的理化指标见表 3-6。

表 3-6 低毒快速固化 PF 胶的理化指标

理化指标	实验室制			100L 反应釜制		1000L 反应釜制		
	PF₁	PF₂	PF₃*	PF₄	PF₅	PF₆	PF₇	PF₈
固体含量/%	49.6	49.4	49.5	47.3	47.2	49.9	50.5	50.3
黏度(25℃)/mPa·s	180	220	200	180	150	400	260	450
游离酚含量/%	0.08	0.07	0.07	0.06	0.05	0.01	0.06	0.08
游离醛含量/%	0.1	0.08	0.1	0.08	0.06	0.09	0.06	0.08

注：PF₃* 为仅以 NaOH 作催化剂，采用改进聚合工艺制得的普通 PF 胶。

3.2.2 凝胶时间

用 100℃ 恒温水浴测凝胶时间，可以反映 PF 胶的固化速度，表 3-7 列出了快速固化 PF 胶和普通 PF 胶的凝胶时间。

表 3-7 100℃ 时的凝胶时间比较

固化剂添加量/%			PF₁	PF₄	PF₅	PF₆	PF₇	PF₃*
PF 胶	固化剂	多聚甲醛						
100	0	0	26′08″	27′00″	27′33″	27′54″	27′30″	27′55″
90	10	2	5′20″	5′26″	5′46″	—	—	8′04″
90	10	0	8′14″	—	—	—	—	12′46″
95	5	1	11′58″	11′54″	12′00″	12′00″	12′06″	14′18″

注：PF₁、PF₄、PF₅、PF₆、PF₇为快速固化 PF 胶，PF₃* 为普通 PF 胶。

由表 3-7 可见，不加固化剂时快速固化 PF 胶与普通 PF 胶的凝胶时间差别不大，加入 5%～10% 固化剂后快速固化 PF 胶的凝胶时间比普通 PF 胶缩短

$2\sim4$min。

3.2.3　实验室压板试验

3.2.3.1　压制马尾松胶合板

(1) 不同热压温度的胶合试验结果

在 PF 胶中加入 10%固化剂，在不同温度下胶压三合板，结果见表 3-8。

表 3-8　不同热压温度下的胶合试验结果

热压温度/℃	PF_1		PF_3^*		PF_1＋固化剂		PF_3^*＋固化剂	
	胶合强度/MPa	木破率/%	胶合强度/MPa	木破率/%	胶合强度/MPa	木破率/%	胶合强度/MPa	木破率/%
100~110	0	0	0	0	1.89	54	1.31	65
110~120	0.95	6.0	0	0	1.83	76	1.51	81
120~130	1.70	49	0.67	0.3	2.01	98	1.57	86
130~140	1.79	90	2.05	53	1.71	94	1.94	84

注：1. 马尾松单板含水率为 8%~12%，尺寸为 1.8mm×300mm×300mm，手工涂胶，施胶量为 280~300g/m²（双面），压力为 1.2MPa，热压时间为 1min/mm。

2. PF_1 为快速固化 PF 胶，PF_3^* 为普通 PF 胶。

普通 PF 胶 140℃左右固化，当热压温度降到 120~130℃时，用 NaOH 作催化剂制备的 PF_3^* 胶达不到Ⅰ类胶合板的强度要求，而用复合催化剂制得的 PF_1 胶仍有高强度（1.70MPa）和较高的木破率（49%）。但热压温度降到 110~120℃时，两种 PF 胶均达不到Ⅰ类胶合板的强度要求。加 10%固化剂后的数据表明，无论 PF_1 或 PF_3^*，在 100~110℃热压后都能达到Ⅰ类胶合板的强度指标。这说明添加固化剂对降低 PF 胶固化温度，提高固化速度有明显效果。

(2) 添加不同量固化剂的 PF 胶的胶合试验结果

添加 5%或 10%固化剂的 PF 胶，固定热压时间为 1min/mm，选用不同热压温度，压制马尾松胶合板，结果见表 3-9。

表 3-9　添加不同量固化剂的 PF 胶胶合试验结果

胶料配比	95℃		115℃		135℃	
	胶合强度/MPa	木破率/%	胶合强度/MPa	木破率/%	胶合强度/MPa	木破率/%
PF_3^*：固化剂＝90：10	1.15	8.0	1.61	78	1.49	78
PF_3^*：固化剂＝95：5	1.13	20	1.62	45	—	—
PF_1：固化剂＝90：10	1.18	2.0	1.58	45	1.52	90
PF_1：固化剂＝95：5	—	—	1.40	54		

由表 3-9 可见，PF 胶添加 5%固化剂，即有较好的快速固化效果，可以达到与 UF 胶相当的固化速度。

（3）不同热压时间的胶合试验结果

三种 PF 胶各加 10％固化剂，固定热压温度为 120～130℃，一次热压两张马尾松三合板（单板厚 1.8mm），总厚度为 10.8mm，结果见表 3-10。

表 3-10　不同热压时间的胶合试验结果

热压时间/min	PF₁		PF₂		PF₃*	
	胶合强度/MPa	木破率/％	胶合强度/MPa	木破率/％	胶合强度/MPa	木破率/％
11	1.94	84	1.72	97	1.71	94
10	1.81	98	1.82	93	1.88	96
9	1.53	86	1.60	90	1.77	86
8	1.50	38	1.70	92	1.60	60
7	1.48	64	1.68	50	1.32	53
6	1.16	2.0	1.89	46	1.28	36
5	—	—	1.38	46		
4	—	—	1.24	60		
3			0.99	0		

注：PF₁ 和 PF₂ 为复合催化剂制得的快速固化 PF 胶，PF₃* 为 NaOH 催化剂制得的普通 PF 胶。

由表 3-10 可见，三种 PF 胶加入 10％固化剂，热压 7min，胶合强度和木破率均好。PF₂ 热压 5～6min，木破率还达到 46％，结果还说明，添加适量固化剂无论对用复合催化剂制得的快速固化 PF 胶，还是用 NaOH 催化剂制得的普通 PF 胶，都有明显的促进固化作用。

3.2.3.2　压制竹材刨花板

刨花形态：粗刨花长 30mm，宽 1.5mm，厚 0.3～0.8mm，含水率 4％～6％；细刨花长<4mm，含水率 4％～6％。

调胶：快速固化 PF 胶（固体含量 47％）95 份；加固化剂 15 份搅均。

组坯：三层结构 16mm×340mm×400mm 竹材刨花板，表层细刨花 30％（质量分数），施胶量 11％，芯层粗刨花 70％（质量分数），施胶量 9％。手工拌胶，在 340mm×400mm 木框中分层铺装组坯后热压。

热压工艺：热压温度分别为 130～140℃、150～160℃、170～180℃。

热压曲线（见图 3-2）为 4.0MPa，5～12min；2.0MPa，0.5～2.0min；0.3MPa，0.5～1min。

选用不同热压时间、不同热压温度压制十组竹材刨花板，检测结果见表 3-11。

由表 3-11 可见，在 130～140℃、150～160℃、170～180℃ 不同热压温度下，添加 5％固化剂的快速固化 PF 胶热压时间缩短 2～3min，均符合刨花板的标准指标。添加 5％固化剂的 PF 胶与 PF 胶相

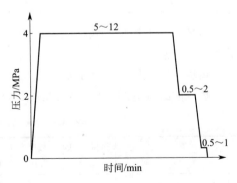

图 3-2　竹材刨花板热压曲线

比，在 130～140℃压制竹材刨花板，可缩短热压时间 3min，前者的各项性能仍优于后者，在 150～160℃和 170～180℃压制竹材刨花板，缩短热压时间 2min，前者的内结合强度仍高于后者。由此可见，在 PF 胶中添加 5％固化剂，压制竹材刨花板，可缩短热压时间 16％～25％，竹材刨花板的内结合强度还有所提高。

表 3-11   不同热压温度和时间压制竹材刨花板检测结果

热压温度/℃	胶种	热压时间/min	板厚/mm	密度/(g/cm³)	静曲强度/MPa	弹性模量/MPa	内结合强度/MPa	24h吸水膨胀率/％
130～140	PF	15	14.7	0.84	31.3	3659	0.31	6.60
	PF/固化剂 95/5	15	16.5	0.85	36.0	3798	1.16	5.88
	PF/固化剂 95/5	12	14.2	0.76	32.7	3676	0.89	5.89
	PF/固化剂 95/5	10	17.7	0.78	21.4	2827	0.16	4.50
150～160	PF	12	16.5	0.85	35.4	4057	0.67	5.82
	PF/固化剂 95/5	10	16.9	0.85	34.1	3787	0.79	6.80
	PF/固化剂 95/5	8.0	16.7	0.84	30.9	3763	0.51	—
170～180	PF	8.0	16.7	0.85	26.0	3778	0.28	6.38
	PF/固化剂 95/5	8.0	16.3	0.88	28.5	3624	0.63	5.51
	PF/固化剂 95/5	6.0	16.8	0.87	26.6	4025	0.53	4.71

3.2.3.3　压制木质刨花板

刨花：取自徐州定向结构板厂，含水率为 6％。

胶料：PF（宁）自制，PF（徐）取自徐州某企业，其指标如表 3-12 所示。

表 3-12   胶料的指标

胶 种	固含量/％	游离醛含量/％	游离酚含量/％
PF(宁)	48.39	0.1	0.080
PF(徐)	48.37	0.09	1.8

组坯：手工拌胶，施胶量为 10％，在 340mm×400mm 木框铺装单层结材刨花板坯，进行热压。

热压工艺：热压温度 160～170℃。

热压曲线（见图 3-3）：3.0MPa，7～9min；1.5MPa，1min；0.3MPa，1min。

表 3-13   木质刨花板压板检测结果

胶 种	热压时间/min	板厚/mm	密度/(g/cm³)	静曲强度/MPa	弹性模量/MPa	内结合强度/MPa	2h吸水膨胀率/％
PF(宁)	11	15.8	0.71	28.7	3195	0.39	12.9
PF(宁)/固化剂 95/5	10	15.1	0.84	31.9	3654	0.45	14.5

胶 种	热压时间/min	板厚/mm	密度/(g/cm³)	静曲强度/MPa	弹性模量/MPa	内结合强度/MPa	2h吸水膨胀率/%
PF(宁)/固化剂 95/5	9	15.7	0.79	32.1	3714	0.55	10.9
PF(徐)	11	16.0	0.79	35.7	4303	0.32	12.3
PF(徐)/固化剂 95/5	10	15.7	0.78	34.7	4234	0.48	11.0
PF(徐)/固化剂 95/5	9.0	16.2	0.78	38.3	5185	0.64	13.8

注：均未施加石蜡乳。

由表 3-13 可见，PF 胶加 5％固化剂热压 9min 制得的木质刨花板与 PF 胶热压 11min 制得的木质刨花板相比，尽管热压时间缩短 2min，但是刨花板的物理力学性能有所提高，尤其是内结合强度提高 0.15～0.3MPa，说明固化剂有明显的促进固化作用。

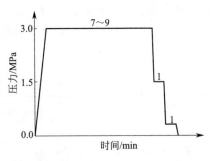

图 3-3　木质刨花板热压曲线

3.2.4　生产规模压板试验

3.2.4.1　铁路平车地板用竹木复合层积材

生产规模压制铁路平车地板用竹木复合层积材 6m³。

调胶：

快速固化 PF 胶	100 份
固化剂	10 份
木粉	10 份
面粉	10 份

固化剂、PF 胶、木粉、面粉混合搅匀，即可使用（注：竹帘层压板用胶不加木粉、面粉等填料）。

压制竹木复合层积材：

铁路平车地板用竹木复合层积材由下列三种结构单元构成：

a. 竹帘层积板：厚 5mm，长 3000mm。

b. 马尾松木板：厚 10mm，宽 300mm。

c. 横向木单板：厚 1.7mm 横向马尾松或南方杂木单板。

竹帘层积材压制：竹帘浸胶后置烘房干燥，组坯。在 130℃、4.5MPa 压力下热压 5min，得竹帘层积材。

竹木复合层压板按图 3-4 结构组坯，在 130℃、1.5MPa 压力下用 44mm 厚度规热压 45～60min，得 45mm 厚竹木复合板。共制得铁路平车用竹木复合层压板 45mm×300mm×3000mm，150 张约 6m³。

检测结果：

竹木复合层积材抽样送铁道部四方车辆研究所检测，结果见表 3-14。检测结

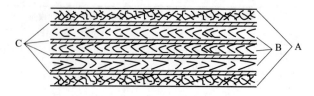

图 3-4 铁路平车地板用竹木复合层积材结构示意图

果表明，密度、含水率、抗弯强度、抗弯弹性模量、冲击韧性、抗压强度、胶合强度、握钉力、耐酸碱性、耐高低温性和老化性均符合《铁路平车板用竹木复合层积材技术条件》的规定。

表 3-14 竹木复合层积材的检测结果

项　目	标准值	实测值	结论	试验方法
密度/(g/cm³)	≤0.80	0.66	合格	GB/T 4897—2015
含水率/%	≤12	5.80	合格	GB/T 4897—2015
抗弯强度(纵向)/MPa	≥70	99.8	合格	GB/T 4897—2015
抗弯强度(横向)/MPa	≥10	21.9	合格	GB/T 4897—2015
抗弯弹性模量/MPa	≥6000	9989	合格	GB/T 4897—2015
冲击韧性/(kJ/m²)	≥80	88.1	合格	GB/T 1940—2009
抗压强度/MPa	≥10	13.7	合格	GB/T 1939—2009
握钉力/N	≥1400	2350	合格	GB/T 4897—2015
胶合强度/MPa	≥1.0	2.90	合格	LY1055—2002
低温冲击韧性/(kJ/m²)	≥60	73.3	合格	−50℃，3天后冲击
耐酸后抗弯强度/MPa	≥40	56.6	合格	5%HCl溶液浸泡7天后弯曲
耐碱后抗弯强度/MPa	≥40	52.1	合格	1%NaOH溶液浸泡7天后弯曲
耐老化后抗弯强度/MPa	≥60	81.7	合格	25℃的水浸泡16h，放入65℃的干燥箱内干燥8h为一周期，循环四周期后弯曲
耐高温性	不开裂	不开裂	合格	120℃，3h后观察

注：1. 试件的长度方向除横向抗弯强度试件外，与板长方向平行。

2. 横向抗弯强度试样尺寸为300mm×30mm×板厚，支座距离 $L=240$mm，其他抗弯强度、抗弯弹性模量试样尺寸均为550mm×30mm×板厚，支座距离 $L=500$mm。

3. 所有试样的厚度均为板厚。

3.2.4.2　九层杂木胶合板

在 1000L 反应釜中制备低毒快速固化 PF 胶（理化指标见表 3-6），并在胶合板生产线压制 2400mm×1220mm×16mm 九层杂木胶合板。

调胶：100 份 PF 胶加 10～20 份面粉，搅拌均匀。

涂胶：四辊涂胶机，上胶量为 280～300g/m²（双面）。

预压：1.0MPa，冷压 30min。

热压工艺：1.4MPa，120～130℃热压 16min。

取样按 ZBB 70006—88 混凝土模板用胶合板标准检测，结果见表 3-15。

表 3-15　胶合板的检测结果

检验项目	标准规定值	检验值	判定结果
单个试体强度值/MPa	≥0.80	最大值2.95 最小值0.90	合格
平均木材破坏率/%	—	71	合格
合格率体数与有效试体数之比/%	≥80	100	合格
甲醛释放量/(mg/100g)	≤30	1.5	合格
静弯曲强度/MPa	≥30	76.6	合格
弹性模量/MPa	≥4000	9500	合格

检测结果显示，胶合板强度、静弯曲强度、弹性模量均达到 ZBB 70006—88 标准中Ⅰ类胶合板的要求。甲醛释放量仅为 1.5mg/100g，调该胶压制的胶合板可以作为室内用复合地板的素板。

3.3　尿素改性酚醛树脂

Fan 等[7, 20]曾利用[13]C NMR 研究了 PUF 树脂的合成反应机理、分子结构及其改性，并利用[13]C NMR 对 PUF 树脂反应过程中各种基团进行了定量分析[21]。

3.3.1　尿素改性酚醛树脂的反应机理

尿素改性酚醛树脂的反应过程即在碱性条件下，尿素、苯酚分别与甲醛发生加成反应，生成羟甲基脲、羟甲基酚，然后这些加成产物继续反应，发生各种缩聚反应。反应机理如下[22]：

第一步：酚钠盐的形成，苯酚与 NaOH 在平衡时形成负离子。

第二步：酚钠盐与甲醛的加成反应，反应动力主要是苯酚负离子的亲核性。

第三步：碱性条件下，羟甲基酚的缩聚反应形式较多，主要有羟甲基酚与羟甲基脲的反应，羟甲基酚之间的反应，羟甲基酚与尿素间的反应。

$$\text{OH}\text{—}C_6H_4\text{—}CH_2OH + H_2N\text{—}CO\text{—}NHCH_2OH \longrightarrow \text{OH}\text{—}C_6H_4\text{—}(CH_2\text{—}NHCONH)_n\text{—}CH_2OH$$

$$\text{OH}\text{—}C_6H_4\text{—}CH_2OH + \text{OH}\text{—}C_6H_4\text{—}CH_2OH \longrightarrow (H_2C\text{—}C_6H_3OH)_n\text{—}CH_2OH$$

$$HOH_2C\text{—}C_6H_4\text{—}CH_2OH + H_2N\text{—}CO\text{—}NH_2 \longrightarrow H_2NOCHN\text{—}(H_2C\text{—}C_6H_3OH)_n\text{—}CH_2OH + H_2O$$

除了以上几种缩聚反应，还有羟甲基酚与苯酚之间、羟甲基之间或羟甲基与活性氢之间等发生的缩聚反应。

3.3.2　E_0级地板基材用 PUF 树脂胶黏剂的制备

3.3.2.1　不同 U/P 质量比

随着尿素加入量的增加，树脂的成本降低，同时尿素的加入量增加导致制备的该树脂的人造板的胶合强度下降，所以在不降低酚醛树脂理化性能及胶合板强度的前提下，选择了 U/P 质量比为 95%～200% 的几组实验，分别制胶，压板，其理化性能和压板试验结果如表 3-16 所示。

表 3-16　不同 U/P 质量比对 PUF 树脂理化性能的影响

| 配方 | | 固含量/% | pH 值 | 黏度(25℃)/mPa·s | 游离甲醛含量/% | 游离酚含量/% | 63℃水浸 3h | | 甲醛释放量/(mg/L) | 100℃浸渍剥离[①] |
U/P/%	F/(U+P)摩尔比						胶合强度/MPa	合格率/%		
95	1.03					1.27	0.93 / 0.65～1.32	86.0	0.44	0
110	1.03	50.50	11.6	161	0.34	0.97	0.96 / 0.76～1.23	100	0.35	0
125	1.03	49.99	12.3	60.0	0.40	0.57	1.14 / 0.95～1.31	100	0.26	0
140	1.03	50.42	12.3	100	0.48	0.16	1.21 / 0.94～1.41	100	0.38	0
155	1.03	49.50	12.2	43.0	0.40	1.02	0.92 / 0.68～1.18	97.0	0.58	0
170	1.03	49.47	12.2	47.0	0.66	0.98	0.95 / 0.69～1.16	97.0	0.66	0
185	1.02	49.84	11.7	45.0	1.16	1.49	0.88 / 0.65～1.33	90.0	0.42	0
200	1.02	48.63	11.8	18.0	1.21	1.13	0.88 / 0.71～1.17	100	0.64	0

① 试件经 100℃ 水煮 6h 后，60℃ 烘箱烘 6h 后，观察 5 片 5cm×15cm 试片剥离情况。

由表 3-16 可见，随着尿素用量的增加，U/P 质量比为 95%～200% 的八组

PUF 树脂压制的胶合板中，胶合强度全部符合Ⅱ类胶合板要求；当 U/P 质量比低于 155％时，胶合强度随之增加，甲醛释放量低于 0.5mg/L，均符合 E_0 级要求，当 U/P 质量比高于 155％时，胶合强度下降，甲醛释放量几乎都高于 0.5mg/L。因此，为了制备 E_0 级 PUF 地板胶，以下的实验均选择 U/P 质量比为 150％的配方，在不影响其性能的前提下，最大限度地降低了生产成本。

3.3.2.2 不同 F/(U+P) 摩尔比

采用同样的制胶工艺，制备 U/P 质量比为 150％，F/(U+P) 摩尔比分别为 1.02、1.00、0.97 的 PUF 树脂，并不断重复制胶以及压板，并进行各项性能测试，结果如表 3-17～表 3-19 所示。

表 3-17 F/(U+P) 摩尔比为 1.02 的 PUF 树脂的理化性能

| 配方 | | 固含量 /% | pH 值 | 黏度 (25℃) /mPa·s | 游离甲醛 含量/% | 游离酚 含量/% | 63℃水浸 3h | | 甲醛释放量/(mg/L) | 100℃浸 渍剥离 |
催化剂	F/(U+P) 摩尔比						胶合强度 /MPa	合格率 /%		
CaO NaOH	1.02	49.64	12.3	50	0.48	0.65	0.94 / 0.77～1.16	100	0.55	0
CaO NaOH	1.02	50.13	12.2	70	0.44	0.70	1.00 / 0.79～1.36	100	0.64	0
CaO NaOH	1.02	49.31	12.1	45	0.39	0.87	0.79 / 0.51～1.05	72.0	0.32	0
NaOH	1.02	49.75	12.1	72	0.34	0.80	0.94 / 0.68～1.22	93.0	0.50	0
CaO NaOH	1.02	45.70	11.8	25	0.55	0.24	0.85 / 0.65～1.02	89.0	0.43	0
CaO NaOH	1.02	45.41	1.80	33	0.56	0.33	1.02 / 0.85～1.20	100		0

表 3-18 F/(U+P) 摩尔比为 1.00 的 PUF 树脂的理化性能

| 配方 | | 固含量 /% | pH 值 | 黏度 (25℃) /mPa·s | 游离甲醛 含量/% | 游离酚 含量/% | 63℃水浸 3h | | 甲醛释放量/(mg/L) | 100℃浸 渍剥离 |
催化剂	F/(U+P) 摩尔比						胶合强度 /MPa	合格率 /%		
CaO NaOH	1.0	50.34	11.9	70.0	0.38	0.92	1.13 / 0.88～1.31	100	0.43	0
CaO NaOH	1.0	50.33	11.8	50.0	0.52	0.91	1.01 / 0.85～1.63	100	0.60	0
CaO NaOH	1.0	49.90	11.7	50.0	0.51	0.91	0.87 / 0.75～1.01	100	0.35	0
NaOH	1.0	50.83	11.8	118	0.56	1.16	0.85 / 0.67～1.06	93.0	0.45	0
CaO NaOH	1.0	50.80	11.8		0.32	0.73	0.97 / 0.62～1.22	97.0	0.54	0
NaOH	1.0	50.23	11.9	124	0.38	0.53	1.03 / 0.76～1.35	100	0.51	0

配方		固含量 /%	pH 值	黏度 (25℃) /mPa·s	游离甲醛 含量/%	游离酚 含量/%	63℃水浸 3h		甲醛释放 量/(mg/L)	100℃浸 渍剥离
催化剂	F/(U+P) 摩尔比						胶合强度 /MPa	合格率 /%		
CaO NaOH	1.0	45.87	11.7	22.0	0.35	0.57	$\dfrac{1.10}{0.82\sim1.44}$	100	0.58	0
CaO NaOH	1.0	46.05	11.6	12.0	0.35	1.07	$\dfrac{0.89}{0.67\sim1.04}$	97.0	0.28	0

表 3-19 F/(U+P) 摩尔比为 0.97 的 PUF 树脂的理化性能

配方		固含量 /%	pH 值	黏度 (25℃) /mPa·s	游离甲醛 含量/%	游离酚 含量/%	63℃水浸 3h		甲醛释放 量/(mg/L)	100℃浸 渍剥离
催化剂	F/(U+P) 摩尔比						胶合强度 /MPa	合格率 /%		
CaO NaOH	0.97	49.24	11.9	120	0.32	0.33	$\dfrac{1.03}{0.80\sim1.20}$	100	0.36	0
CaO NaOH	0.97	50.00	11.9	75.0	0.30	0.45	$\dfrac{0.98}{0.73\sim1.26}$	100	0.32	0
CaO NaOH	0.97	49.73	11.8	106	0.26	0.69	$\dfrac{1.03}{0.80\sim1.44}$	100	0.42	0
NaOH	0.97	49.97	11.8	48.0	0.15	0.85	$\dfrac{0.86}{0.72\sim1.13}$	100	0.40	0
CaO NaOH	0.97	46.55	11.9	40.0	0.20	0.18	$\dfrac{0.82}{0.59\sim1.03}$	97.0	0.39	0
NaOH	0.97	46.26	11.9	30.0	0.22	0.22	$\dfrac{0.87}{0.71\sim1.18}$	100	0.46	0

U/P 质量比为 150%，随着 F/(U+P) 的摩尔比降低，PUF 胶的游离醛含量逐渐降低，游离酚含量也有所下降；压制了杨木三合板，甲醛释放量也随之降低，低于 0.5mg/L，符合 E_0 级要求；63℃水浸 3h 后测其胶合强度，都高于 0.70MPa，全部符合Ⅱ类胶合板要求；100℃浸渍水煮 6h，60℃烘箱烘 6h 后，能够达到零剥离要求。

3.3.2.3 催化剂的影响

采用复合催化剂制备的 PUF 树脂比采用单一催化剂制备的 PUF 树脂的游离醛含量以及甲醛释放量略微降低，但是并不很明显。因此，当 U/P 质量比为 150% 时制备的 PUF 树脂，在此实验中，催化剂 CaO 的使用对其影响并不大。

3.3.2.4 固含量的影响

为了降低生产成本，在实验过程中加入一定量的水，固含量降低 5% 左右。加水后制得的 PUF 树脂，其游离醛含量以及甲醛释放量相对有所下降，能更好地达到 E_0 级的要求；其胶合强度虽然略微有所下降，但是 63℃水浸 3h，胶合强度都高于 0.70MPa，也全部符合Ⅱ类胶合板要求；100℃浸渍水煮 6h，60℃烘箱烘 6h 后，也能够达到 0 剥离要求。

3.3.3 室外级 PUF 树脂的制备

3.3.3.1 尿素的添加方式

随着 PUF 胶中尿素添加量增加，采用尿素反应后期一次加入的工艺制备 PUF 胶，显然不可取，我们采用三种方式将甲醛和尿素分别分三次加入[23]：

Ⅰ a. 苯酚、尿素①、甲醛①一同加入；b. 尿素②、甲醛②一同加入；c. 加甲醛③；d. 加尿素③。

Ⅱ a. 苯酚、尿素①、甲醛①一同加入；b. 加甲醛②；c. 尿素②、甲醛③一同加入；d. 加尿素③。

Ⅲ a. 苯酚、甲醛①一同加入；b. 尿素①、甲醛②一同加入；c. 加尿素②、甲醛③；d. 加尿素③。

Ⅳ 尿素最后一次加入。

表 3-20 U/P 质量比 26.4%尿素不同添加方式制备的 PUF 胶的理化性能及压板检测结果

配方		添加方式	理化性能					100℃水煮 3h		甲醛释放量 /(mg/L)
U/P /%	F/(U+P) /mol		固含量 /%	pH 值	黏度(25℃) /mPa·s	游离醛含量 /%	游离酚含量/%	胶合强度 /MPa	合格率 /%	
26.4	1.66	Ⅳ	48.97	11.1	112	0.08	0.34	0.99 / 0.81~1.22	100	0.21
26.4	1.66	Ⅰ	48.58	11.2	127	0.12	0.35	1.07 / 0.65~1.38	89.0	0.35
26.4	1.66	Ⅱ	48.34	11.8	155	0.09	0.33	1.43 / 1.35~1.59	100	0.51
26.4	1.66	Ⅲ	48.65	11.2	117	0.03	0.37	1.02 / 0.82~1.30	100	0.42

从表 3-20 中的分析结果可见，尿素最后一批加入是作为甲醛捕集剂，其人造板的胶合强度最差，但甲醛释放量最低，这是因为最后一批加入的尿素主要是作为吸附剂，吸附甲醛，降低了胶中的游离甲醛含量，从而降低了人造板的甲醛释放量。尿素最后一批加入，未能发生缩聚反应，导致其胶合强度较低。以下的实验都将尿素分批加入，分析了三种加入方式，采用苯酚、尿素、甲醛第一批一同加入的方式，可以使苯酚、尿素和甲醛之间的共缩聚反应更充分，以下实验中尿素采用Ⅰ或Ⅱ方式加入。

3.3.3.2 不同质量比 U/P

随着尿素加入量的增加，树脂的成本降低，但是尿素量的增加，会造成用该树脂的人造板的胶合强度下降，所以在不降低酚醛树脂性能的前提下，选择了 U/P 质量比为 13.2%~79.7%的几组实验，其理化性能和压板试验结果如表 3-21 所示。

表 3-21　不同 U/P 配比的 PUF 胶的制胶压板结果

配方		尿素添加方式	100℃水煮 3h		甲醛释放量 /(mg/L)
U/P/%	F/(U+P)摩尔比		胶合强度/MPa	合格率/%	
13.2	1.83	尿素最后一批加	$\dfrac{1.01}{0.66\sim1.87}$	95.0	0.40
26.4	1.66	尿素分三批加	$\dfrac{1.03}{0.65\sim1.38}$	95.0	0.33
39.6	1.42	尿素分三批加	$\dfrac{0.97}{0.74\sim1.31}$	95.0	0.30
52.8	1.38	尿素分三批加	$\dfrac{1.07}{0.94\sim1.33}$	100	0.42
66.0	1.30	尿素分三批加	$\dfrac{1.02}{0.76\sim1.32}$	97.0	0.37
79.7	1.31	尿素分三批加	$\dfrac{0.96}{0.74\sim1.24}$	93.0	0.21

由表 3-21 可见，随着尿素量增加，F/(U＋P) 的摩尔比下降，甲醛释放量降低，树脂的胶合强度下降，但是 U/P 质量比为 13.2%～79.7% 的六组 PUF 胶压制的杨木三合板的胶合强度全部符合Ⅰ类胶合板要求，甲醛释放量≤0.5mg/L，均符合 E_0 级要求，这证明了加入的尿素量为 13.2%～79.7% 是可行的。

3.3.3.3　催化剂 CaO 的影响

采用复合催化剂 CaO 和 NaOH，第一步采用二价金属离子的氧化物 CaO，使甲醛与苯酚的加成反应产生较多的邻位羟甲基苯酚，有利于以下各步的加成反应和缩聚反应，使 PUF 树脂压制的胶合板的甲醛释放量远低于仅用一价金属离子为催化剂的 PUF 树脂压制的胶合板。第二、三、四步采用 NaOH 碱金属氢氧化物，其用量逐步增加，以控制缩聚反应的进行，主要是为了使羟甲基苯酚和羟甲基脲之间的缩聚反应较缓和，在缩聚反应结束后加入大量的 NaOH，可以制得高碱性固化速度快的 PUF 树脂。本实验中采用 U/P 质量比＝60%，F/(U＋P) 摩尔比分别为 1.35 和 1.30，讨论了加与不加 CaO 的影响，PUF 树脂的理化性能见表 3-22。

表 3-22　催化剂 CaO 对 PUF 树脂的理化性能的影响

配方特点		固含量 /%	pH 值	黏度 (25℃) /mPa·s	游离醛含量 /%	100℃水煮 6h 浸渍剥离	100℃水煮 3h		甲醛释放量 /(mg/L)
F/(U+P)摩尔比	催化剂						胶合强度 /MPa	合格率/%	
1.35	无 CaO, 50%NaOH	50.92	12.4	460	0.15	0	$\dfrac{1.13}{0.93\sim1.47}$	100	1.02
1.35	CaO, 50%NaOH	49.83	12.1	282	0.09	0	$\dfrac{1.16}{1.03\sim1.32}$	100	0.42
1.30	无 CaO, 30%NaOH	48.27	12.1	625	0.13	0	$\dfrac{1.16}{0.84\sim1.56}$	100	1.04
1.30	CaO, 30%NaOH	47.84	12.1	186	0.04	0	$\dfrac{1.07}{0.88\sim1.31}$	100	0.38

从树脂的理化性能看，加了 CaO 后，树脂的游离醛含量降低，而其胶合板的甲醛释放量也降低很多，不加 CaO 甲醛释放量都超过 1.0mg/L，加了 CaO 后其胶合板能符合 E_0 级要求，CaO 对胶合强度的影响不是很明显。综合考虑，以下试验中都加入 CaO。

3.3.3.4 催化剂 30%NaOH 和 50%NaOH 的影响

第二、三、四步的催化剂是 NaOH，讨论了加入不同浓度的 NaOH 溶液对树脂性能的影响。用 50%NaOH 作催化剂时，加入 50%NaOH 后，反应剧烈，反应温度上升较快，需将 NaOH 逐步加入；而用 30% 的 NaOH 时，反应温度上升较慢，需外部加热，反应较易控制。50%NaOH 和 30%NaOH 作催化剂的 PUF 树脂的理化性能和其压板检测结果见表 3-23。

表 3-23 50%NaOH 和 30%NaOH 对 PUF 树脂的理化性能的影响

配方特点		固含量 /%	pH 值	黏度 (25℃) /mPa·s	游离醛 含量 /%	100℃ 水煮 6h 浸渍剥离	100℃水煮 3h		甲醛释放量 /(mg/L)
F/(U+P) 摩尔比	催化剂						胶合强度 /MPa	合格率 /%	
1.30	CaO 30% NaOH	47.84	12.1	186.0	0.04	0	$\dfrac{1.07}{0.88\sim1.31}$	100	0.38
1.30	CaO 50% NaOH	47.57	12.0	1808	0.03	0	$\dfrac{1.06}{0.70\sim1.27}$	93.0	0.41
1.30	CaO 50% NaOH	51.56	12.1	258.0	0.02	0	$\dfrac{1.19}{1.02\sim1.50}$	100	0.47

用 50%NaOH 和 30%NaOH 作催化剂的 PUF 树脂的理化性能的差别不是很大，其胶合强度和甲醛释放量也没有明显的差异，所以，可用 30% NaOH 代替 50% NaOH 作为催化剂，不会影响实验结果。

3.3.3.5 固体含量的影响

苯酚价格较贵，为了降低树脂的价格，可降低树脂的固含量，可在实验中加入水以降低树脂的固含量，实验中讨论了固含量的降低对树脂的理化性能和其压制的胶合板的影响，其结果见表 3-24。

表 3-24 固体含量对 PUF 树脂的理化性能和人造板性能的影响

配方特点		固含量 /%	pH 值	黏度 (25℃) /mPa·s	游离醛 含量 /%	100℃ 水煮 6h 浸渍剥离	100℃水煮 3h		甲醛释放量 /(mg/L)
F/(U+P) 摩尔比	催化剂						胶合强度 /MPa	合格率 /%	
1.30	CaO 50% NaOH	51.56	12.1	258	0.02	0	$\dfrac{1.19}{1.02\sim1.50}$	100	0.47
1.30	CaO 10%水, 50% NaOH	47.59	11.7	310	0.10	0	$\dfrac{1.05}{0.76\sim1.15}$	93.0	0.25
1.30	CaO,10%水, 50% NaOH	46.05	12.1	525	0.02	0	$\dfrac{1.11}{0.97\sim1.38}$	100	0.17

从结果可看出，加入水后固含量降低，游离醛含量也有降低，胶合强度也有明显的降低，但都符合Ⅰ类板的要求，所以，加入适量水以降低固含量，降低成本，这种方法是可行的。

3.3.4 树脂胶黏剂的 ^{13}C NMR 分析

3.3.4.1 ^{13}C NMR 分析

U/P 质量比为 150％的 PUF 树脂的分步实验 ^{13}C NMR 分析[21]。

下面是 U/P 质量比为 150％，以 CaO 和 NaOH 为催化剂制得的 PUF 1 树脂的分步取样的 ^{13}C NMR 图谱（图 3-5～图 3-8）。

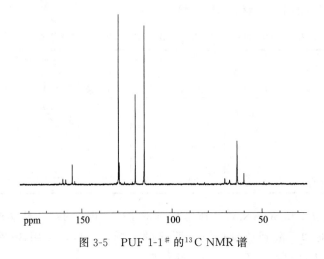

图 3-5　PUF 1-1$^{\#}$ 的 ^{13}C NMR 谱

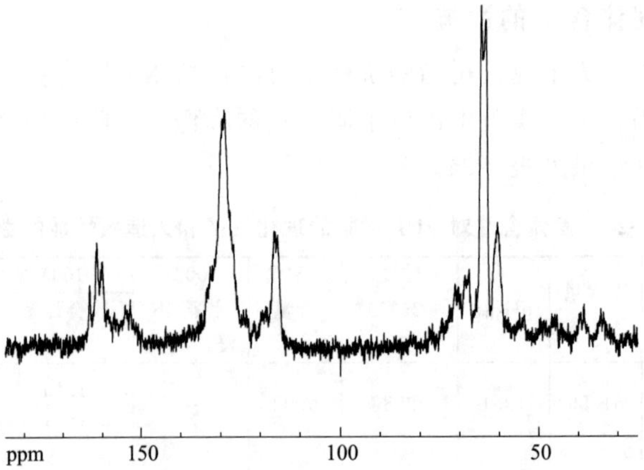

图 3-6　PUF 1-2$^{\#}$ 的 ^{13}C NMR 谱

下面是 U/P 质量比为 150％，以 NaOH 为催化剂制得的 PUF2 树脂的分步取样的 ^{13}C NMR 图谱（图 3-9～图 3-12）。

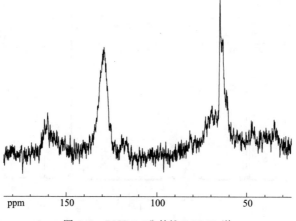

图 3-7　PUF 1-3[#] 的¹³C NMR 谱

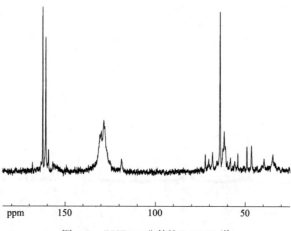

图 3-8　PUF 1-4[#] 的¹³C NMR 谱

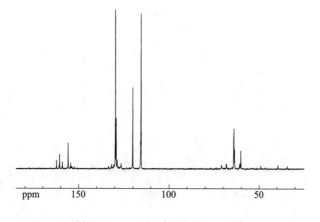

图 3-9　PUF 2-1[#] 的¹³C NMR 谱

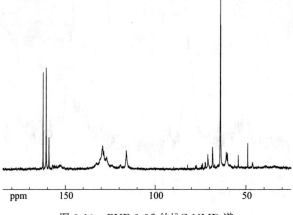

图 3-10　PUF 2-2# 的 ^{13}C NMR 谱

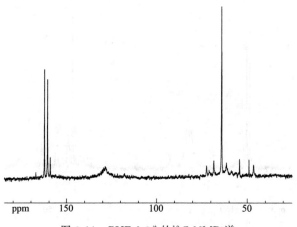

图 3-11　PUF 2-3# 的 ^{13}C NMR 谱

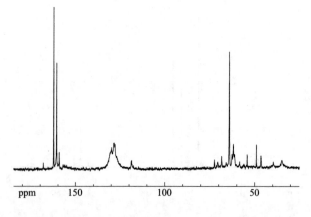

图 3-12　PUF 2-4# 的 ^{13}C NMR 谱

与文献值[24~26]比较，将以上 PUF 1 和 PUF 2 树脂制胶过程中 4 次取样的[13]C NMR 各峰值进行归属，得表 3-25 和表 3-26。

表 3-25   PUF 1 树脂的[13]C NMR 谱峰值归属

名称及结构		化学位移	PUF1-1#	PUF1-2#	PUF1-3#	PUF1-4#
			各积分面积			
苯酚间亚甲基	o,o-Ph—CH$_2$—Ph	29.2~29.6	—	—	—	—
	o,p-Ph—CH$_2$—Ph	34.9~35.9	—	1.46	0.75	0.50
	p,p-Ph—CH$_2$—Ph	39.7~41.0	—	1.43		0.17
共缩聚的亚甲基	o-Ph—CH$_2$—NHCO—	40.6				
	—N(CH$_2$)—CH$_2$—N(CH$_2$)—	46.4		1.04		0.27
	p-Ph—CH$_2$—NHCO—	44.2				
	p-Ph—CH$_2$—N(CH$_2$—)CO—	49.2		0.84		0.18
尿素间的亚甲基	—NH—CH$_2$—NH—	47.7			0.62	
	—NH—CH$_2$—N(CH$_2$)—	53.5		1.37		0.26
	—N(CH$_2$)—CH$_2$—N(CH$_2$)—	60.0				0.15
羟甲基	o-Ph—CH$_2$OH	61.1	0.49	7.09	1.95	1.17
	p-Ph—CH$_2$OH	64.7	4.81	8.91	3.55	1.52
	—NH—CH$_2$OH	63.7~65.2	0.48	9.38	3.74	
	—N—(CH$_2$OH)$_2$	71.6~72.8				
亚甲基醚键	o-Ph—CH$_2$OCH$_2$—Ph	69.1	1.27	3.45	—	0.36
	p-Ph—CH$_2$OCH$_2$—Ph	72~73		1.33	3.62	0.12
	尿素间的—CH$_2$—O—CH$_2$—	69.0~71		2.65	—	

表 3-26   PUF 2 树脂的[13]C NMR 谱峰值归属

名称及结构		化学位移	PUF2-1#	PUF2-2#	PUF2-3#	PUF2-4#
			各积分面积			
苯酚间亚甲基	o,o-pH—CH$_2$—Ph	29.2~29.6	—	—	—	—
	o,p-Ph—CH$_2$—Ph	34.9~35.9	0.33	—	—	5.46
	p,p-Ph—CH$_2$—Ph	39.7~41.0	0.39			1.99
共缩聚的亚甲基	o-Ph—CH$_2$—NHCO—	40.6				
	o-Ph—CH$_2$—N(CH$_2$—)CO—	46.4	0.16	3.09	4.90	2.70
	p-Ph—CH$_2$—NHCO—	44.2				
	p-Ph—CH$_2$—N(CH$_2$—)CO—	49.2	0.07	2.69	2.26	1.88
尿素间的亚甲基	—NH—CH$_2$—NH—	47.7				
	—NH—CH$_2$—N(CH$_2$)—	53.5		2.37	6.73	3.22
	—N(CH$_2$)—CH$_2$—N(CH$_2$)—	60.0	3.51	20.4	3.60	1.88
羟甲基	o-Ph—CH$_2$OH	61.1	—	—	9.17	13.71
	p-Ph—CH$_2$OH	64.7	9.29	63.39	28.40	17.16
	—NH—CH$_2$OH	63.7~65.2	2.4	2.70		1.63
	—N—(CH$_2$OH)$_2$	71.6~72.8				
亚甲基醚键	o-Ph—CH$_2$OCH$_2$—Ph	69.1	1.45	10.58	5.12	2.82
	p-Ph—CH$_2$OCH$_2$—Ph	72~73	—	2.73	3.21	1.16
	尿素间的—CH$_2$—O—CH$_2$—	69.0~71	0.97	6.98	3.34	2.12

根据表 3-25、表 3-26 归属的积分面积，可对 PUF 树脂反应过程中各种基团进行定量分析。

定量分析是以总甲醛的量为总量,在化学反应过程中甲醛参与反应,在树脂中以各种基团形式表现。树脂配方为甲醛溶液质量分数为 37.1%,此时 F/U 摩尔比为 1.30。取谱图中除羰基碳、游离甲醛碳、甲氧基碳以外的积分面积为基准量,这一积分面积对应的是除游离醛之外的甲醛总摩尔数。根据已知投料量,即可算出各结构所占甲醛的摩尔比。

下面是 PUF1 和 PUF2 树脂各种键含量的汇总,见表 3-27、表 3-28。

表 3-27　PUF1 树脂的 ^{13}C NMR 谱定量分析结果

名　称	PUF1-1#		PUF1-2#		PUF1-3#		PUF1-4#	
	$n_{(F聚合)}$	$\dfrac{n_{(F聚合)}}{n_{(F总)}}$	$n_{(F聚合)}$	$\dfrac{n_{(F聚合)}}{n_{(F总)}}$	$n_{(F聚合)}$	$\dfrac{n_{(F聚合)}}{n_{(F总)}}$	$n_{(F聚合)}$	$\dfrac{n_{(F聚合)}}{n_{(F总)}}$
总亚甲基键	—		0.79	0.16	0.47	0.094	1.64	0.32
总羟甲基键	1.88	0.80	3.27	0.64	3.20	0.63	2.89	0.57
总亚甲基醚键	0.41	0.18	0.96	0.19	1.25	0.25	0.52	0.10
游离甲醛	0.052	0.022	0.055	0.011	0.14	0.027	0.090	0.018
总投料甲醛	2.35	—	5.07	—	5.07	—	5.07	—

表 3-28　PUF2 树脂的 ^{13}C NMR 谱定量分析结果

名　称	PUF2-1#		PUF2-2#		PUF2-3#		PUF2-4#	
	$n_{(F聚合)}$	$\dfrac{n_{(F聚合)}}{n_{(F总)}}$	$n_{(F聚合)}$	$\dfrac{n_{(F聚合)}}{n_{(F总)}}$	$n_{(F聚合)}$	$\dfrac{n_{(F聚合)}}{n_{(F总)}}$	$n_{(F聚合)}$	$\dfrac{n_{(F聚合)}}{n_{(F总)}}$
总亚甲基键	0.55	0.24	1.25	0.25	1.29	0.26	1.53	0.30
总羟甲基键	1.45	0.62	2.90	0.57	2.78	0.55	2.91	0.57
总亚甲基醚键	0.30	0.13	0.89	0.18	0.86	0.17	0.55	0.11
游离甲醛	0.042	0.018	0.018	0.0035	0.14	0.027	0.086	0.017
总投料甲醛	2.35	—	5.07	—	5.07	—	5.07	—

根据 PUF1 和 PUF2 树脂的 ^{13}C NMR 谱图以及各种键含量的数据可以得出以下几个结论。

PUF1 和 PUF2 两中树脂的配方和聚合工艺(投料比、种类和数量、次数、反应温度、反应时间)基本相同,差别在于 PUF1 以 CaO 和 NaOH 为催化剂,PUF2 仅以 NaOH 为催化剂,因而二者反应过程中的结构变化有如下区别:

第一阶段:PUF1 以 CaO 为催化剂(介质 pH 值为 7.2),投入的甲醛主要生成羟甲基苯酚、羟甲基脲,生成的羟甲基含量占总投料甲醛量的 0.80,部分羟甲基苯酚和羟甲基脲进一步缩聚生成亚甲基醚键(占总投料甲醛量的 0.18),此过程中无亚甲基键生成。PUF2 以 NaOH 为催化剂(介质 pH 值为 8.6),投入的甲醛主要生成对位的羟甲基苯酚、羟甲基脲,第一阶段反应结束时,羟甲基的含量占总投料甲醛量的 0.62,而羟甲基脲进一步缩聚生成亚甲基键和亚甲基醚键,分别占总投料甲醛量的 0.24 和 0.13。此外,PUF1 的游离甲醛含量(0.022%)比 PUF2 的游离甲醛含量(0.018%)高。此过程说明 NaOH 的催化作用比 CaO 强。

第二阶段:PUF1 和 PUF2 均投入相同数量的 F②、U②,投入的总 NaOH 用量也相同(仅 PUF1 加入 0.6g CaO)。PUF1 的亚甲基键从 0.80 大幅下降到 0.64,亚甲基醚键的含量略有增加,在此过程中有亚甲基键生成(占总投料甲醛量的

0.16)。PUF2 的羟甲基的量随缩聚反应的进行缓慢下降，亚甲基的量缓慢增加，亚甲基醚键的量从 0.13 上升至 0.18。

第三阶段：PUF1 和 PUF2 均加入同样数量的 NaOH，缩聚反应继续进行，PUF1 的羟甲基量略微下降，而亚甲基醚键的量从 0.19 增加至 0.25；而 PUF2 的羟甲基键继续缓慢下降，亚甲基含量缓慢上升，亚甲基醚键缓慢下降。

第四阶段：加入 U③ 和大量 NaOH（PUF1 和 PUF2 数量相同）介质呈强碱性。PUF1 和 PUF2 的亚甲基键含量呈上升趋势，而亚甲基醚键的含量均呈下降趋势。二者的游离醛由于与 U③ 的羟甲基反应也下降到 0.2% 以下。此过程说明在强碱性介质中，缩聚反应较迅速。

3.3.4.2　U/P 质量比为 60% 的 PUF 树脂的分步取样 ^{13}C NMR 图谱

下面是 U/P 质量比为 60%，以 CaO 和 NaOH 为催化剂，制得的 PUF3 树脂的分步取样的 ^{13}C NMR 图谱（见图 3-13～图 3-16）。

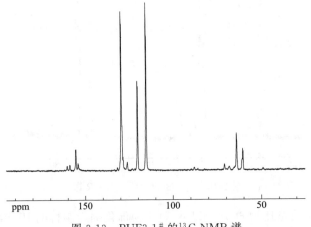

图 3-13　PUF3-1$^{\#}$ 的 ^{13}C NMR 谱

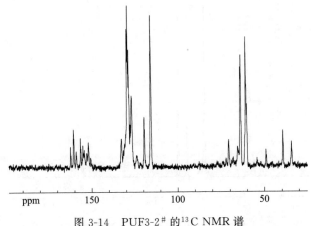

图 3-14　PUF3-2$^{\#}$ 的 ^{13}C NMR 谱

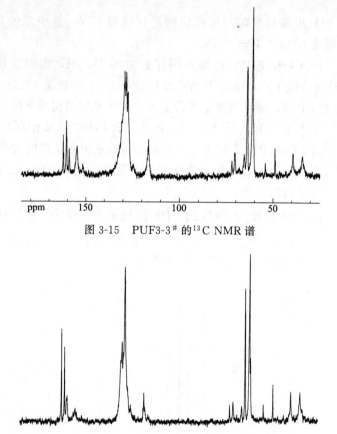

图 3-15   PUF3-3# 的 ^{13}C NMR 谱

图 3-16   PUF3-4# 的 ^{13}C NMR 谱

下面是 U/P 质量比为 60%，以 NaOH 为催化剂，制得的 PUF4 树脂的分步取样的 ^{13}C NMR 图谱（见图 3-17～图 3-20）。

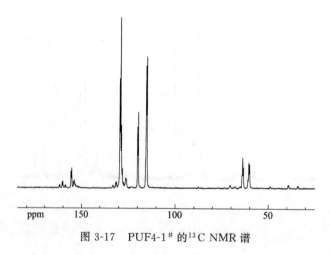

图 3-17   PUF4-1# 的 ^{13}C NMR 谱

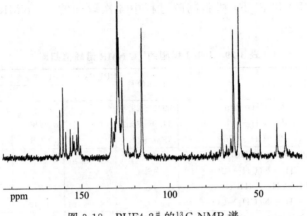

图 3-18 PUF4-2$^{\#}$的^{13}C NMR 谱

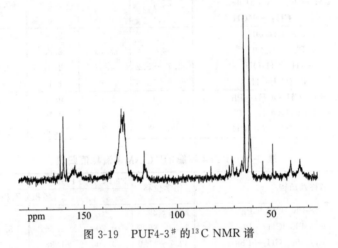

图 3-19 PUF4-3$^{\#}$的^{13}C NMR 谱

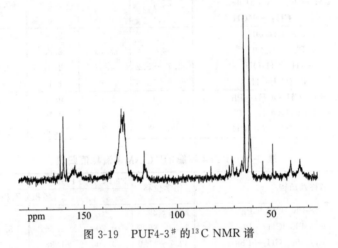

图 3-20 PUF4-4$^{\#}$的^{13}C NMR 谱

将以上 PUF3 和 PUF4 树脂制胶过程中 4 次取样的 ^{13}C NMR 各谱进行归属，得表 3-29 和表 3-30。

表 3-29　PUF3 树脂的 ^{13}C NMR 谱峰值归属

名称及结构		化学位移	PUF3-1 #	PUF3-2 #	PUF3-3 #	PUF3-4 #
			各积分面积			
苯酚间亚甲基	o,o-Ph—CH$_2$—Ph	29.2～29.6	—	—	—	—
	o,p-Ph—CH$_2$—Ph	34.9～35.9	—	1.85	3.32	6.92
	p,p-Ph—CH$_2$—Ph	39.7～41.0	—	2.5	2.4	3.83
共缩聚的亚甲基	o-Ph—CH$_2$—NHCO—	40.6	—	—	—	—
	o-Ph—CH$_2$—N(CH$_2$)—CO—	46.4	—	—	—	—
	p-Ph—CH$_2$—NHCO—	44.2	—	—	—	0.11
	p-Ph—CH$_2$—N(CH$_2$)—CO—	49.2	—	0.43	0.86	1.46
尿素间的亚甲基	—NH—CH$_2$—NH—	47.7	—	—	—	—
	NH—CH$_2$—N(CH$_2$)—	53.5	—	0.02	0.34	0.73
	—N(CH$_2$)—CH$_2$—N(CH$_2$)—	60.0	2.08	1.83		
羟甲基	o-Ph—CH$_2$OH	61.1	5.71	5.39	19.14	24.0
	p-Ph—CH$_2$OH	64.7	7.79	2.83	10.0	10.0
	—NH—CH$_2$OH	63.7～65.2	4.82	2.97	2.22	1.26
	—N—(CH$_2$OH)$_2$	71.6～72.8	—	1.10		
亚甲基醚键	o-Ph—CH$_2$OCH$_2$—Ph	69.1	0.77	0.18	—	0.12
	p-Ph—CH$_2$OCH$_2$—Ph	72～73	—	0.10	0.79	0.37
	尿素间的—CH$_2$—O—CH$_2$—	69～71	1.00	1.00	2.15	1.63

表 3-30　PUF4 树脂的 ^{13}C NMR 谱峰值归属

名称及结构		化学位移	PUF4-1 #	PUF4-2 #	PUF4-3 #	PUF4-4 #
			各积分面积			
苯酚间亚甲基	o,o-Ph—CH$_2$—Ph	29.2～29.6	—	—	—	—
	o,p-Ph—CH$_2$—Ph	34.9～35.9	0.70	1.66	5.11	4.85
	p,p-Ph—CH$_2$—Ph	39.7～41.0	0.70	1.88	3.18	2.37
共缩聚的亚甲基	o-Ph—CH$_2$—NHCO—	40.6	—	—	—	—
	o-Ph—CH$_2$—N(CH$_2$)—CO—	46.4	—	—	—	—
	p-Ph—CH$_2$—NHCO—	44.2	—	—	—	—
	p-Ph—CH$_2$—N(CH$_2$)—CO—	49.2	—	0.48	0.84	1.28
尿素间的亚甲基	—NH—CH$_2$—NH	47.7	—	—	—	—
	—NH—CH$_2$—N(CH$_2$)—	53.5	—	0.11	0.54	0.64
	—N(CH$_2$)—CH$_2$—N(CH$_2$)—	60.0	7.29	3.89	—	—
羟甲基	o-Ph—CH$_2$OH	61.1	12.2	9.08	16.8	17.1
	p-Ph—CH$_2$OH	64.7	0.11	1.09	10.00	10.0
	—NH—CH$_2$OH	63.7～65.2	15.6	9.39	3.71	2.32
	—N—(CH$_2$OH)$_2$	71.6～72.8	3.58	—	—	—
亚甲基醚键	o-Ph—CH$_2$OCH$_2$—Ph	69.1	0.18	0.37	1.05	1.00
	p-Ph—CH$_2$OCH$_2$—Ph	72～73	—	—	1.55	0.80
	尿素间的—CH$_2$—O—CH$_2$—	69～71	1.00	1.87	3.15	2.33

根据表 3-29、表 3-30 归属的积分面积，经过计算，得出树脂中总的亚甲基、羟甲基以及亚甲基醚键的含量，见表 3-31、表 3-32。

表 3-31　PUF3 树脂的 ^{13}C NMR 谱定量分析结果

名　称	PUF3-1#		PUF3-2#		PUF3-3#		PUF3-4#	
	$n_{(F聚合)}$	$\dfrac{n_{(F聚合)}}{n_{(F总)}}$	$n_{(F聚合)}$	$\dfrac{n_{(F聚合)}}{n_{(F总)}}$	$n_{(F聚合)}$	$\dfrac{n_{(F聚合)}}{n_{(F总)}}$	$n_{(F聚合)}$	$\dfrac{n_{(F聚合)}}{n_{(F总)}}$
总亚甲基键	0.19	0.091	1.53	0.33	0.86	0.17	1.32	0.25
总羟甲基键	1.66	0.80	2.83	0.60	3.92	0.75	3.57	0.69
总亚甲基醚键	0.16	0.077	0.30	0.063	0.37	0.071	0.21	0.041
游离甲醛	0.072	0.035	0.040	0.0086	0.048	0.0093	0.082	0.016
总投料甲醛	2.08	—	1.70	—	5.20	—	5.19	—

表 3-32　PUF4 树脂的 ^{13}C NMR 谱定量分析结果

名　称	PUF4-1#		PUF4-2#		PUF4-3#		PUF4-4#	
	$n_{(F聚合)}$	$\dfrac{n_{(F聚合)}}{n_{(F总)}}$	$n_{(F聚合)}$	$\dfrac{n_{(F聚合)}}{n_{(F总)}}$	$n_{(F聚合)}$	$\dfrac{n_{(F聚合)}}{n_{(F总)}}$	$n_{(F聚合)}$	$\dfrac{n_{(F聚合)}}{n_{(F总)}}$
总亚甲基键	0.43	0.21	1.25	0.27	1.08	0.21	1.10	0.21
总羟甲基键	1.56	0.75	3.06	0.65	3.43	0.66	3.51	0.68
总亚甲基醚键	0.058	0.028	0.35	0.075	0.65	0.12	0.50	0.096
游离甲醛	0.030	0.015	0.033	0.0071	0.038	0.0072	0.054	0.010
总投料甲醛	2.08	—	4.70	—	5.19	—	5.19	—

根据 PUF3 和 PUF4 树脂的 ^{13}C NMR 谱图以及各种键含量的数据可以得出以下几个结论：

PUF3 和 PUF4 两种树脂的配方和聚合工艺（投料比、种类和数量、次数、反应温度、反应时间）基本相同，差别在于 PUF3 以 CaO 和 NaOH 为催化剂，PUF4 仅以 NaOH 为催化剂，因而二者反应过程中的结构变化有如下区别：

第一阶段主要是苯酚、尿素与甲醛在碱性介质中的羟甲基反应，生成大量的羟甲基，并进一步缩聚反应生成亚甲基醚键和亚甲基键连接的 PUF 树脂的低聚物。以 CaO 和 NaOH 为催化剂的 PUF3 的羟甲基占总投料甲醛量的 0.80，亚甲基为 0.091，亚甲基醚键为 0.035，而以 NaOH 为催化剂的 PUF4 树脂的羟甲基含量为 0.75，亚甲基为 0.21，亚甲基醚键为 0.028。可见 NaOH 的催化作用比 CaO 强。PUF4 中的亚甲基比 PUF3 多，PUF4 的游离醛含量比 PUF3 低，说明羟甲基化反应比较完全。

第二阶段，新加入的甲醛和尿素与第一阶段形成的低聚物继续进行羟甲基化反应，已有的和新生成的羟甲基低聚物进行缩聚反应。因此，PUF3 和 PUF4 树脂的羟甲基的量均大幅度下降，亚甲基的量大幅增加，游离甲醛含量下降。

第三阶段，补加的少量甲醛与少量的游离酚继续反应，降低了游离酚的含量。缩聚反应继续深化，树脂的分子量逐渐增大。

第四阶段，补加的尿素与多余的游离醛反应，降低游离甲醛的含量。此阶段缩聚反应仍然继续进行，直至分子量增加到所需要的黏度。

综上所述，可以得到以下几个结论：

① 四种 PUF 树脂均不存在连接邻位苯环的亚甲基键，只有苯环邻-对位和对-

对位连接的亚甲基键，也均存在连接尿素的亚甲基键。以 CaO 和 NaOH 为催化剂的 PUF1 和 PUF3 树脂的羟甲基含量分别大于以 NaOH 为催化剂的 PUF2 和 PUF4 树脂，而亚甲基键和亚甲基醚键的含量均小于 PUF2 和 PUF4 树脂，这说明 PUF2 和 PUF4 树脂的缩聚反应比 PUF1 和 PUF3 树脂的强。

② PUF1、PUF2 的 F/(U＋P) 摩尔比＝0.97，羟甲基含量均为 0.57，PUF3、PUF4 的 F/(U＋P) 摩尔比＝1.30，其羟甲基含量分别为 0.69 和 0.68。羟甲基含量越多，其人造板的胶合强度越大，由此可见，羟甲基含量与总摩尔比有关。

③ PUF1 和 PUF3 树脂的游离醛含量比 PUF2 和 PUF4 树脂的游离醛含量高些。这些均说明 NaOH 的催化效果比 CaO 好。此外，这些树脂的游离醛含量均不高，说明羟甲基化反应比较完全。

3.4 间苯二酚改性酚醛树脂胶黏剂

3.4.1 间苯二酚改性酚醛树脂的 ^{13}C NMR 谱图分析

RPF-13 的 ^{13}C NMR 对应结构和积分面积见表 3-33。

表 3-33 RPF-13 树脂 ^{13}C NMR 谱图化学位移归属[3]

名称与结构		化学位移		积分面积	
		文献值[2,27]	试验值	编号	数值
o-4 亚甲基	(结构式)	30.2	30.3	S_1	10.0
o-o' 亚甲基	(结构式)	31.3	30.8	S_2	10.0
p-4 亚甲基	(结构式)	35.1	35.3	S_3	14.0
p-o' 亚甲基	(结构式)	36.0	36.0	S_4	4.00

名称与结构		化学位移		积分面积	
		文献值[2,27]	试验值	编号	数值
p-p′亚甲基	HO—⟨ ⟩—CH₂—⟨ ⟩—OH	41.3	41.2	S_5	10.0
甲醇	CH₃—OH	50.1	50.2	S_6	53.0
苯酚邻位羟甲基		61.0~63.0	60.0~62.0	S_7	29.0
苯酚对位羟甲基		65.5~67.0	65~67	S_8	0
间苯二酚苯环上 C₂		103.8	104.0	S_9	82.0
间苯二酚苯环上 C₄、C₆		107.9~108.3	108.1	S_{10}	129
苯酚苯环上未取代 C₂、C₆		115~116	116.4~116.6	S_{11}	77.0
间苯二酚 C₄、C₆ 亚甲基取代		120.3	119.6	S_{12}	26.0
苯酚未取代 C₄		122	120.9	S_{13}	50.0
苯酚苯环上 C₂、C₄、C₆ 取代，C₃、C₅ 未取代，间苯二酚苯环上 C₅		127~135	127.5~134.3	S_{14}	388
间苯二酚苯环上 C₁、C₃，苯酚苯环上 C₁		150~160	151~159	S_{15}	251

　　Pizzi 曾比较过间苯二酚与甲醛反应时，间苯二酚苯环上 C_4、C_6 和 C_2 的活性，他认为 C_4 和 C_6 的活性是 C_2 的 5 倍。也就是当甲醛与间苯二酚反应时 C_4 和 C_6 两个缩合位与 C_2 活性比就为 10：1[8]，在同羟甲基作用时同样也是 C_4、C_6 活性高。

根据文献 [27] 如果 2 位与苯酚上羟甲基反应必然产生下列结构。

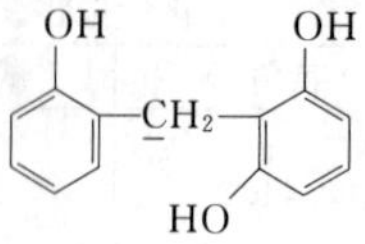

$$25.7 \qquad\qquad 28.7$$

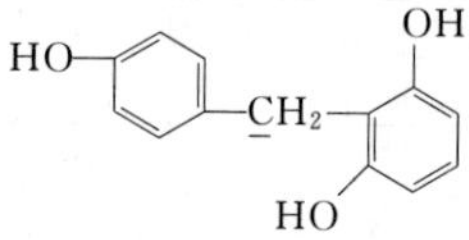

（A）$\qquad\qquad$（B）

如果有 A、B 结构出现在 ^{13}C NMR 谱图中必然出现化学位移 25.7 和 28.7 峰。但 ^{13}C NMR 谱图上 30 以下全为基线。这就证实，在本实验反应条件（104℃、2.5h）下间苯二酚 2 位未参与反应。由于间苯二酚其他碳峰比较分散或同苯酚碳峰相叠不易分辨，而化学位移 104.5 的 C_2 峰左右无干扰峰，所以以它的峰面积（S_9）作为间苯二酚的定量基准，以化学位移 108 处峰面积（S_{10}）计算未参加反应的 C_4、C_6，由于取代的 C_4、C_6 化学位移 119 附近有苯酚的 C_4 峰（120）干扰，无法分开计算，本实验以未取代的 C_4、C_6 峰（108）面积 S_{10} 和 S_9 结合 R 的投料量推算参加反应的 C_4（C_6）位，即：

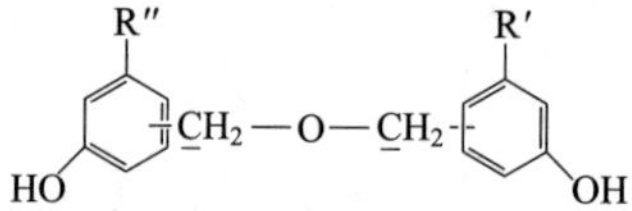

$$R'、R''为H或OH$$

这样 RPF-13 中参加反应的 C_4（C_6）为亚甲基和羟甲基的计算，没有采用像 PF 树脂中以苯环碳为基准进行推算，原因如下：

① RPF 树脂的苯环碳峰比 PF 树脂中碳峰复杂，而且分布广。

② RPF 树脂的苯环碳比亚甲基和羟甲基碳含量高出许多，如果再以它为基准必然带来较大的误差。

③ 根据前面的 PF 树脂 ^{13}C NMR 谱图的定量计算，其羟甲基和亚甲基总量与投入甲醛的量较为一致，见表 3-34。

表 3-34　PF 树脂中羟甲基和亚甲基总量同投入甲醛量的比较

项　　目	PF-2	PF-7	PF-9	PF-9B	PF-13
羟甲基和亚甲基总量/mol	1.28	1.27	1.30	1.28	1.51
投入甲醛量/mol	1.30	1.30	1.30	1.30	1.50

从表 3-34 中看出，PF 树脂两数值都比较接近，同时也没有发现 68～73 处亚甲基醚键的出现[2]。

所以认为在加入间苯二酚后羟甲基只可能转变为亚甲基，而不可能转变为亚甲基醚键。因此，采用将亚甲基和羟甲基面积之和（S）作为基准。每个峰面积同 S 的比值就是对应的亚甲基和羟甲基份数，再乘上甲醛的投料量，就可以求得所对应的亚甲基或羟甲基的量。

3.4.2 配方和制备工艺对树脂结构组成的影响

3.4.2.1 催化剂的影响

选择 PF-13 同间苯二酚反应，因其含有较多的邻、对位羟甲基，而且聚合度低（$\overline{X}_n$ 为 1.3），可以不考虑聚合度对该反应的影响，从而较好地比较邻、对位羟甲基在其反应过程中的表现。

向 PF-13 中加入适量的间苯二酚，使间苯二酚/苯酚达到 1.2/1（摩尔比），升温至 104℃，分别加入三种不同催化剂，反应 2.5h，得到三种不同的 RPF 树脂，其中 RPF-10 以碱催化（pH 值为 9.0），RPF-12 以二价金属离子催化（pH 值为 5.6），RPF-13 以酸催化（pH 值为 4.0），根据它们的 ^{13}C NMR 谱图，结构分析如表 3-35 所示。

表 3-35 不同催化剂对 RPF 树脂的影响

名　称	—CH₂OH		—CH₂—					R 反应的 C₄、C₆
	p-	o-	p-p'	o-p'	p-4	o-o'	o-4	
RPF-10	0	0.48	0.15	0.15	0.27	0.23	0.21	0.54
RPF-12	0	0.45	0.17	0.08	0.28	0.33	0.15	0.47
RPF-13	0	0.56	0.19	0.08	0.27	0.19	0.19	0.51

从表 3-35 中不难发现，三者的 p-CH₂OH 都已反应完全，同时 p-4 亚甲基含量也大致相当，这证明了碱、酸、二价金属离子对 p-CH₂OH 都有催化能力，而且基本相当。再比较邻羟甲基的量，RPF-12 最少，RPF-13 最多，说明对邻羟甲基的催化能力而言，强弱次序为二价金属离子＞碱＞酸。但有一点应注意即参加反应的间苯二酚的 C₄、C₆ 却不是按这个次序而变化的，二者是否有矛盾之处？只要比较一下 o-o' 位亚甲基的量就会发现二者并不矛盾。RPF-12 中 o-o' 位亚甲基含量最多为 0.33，而 RPF-10 和 RPF-13 分别 0.23 和 0.19。从这里可以得出二价金属离子对聚合速率影响最大的原因不在于对羟甲基同间苯二酚反应影响最大，而在于对羟甲基酚的自身相互缩合反应的催化能力。这种结果就是 Fraser 等认为的二价金属离子对酚醇的缩合反应的定向效应，提高了 o-o' 位亚甲基的含量。三个反应都体现出对位羟甲基比邻位羟甲基更易于同间苯二酚反应，这可以从空间效应做出解释。因为邻位羟甲基边上有一个羟基阻碍其同间苯二酚反应。由于这三种催化剂对反应都有较好的催化效果，实际操作中用酸和二价金属离子作催化剂时比用碱作催化剂的工艺复杂，不但要调整 pH 值而且在酸性条件下酚醛的水溶性差，必须加入甲醇或乙醇来提高它的溶解性。

3.4.2.2 反应时间的影响

RPF-103、RPF-105 为 RPF-10 在 104℃、pH 值为 9.0 的条件下分别继续反应 1h、2h，骤冷而得的产物，其分析如表 3-36 所示。

表 3-36　反应时间对 RPF 树脂的影响

名　称	—CH$_2$OH		—CH$_2$—					R 反应的
	p-	o-	p-p'	o-p'	p-4	o-o'	o-4	C$_4$、C$_6$
RPF-10	0	0.48	0.15	0.15	0.27	0.23	0.21	0.54
RPF-103	0	0.38	0.15	0.21	0.27	0.28	0.22	0.53
RPF-105	0	0.33	0.15	0.22	0.27	0.29	0.23	0.56

由表 3-36 可知，反应时间对参加反应的间苯二酚的量影响不大，其原因可能有两条：①活性较高的对羟甲基已反应完全；②邻羟甲基的量已降低。这样同间苯二酚反应的概率更小，还有随着时间的延长酚醇之间的反应进一步加深，特别是从 RPF-10 到 RPF-103 这一小时内 o-p' 和 o-o' 位亚甲基的量明显增加，再延长一小时后它们的增加也平缓了。除了体系黏度增加影响流动外，更主要的是随着反应进行，体系的聚合度进一步加大，空间阻碍效应就越显著，导致反应减弱。

以上比较说明反应时间主要影响 PF 树脂自身的反应程度。在保证 RPF 树脂胶合性能的前提下（见表 3-35）选择反应时间还要考虑经济效益的影响。另外，考虑到 RPF-10 到 RPF-105 黏度从 100mPa·s（25℃）增长到 600mPa·s，黏度过大影响树脂的涂布性能，更何况在涂布前要加入填料和多聚甲醛，黏度还将成倍增大，为此认为在 104℃下反应 2～3h 为宜。

3.4.2.3　不同 R/P（摩尔比）的影响

间苯二酚的价格为苯酚的 6～8 倍，考虑到成本因素，在保证胶合性能的前提下应尽可能降低树脂中间苯二酚的含量，现采用 RPF-10 同样的工艺条件只是将 R/P（摩尔比）从 1.2 调整到 0.7，制得 RPF-307，其 ^{13}C NMR 谱图结果分析如表 3-37 所示。

表 3-37　R/P 对 RPF 树脂的影响

名称	—CH$_2$OH		—CH$_2$—					R 反应的
	p-	o-	p-p'	o-p'	p-4	o-o'	o-4	C$_4$、C$_6$
RPF-10	0	0.48	0.15	0.15	0.27	0.23	0.21	0.54
RPF-307	0.05	0.47	0.27	0.20	0.15	0.24	0.11	0.26

由表 3-37 可知，RPF-307 中间苯二酚参加反应的 4、6 位只有 0.26，虽然 p-CH$_2$OH 含量几乎为零，但并不像 RPF-10 那样全同间苯二酚反应转化为 p-4 亚甲基，而是由部分参加 PF 之间的缩合反应。这一点从 p-4 亚甲基含量减少（0.27→0.15）和 p-p' 亚甲基的增加（0.15→0.27）得到证实，这些变化都可以归结于间苯二酚量的减少，同样由于它的减少使得与 o-CH$_2$OH 的反应速率减慢，o-4 亚甲基桥更加少（0.21→0.11）。

从表 3-37 中还可以看出，无论 R/P 的高摩尔比（1.2）还是低摩尔比（0.7）都有大量的间苯二酚未参加缩聚反应，仍以游离形式存在于体系中，游离的间苯二酚在固化时可能有以下作用。

① 像 Pizzi 所列举的层积木和指接用胶黏剂 4#，即制备一种甲阶 PF 树脂，然后按下式反应，间苯二酚作为固化剂[8]。

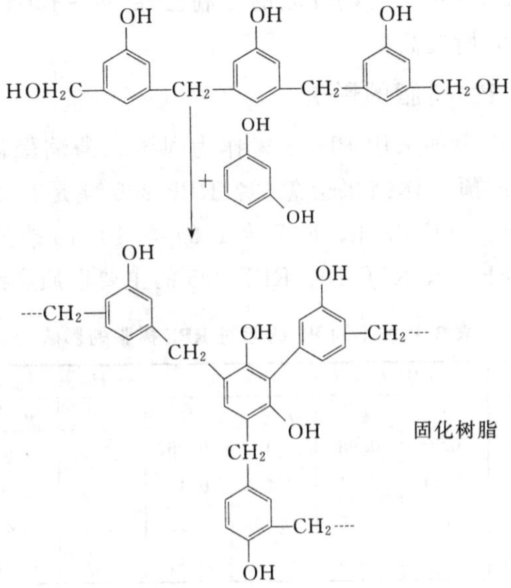

固化树脂

② 多聚甲醛释放出甲醛，间苯二酚与甲醛反应生成间苯二酚-甲醛树脂，然后进一步固化。

③ 多聚甲醛释放出的甲醛同已缩聚的间苯二酚反应。

这三者中，后两者更为主要。首先，RPF 树脂本身结构而言其羟甲基含量就已很少，同间苯二酚在常温下更难进一步反应，其次，表 3-45 对多聚甲醛的量对固化效果做过比较，得出多聚甲醛/树脂（质量比）小于 10% 时达不到理想的固化效果。说明树脂要充分固化必须有一定量的甲醛来起连接作用，而甲醛同间苯二酚在常温下可以较快的反应也证明了这一设想。

3.4.2.4 反应温度的影响

各种专利文献对加入间苯二酚后的反应温度报道差别很大。从 70～110℃ 都见报道[28～35]。为研究反应温度在这里的真实作用，将 RPF-307 其他条件固定，只把反应温度从 104℃ 调整到 90℃ 制得 RPF-309。两者的比较见表 3-38。

表 3-38　反应温度对 RPF 树脂的影响

名称	—CH₂OH		—CH₂—					R 反应的 C₄、C₆
	p-	o-	p-p'	o-p'	p-4	o-o'	o-4	
RPF-307	0.05	0.57	0.27	0.20	0.15	0.14	0.11	0.26
RPF-309	0	0.78	0.27	0.45	0	0	0	0

从表 3-38 中可明显看出两者的差别，RPF-309 中的 p-4、o-o'、o-4 亚甲基全

部为 0，间苯二酚基本上没有参加反应。这说明羟甲基同间苯二酚的反应是比较困难的，而早先研究者可能是受到间苯二酚同甲醛剧烈反应的影响，在制备 RPF 树脂时，反应温度都偏低，其中以半井勇三报道的 70℃ 最低[35]。大多数文献是在 85～90℃，到 20 世纪 80 年代后期苏联的专利已在 98～100℃ 反应[34]。这说明当时对该反应的认识已有所提高。

3.4.2.5　不同 PF 树脂的影响

在前面的实验分析中都采用 PF-13 来作为间苯二酚缩聚体研究反应条件的影响。如果改变一下 PF 预聚体结果会怎样？RPF-205 就是在 PF-10 的反应条件下（pH 值为 9.0、104℃、反应 2.5h、R/P 为 1.2）将 PF-13 改为 PF-2 所得树脂，表 3-39 中列举 PF-13、PF-2 及 RPF-10、RPF-205 的主要性质和组分。

表 3-39　不同 PF 树脂对 RPF 树脂的影响

树脂	R/P/F	pH 值	—CH_2OH		—CH_2—					R 反应的 C_4、C_6	$\overline{X}_n$
			p-	o-	p-p'	o-p'	p-4	o-o'	o-4		
PF-13	0/1.0/1.5	10	0.3	0.98	0.17	0.06	—	—	—		1.3
PF-2	0/1.0/1.3	10	0.09	0.51	0.24	0.44	—	—	—		3.1
RPF-10	1.2/1.0/1.5	9.0	0	0.48	0.15	0.15	0.27	0.23	0.21	0.54	—
RPF-205	1.2/1.0/1.3	9.0	0	0.06	0.23	0.44	0.08	0.21	0.13	0.25	—

从表 3-39 中可以看出，由于 PF-2 树脂中羟甲基含量少特别是 p-CH_2OH 只有 0.09，明显地降低了间苯二酚的反应比例（从 0.54 降到 0.25）。再次证明，要使间苯二酚较多地参与缩聚反应，就必须制备一种 p-CH_2OH 含量相对较高的 PF 预聚体。再观察一下 o-CH_2OH 的变化情况，PF-13 到 RPF-10 减少 0.50 份，PF-2 到 RPF-205 减少 0.45 份，两者相差只有 0.05 份。这说明 o-CH_2OH 转化为亚甲基桥的速度基本相当。只是 o-4 亚甲基相差较大。这除 PF-2 中 o-CH_2OH 本身含量比 PF-13 少外，还有一个原因就是 PF-2 的平均聚合度 $\overline{X}_n$ 比 PF-13 要大，使得缩聚反应的空间阻碍增大，反应难以进行。

3.4.3　应用性能

RF 树脂胶虽是公认的最优良的木材胶黏剂，但其价格昂贵。所以，性能与之相近价格较低的 RPF 树脂成为国外最常用室外级冷固型胶黏剂。国内对此胶种的研究起步较晚，在本实验[13]C NMR 对其结构分析的基础上，研制了一种冷固型 RPF 树脂胶黏剂。

3.4.3.1　不同催化剂对 RPF 树脂性能的影响

在前面曾对 PF-13 同间苯二酚在三种不同催化剂作用下所得树脂的结构进行过比较，发现三种树脂的结构基本相当。现将这三种树脂的性能列于表 3-40。

表 3-40　不同催化剂所得 RPF 树脂胶性能的比较

编号	外观	pH 值	黏度(25℃)/mPa·s	t_1	t_2	t_3/h	胶合结果(90~100℃)	
							强度/MPa	木破率/%
RPF-10	红棕色	9.0	100	1′30″	6′38″	3.0	1.74	82
RPF-12	红棕色	5.5	160	1′13″	6′18″	2.0	1.64	70
RPF-13	红棕色	4.0	70.0	53″	11′00″	2.5	1.54	80

注：t_1 为 100 份 RPF 树脂胶中加入 10 份（重量比，下同）多聚甲醛后，在 100℃水浴中的凝胶时间。t_2 为复合催化剂（B 型）所制 90 份甲阶酚醛树脂中加入 10 份上表中 RPF 树脂胶，再加入 2 份多聚甲醛后的混合物在 100℃水浴中的凝胶时间。t_3 为 100 份 RPF 树脂胶中加入 10 份多聚甲醛后，室温（20℃）固化的时间。在下文中如不加特别说明，t_1、t_2、t_3 都是通过上述配比和方法所测得的时间。

胶合结果为 90~100℃下，以 1min/mm 的速度热压胶合后，经加速老化所测数值，试件合格率>80%，每组试件 10 片。

从强度和木破率看，三者基本相当，这同我们的结构分析相符。而用碱催化的 RPF-10 稍高一点，说明在以后选用操作简便的 RPF-10 工艺制备冷固型 RPF 树脂的正确性。

从室温固化时间 t_3 来看，RPF-12 比 RPF-10、RPF-13 都短，为 2h，这可能与它结构中含有较多的 o-o′亚甲基有关。根据 Pizzi 的研究，当 o-o′亚甲基含量高时，实际具有较多空余的高活泼对位能够起加速固化的效果。表 3-40 中 t_2 的大小说明作为酚醛树脂胶的固化促进剂应选用二价金属离子作催化剂所制备的 RPF 树脂，因为它的凝胶时间最短，为 6′18″。

3.4.3.2　pH 值对 RPF 树脂性能的影响

根据上述三种不同催化剂的对比，选择了以碱为催化剂制备冷固型的 RPF 树脂。为更进一步比较不同 pH 值对其性能的影响，按 RPF-10 的制备工艺再加入 R 后将 pH 值分别调整为 7.8、9.0、9.5、10.0 后反应 2.5h 制得 RPF-B（2）、RPF-C（2）、RPF-D（2）、RPF-E（2）。它们的性能如表 3-41 所示。

表 3-41　pH 值对 RPF 树脂性能的影响

编号	外观	pH 值	黏度(25℃)/mPa·s	t_3/h	胶合结果(90~100℃)	
					强度/MPa	木破率/%
RPF-B(2)	红棕色液体	7.8	450	5.5	1.07	33
RPF-C(2)	红棕色液体	9.0	100	2.5	1.74	82
RPF-D(2)	红棕色液体	9.5	175	1.5	1.83	88
RPF-E(2)	红棕色液体	10.0	200	1.0	1.50	100

从强度和木破率一栏中得出 pH 值超过 9.0 以后都有较好的数值，只是 pH 为 7.8 时强度和木破率均低，分别为 1.07MPa 和 33%，可能是弱碱性条件下间苯二酚同羟甲基反应减弱，缩聚的间苯二酚量低，不能使酚醛树脂在 90~100℃下充分固化。室温固化时间除 RPF-B（2）外其余都按 pH 值升高而变短，这与多聚甲醛随着 pH 值升高解聚速率加快有关。考虑到实际使用中从配胶到使用需要一定的时间（一般≥1.5h），应选用的 pH 值为 9.0~9.5。

3.4.3.3　反应时间对 RPF 树脂性能的影响

在制备 RPF 树脂时为考虑反应时间对其结构和性能的影响，从加入间苯二酚（104℃）反应 2h 后取样 RPF-101，并迅速冷却密封保存在冰箱中，然后每隔半小时取样，分别得 RPF-102、RPF-103、RPF-104、RPF-105。各树脂的性能见表 3-42。

表 3-42　反应时间对 RPF 树脂性能的影响

编号	时间/h	pH 值	黏度/mPa·s	t_1	t_3/h	胶合结果（90~100℃）	
						强度/MPa	木破率/%
RPF-101	2.0	9.0	60	66″	6	1.25	31
RPF-102	2.5	9.0	100	53″	2.5	1.74	82
RPF-103	3.0	9.0	240	48″	2.7	1.63	76
RPF-104	3.5	9.0	440	42″	3	1.42	60
RPF-105	4.0	9.0	600	49″	5	1.44	99

从表 3-42 可以看出，随着时间延长黏度逐渐增大，而胶合强度和木破率以 RPF-101 最低，这可能是在 2h 时间苯二酚缩聚并不充分，90~100℃下固化不充分。而从 2.5h 后树脂的胶合强度虽然呈下降趋势，但木破率起伏明显，根据表 3-42 的 ^{13}C NMR 对 RPF 树脂结构分析从 2.5h 时间苯二酚缩聚基本完成，随后的反应主要为酚醛之间的缩合，并不影响剩余 R 反应的 C_4、C_6 量，也就是说间苯二酚对酚醛树脂低温固化的促进作用达到一个平衡位置。木破率和胶合强度的高低主要受木材质量的影响。从节约能源角度出发，应尽量选用较短的反应时间。所以，在以后的实验中一般加入间苯二酚 2.5~3h 就结束反应。在室温固化时间 t_3 一栏中除 RPF-101 外其他都随反应时间延长而变长。这可能与胶黏剂体系黏度增大有关，黏度大流动性差，与多聚甲醛反应减慢，所以室温固化时间变长。

3.4.3.4　F/P 摩尔比对 RPF 树脂性能的影响

考虑到间苯二酚缩聚到酚醛树脂上主要通过与酚醛树脂中的羟甲基反应，而在相同的工艺条件下甲醛与苯酚的摩尔比直接影响酚醛树脂中羟甲基的量和分布。所以必须确定适当的 F/P 摩尔比范围。固定 R/P 摩尔比，将 F/P 摩尔比选择为 1.0、1.3、1.5、1.7、1.9 5 个点，用相同的工艺分别制得 RPF-20、RPF-23、RPF-25、RPF-27、RPF-29，其性能如表 3-43 所示。

表 3-43　F/P 摩尔比对 RPF 树脂性能的影响

编号	F/P 摩尔比	外观	pH 值	黏度/mPa·s	t_3/h	胶合结果（90~100℃）	
						强度/MPa	木破率/%
RPF-20	1.0	红棕色透明液体	8.7	70	4.5	1.84	98
RPF-23	1.3	红棕色透明液体	8.7	100	4.0	1.64	63
RPF-25	1.5	红棕色透明液体	9.0	100	2.5	1.74	82
RPF-27	1.7	红棕色透明液体	8.6	50	4.5	1.68	72
RPF-29	1.9	红棕色透明液体	8.5	150	3.5	1.57	68

其中 RPF-20、RPF-23、RPF-25 为加入间苯二酚后反应 2.5h，而 RPF-27、RPF-29 为 1h。因为这两者分别在 2h 和 1.5h 后凝胶。所以在以后的反应中一般不选用 F/P 摩尔比超过 1.7，实际所见到的文献中其 F/P 摩尔比大多数都小于 1.7，这一点同实验结果一致。从强度和木破率来看 F/P 摩尔比为 1.0 最好。但考虑到在相同的苯酚、间苯二酚含量时甲醛越多成本越低。因此在保证胶合性能的条件下可以将 F/P 摩尔比扩大到 1.5 左右。

3.4.3.5　R/P 摩尔比对 RPF 树脂性能的影响

RPF 树脂成分中以间苯二酚价格最高，它同苯酚的比例直接影响所得树脂的成本。所以在保证胶合性能的前提下应尽量降低 R/P 的摩尔比。为此选用同一种酚醛预聚体，在相同工艺条件下用不同摩尔比的间苯二酚制得一系列 RPF 树脂，其主要指标如表 3-44 所示。

表 3-44　R/P 摩尔比对 RPF 树脂性能的影响

编号	R/P 摩尔比	外观	pH 值	黏度 /mPa·s	t_1	t_3/h	胶合结果(冷压)	
							强度/MPa	木破率/%
RPF-401	0.4	红棕色液体	8.9	60	1'40"	4.5	5.56	66
RPF-402	0.5	红棕色液体	8.8	80	1'42"	5.5	7.88	76
RPF-403	0.6	红棕色液体	8.7	100	1'30"	4	7.67	95
RPF-404	0.7	红棕色液体	8.6	450	1'28"	4.5	7.37	100
RPF-405	0.8	红棕色液体	8.6	200	1'20"	5	7.02	100

胶合结果为采用桦木为基材经冷压胶合，每组为三对试件老化后的平均值。从 RPF-401 到 RPF-405 间苯二酚含量逐渐增大，强度从 RPF-402 开始达到最大值（7.88MPa），考虑到木破率 R/P 应选在 0.6 以上。当 R/P 摩尔比为 0.7 和 0.8 时无论是强度还是木破率都无大的区别，所以冷固型的 RPF 树脂其 R/P 摩尔比应选在 0.6 左右。

3.4.3.6　多聚甲醛量对 RPF 树脂性能的影响

冷固型 RPF 树脂通常采用多聚甲醛作固化剂。固化剂的量对固化效果有直接的影响。选择 RPF-403 加入不同比例（质量比）的多聚甲醛，用桦木为基材进行冷压，结果如表 3-45 所示。

表 3-45　固化剂量对 RPF 树脂性能的影响

树脂：多聚甲醛(质量比)	t_3/h	胶合结果(冷压)	
		强度/MPa	木破率/%
100：5	7.0	55.1	25.0
100：10	5.5	78.8	87.0
100：15	4.5	86.1	100.0
100：20	2.0	74.5	60.0

室温固化时间随着多聚甲醛的比例增大而变短。而强度和木破率到 100：15 时都同时达到最高点，随后又开始下降。所以多聚甲醛的加入量应选择在 100：15

左右。

3.4.3.7　RPF 树脂的生活力

双组分胶黏剂必须保证一定的生活力才能应用于实际生产。现以 RPF-403 为例，原胶 20℃时黏度为 125mPa·s。每 100 份（质量）胶中加入木粉、面粉各 10 份后，黏度变为 600mPa·s，再加入 10 份多聚甲醛，黏度变为 900 mPa·s。然后每隔 15min 测定的黏度（20℃）结果见表 3-46。

表 3-46　树脂黏度随时间的变化

时间/min	0	15	30	45	60	75	90	105	120
黏度/(mPa·s)	900.0	1320	1420	1480	1600	1680	1760	1840	2000

调胶后每半小时冷压胶合三对桦木试块经老化后的测试结果如表 3-47 所示。

表 3-47　树脂性能同调胶后时间的关系

时间/min	0	30	60	90	120
强度/MPa	78.8	69.4	60.3	69.0	69.1
木破率/%	86.7	90.0	90.0	90.0	60.0

树脂在调胶后 1.5h 还有很好的木破率和强度，而且该树脂胶的储存期大于 8 个月，完全达到商品树脂要求。

3.4.3.8　与共混树脂的比较

通过计算选用不同比例的 RF 和 PF 树脂进行共混，使树脂中 R/P 摩尔比分别为 0.4、0.5、0.6、0.7、0.8。同样以桦木为基材进行冷压胶合，结果如表 3-48 所示。

表 3-48　共混树脂的性能

R/P 摩尔比	0.4	0.5	0.6	0.7	0.8
强度/MPa	2.00	4.30	5.37	5.86	5.90
木破率/%	10	20	40	70	80
t_3/h	2.0	2.0	1.5	0.50	0.20

从表 3-48 看出共混树脂 R/P 摩尔比达到 0.7 和 0.8 时有一定的强度和木破率，但同表 3-44 中 RPF 树脂相比，其对应值较低，共混树脂的性能不及共缩 RPF 树脂。另外，在此两种比例下室温固化时间仅为 0.50h 和 0.20h，不能达到商品树脂的生活力要求。

为什么共混树脂同共缩树脂在性质上有上述的差别？可以从树脂的结构上做以解释，共缩树脂中间苯二酚已部分缩聚到酚醛树脂端位，加入多聚甲醛时，通过端位的间苯二酚同多聚甲醛的作用使得 RPF 树脂固化。共混树脂中由于通过间苯二酚未同酚醛树脂链接。加上间苯二酚同多聚甲醛后主要是 RF 树脂自身固化，而酚醛树脂得不到固化。所以共混树脂的性能不及共缩树脂。另外共混树脂的室温固化时间 t_3 短可能同共混树脂的 pH 值有关。RF 树脂 pH 值为 7.5，甲阶酚醛树脂 pH

值高达 11.5，两者共混时 pH 值为 10.0 左右。在如此高 pH 值下，多聚甲醛解聚速率快与 RF 树脂的作用也快，所以室温固化时间变短。此种共混树脂可以作为特殊场合下"蜜月型双组分胶黏剂"使用。

本章主要从树脂的反应机理、树脂结构、制备工艺对树脂性能的影响及树脂的应用等方面介绍了高邻位酚醛树脂、快速固化酚醛树脂、尿素改性酚醛树脂及间苯二酚改性酚醛树脂。通过制备高邻位和快速固化酚醛树脂可显著降低酚醛树脂的固化温度，提高树脂的固化速率；采用尿素改性酚醛树脂，可显著降低树脂的生产成本，通过调整工艺及尿素的添加量，制备的尿素改性酚醛树脂制备的胶合板的胶合强度仍能满足国家 I 类板的要求，甲醛释放量达到 E_0 级的要求；采用间苯二酚改性酚醛树脂，可使树脂室温固化、强度都达到相关标准要求。

参 考 文 献

[1] 关长参. 木材胶粘剂 [M]. 北京：科学出版社，1992.

[2] Park B D，Riedl B. ^{13}C-NMR study on cure-accelerated phenol-formaldehyde resins with carbonates [J]. Journal of Applied Polymer Science，2000，77（6）：1284-1293.

[3] 王春鹏. 间苯二酚改性酚醛树脂结构和性能的研究 [D]. 北京：中国林业科学研究院，1997.

[4] 王锋，赵临五. 活性酚醛树脂中羟甲基含量的测定 [J]. 分析化学，1995，23（9）：1063-1065.

[5] 秦晓云，赵临五. 单宁胶用 PUF 树脂的制备工艺与结构和交联性能关系的研究 [J]. 林产化学与工业，1995，15（4）：19-26.

[6] McGraw G W，Landucci L L，Ohara S，et al. ^{1}H- and ^{13}C-NMR studies on phenol-formaldehyde pre-polymers for tannin-based adhesives [J]. Journal of Wood Chemistry and Technology，1989，9（2）：201-217.

[7] Fan D，Chang J，Li J，et al. ^{13}C-NMR study on the structure of phenol-urea-formaldehyde resins prepared by methylolureas and phenol [J]. Journal of Applied Polymer Science，2009，112（4）：2195-2202.

[8] Pizzi A，Mittal K L. Wood adhesives [M]. CRC Press，2011.

[9] Pethrick R A，Thomson B. ^{13}C nuclear magnetic resonance studies of phenol-formaldehyde resins and related model compounds 2-analysis of sequence structure in resins [J]. British Polymer Journal，1986，18（6）：380-386.

[10] 张一帆，何良佳，韩仁璐. 木质建筑模板用快速固化酚醛树脂的研究 [J]. 建筑材料学报，2009，12（6）：752-755.

[11] 刘义红，张玉军，金镇镐，等. PF/PU 低温固化体系的研究 [J]. 纤维复合材料，2004，20（4）：12-13.

[12] Tonge L，Hodgkin J，Blicblau A，et al. Effects of initial phenol-formaldehyde（PF）reaction products on the curing properties of PF resin [J]. Journal of Thermal Analysis and Calorimetry，2001，64（2）：721-730.

[13] Yazaki Y，Collins P，Reilly M，et al. Fast-curing phenol-formaldehyde（PF）resins. part 1. molecular weight distribution of PF resins [J]. Holzforschung-International Journal of the Biology，Chemistry，Physics and Technology of Wood，1994，48（1）：41-48.

[14] 程瑞香，陆仁书. 采用固化剂缩短酚醛胶刨花板热压时间的研究 [J]. 林产工业，2002，29（2）：16-18.

[15] Laza J，Vilas J，Rodriguez M，et al. Analysis of the crosslinking process of a phenolic resin by thermal scanning rheometry [J]. Journal of Applied Polymer Science，2002，83（1）：57-65.

[16] Kim S，Kim H S，Kim H J，et al. Fast curing PF resin mixed with various resins and accelerators for building composite materials [J]. Construction and Building Materials，2008，22（10）：2141-2146.

[17] Mirski R，Dziurka D，Łęcka J. Properties of phenol-formaldehyde resin modified with organic acid esters [J]. Journal of Applied Polymer Science，2008，107（5）：3358-3366.

[18] 赵临五，王春鹏. 低毒快速固化酚醛树脂胶研制及应用 [J]. 林产工业，2000，27（4）：17-21.

[19] 赵临五，王春鹏. 快速固化酚醛树脂胶研究初报 [J]. 木材工业，1998，12（4）：12-14.

[20] Du G，Lei H，Pizzi A，et al. Synthesis-structure-performance relationship of cocondensed phenol-urea-formaldehyde resins by MALDI-ToF and ^{13}C-NMR [J]. Journal of Applied Polymer science，2008，110（2）：1182-1194.

[21] 蒋玉凤，张伟，赵临五，等. E_0 级 II 类胶合板用 PUF 树脂的制备及 ^{13}C-NMR 定量分析 [J]. 林产化学与工业，2012，32（2）：135-139.

[22] 蒋玉凤. 苯酚-尿素-甲醛共聚树脂的合成、表征及应用研究 [D]. 南京：南京工业大学，2011.

[23] 施娟娟. 三元共聚木材胶黏剂的制备及结构研究 [D]. 南京：南京林业大学，2010.

[24] He G，Yan N. ^{13}C-NMR study on structure，composition and curing behavior of phenol-urea-formaldehyde resole resins [J]. Polymer，2004，45（20）：6813-6822.

[25] Tomita B，Hse C Y. Phenol-urea-formaldehyde（PUF）co-condensed wood adhesives [J]. International Journal of Adhesion and Adhesives，1998，18（2）：69-79.

[26] 杜官本，李君，杨忠. 苯酚-尿素-甲醛共缩聚树脂研制 I. 合成与分析 3 [J]. 林业科学，2000，36（5）：73-77.

[27] Lippmaa H，Välimäe T，Christganson P. Comparison of resorcinol and 5-methylresorcinol coplycondensates with hydroxymethyphenols using GPC/^{13}C-NMR analysis [J]. Nippon Secchaku KyokaiShi，1988，24（7）：255-261.

[28] 刘善桢. P/RF 树脂胶粘剂的合成 [J]. 生物质化学工程，1989，（3）：2-6.

[29] 朱焕明. 间苯酚-苯酚-甲醛树脂胶的快速老化性能试验 [J]. 木材工业，1993，7（4）：8-14.

[30] 罗文士. 间苯二酚-苯酚-甲醛树脂的研制与在胶合木梁上的应用 [J]. 木材工业，1990，4（3）：14-19.

[31] Hood R T，Bender R L. Phenol-HCHO-resorcinol resins for use in forming fast curing wood laminating adhesives [P]. US4608408. 1986.

[32] Stancu A L S，Patakig E，et al. Production method of formaldehyde-rezorcinol-phenol adhesive [P]. RO102663. 1991.

[33] Siwek K P Z，Koziol Z. Method of manufacture of phenol-resorcionol-formaldehyde resins [P]. PL127907. 1983.

[34] Klauzner S G M S L M，Siling M I，et al. Method of producing phenolic resorcinolformaldehyde resin [P]. SU1260367. 1986.

[35] 半井勇三. 木材的胶合与胶黏剂 [M]. 长春：吉林林学院，1984.

第4章

木质素基木材胶黏剂

随着国民经济的快速发展，对高性能木质复合材料的需求越来越大，传统酚醛树脂（PF）、脲醛树脂（UF）胶黏剂存在主要原料严重依赖日渐枯竭的石化资源的突出问题。苯酚毒性较大、价格高，限制了酚醛树脂的更广泛应用，脲醛树脂制备的人造板也存在耐水性差和甲醛释放量高等缺点。针对传统胶黏剂的不足，国内外学者开展了大量利用木质素等生物质资源改性传统木材胶黏剂的研究。木质素作为自然界能提供可再生芳香基化合物的非石油资源，在碱性条件下能与甲醛发生羟甲基化反应，并与酚醛树脂和脲醛树脂共缩聚。利用丰富、可再生、无毒的木质素制备环保木材胶黏剂是实现木质素原料资源化利用的重要途径。

本章主要介绍木质素原料解析、木质素羟甲基化及共缩聚反应特性、木质素-酚醛树脂胶黏剂、木质素-脲醛树脂胶黏剂的研究和应用等方面的内容。

4.1 木质素原料解析 ▪▪▪▪▪

4.1.1 木质素原料的组成成分分析

4.1.1.1 木质素原料组成成分的定量分析

(1) 造纸工业木质素

碱木质素：褐色粉末（50%水溶液的 pH 值为 11.5）；木质素磺酸盐：黄色粉末（50%水溶液的 pH 值为 3.6）。两种造纸工业木质素的组成成分分析结果见表 4-1。

表 4-1 造纸工业木质素的组成成分

项目	水分/%	灰分/%	糖分/%	木质素含量/%	水不溶物/%	水溶性
木质素磺酸盐	7.86	16.44	33.12	37.12	3.01	良好
碱木质素	3.40	37.38	35.36	20.12	3.51	一般

从表 4-1 中的数据可以看出：木质素磺酸盐由于含有吸水性基团磺酸基，其水分含量较高，达 7.86%，水溶性较好。与碱木质素相比，木质素磺酸盐的有效成分木质素的含量较高，灰分含量较低，这是由于制浆造纸时两种木质素的原料来源不同，该木质素磺酸盐主要从木浆造纸废液中提取，而所用碱木质素从草浆造纸废液中提取，草类植物由于含有大量的无机物，导致碱木质素中灰分含量较多。两者糖分含量相近，主要来源于植物中半纤维素的降解。水不溶物主要是无机物和残留下的纤维素。

（2）生物炼制副产物木质素

生物乙醇木质素由河南天冠集团公司提供；生物丁醇木质素由吉林松原百瑞多元醇有限公司提供；生物木糖醇木质素由山东龙力生物科技有限公司提供；生物乳酸木质素由安徽格义清洁能源技术有限公司提供。四种生物炼制副产物木质素的组成成分分析结果见表 4-2。

表 4-2 生物炼制木质素的组成成分

组分	生物乙醇木质素	生物丁醇木质素	生物木糖醇木质素	生物乳酸木质素
水分/%	11.28	5.31	5.12	12.82
灰分/%	22.71	3.90	5.09	21.51
酸不溶木质素/%	38.79	78.19	61.11	52.26
酸溶木质素/%	3.70	2.82	3.23	4.17
综纤维素/%	25.16	11.89	25.20	2.08
多戊糖/%	1.09	1.48	1.77	1.43

与生物丁醇木质素（BL）和生物木糖醇木质素（XL）相比，生物乙醇木质素（EL）和生物乳酸木质素（LL）的灰分含量较高，超过 20%，对木质素基酚醛树脂的性能产生不利影响。这主要是由于在 BL 和 XL 的制备工艺中，生物炼制木质素经过酸和热水洗涤，降低了灰分和糖分的含量，结果这两种原料中木质素纯度较高，而 EL 和 LL 是没有经过提纯工艺的。EL 和 XL 的综纤维素含量达到了 25%，而 LL 中只有 2.08%，这主要是由于生物乳酸炼制过程中纤维素酶、半纤维酶的水解效率更高。四种生物炼制木质素原料中多戊糖含量相近，其中 EL 最低，只有 1.09%，木质素原料多戊糖含量越低，活性越高，树脂胶合强度和耐水性越好[1]。

4.1.1.2 木质素原料元素分析黏度

为了解木质素大分子的元素组成及其比例，并写出经验式，必须进行木质素的元素分析。

造纸工业木质素（木质素磺酸盐、碱木质素）的元素测试结果如表 4-3 所示。

表 4-3 造纸工业木质素元素含量

编号	元素及物质	含量/%	
		木质素磺酸盐	碱木质素
元素分析	C	32.05	32.64
	O	39.22	33.82
	S	8.71	0.54
	H	4.71	4.28
	N	0.98	1.63
X荧光光谱分析	Na_2O	—	13.60
	MgO	9.86	0.03
	SiO_2	0.28	3.15
	Cl	0.22	2.51
	K_2O	0.59	2.51
	P_2O_5	0.11	0.39
	CaO	0.18	0.09
	Al_2O_3	0.02	0.04
	Fe_2O_3	0.05	0.01
	MnO	0.01	0.01
	TiO_2	—	0.01

从表 4-3 的元素分析结果可以看出：木质素磺酸盐为镁盐，分子式可以表示为 $C_9H_{14.2}O_{6.99}$；碱木质素的分子式可以表示为 $C_9H_{15.9}O_{8.26}$。C/H 原子比很高说明此两种木质素中苯环含量很高；氧的比例很大，说明木质素中的甲氧基、羟基以及醚键等含有氧原子的基团比较多。其中所含的 N 元素可能是植物组织中的蛋白质。碱木质素中金属离子的比例很高，说明无机盐成分很高，这与后面碱木质素组成成分分析中灰分含量很高的结论相吻合。

表 4-4 为生物乙醇木质素的元素含量测试结果，通过元素分析和甲氧基含量测定，可以得到木质素分子结构的 C_9 结构式为 $C_9H_{7.61}O_{5.35}N_{0.33}(OCH_3)_{0.75}$。通过元素分析可以发现木质素中 Si 元素含量较高，说明生物炼制制备生物乙醇的原料为秸秆。生物乙醇木质素中碳含量相对其他类型木质素较低，氧元素含量较高，这是由于与造纸工艺的高温高碱性相比，生物炼制工艺条件相对较温和，木质素上的羟基缩合程度较低，抑制了活性基团的破坏。

表 4-4 生物乙醇木质素及其灰分主要元素含量

元素名称		含量/%	元素名称		含量/%
木质素	C	50.61	木质素灰分	Si	21.79
	H	4.30		Ca	8.97
	O	42.24		K	9.03
	N	2.01		Fe	5.78
	S	0.93		Na	0.88

4.1.2 木质素活性官能团含量分析

测定木质素官能团属于有机官能团分析方面的问题，但一般用于测定有机官能团的分析方法对木质素来说并不能完全奏效，木质素使一般成功分析某些有机化合物的试剂的专有性降低，这是由木质素本身特殊的结构性质决定的。木质素是天然的高聚物，木质素分子具有三维空间结构，使部分官能团受空间屏蔽的影响，此外，木质素溶解性较差，在一些溶剂中是"溶胀"，不是溶解。因此，木质素各种活性官能团含量的测定需按照国家标准方法，结果如表4-5所示。

表4-5　造纸工业木质素的官能团含量

类别	总羟基/%	酚羟基/%	醇羟基/%	磺酸基/%	羧基/%	甲氧基/%
木质素磺酸盐	5.89	2.21	3.67	3.28	2.63	2.35
碱木质素	6.19	2.47	3.72	—	3.12	1.78

造纸工业木质素在制浆以及分离纯化的过程中，经历了不同程度的氧化作用，羧基以及总酸性基都有所增加。蒸煮过程中，甲氧基脱落较为严重，甲氧基含量较低，酚羟基含量升高，而醇羟基含量降低。碱木质素中总羟基含量为6.19%，醇羟基含量为3.72%，酚羟基含量为2.47%。木质素磺酸盐中总羟基含量为5.89%，醇羟基含量为3.67%，酚羟基含量为2.21%。两种木质素的羟基含量均很低，活性均较低，需要通过改性手段提高反应活性。

由表4-6可知，生物乙醇木质素和生物丁醇木质素的总羟基含量较高，其中生物乙醇木质素羟基含量最高，说明生物乙醇木质素的化学反应活性最高。在木质素替代苯酚制备酚醛树脂的反应中，木质素酚羟基含量越高，苯环上可被甲醛加成反应生成羟甲基的位点越多。在木质素侧链上醇羟基和双键含量越高，侧链上可被甲醛加成反应生成羟甲基的位点越多。木质素苯环上甲氧基越多，木质素发生羟甲基化反应的活性越低。

表4-6　生物炼制木质素的官能团含量

项目	生物乙醇木质素	生物丁醇木质素	生物木糖醇木质素	生物乳酸木质素
总羟基/%	23.18	20.88	4.68	11.20
酚羟基/%	1.59	3.29	1.89	1.49
醇羟基/%	21.61	17.62	2.81	9.71
甲氧基/%	8.78	2.71	3.68	3.61

4.1.3　木质素分子结构表征

4.1.3.1　红外光谱分析

生物丁醇木质素经 Lundquist 法提纯可得到纯度达到97%的 Lundquist 木质素。但由于木质素不溶于氘代氯仿、氘代 DMSO 等溶剂，因此对木质素进行核磁共振测试时需要先将其乙酰化处理，增强其溶解性。由于木质素分子结构上有酚羟基和醇羟基，均可与乙酸酐反应，因此生物丁醇木质素的乙酰化反应生成的乙酰基也有两种类型：酚羟基的乙酰基和醇羟基的乙酰基。

木质素及其乙酰化产物的 FT-IR 图谱如图 4-1 所示，由于乙酸酐过量，乙酰化反应较彻底，3300cm^{-1} 处羟基伸缩振动吸收峰基本消失，因此该乙酰化产物可用于木质素含氢官能团的 ^{1}H NMR 定量分析。1765cm^{-1} 处为苯环上酚羟基的乙酰基的伸缩振动吸收峰[2]，此处明显有特征峰出现，可看出木质素乙酰化过程中主要发生的是苯环上酚羟基的乙酰化，即木质素分子结构中酚羟基比醇羟基含量多。1600cm^{-1} 处为苯环碳碳骨架的特征峰，由于不参与反应，因而峰强和波数均不变。1370cm^{-1} 处为甲基的非对称变形振动吸收峰[3]，此处明显有特征峰出现，也是由于羟基被乙酰化后甲基含量明显增加。

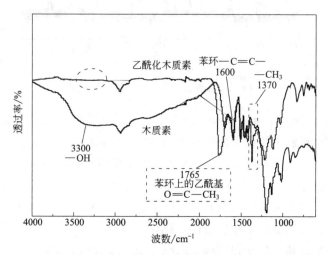

图 4-1　木质素及乙酰化木质素的红外光谱图

4.1.3.2　核磁谱图分析

（1）碳谱

图 4-2 为乙酰化木质素的核磁共振碳谱，化学位移在 169 和 20 处出现苯环上酚羟基的乙酰基特征峰（a 峰与 d 峰)[4,5]，在 170～172 处却看不到侧链上的乙酰基特征峰[4,5]，说明木质素的乙酰化反应主要发生在酚羟基上。化学位移 121 处特征峰（b 峰）为木质素中苯环上含有未被取代的活性位点[5]，即该木质素含有愈创木基型和对羟苯基型结构单元。化学位移 104 处为乙酰化紫丁香基木质素 2,6 位碳[4]，化学位移 151 处为乙酰化紫丁香基木质素 3,5 位碳[4]，说明该木质素含有紫丁香基型结构单元。

（2）氢谱

图 4-3 为木质素定量 ^{1}H NMR 谱图，化学位移 10.34 处为对硝基苯甲醛（NBA）分子中甲醛上氢质子的化学位移[6]，化学位移 8.08 和 8.4 处为 NBA 分子苯环上的氢质子的化学位移[6]，由于 NBA 苯环两侧化学位移呈对称分布，故化学

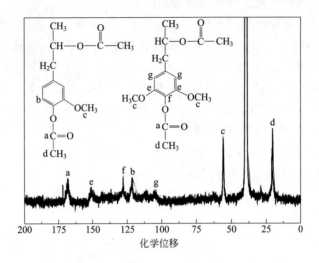

图 4-2　乙酰化木质素的核磁共振碳谱

位移 8.08 和 8.4 处两个峰分别对应两个氢质子，从图中可以看出 b 峰和 c 峰峰高相似、峰面积也相似，故作为内标峰更加准确。b 峰和 c 峰峰面积之和除以 4 即可得到每个氢质子对应的峰面积。由于已知 NBA 在混合物中的质量分数，因此可定量计算出 ^1H NMR 谱中各峰对应的官能团的质量分数。化学位移 6.96 处（d 峰）为愈创木酚型木质素未被取代的 C5 位上活泼氢质子峰，此处特征峰的出现说明该木质素具有发生羟甲基化反应的活性。化学位移 2.27（f 峰）和化学位移 2.02（g 峰）处分别为酚羟基乙酰基和醇羟基乙酰基上甲基的氢质子峰，由 f 峰峰强大于 g 峰可知，Lundquist 木质素酚羟基含量大于醇羟基。

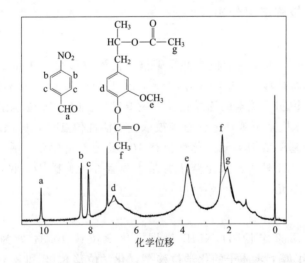

图 4-3　乙酰化木质素的核磁共振氢谱

（3）磷谱

^{31}P NMR 近年来被广泛用于定量测定木质素结构。木质素，必须先用磷化试剂进行衍生化处理，使不稳定的氢原子被磷所取代，木质素的磷化反应如图 4-4 所示。常用的磷化试剂为 2-氯-4，4，5，5-四甲基-1，3，2-二氧膦戊杂环（TMDP）。经磷化试剂处理的木质素样品，通过加入定量内标物——胆固醇，在核磁共振仪上可得到 ^{31}P NMR 谱图，如图 4-5 所示。如图 4-4 所示，由于磷原子周围都是氧原子，因此其信号都是无耦合的单峰，可以定量测定含羟基官能团的含量。又由于 ^{31}P NMR 核磁共振没有 NOE 效应，所以定量测定官能团含量更加准确。

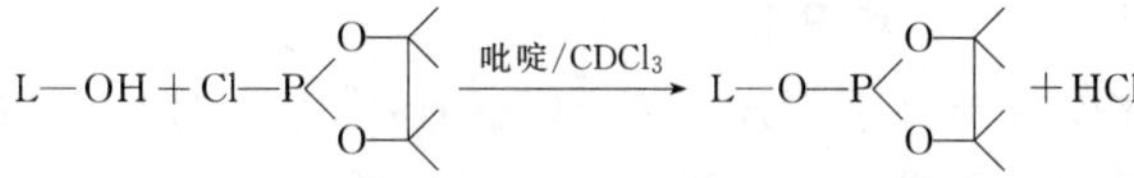

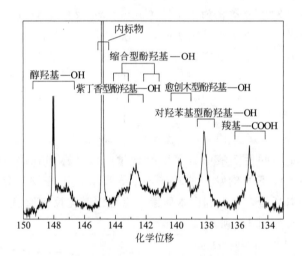

图 4-4　木质素磷化反应

图 4-5　木质素磷谱

以胆固醇为定量内标，由其化学式可知胆固醇分子中只有一个羟基，1mol 胆固醇分子进行磷化反应，其磷化产物中只含有 1mol 磷原子。由图 4-5 可确定木质素中各种羟基峰——醇羟基、愈创木型酚羟基、紫丁香型酚羟基、对羟苯基型酚羟基、缩合型酚羟基、羧基中的羟基、内标物羟基峰的归属[7]及相对峰面积，并可根据内标物的质量分数定量计算出各官能团的含量。

由磷谱定量计算结果可知，木质素三种酚型结构单元以愈创木基和对羟苯基型为主，因而木质素活性较高。由磷谱得到木质素中酚羟基含量为 2.82%，醇羟基含量为 1.24%，总羟基含量为 4.06%。由磷谱得到木质素酚羟基含量高于醇羟基这也与图 4-1 红外图谱、图 4-2 核磁碳谱、图 4-3 核磁氢谱结果相印证。

4.2　木质素羟甲基化及共缩聚反应特性 ⣿⣿⣿

4.2.1　木质素羟甲基化反应活性

4.2.1.1　木质素羟甲基化反应效率测定

　　木质素在碱性条件下可以与甲醛发生羟甲基化反应，此类反应既可以发生在苯环未被取代的活性位点上，也可以发生在具有特殊结构的侧链上。根据反应位点的不同，可将木质素羟甲基化反应分为苯环上羟甲基化的 Leder-Manasse 反应、侧链上羟甲基化的 Tollens 反应和 Prins 反应。

　　同时，甲醛在碱性条件下会发生 Cannizzaro 反应，如图 4-6 所示，甲醛在碱性条件下可分解为甲酸和甲醇，使得可反应的甲醛减少，羟甲基化反应受到阻碍。木质素与甲醛的羟甲基化反应过程，不能简单地由甲醛的消耗量来决定，因为甲醛自身在碱性条件下也发生分解，为了消除 Cannizzaro 反应甲醛分解对甲醛消耗量计算的影响，本章做了一个参比对照实验，不加木质素，只加入甲醛在一定 pH 值、一定温度下发生 Cannizzaro 反应，测甲醛消耗量。

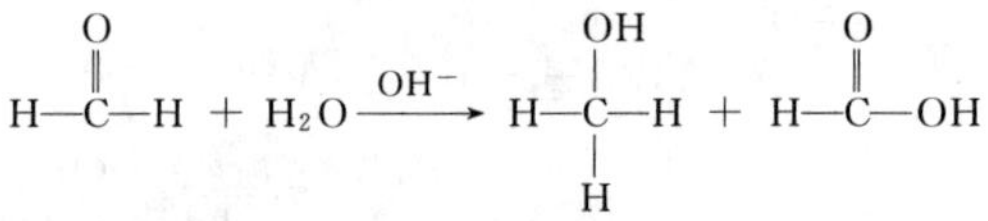

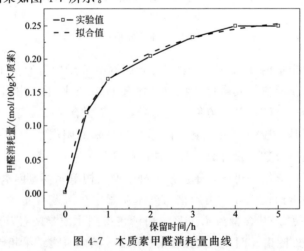

图 4-6　甲醛的 Cannizzaro 反应

　　通过测定一定时间后溶液中游离甲醛含量，可计算出在此时间内甲醛的消耗量。甲醛在碱性条件下的确发生了 Cannizzaro 反应，甲醛发生分解，通过扣除副反应产生的甲醛消耗量，可得到由木质素发生羟甲基化反应所消耗的甲醛量随时间变化的关系，结果如图 4-7 所示。

图 4-7　木质素甲醛消耗量曲线

通过在一定反应温度和 pH 下，测定羟甲基化过程中甲醛消耗量随时间变化的规律，并进行非线性拟合，得到时间和甲醛含量的函数关系。从而说明木质素确实与甲醛参与了羟甲基化反应并可以与酚醛进行缩聚，而不是简单共混。

4.2.1.2　木质素羟甲基化反应过程分析

图 4-8 是不同反应时间木质素羟甲基化产物的 FT-IR 吸光度图谱，其红外特征峰及归属如表 4-7 所示。根据朗伯比尔定律，光被吸收的量正比于光程中产生光吸收的分子数目。数学表达式为：$A = \lg(1/T) = Kbc$，其中 A 为吸光度；T 为透射比，即透射光强度与入射光强度之比；K 为常数；c 为吸光物质的浓度，单位 mol/L；b 为吸收层厚度，单位 cm。故可根据红外吸光度图谱中各特征峰的吸光度值进行半定量计算分析。由于 1600cm^{-1} 处为苯环碳碳骨架振动吸收峰，而在反应中苯环不发生反应，保持了质量守恒，因此各吸光度曲线均可以各曲线上 1600cm^{-1} 处峰强为内标，计算各吸光度曲线上其他特征峰的相对吸光度值，结果如表 4-7 所示。在图 4-8 中，3300cm^{-1} 处为羟基的伸缩振动吸收峰，包括醇羟基、酚羟基及羟甲基，在木质素羟甲基化反应过程中醇羟基、酚羟基均不参与反应，结合表 4-7 可知，3300cm^{-1} 处特征峰相对吸光度值逐渐增大，主要是由于随着羟甲基化反应的进行，羟甲基含量逐渐增大。2930cm^{-1} 处为亚甲基面内伸缩振动峰，结合表 4-7 可知，亚甲基峰强度也是逐渐增大的，这样印证了在羟甲基化反应过程中羟甲基含量逐渐增大。1210cm^{-1} 处为酚羟基振动吸收峰，在羟甲基化反应中酚羟基同样也不参与反应，结合表 4-7 可知，其相对吸光度值也基本不变。1030cm^{-1} 处为醇羟基、羟甲基的振动吸收峰，结合表 4-7 可知，1030cm^{-1} 峰强度逐渐增大，由于在木质素羟甲基化反应中醇羟基也不参与反应，因此特征峰强度的增大主要是由于羟甲基含量的增大，这与 3300cm^{-1} 和 2930cm^{-1} 两处峰强的增大相吻合。

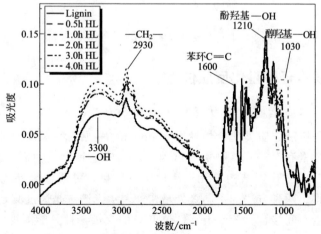

图 4-8　木质素羟甲基化产物的红外光谱图

表 4-7　羟甲基化木质素的红外光谱特征峰及归属

波数/cm^{-1}	相对吸光度值						归属	参考文献
	0h	0.5h	1h	2h	3h	4h		
3300	0.73	1.02	1.03	1.04	1.05	1.07	$\nu(\text{—OH})$	[8]
2930	0.88	1.16	1.17	1.17	1.18	1.21	$\nu_{ip}(\text{—CH}_2\text{—})$	[9]
1700	0.77	0.91	0.90	0.92	0.92	0.92	$\nu(\text{C}=\text{O})$	[8]
1600	1.00	1.00	1.00	1.00	1.00	1.00	$\nu(\text{C}=\text{C})$	[8]
1460	0.95	1.05	1.05	1.07	1.08	1.08	$\delta_{am}(\text{C—H})$	[10]
1210	1.44	1.48	1.47	1.49	1.53	1.51	$\nu(\text{—OH})$	[11]
1120	1.19	1.07	1.05	1.08	1.15	1.15	$\nu(\text{C—O})$	[12]
1030	0.71	0.93	0.94	0.96	1.01	1.00	$\nu(\text{—OH})$	[9]

注：ν 为伸缩振动；δ 为变形振动；ip 为面内；am 为非对称。

通过图 4-9 木质素羟甲基化产物的红外图谱三视图，可进一步清晰看出随着反应时间从 0h 延长至 4h，木质素羟基峰、亚甲基峰、羟甲基峰均逐渐增大。这说明木质素分子上的活性位点的确与甲醛发生了加成反应，木质素在一定温度、pH 值下可与甲醛发生加成共聚反应，不是简单共混。

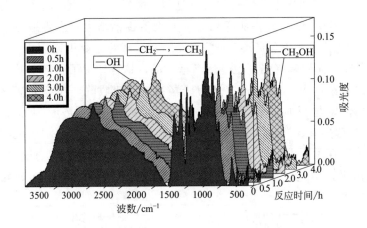

图 4-9　木质素羟甲基化产物的红外图谱三视图

4.2.2　木质素羟甲基化反应位点

4.2.2.1　木质素曼尼希反应

木质素可与甲醛、胺类化合物发生 Mannich（曼尼希）反应，如图 4-10 所示，愈创木基型木质素和对羟苯基型木质素因苯环结构上具有活性 C3 或 C5 位而可发生 Mannich 反应。木质素结构单元上活性位点数目，可通过紫外差示光谱法和曼尼希反应法测得。两种方法的不同之处是紫外差示光谱法是通过测定不同类型酚羟基结构单元含量，间接计算苯环上活性位点 C 的含量，且只能测得活性 C3 位点含量（Ⅰ型和Ⅱ型酚羟基结构），而曼尼希反应通过测定反应前后原料和产物的 N 元素含量，可以直接测得 C3 和 C5 两处活性位点含量。

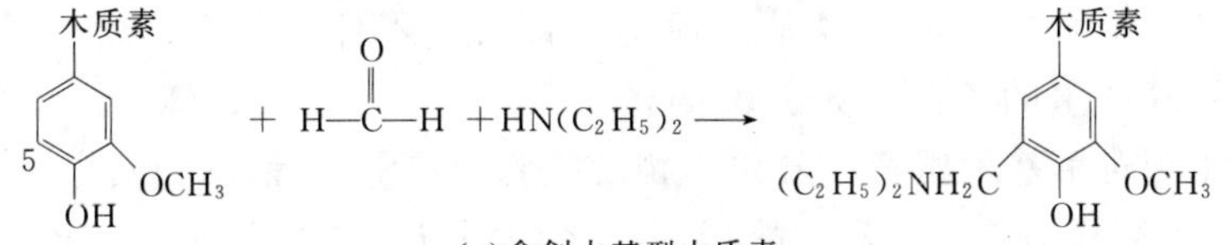

(a)愈创木基型木质素

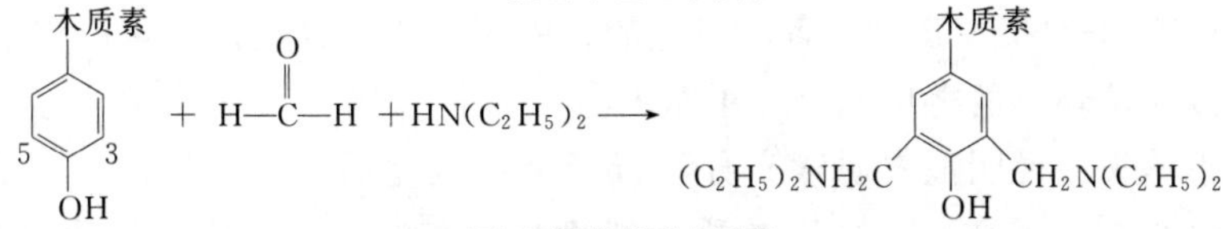

(b)对羟苯基型木质素

图 4-10　木质素的 Mannich 反应

木质素及其 Mannich 反应产物的元素分析如表 4-8 所示。根据 N 元素含量变化可定量计算出木质素苯环上活性位点碳的含量。

表 4-8　木质素及其 Mannich 反应产物的元素分析

样品	C 含量/%	H 含量/%	N 含量/%
木质素	66.05	5.64	1.32
木质素 Mannich 反应产物	64.44	6.67	3.31

假设参与 Mannich 反应的木质素为 100g，木质素分子共引入 A mol 的氨基侧链，则：

$$\frac{1.32+A\times14}{100+A\times(86-1)}\times100\%=3.31\%$$

式中，1.32 为未改性的木质素中 N 元素含量；14 为 N 的原子量；100 为未改性木质素质量；86 为 $(C_2H_5)_2NH_2C—$ 的原子量之和；1 为苯环上被取代的 H 的原子量；3.31% 为木质素 Mannich 反应产物的 N 元素含量。

计算得到 $A=0.178$mol，则木质素中可被羟甲基取代的 C3 和 C5 含量为 $\frac{A\times12}{100}\times100\%=2.14\%$。

式中，12 为 C 的原子量；100 为未改性的木质素质量。

4.2.2.2　定量氢谱技术测定木质素羟甲基化反应位点

为了研究木质素羟甲基化反应中甲醛与木质素发生加成反应的具体反应位点，对木质素充分羟甲基化产物（即木质素 4h 羟甲基化反应产物）进行 ^{1}H NMR定量分析。由于木质素羟甲基化产物同样也不溶于氘代氯仿、氘代 DMSO 等溶剂，因此对木质素进行核磁共振测试时也需要先将其乙酰化处理，增强其溶解性。羟甲基化木质素分子结构上有既有木质素原有的酚羟基、醇羟基，又有羟甲基化反应新增的羟甲基（醇羟基的一种），这些基团均可与乙酸酐反应，生成的乙酰基也有两种类型：酚羟基的乙酰基和醇羟基的乙酰基。醇羟基的乙酰基又可分为原有醇羟基产生的乙酰基、苯环上羟甲基产生的乙酰基、侧链上羟甲基产生的乙酰基三种类型，其中苯环上羟甲基产生的乙酰基和侧链上羟甲基产生的乙酰基是新增的。

图 4-11 为羟甲基木质素乙酰化产物的定量 ^{1}H NMR 谱图，同样采用 NBA 为定量内标物，同样采用 b 峰和 c 峰峰面积之和除以 4 得到每个氢质子对应的峰面积，定量计算出 ^{1}H NMR 谱中各峰对应的官能团的质量分数。化学位移 5.0 处（h 峰）为连接在苯环上的羟甲基上亚甲基的氢质子特征峰[5]，而化学位移 6.96 处氢质子峰几乎消失，说明该木质素充分进行了羟甲基化反应。化学位移 2.27（f 峰）和化学位移 2.02（g 峰）处分别为酚羟基乙酰基和醇羟基乙酰基上甲基的氢质子峰，此时 g 峰峰强大于 f 峰，说明木质素羟甲基化处理后羟基种类由以酚羟基为主变为以醇羟基为主。

4.2.3 木质素模型化合物的共缩聚反应

4.2.3.1 羟甲基化阶段

木质素模型化合物 2-甲氧基-4-丙基苯酚（LM）在分子结构上与苯酚相似，因而同样具备与甲醛反应的活性。如图 4-12 所示，2-甲氧基-4-丙基苯酚可在碱性条件下与甲醛发生羟甲基化反应，生成一羟甲基化物，进而有可能与羟甲基酚发生缩合共聚。为了研究木质素模型化合物与苯酚、甲醛的共聚反应机理，我们检测了反应过程中树脂各成分变化，结果如表 4-9 所示。随着反应时间的延长，游离甲醛、游离苯酚含量逐渐降低，0~1h 内反应速率最快，说明在第 1h 内，主要发生的是苯酚、木质素模型化合物与甲醛的羟甲基化反应。而 1h 后体系中游离单体浓度显著降低，羟甲基化反应速率减慢，3h 以后游离单体浓度基本无变化，说明羟甲基化反应基本结束。

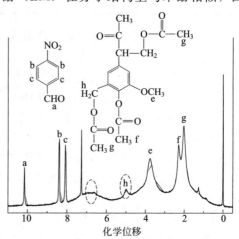

图 4-11 羟甲基化木质素
乙酰化产物的核磁共振氢谱

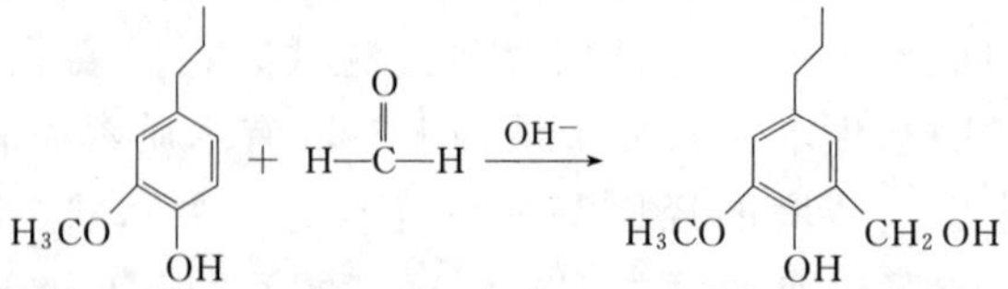

图 4-12 木质素模型化合物的羟甲基化反应

表 4-9　不同反应阶段木质素模型化合物-苯酚-甲醛共聚树脂的性能

反应时间/h	游离甲醛含量/%	游离苯酚含量/%	羟甲基含量/%	可被溴化物总量/%	树脂分子中可被溴化物含量/%
0	17.06	18.19	15.43	29.01	10.82
1	1.65	1.30	30.81	21.52	20.22
2	0.95	0.96	28.59	19.15	18.19
3	0.72	0.33	28.27	16.69	16.36
4	0.69	0.33	25.91	15.61	15.28

由图 4-13 可知，酚醛树脂中甲醛消耗速率最高，羟甲基化反应速率最高，游离甲醛最小极限值最低。木质素模型化合物-甲醛树脂的甲醛消耗速率最低，羟甲基化反应速率最低，游离甲醛极限值最高。木质素模型化合物-苯酚-甲醛共聚树脂反应速率居中。如图 4-12 所示，木质素模型化合物 2-甲氧基-4-丙基苯酚与苯酚结构相似，同样具有酚羟基。酚羟基通过电子转移效应能够活化两个邻位和一个对位的氢原子，使其更易受甲醛等亲电试剂的进攻，发生加成反应，但 2-甲氧基-4-丙基苯酚分子上酚羟基的两个邻位其中一个被甲氧基取代，对位已被丙基取代，因而能与甲醛发生加成反应的位点只剩下一个，其活性只有苯酚的 1/3。

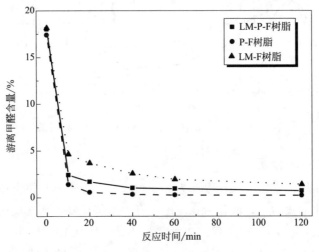

图 4-13　游离甲醛含量的变化

4.2.3.2　共缩聚阶段

(1) FT-IR 分析

木质素模型化合物-苯酚-甲醛共聚树脂（LM-P-F）不同反应阶段的 FT-IR 红外图谱如图 4-14 所示。LM-P-F 树脂反应 1h 后 $3300cm^{-1}$ 处、$2930cm^{-1}$ 处、$1480cm^{-1}$ 三处特征峰与反应之前相比均明显增大，且 1h 之后羟甲基化程度并没有随着反应时间的延长而继续增大，这说明在 0～1h 内苯酚和木质素模型化合物的羟甲基化反应基本完成，而后体系中羟甲基含量波动不大。$690cm^{-1}$ 处为游离苯酚特征峰、760cm⁻¹处为邻位一取代苯酚特征峰、820cm⁻¹处为对位一取代特征峰，由图可知，甲醛与苯酚发生羟甲基化反应的活性很强，即使在低温条件下，在 pH 值为碱性时一样可以发生初步羟甲基化反应，生成邻位或对位一羟甲基化苯酚。在80℃条件下反应 1h 后，游离苯酚和邻、对位一取代苯酚的特征峰均明显减小或消失，而 880cm⁻¹处邻对位二取代和邻对位三取代苯酚特征峰显著增大，而在 1h 之后 880cm⁻¹处特征峰变化不大，这也说明在 0～1h 内游离酚的消耗、羟甲基酚的合成基本完成。

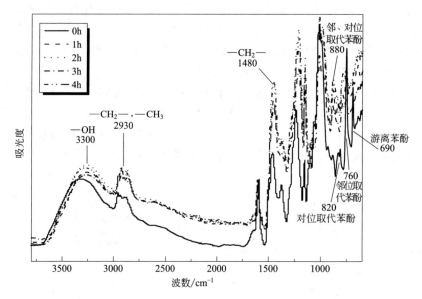

图 4-14　不同反应阶段 LM-P-F 树脂的红外图谱

（2）Py-GC-MS 分析

普通气质联用色谱仪，汽化温度为 250～280℃，LM-P-F 树脂在反应前期以预聚体、残余单体形式为主，汽化后在质谱上有少量特征峰，而在反应后期树脂以网状交联结构为主，在 250～280℃无法汽化，质谱图上无特征峰出现。故本章采用裂解-气质联用色谱仪，参考 Endry Nugroho Prasetyo[13] 的方法，先将不同反应阶段的 LM-P-F 共聚树脂在 500℃下裂解，所产生的气体经过气相色谱分离和质谱检测，得到如图 4-15 所示不同反应时间的 LM-P-F 树脂 Py-GC-MS 图谱。由图可知，加热反应 1h 后树脂体系仍以苯酚和木质素模型化合物的羟甲基化产物、简单预聚体形式为主，在 500℃下裂解产物与未加热反应时树脂体系裂解产物相类似。由图可知，加热反应 2h 后树脂体系出现明显变化，预聚体的羟甲基之间及预聚体内部活性位点之间出现交联和缩聚，形成以网状交联结构为主的分子结构。2h 之后的 LM-P-F 共聚树脂在 500℃下的裂解产物相类似。这也证明了 LM-P-F 树脂合成过程分两个步骤进行，反应前期主要是羟甲基化过程，生产羟甲基化产物和简单预聚体；反应后期主要是缩聚反应过程，生成高聚物。

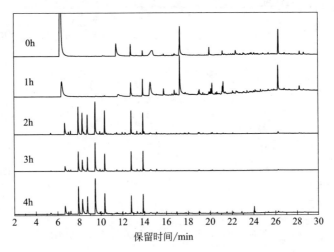

图 4-15   不同反应时间的 LM-P-F 树脂 Py-GC-MS 图谱

(3) 2D NMR 分析

异核单量子关联法（heteronuclear single quantum coherence，HSQC），是核磁共振 C—H COSY 谱图中的一种。HSQC 给出的信息是直接相连的碳氢关系，确定一键 C—H 连接问题。也就是说，在核磁共振二维谱上的点是相应的 C 直接连着的那个 H。HSQC 图谱的作用与 C—H COSY 相当，由于是反向实验，灵敏度高，在芳香区的点在 HSQC 上可以轻易分开，因此 HSQC 2D NMR 适用于酚醛树脂、木质素等芳香族化合物的结构研究[14~16]。

2D NMR 图谱的优点是不仅能分别检测到化合物在碳谱和氢谱上的化学位移，而且能通过碳谱、氢谱的叠加关联，准确定位出 C—H 连接的位置。因此针对 2D NMR 图谱上的特征信号，可先分别确定其碳谱和氢谱上化学位移的归属，然后通过关联叠加确定 2D NMR 图谱上的 $^{13}C—^{1}H$ 相关信号的归属。

图 4-16 为未加热反应时的 LM-P-F 树脂的 2D NMR 图谱，由图可知，在化学位移 $\delta C/\delta H=60\sim70/4.2\sim4.6$ 处出现了邻位羟甲基酚的羟甲基上 C—H 键信号，说明苯酚发生羟甲基化反应的活性较强，即使在常温或低温下也会与甲醛发生加成反应。

图 4-17 为加热反应 1h 的 LM-P-F 树脂的 2D NMR 图谱，图中在 $\delta C/\delta H=40/3.7$ 处出现了对羟甲基酚二聚体的亚甲基上的 C—H 键信号，在化学位移 $\delta C/\delta H=35/3.6\sim3.8$ 处出现了邻对位羟甲基酚二聚体的亚甲基上的 C—H 键信号，说明在 0~1h 内发生了羟甲基酚与苯酚上活性位点之间或两个羟甲基酚之间的缩合反应，生成了简单的二聚体分子。

在化学位移 $\delta C/\delta H=115\sim120/6.6\sim6.8$ 处为苯环上未被取代邻位上的 C—H

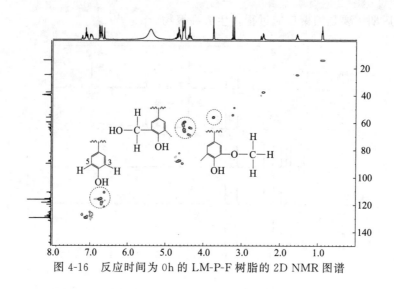

图 4-16 反应时间为 0h 的 LM-P-F 树脂的 2D NMR 图谱

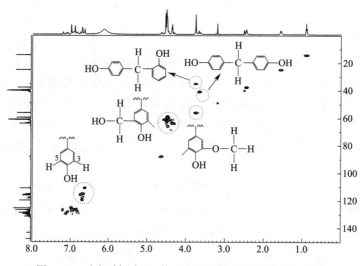

图 4-17 反应时间为 1h 的 LM-P-F 树脂的 2D NMR 图谱

键信号，此处信号减弱说明发生了羟甲基酚与苯酚上活性位点之间的缩合反应。在化学位移 $\delta C/\delta H=60\sim70/4.2\sim4.6$ 处邻位羟甲基化酚上羟甲基的 C—H 键信号增强，说明在反应温度为 80℃ 的碱性条件下 $0\sim1h$ 内羟甲基化反应速率提高。

在化学位移 $\delta C/\delta H=58/3.6\sim3.8$ 处为木质素模型化合物甲氧基上的 C—H 键信号，反应 1h 后信号强度略有增强，说明木质素模型化合物在加热条件下与甲醛的羟甲基化反应速率也提高。生成的羟甲基化木质素模型化合物可与苯酚上的活性位点或羟甲基之间发生缩合反应。

图 4-18 为加热反应 2h 的 LM-P-F 树脂的 2D NMR 图谱，图中化学位移 $\delta C/\delta H=40/3.7$ 处为对羟甲基酚二聚体的亚甲基上的 C—H 键信号，化学位移

$\delta C/\delta H=35/3.6\sim3.8$处为邻对位羟甲基酚二聚体的亚甲基上的 C—H 键信号,均逐渐增强,说明随着反应时间的延长羟甲基酚之间的缩合反应逐渐增强,生成了更多的二聚体分子。

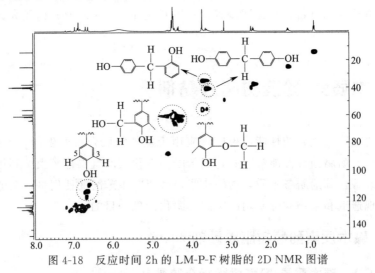

图 4-18　反应时间 2h 的 LM-P-F 树脂的 2D NMR 图谱

同时在化学位移 $\delta C/\delta H=115\sim120/6.6\sim6.8$ 处苯环上未被取代邻位上的 C—H 键信号逐渐减弱,化学位移 $\delta C/\delta H=60\sim70/4.2\sim4.6$ 处邻位羟甲基化酚上羟甲基的 C—H 键信号进一步增强,说明羟甲基化反应进一步增强。化学位移 $\delta C/\delta H=58/3.6\sim3.8$ 处木质素模型化合物甲氧基上的 C—H 键信号强度略有增强,说明木质素模型化合物更多地参与到了 LM-P-F 树脂共聚反应中。

图 4-19 为加热反应 4h 的 LM-P-F 树脂的 2D NMR 图谱,图中各 C—H 键信号出现位置与图 4-18 相同,且强度变化规律也相同。

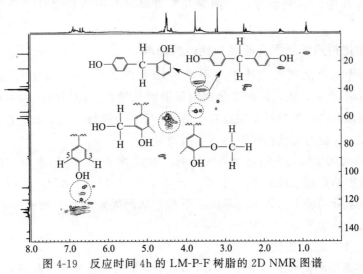

图 4-19　反应时间 4h 的 LM-P-F 树脂的 2D NMR 图谱

由 LM-P-F 树脂的 2D NMR 图谱可知，苯酚与甲醛发生羟甲基化反应的活性较强，在反应初期主要为苯酚的羟甲基化反应，随着反应的进行，羟甲基酚与苯酚或羟甲基酚之间形成二聚体等形式，且含量逐渐增多。木质素模型化合物活性较低，它随着反应的进行，它也逐步进行羟甲基化并参与 LM-P-F 树脂大分子的共缩聚反应。

4.3　木质素-酚醛树脂胶黏剂 ▦▦▦

酚醛树脂以其优异的性能而被广泛应用于室外级胶合板的生产，胶接强度高、耐水、耐热、耐腐蚀等性能都很好，但苯酚为石化产品且毒性较大，利用可再生无毒的木质素替代苯酚制备木质素酚醛树脂，既能减少苯酚的使用量，又能达到废物利用，实现造纸和生物质炼制副产物的资源化治理的目的。

4.3.1　碱木质素酚醛树脂胶黏剂

4.3.1.1　碱木质素-酚醛树脂复合胶黏剂

与木质素磺酸盐相比，碱木质素中有效成分的含量要低得多，碱木质素的活化改性尤为重要。利用碱木质素碱性可溶的特性，结合羟甲基化反应在碱性条件下进行的特点，探讨低甲醛用量羟甲基化反应提高碱木质素的反应活性，讨论催化剂用量、反应温度、反应时间和甲醛用量对羟甲基化反应程度的影响，并利用 FT-IR、NMR 对结构进行分析。将羟甲基化后的碱木质素与 PF 通过共混手段制成碱木质素-酚醛树脂复合胶黏剂，测定复合胶黏剂的游离甲醛、游离苯酚等性能。压制胶合板，测定其胶合强度和甲醛释放量，并选择最佳的压板工艺。

（1）催化剂用量对复合胶黏剂性能的影响

控制羟甲基化反应中木质素与甲醛的比例为 3∶1（质量比），反应温度为80℃，反应时间为 3.5h，讨论催化剂用量（以总量计）的影响。采用烧碱溶液作为反应体系催化剂，控制碱量使反应在不同 pH 值下进行，为了便于直观理解，图4-20 中采用 pH 值的变化替代不同催化剂用量。

① 催化剂用量对羟甲基化效果的影响　在碱性条件下木质素与甲醛反应生成碱木质素羟甲基化物（HKLF），包括木质素芳环上羟甲基化和芳环侧链上羟甲基化，在木质素分子链上引入活性基团羟甲基，从而提高木质素的反应活性[17]。催化剂用量的影响如图 4-20～图 4-22 所示。

图 4-20 中，随着催化剂用量的增加，体系中的游离甲醛逐渐减少。当 pH＞11.5 时，体系中游离甲醛含量小于 0.4％，催化剂用量较少时，羟甲基化反应速率

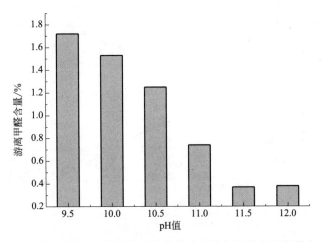

图 4-20　不同碱用量对羟甲基化体系中游离甲醛含量的影响

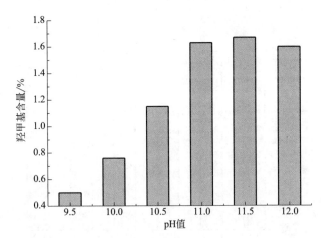

图 4-21　不同碱用量对羟甲基化体系中羟甲基含量的影响

较慢，有限的时间内参与反应的甲醛量较少，而导致游离甲醛含量较高。图 4-21 中，催化剂用量过多即反应 pH 值＞11.5 时，羟甲基含量呈现减小的趋势，这是由于催化剂量过多，致使生成的—CH_2OH 发生缩合。图 4-22 中，随着 pH 值的增加，反应体系的黏度逐渐减小，这与第 3 章中羟甲基化木质素磺酸盐体系恰好相反，这主要是由于碱性越强，碱木质素溶解性越好，而木质素磺酸盐在水中的溶解性却正好相反[18]。

　　② 催化剂用量对复合胶性能的影响　将不同反应 pH 值羟甲基化反应后的 HKLF 与酚醛树脂（PF）按 1∶3（质量比）共混压板，胶合强度如图 4-23 所示。其中酚醛树脂（PF）的 pH 值为 11.5，甲醛/苯酚（F/P）摩尔比为 2.2。

　　由图 4-23 可知，在羟甲基化反应中随着催化剂用量的增多，反应 pH 值的增加，将活化后的木质素与酚醛树脂按 1∶3（质量比）共混压板后，胶合强度出现

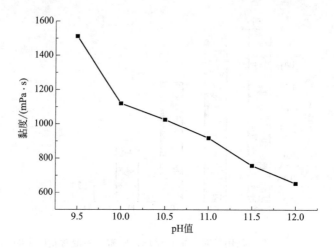

图 4-22 不同碱用量对羟甲基化体系黏度的影响

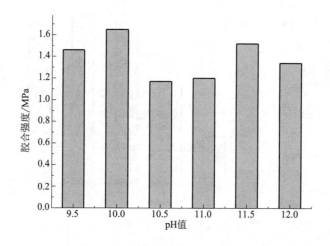

图 4-23 不同碱量对复合胶胶合强度的影响

两个峰值，峰值出现在当反应 pH 值为 10.0 和 11.5 时。当 pH 值为 10.0 时，羟甲基反应体系的游离甲醛含量较高，为 1.53％。当 pH 值为 11.5 时，羟甲基反应体系的游离甲醛含量较低，此时高的胶合强度主要由此条件下体系中较多的羟甲基所致。为保证体系的低游离甲醛含量，羟甲基反应时的反应 pH 值应控制在 11.5 左右。

（2）碱木质素用量对复合胶黏剂性能的影响

控制反应 pH 值为 11.5，反应温度为 85℃，反应时间为 3.5h，讨论木质素用量的影响。

①木质素用量对羟甲基化效果的影响 改变羟甲基化反应中木质素的加

入量，其羟甲基化反应后 HKLF 的游离甲醛和羟甲基含量的变化见图 4-24、图 4-25。

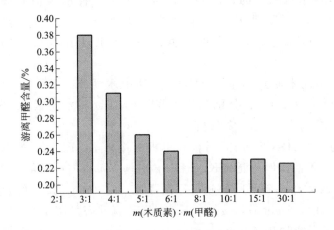

图 4-24　木质素加入量对游离甲醛含量的影响

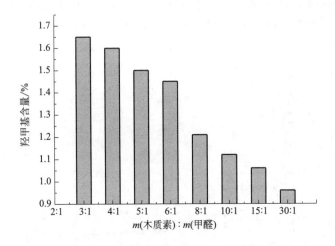

图 4-25　木质素加入量对羟甲基含量的影响

图 4-24 中，随着木质素用量的增加，与甲醛反应的木质素增多，体系中的游离甲醛逐渐减少，当 m（木质素）：m（甲醛）＞5：1 时，碱木质素过量，体系中游离甲醛基本不变。图 4-25 中，随着木质素用量的增加，单位体积中参与反应的甲醛减少，羟甲基含量呈现缓慢减少的趋势。

表面湿润性是木质材料的一种重要界面特征，对人造板而言，它可以表征当胶滴接触到木质材料时，在其表面润湿、铺展、渗透和黏附的效果。通常，材料的润湿性以液滴在材料表面上润湿接触角的大小来表示，但由于木材是一种多孔型材料，当胶滴接触木材时，在浸润的过程中通常伴随着渗透、扩散，其接触角是变化的，胶滴在木质材料表面的接触角随时间的增长而衰减。

木材的粗糙度、表面纹理的均匀程度、老化程度、复杂的化学成分等都可以影响液体在木材表面的接触角。因此，要求试件的表面状态和测试处理环境尽量一样。不同胶黏剂由于本身的化学成分、分子量、黏度等因素不同，其渗透和扩展的速率是不同的，也在一定程度上影响表面的湿润性和附着性。

选取三种不同木质素用量的 HKLF，其中木质素（KL）：甲醛（F）分别为 1：1、6：1、30：1。分别测定 HKLF、PF、碱木质素-酚醛树脂复合胶黏剂（KLF）对杨木单板的接触角。

图 4-26 为三种 HKLF 和 PF 对杨木单板的接触角，图 4-27 为 KL：F＝1：1 的 HKLF 与 PF 不同比例共混的 KLF 和 PF 对杨木单板的接触角。HKLF、PF 及 KLF 对单板的接触角都随时间的延长逐渐降低，前 2min，接触角衰减幅度较大，随后变化趋势减缓，6min 后，接触角基本达到平衡状态。图 4-26 中，HKLF 对单板的接触角达到平衡时都接近 50°，说明 HKLF 对杨木单板有很好的润湿性，并且随着 HKLF 中甲醛含量的增多，接触角逐渐减小，这主要是 HKLF 中羟甲基和游离甲醛增多的缘故。而且其湿润性要略好于 PF，虽然 PF 树脂的分子中含有较多羟基和羟甲基等极性基团，但 HKLF 中含有较多小分子和大量的糖醛基，与木材具有更好的亲和性。

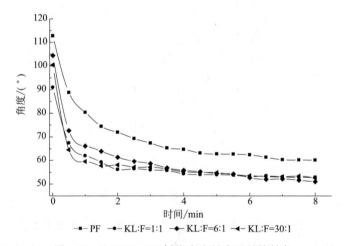

图 4-26　HKLF、PF 树脂在木材表面的接触角

图 4-27 中，HKLF 与 PF 按不同比例复配后，共混胶对单板的接触角大于 PF，这主要归结于黏度的变化，复配后共混胶的黏度远大于 PF，而黏度对接触角有较大的影响。同样复配比例的共混胶中，HKLF 中甲醛含量越多，接触角越小，这与图 4-26 中 HKLF 比 PF 有更好的润湿性和甲醛量与接触角呈反比关系是一致的。总言之，虽然复配后的胶黏剂与 PF 有较大区别，但其接触角 $\theta < 90°$，据

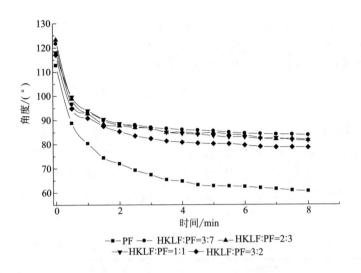

图 4-27　PF、KLF 在木材表面的接触角

Young-Dupre 公式[19]，即 $W_a = -\gamma_v - l(1 + \cos\theta)$ 可得，黏附功 $W_a < 0$，说明共混胶能湿润杨木单板。

② 木质素用量对共混胶性能的影响　将所制羟甲基化木质素与酚醛树脂按不同比例共混后压板测试其胶合强度，结果见图 4-28。

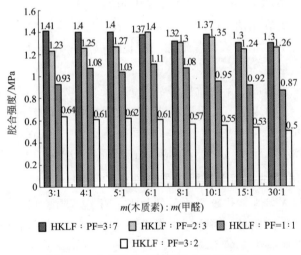

图 4-28　木质素加入量对胶合强度的影响

图 4-28 中，随着木质素共混比例（HKLF/PF）的增加，胶合强度呈降低的趋势。当 HKLF/PF 共混比为 2∶3、1∶1 时，即用 HKLF 取代 40%～50%PF 时，其胶合强度基本都大于 0.9MPa，而且当木质素与甲醛的比例高达 30∶1 时，其胶合强度仍能达到国家Ⅰ类板的标准；取代 60% 的 PF，胶合强度都不合格。为保证胶合强度最好且能最大限度的代替 PF，羟甲基化反应时木质素与甲醛的比例需小

于 10∶1，但木质素含量越低，游离甲醛含量越高，故羟甲基化反应体系木质素与甲醛的比例以 4∶1～10∶1 为宜。

选取活化性能最好的 HKLF（KL∶F＝6∶1）与 PF 按不同比例共混后制得 KLF。测定其游离甲醛、游离苯酚和压制的杨木胶合板的甲醛释放量。

表 4-10 中，随着 KLF 中 HKLF 的减少，游离甲醛、游离苯酚、甲醛释放量都呈减小的趋势。表中游离甲醛含量均小于 0.3%，由于在碱木质素的活化改性中并没有引入苯酚，故 KLF 的游离苯酚含量均较低。各种配比后的 KLF 虽然其甲醛释放量均比 PF 要高，但均小于 0.5mg/L，达到 E_0 级标准，所制备的 KLF 为环保型胶黏剂。

表 4-10　KLF 的游离甲醛含量、游离苯酚含量及甲醛释放量

m（HKLF）∶m（PF）	游离甲醛含量/%	游离苯酚含量/%	甲醛释放量/（mg/L）
0	0.08	0.08	0.06
3∶7	0.24	0.10	0.12
2∶3	0.26	0.11	0.14
1∶1	0.29	0.10	0.18

4.3.1.2　碱木质素-苯酚-甲醛共聚树脂胶黏剂

苯酚∶甲醛∶氢氧化钠∶尿素＝1.00∶2.20∶0.50∶0.21（摩尔比）。甲醛分三批加入。NaOH 分二批加入，各批加入的比例（质量比）为 1.00∶3.50。碱木质素以替代苯酚质量为 30%～60% 加入。

合成工艺：①将苯酚、第一批甲醛溶液、木质素、水加入反应器，升温至一定温度反应 80min；②加入第二批甲醛溶液，一定温度下反应 60min；③加入第三批甲醛溶液和第一批 50%NaOH 溶液，一定温度下反应 60min；④加入尿素和第二批 50%NaOH 溶液，降温至 65℃，反应 30min，冷却出料。

（1）催化剂用量对共缩聚树脂胶黏剂性能的影响

控制木质素加入量为替代苯酚质量的 30%，甲醛/苯酚（F/P）摩尔比为 2.2，改变催化剂（碱量）的用量，讨论催化剂用量（以总量计）对游离甲醛含量、游离苯酚含量、黏度及胶合强度的影响。

图 4-29～图 4-31 中，随着催化剂用量的增加，苯酚与甲醛、木质素与甲醛、羟甲基酚与羟甲基木质素之间的反应程度加强，碱木质素-苯酚-甲醛共聚树脂（KPLF）黏度逐渐上升，游离甲醛含量和游离苯酚含量逐渐降低。催化剂用量超过 8% 时，游离甲醛含量＜0.3%，游离苯酚含量＜0.15%。催化剂用量超过 10% 时，黏度已增加到影响涂胶的程度。图 4-32 中，随着催化剂用量的增加，胶合强度呈现先增加和减小的趋势，催化剂用量为 8% 时，胶合强

度最好。

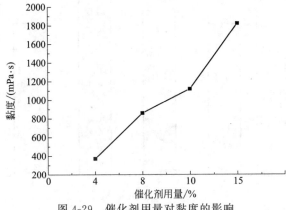

图 4-29 催化剂用量对黏度的影响

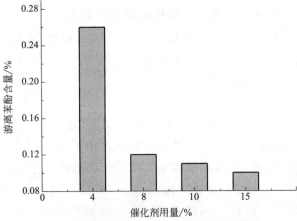

图 4-30 催化剂用量对游离苯酚含量的影响

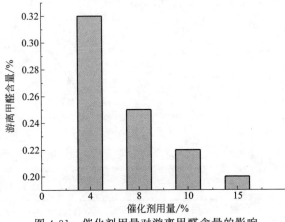

图 4-31 催化剂用量对游离甲醛含量的影响

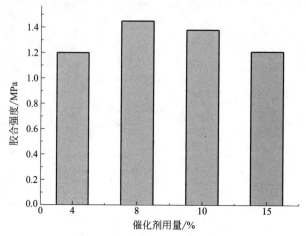

图 4-32 催化剂用量对三层杨木胶合板胶合强度的影响

(2) 碱木质素用量对共缩聚树脂胶黏剂性能的影响

选定反应温度为 85℃，固体含量在(47±1)％，甲醛/苯酚（F/P）摩尔比为 2.2，催化剂用量固定为 8％，改变木质素的加入量，讨论木质素用量的影响，并压制杨木三层胶合板，测试胶合强度。

图 4-33、图 4-34 中，随着木质素量的增加，游离苯酚含量逐渐增加，游离甲醛含量减小，这可能是因为随着木质素用量增多，木质素与苯酚发生竞争性反应，而导致游离苯酚含量增加。图 4-35 中，木质素的引入能在一定程度上提高 KLPF 的固化速度。图 4-36 中，随着木质素量的增加，压制的胶合板的胶合强度逐渐降低。木质素用量越多，与之反应的甲醛也增多，在反应初期生成的羟甲基酚减少，影响 PF 的缩合程度，使胶合强度降低。木质素替代苯酚量为 30％时，制备的 KLPF 的性能能与 PF 媲美，木质素替代苯酚量为 60％时，胶合强度不合格。为保证胶合强度达到国家标准，木质素替代苯酚量应为 30％～50％。

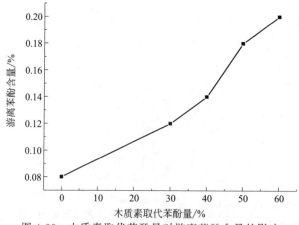

图 4-33 木质素取代苯酚量对游离苯酚含量的影响

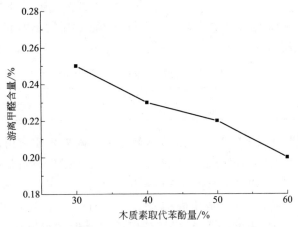

图 4-34　木质素取代苯酚量对游离甲醛含量的影响

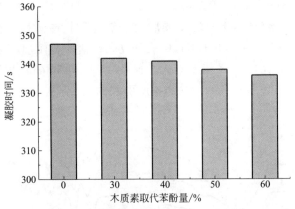

图 4-35　木质素用量对凝胶时间的影响

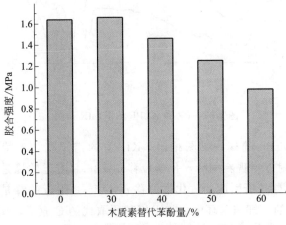

图 4-36　木质素用量对胶合强度的影响

选定四种树脂——PF、KLPF-30（木质素替代 30％苯酚）、KLPF-40（木质素替代 40％苯酚）、KLPF-50（木质素替代 50％苯酚），压制杨木胶合板，测定甲醛释放量，结果见表 4-11。

表 4-11   木质素替代苯酚量与甲醛释放量的关系

木质素替代苯酚量/％	0	30	40	50
甲醛释放量/(mg/L)	0.06	0.23	0.25	0.28

由表 4-11 可见，以 KLPF 压制的杨木胶合板，随着木质素用量增多，虽然由图 4-34 得知 KLPF 的游离甲醛含量逐渐减少，但其甲醛释放量却逐渐增大，这可能是随着木质素用量的增多，产生更多的羟甲基木质素，羟甲基木质素、羟甲基酚之间形成了更多容易分解而释放甲醛的—CH_2OCH_2—，而导致甲醛释放量增加。虽然 KLPF 压制的胶合板的甲醛释放量较 PF 要高，但均小于 0.3mg/L，达到 E_0 级标准。

取制备的五种树脂——PF（a）、KLPF-30（b）、KLPF-40（c）、KLPF-50（d）、KLPF-60（e）经真空下冷冻干燥后用于红外和核磁碳谱分析。PF 和 KLPF 的红外光谱如图 4-37 所示，由于 KL 中成分复杂，谱峰宽而杂，与 PF 的红外光谱相比，KLPF 的红外光谱与之相差不大，仅在 1000～1500cm^{-1} 处有细微的差别，这主要是 KL 中紫丁香基和愈创木基结构所引起的。

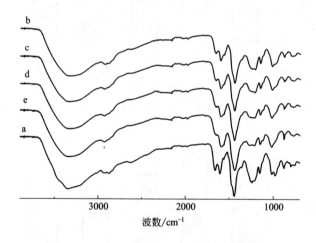

图 4-37   PF 和 KLPF 的 FT-IR 谱图

图 4-38 中，与 PF 的核磁谱图相比，KLPF 的谱图有如下特点：在化学位移 $\delta=36.2$ 和 155.3 附近出现新的峰，化学位移 $\delta=36.2$ 附近的峰是木质素苯丙烷侧链结构上的烷基碳原子所引起的；化学位移 $\delta=155.3$ 附近的峰是木质素中紫丁香基 C3、C5 所引起的，即与苯环中氢被甲氧基所取代的 C 原子，说明木质素参与苯酚和甲醛的缩合。

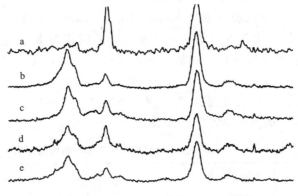

图 4-38　PF 和 KLPF 的 ^{13}C NMR 谱图

4.3.1.3　碱木质素酚醛树脂胶黏剂的生产实验

采用 2t 反应釜制备 KLPF 胶。

选定反应温度为 80℃，固体含量为（47±1）%，木质素取代苯酚量为 38%。制备的 KLPF 技术指标如下：固体含量为 48.9%；黏度（25℃）189mPa·s；游离甲醛含量为 0.26%；游离酚含量为 0.16%；pH 值为 11.5；储存期＞20d。

杨木单板含水率为 6%～10%；涂胶量为杨木 280～300g/m² （双面）；七层杨木胶合板的单板厚度为 1.5mm；预压 30min；热压温度为 120～130℃；热压压力为 1.0MPa；热压时间为 10～11min。制备的杨木胶合板检测结果见表 4-12。

表 4-12　生产制胶压板结果

序号	胶合强度/MPa	合格率/%	甲醛释放量/(mg/L)	备注
1	1.12	100	0.28	100℃水煮 3h
	1.03	100		100℃水煮 4h,63℃烘 20h, 100℃水煮 4h
2	1.16	100	0.13	100℃水煮 3h
	1.06	100		28h 循环测定

由表 4-12 可见，压制的杨木胶合板的甲醛释放量＜0.3mg/L，符合 E_0 级要求；经快速测定法和 28h 测定后的胶合强度相差不大，都达到国家Ⅰ类板的要求。

4.3.2　木质素磺酸盐酚醛树脂胶黏剂

4.3.2.1　催化剂用量对复合胶黏剂性能的影响

选定 NaOH 水溶液作为催化剂，控制羟甲基化反应中木质素与甲醛的比例为 3:1（质量比），反应温度为 80℃，反应时间为 3.5h，讨论催化剂用量（以总量计）的影响。

(1) 对羟甲基化反应体系黏度的影响

木质素磺酸盐由于分子链中含有磺酸基，故其具有较强的亲水性，溶于水后呈较强的酸性，随着 pH 值的增加，其水溶解性逐渐下降。羟甲基化反应需在碱性条件下才能进行，改变催化剂 NaOH 水溶液的用量，体系黏度的变化见表 4-13。

由表 4-13 可知，随着催化剂用量的增加，黏度逐渐上升，当碱加入量小于 0.15%，体系黏度增加缓慢；当碱加入量大于 0.20% 时，反应程度增加，体系黏度急剧上升。碱加入量大于 0.25%，黏度太大，需加水降低其黏度，但无法保证体系的固体含量大于 45%。因此，为了保证羟甲基化反应后的木质素体系的固体含量能与 PF 持平，碱加入量需小于 0.25%。

表 4-13　不同碱用量对羟甲基化反应体系黏度的影响

编号	碱用量/%	pH 值	黏度/(mPa·s)
1	0.05	8.00	200
2	0.10	8.65	278
3	0.15	9.20	402
4	0.20	9.80	2005
5	0.25	10.50	6048
6	0.30	11.05	11250

(2) 对羟甲基化反应效果的影响

在碱性条件下木质素与甲醛反应生成 HLF，包括木质素芳环上羟甲基化和芳环侧链上羟甲基化，从而提高木质素的反应活性[20]。改变木质素羟甲基化反应催化剂用量，讨论催化剂用量对木质素磺酸盐羟甲基化反应的影响。

图 4-39 中，当碱用量小于 0.25% 时，随着碱用量的增加，羟甲基含量逐渐提高；碱量大于 0.25% 时，黏度太大，需加水降低其黏度，制备的 HLF 的固体含量过低，其羟甲基含量较低。图 4-40 中随着碱用量的增加，有限的时间内木质素与甲醛得到充分反应，游离甲醛含量逐渐降低。

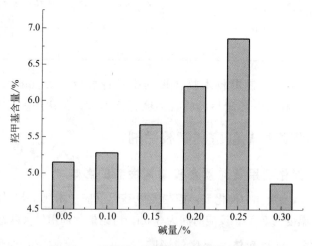

图 4-39　不同碱用量对羟甲基含量的影响

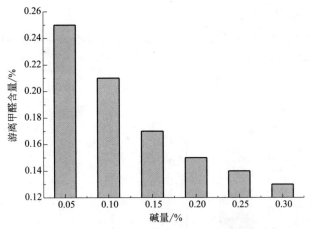

图 4-40　不同碱用量对游离甲醛含量的影响

（3）不同碱量对共混胶性能的影响

将不同碱量羟甲基化反应后的 HLF 与 PF 按 1∶3（质量比）共混压板后，其胶合强度如图 4-41 所示。

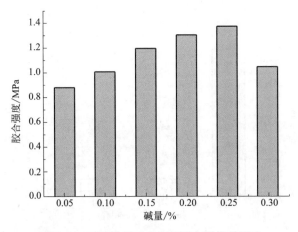

图 4-41　不同碱量对共混胶胶合强度的影响

将活化后的木质素与 PF 按 1∶3（质量比）共混压板后，当碱量小于 0.25％时，随着羟甲基化反应体系中碱量的增加，胶合强度逐渐增大，碱量大于 0.15％时，胶合强度增加的趋势变缓；碱量为 0.3％时，由于体系的黏度太大，需加水降低其黏度以便于实验操作，致其固体含量小于 40％，胶合强度较差。故羟甲基反应时的催化剂用量应控制在 0.20％～0.25％。

4.3.2.2　木质素磺酸盐用量对复合胶黏剂性能的影响

选定催化剂用量为 0.25％，反应时间为 3.5h，反应温度为 80℃，讨论木质素用量的影响。

（1）对羟甲基化效果的影响

改变羟甲基化反应木质素的加入量，其羟甲基化反应后 HLF 的性能指标见图 4-42、图 4-43。

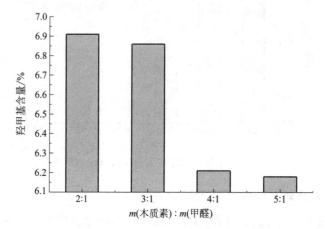

图 4-42　木质素加入量对羟甲基含量的影响

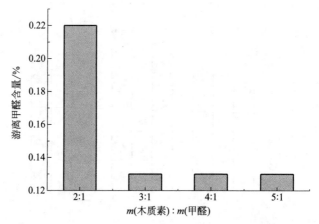

图 4-43　木质素加入量对游离甲醛含量的影响

图 4-42、图 4-43 中，随着木质素加入量的增加，即体系中甲醛比例的减少，羟甲基和游离甲醛含量逐渐降低。木质素用量越多，单位体积内参与反应的甲醛减少，故体系的羟甲基含量逐渐降低，但对整个反应体系来说，与甲醛反应的木质素增多，甲醛得到充分反应，使体系的游离甲醛减少。

（2）木质素用量对共混胶性能的影响

不同木质素用量制备的 HLF 与 PF 按不同比例共混后压板，胶合强度见图 4-44。

图 4-44 中，随着木质素共混比例的增加，胶合强度逐渐降低。羟甲基化反应中

木质素与甲醛的比例为2:1和3:1时用HLPF压制的胶合板的胶合强度与木质素与甲醛的比例为4:1和5:1时用HLPF压制的胶合板的胶合强的相差较大。木质素与甲醛的比例为2:1和3:1时，两者的胶合强度相近，取代40%的PF时，其胶合强度仍大于1MPa，但木质素与甲醛的比例为4:1和5:1时，胶合强度仍大于1MPa时则只能代替30%的PF。为保证胶合强度且能最大程度地代替PF，羟甲基化反应时木质素与甲醛的比例需小于3:1，但木质素含量越小，游离甲醛含量越高。

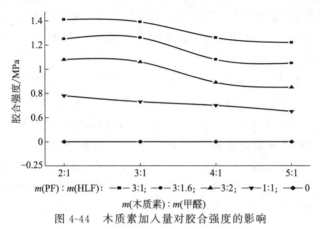

m(PF)：m(HLF)：—■—3:1；—●—3:1.6；—▲—3:2；—▼—1:1；—◆—0

m(木质素)：m(甲醛)

图4-44　木质素加入量对胶合强度的影响

4.3.3　生物炼制木质素-苯酚-甲醛树脂胶黏剂

4.3.3.1　理化指标性能

表4-14列出了纯酚醛树脂和木质素酚醛树脂的pH值、黏度、固含量、游离甲醛含量、游离苯酚含量及其胶合板的胶合强度和甲醛释放量等性能数据。

表4-14　不同种生物炼制木质素酚醛树脂的性能

树脂	质量比		树脂性能				胶合板性能	
	苯酚：木质素	pH值	黏度/mPa·s	固含量/%	游离甲醛含量/%	游离苯酚含量/%	胶合强度/MPa	甲醛释放量/(mg/L)
PF	100:0	12.1	100	48.90	0.10	0.65	1.65	0.13
30% ELPF	70:30	11.0	175	47.30	0.23	0.15	1.06	0.11
30% ELPF*	70:30	11.2	100	48.71	0.31	0.13	1.32	0.10
50% ELPF	50:50	11.5	235	50.02	0.32	0.24	0.98	0.23
50% ELPF*	50:50	11.6	160	49.52	0.47	0.26	1.31	0.11
50% BLPF	50:50	10.9	300	48.05	0.54	0.49	0.88	0.23
50% XLPF	50:50	11.1	1080	47.95	0.76	0.49	0.84	0.32
50% LLPF	50:50	11.8	>20000	46.60	1.10	0.74	1.52	0.14
EHL-PF	80:20	9	1885	71.1	0.49	5.40	1.80	—
GB/T 14732	/	≥7	≥60	≥35	≤0.3	≤6	0.7	0.50

注：PF为酚醛树脂；EL为生物乙醇木质素；BL为生物丁醇木质素；XL为生物木糖醇木质素；LL为生物乳酸木质素；EHL为酶水解木质素；30% ELPF为生物乙醇木质素对苯酚质量替代率为30%的生物乙醇木质素酚醛树脂（ELPF）；*号树脂性能数据来自100 L反应釜实验。

EHL-PF 是酶水解木质素 20％替代苯酚制备得到的酶水解木质素酚醛树脂，性能来自文献数据[21]，此处用作对比。尽管木质素的天然多酚结构与苯酚相似，但木质素分子量较大且活性较低，使得木质素酚醛树脂与纯酚醛树脂性能上存在差异。木质素酚醛树脂的游离甲醛较多，胶合强度较低，这是由于木质素的反应活性比苯酚低，在木质素的苯环结构上平均只有两个或更少的活性位点可以参与共聚反应，而苯酚的苯环结构上有三个活性位点（两个邻位、一个对位）[22]。

木质素酚醛树脂的游离苯酚低于纯酚醛树脂，这一性能上的优势恰好实现了生物质资源替换石油基化工原料苯酚制备环保型木材胶黏剂的初衷。纯酚醛树脂和木质素酚醛树脂的甲醛释放量均低于 0.5mg/L，达到 E_0 级要求。

ELPF 树脂的游离苯酚和游离甲醛含量均低于其他木质素酚醛树脂，随着木质素对苯酚替代率从 0％增加到 50％，100℃水煮胶合强度从 1.65MPa 降低到 0.98MPa，均达到Ⅰ类板要求。同时，50％ELPF 树脂的黏度仅有 235mPa·s，接近纯酚醛树脂，适合涂胶。在所有的树脂中，尽管乳酸木质素酚醛树脂（50％ LLPF）有最高的胶合强度（1.52MPa），但由于其黏度较大，在实际应用中有一定困难。黏度过大可能是由于生物乳酸木质素的分子量较大。同时较大的空间位阻阻碍了聚合反应的进行，使得 50％LLPF 树脂的游离苯酚和游离甲醛含量均超过了标准。

尽管 EHL-PF 树脂胶合强度较高，但其木质素替代率较低，仅为 20％，而热压压力达到 6.5MPa，游离苯酚含量也较高，达到 5.4％[21]。EHL-PF 树脂与本研究中制备的木质素酚醛树脂性能有明显的差异，可能是由于聚合方式不同，本研究采用逐步共聚的聚合方式，而 EHL-PF 是采用一步法制备得到的，木质素和苯酚的羟甲基化程度不够，缩聚程度也不足，造成树脂活性不高，有毒单体残余较多。

由表 4-14 中数据可知，由生物乙醇木质素制备的 ELPF 树脂的综合性能更好（游离苯酚、游离甲醛含量较低，胶合强度较高），性能更加接近于纯酚醛树脂，且优于其他木质素酚醛树脂。

4.3.3.2　树脂的分子结构

(1) FT-IR 分析

由图 4-45(a)可以看出不同木质素在红外图谱上的区别。由表 4-15 可知木质素、纯酚醛树脂、木质素酚醛树脂的红外吸收峰归属。在 1700cm⁻¹ 处 BL 和 XL 出现了非共轭羰基峰。这可能是由于在生物丁醇和生物木糖醇制备过程中，用乙酸进行前处理，造成了木质素的部分羟基峰发生了酯化反应。BL、XL、LL 在 1220cm⁻¹ 处出现了明显的酚羟基及酚羟基醚键 C—O 伸缩振动吸收峰，EL、XL、LL 在 1030cm⁻¹ 处出现了明显的醇羟基、羟甲基及醇羟基醚键 C—O 伸缩振动吸收峰。

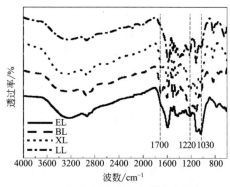

(a) 不同种生物炼制木质素的红外图谱

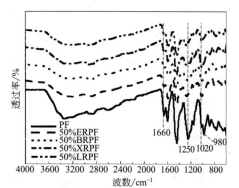

(b) 纯酚醛树脂和木质素酚醛树脂的红外图谱

图 4-45　生物炼制木质素及其酚醛树脂的红外图谱

表 4-15　木质素、纯酚醛树脂、木质素酚醛树脂的红外吸收峰及其归属

波数/cm⁻¹			特征峰归属
木质素	纯酚醛树脂	木质素酚醛树脂	
$3300\sim3400$	$3300\sim3400$	$3300\sim3400$	$\nu(—OH)$
$2930\sim2940$	$2930\sim2940$	$2930\sim2940$	$\nu_{ip}(C—H)$
1700	—	—	$\nu(C=O)$
—	1660	1660	$\nu(C=O)$
1600	1600	1600	$\nu(C=C)$
1460	1450	1450	$\delta_{am}(C—H)$
1220	1250	1250	$\nu[C—O(H)], \nu[C—O(Ar)]$
—	1150	1150	$\delta_{ip}(C—H)$
1110	—	—	$\delta_{ip}(C—H)$
1030	1020	1020	$\nu[C—O(H)]\nu[C—O(Ar)]$
—	980	—	C=C 中的 $\nu(C—H)$
830	—	—	$\delta_{op}(C—H)$

注：ν 为伸缩振动，δ 为变形振动，ip 为面内，op 为面外，am 为非对称。

　　为了研究纯酚醛树脂与木质素酚醛树脂在分子结构上的不同，将样品真空干燥后测试红外图谱。由图 4-45(b) 可以看出木质素酚醛树脂与纯酚醛树脂具有相似的官能团，说明它们在分子结构上具有相似性。但木质素酚醛树脂与纯酚醛树脂在红外图谱上也存在差别：酚醛树脂在 980cm⁻¹ 处存在乙烯基的 C—H 伸缩振动吸收峰。在 1020cm⁻¹ 处为醇羟基、羟甲基、醇羟基醚键的 C—O 伸缩振动吸收峰，由图 4-45(b) 可以看出，木质素酚醛树脂在 1020cm⁻¹ 处的峰比纯酚醛树脂要宽，因为在木质素酚醛树脂中不仅有羟甲基还有通过木质素引入的大量的醇羟基。在图 4-45(b) 中，酚醛树脂在 1250cm⁻¹ 处酚羟基 C—O 的伸缩振动吸收峰比木质素酚醛树脂强，这说明酚羟基含量在酚醛树脂中比在木质素酚醛树脂中高，这主要是因为木质素中既包括酚型结构单元又包含非酚型结构单元，木质素酚醛树脂中苯酚被木质素部分替代，从而降低了树脂中总的酚羟基含量。

(2) ¹³C NMR 分析

　　真空干燥的木质素、纯酚醛树脂、木质素酚醛树脂的固体核磁碳谱如图 4-46 所示，其化学位移及归属如表 4-16 所示。

表4-16 木质素、酚醛树脂、木质素酚醛树脂的固体核磁碳核磁谱的化学位移及其归属

木质素			酚醛树脂			木质素酚醛树脂		
化学位移	碳归属	参考文献	化学位移	碳归属	参考文献	化学位移	碳归属	参考文献
203	(结构式)	[23]	—	—	—	183	(结构式)	[23]
172~183	(结构式)	[23]	164	(结构式)	[23]	163	(结构式)	[24]
147	(结构式)	[25]	155	(结构式)	[24]	152	(结构式)	[26]
129	(结构式)	[25]	129	(结构式)	[24]	129	(结构式)	[26]
114	(结构式)	[25]	—	—	—	—	—	—
71	(结构式)	[25]	—	—	—	71	(结构式)	[25]

木质素			酚醛树脂			木质素酚醛树脂		
化学位移	碳归属	参考文献	化学位移	碳归属	参考文献	化学位移	碳归属	参考文献
54	$-OCH_3$ •	[25]	64	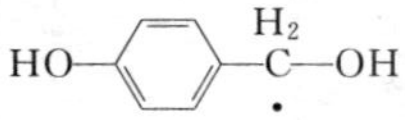 HO—(苯环)—H_2C•—OH	[24]	64	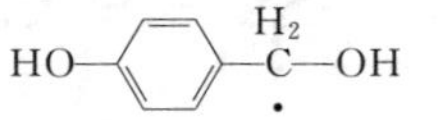 HO—(苯环)—H_2C•—OH	[26]
—	—	—	—	—	—	54	$-OCH_3$ •	[25]
29	HO—(苯环,含 H_3CO、C_3、OCH_3、OH 取代基)—H_2C•	[25]	41	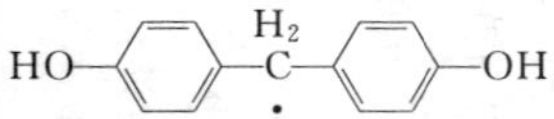 HO—(苯环)—H_2C•—(苯环)—OH	[24]	39	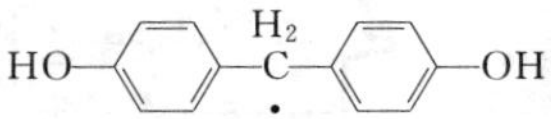 HO—(苯环)—H_2C•—(苯环)—OH	[26]
	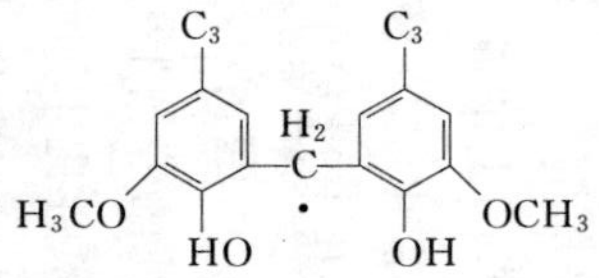		25	$-CH_3$ •	[24]	22	$-CH_3$ •	[26]

注：• 碳的位点。

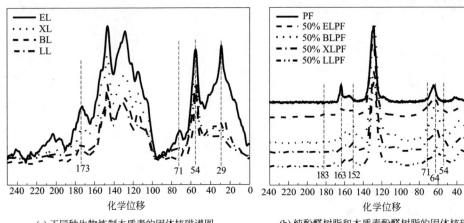

(a) 不同种生物炼制木质素的固体核磁谱图   (b) 纯酚醛树脂和木质素酚醛树脂的固体核磁谱图

图 4-46 生物炼制木质素及其酚醛树脂的固体核磁图谱

在图 4-46(a)中，不同木质素的碳谱存在较大差别，在化学位移 29 处特征峰是 C5—C—C5 二聚体单元中连接 C5 的亚甲基碳，在化学位移 71 处宽峰是 α-O-β 二聚体单元中 β 位碳，EL 在这两个化学位移处的特征峰都明显强于其他木质素，说明木质素中存在的二聚体形式较多，木质素结构单元之间的交联度较高。

纯酚醛树脂、木质素酚醛树脂的固体核磁碳谱如图 4-46(b)所示。图中最主要的特征峰在化学位移 129 处，为苯环上活泼氢已经被取代的邻对位碳。在化学位移 114 处没有出现特征峰，表明苯酚、酚型木质素的邻对位碳上的活泼氢均已被取代[26]，这是因为在逐步共聚过程的第一阶段苯酚、木质素发生了充分的羟甲基化反应。在图 4-46(b)中，也可以发现一些纯酚醛树脂和木质素酚醛树脂的差别。与纯酚醛树脂相比，归属 α-O-β 二聚体单元中 β 位碳的化学位移 71 处的宽峰，归属甲氧基碳的化学位移 54 处的峰都只在木质素酚醛树脂碳谱中被找到，而这两处特征峰也同样出现在木质素的碳谱中，这一证据可用来证明在木质素酚醛树脂分子结构中有木质素分子结构，木质素参与了苯酚甲醛的共聚反应，而不是简单的共混。在化学位移 152~155 处的特征峰为连接酚羟基的苯环上的碳，在化学位移 163~164 处的特征峰为连接亚甲基醚键的苯环上的碳。在化学位移 64 处的特征峰为酚羟基对位上连接的羟甲基的碳。伴随着化学位移 163 处峰强的增大，在化学位移 152 和 64 处峰强变小，这说明在逐步共聚过程中酚羟基与羟甲基发生了缩聚反应生成了亚甲基醚键。在图 4-46(b)中，酚醛树脂在化学位移 163~164 处的特征峰强于木质素酚醛树脂。这主要是由于纯酚醛树脂中羟甲基缩合程度较高，这也解释了为什么纯酚醛树脂的胶合强度和耐水性比木质素酚醛树脂要好。

在四种木质素酚醛树脂中，ELPF 树脂在化学位移 163 处的特征峰较高，同时在化学位移 152 和 64 处的特征峰较低，这都说明了 ELPF 树脂的缩合程度较高，有更多的亚甲基醚键存在于分子结构中，在热固化过程中可以进一步迅速地转化为更加稳定的亚甲基键。这也可以用来解释为什么ELPF树脂胶合强度比其他木质素酚醛树脂高。

4.3.3.3 树脂制备工艺

通过上述木质素酚醛树脂性能对比研究发现，ELPF树脂的游离甲醛、游离苯酚含量较低，胶合强度较好，综合性能优越，故本研究针对以生物乙醇木质素为原料制备的木质素酚醛树脂进行工艺合理优化。本研究通过调节生物乙醇木质素对苯酚的质量替代率、甲醛对苯酚的摩尔比、催化剂浓度等关键因素，实现生物乙醇木质素酚醛树脂性能的最优化，同时还研究了这些影响因素对树脂和胶合板性能的影响。

（1）木质素对苯酚的质量替代率的影响

由表4-17可知，不同生物乙醇木质素替代率的木质素酚醛树脂的黏度、固含量、游离甲醛含量、游离苯酚含量等数据，及与纯酚醛和国标要求的比较。同时还研究了不同种胶黏剂所制备胶合板的胶合强度和甲醛释放量等性能。

表 4-17 不同生物乙醇木质素酚醛树脂及三层杨木胶合板性能

树脂	树脂性能				胶合板性能		
	黏度/mPa·s	固含量/%	游离甲醛含量/%	游离苯酚含量/%	胶合强度/MPa	合格率/%	甲醛释放量/(mg/L)
PF	100	48.90	0.10	0.65	1.65	100	0.13
10%ELPF	127	45.01	0.10	0.31	1.40	100	0.24
30%ELPF	175	47.30	0.23	0.15	1.06	100	0.11
50%ELPF	235	50.02	0.32	0.24	0.98	100	0.23
70%ELPF	260	46.30	0.12	0.33	0.65	55	0.21
GB/T 14732	≥60	≥35	≤0.3	≤6	0.7	80	0.50

注：10%ELPF表示生物乙醇木质素对苯酚质量替代率为10%的酚醛树脂。

随着木质素对苯酚的替代率从10%提到高70%，树脂固含量基本不变，但黏度从127mPa·s增加到260mPa·s，这是由于木质素这一生物质大分子的加入量逐渐增多。游离甲醛含量随木质素替代率的提高而增大，因为木质素与甲醛的反应活性与苯酚相比较低，造成木质素酚醛树脂中有部分游离甲醛残余。ELPF树脂的游离苯酚含量均远低于纯酚醛树脂。尤其是30%ELPF树脂的游离苯酚只有0.15%，这是由于在制备过程中，随着木质素替代率的逐渐增大，苯酚的用量逐渐减少，同时在前期反应阶段，通过控制合适的摩尔比、pH值和反应温度，苯酚被充分羟甲基化，从而使得最终树脂中游离苯酚含量较低。

表4-17中的胶合强度数据均为胶合板100℃水煮3h后的湿强度，数据显示随着木质素对苯酚替代率的增大，胶合强度从1.65MPa降低到0.65MPa。这说明ELPF树脂的耐水性弱与纯酚醛树脂，且随着木质素替代率的提高，树脂耐水性变差。这不仅是由于木质素的羟甲基化反应活性位点比苯酚少，而且还由于生物乙醇木质素原料中存在糖分和灰分。由表4-17可知，由ELPF树脂胶黏剂制备的胶合

板甲醛释放量均低于 0.5mg/L，达到 E_0 级要求。

通过研究发现，在木质素酚醛树脂胶黏剂的制备过程中，生物乙醇木质素对苯酚的质量替代率最高为 50%，当达到 50% 时树脂胶黏剂的各项主要性能没有受到明显影响，仍能达到国家标准。与文献报道[21]的 EHL-PF 树脂相比，本研究制备的 ELPF 树脂活性更高、更具工业化前景。据文献报道 EHL-PF 树脂采用一步法制备，由于木质素活性相比苯酚较低，在一定程度上阻碍了羟甲基化反应和缩聚反应的进行，故 EHL-PF 树脂的游离苯酚和游离甲醛有毒残余均较高。而本研究采用了逐步共聚的聚合方式，首先在合适的摩尔比、pH 值、反应温度下对苯酚和木质素进行充分的羟甲基化，而后逐步缩聚，既降低了游离苯酚和游离甲醛含量，也提高了树脂的活性。EHL-PF 树脂胶黏剂的热压压力远远高于胶合板厂常用的 1.0~1.2MPa 的压力，且 EHL-PF 树脂的黏度过大，给涂胶带来较大困难。

(2) 甲醛对苯酚的摩尔比的影响

图 4-47 描述的是甲醛对苯酚摩尔比对 50%ELPF 树脂物理及机械性能的影响。所有的树脂在合成过程中都控制催化剂浓度（氢氧化钠对苯酚与木质素总量的质量之比）在 20%。由图可以看出随着 F/P 摩尔比的增大，游离甲醛含量逐步增大，游离苯酚含量逐步降低。当甲醛对苯酚摩尔比达到 3.0 时，游离甲醛和游离苯酚含量二者均处于最优化的较低值。凝胶时间被定义为预聚体分子在一定条件下转化为三维体型大分子结构所需的转化时间，通常被用来表征树脂分子活性大小[27]。随着甲醛加入量的逐渐增大，F/P 摩尔比也逐渐增大，这大大增强了树脂的羟甲基化程度和分子活性，使凝胶时间逐渐缩短。

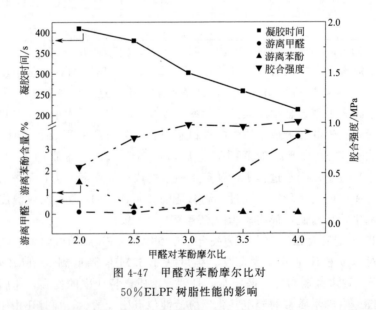

图 4-47　甲醛对苯酚摩尔比对
50%ELPF 树脂性能的影响

由图 4-47 可知，随着 F/P 摩尔比的逐渐增大凝胶时间逐渐缩短，因此分子活性逐渐增大，羟甲基酚和羟甲基化木质素之间更易发生交联。胶合强度的数据也印证了这一结果。在相同热压工艺条件下，随着 F/P 摩尔比逐渐增大，不同树脂所制备胶合板的胶合强度逐渐增大，这是由于树脂凝胶时间逐渐缩短，固化过程更加完全。

结果表明：在固定木质素对苯酚替代率为 50％的条件下，当甲醛对苯酚摩尔比在 3.0 时制备的 ELPF 树脂综合性能更好。

(3) 催化剂浓度对树脂及胶合板性能的影响

催化剂浓度对树脂及胶合板性能的影响如图 4-48 所示。催化剂浓度指的是 NaOH 质量与苯酚和木质素总质量的比值。根据之前的实验结论我们固定木质素对苯酚的质量替代率为 50％，F/P 摩尔比为 3.0，然后分别选取五个不同的催化剂（NaOH）浓度（10％、15％、20％、25％、30％）制备不同种 ELPF 树脂。由图 4-48 可知，随着催化剂浓度的增加，游离甲醛和游离苯酚含量降低，凝胶时间缩短，这是由于催化剂的量增加后，羟甲基化反应效率提高，反应程度增大。但当催化剂浓度高于 25％时，凝胶时间开始变长。这一现象可以用 Cannizzaro 反应来解释，如图 4-6 所示，甲醛在高碱性条件下会发生分解，生成甲醇与甲酸[28]，无法再与苯酚、木质素反应合成酚醛树脂。胶合强度的数据结果就印证了这一理论，随着催化剂浓度的提高，胶合强度反而降低，这是由于在高碱性条件下，甲醛发生了分解，甲醛浓度降低，羟甲基化反应效率降低，树脂凝胶时间变长，那么在相同的热压工艺和条件下，树脂固化不完全，因此胶合强度变差。

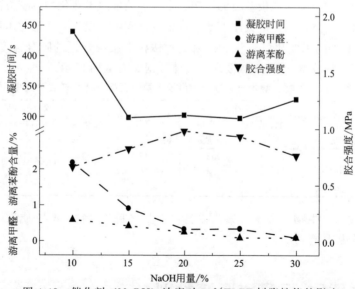

图 4-48 催化剂（NaOH）浓度对 50％ELPF 树脂性能的影响

通过以上研究发现：在固定木质素对苯酚替代率为 50％，甲醛对苯酚摩尔比在 3.0 的条件下，当催化剂（NaOH）浓度为 20％时制备的 ELPF 树脂综合性能更好。

综上所述：制备 ELPF 树脂最优化的工艺条件是木质素对苯酚替代率为 50％，甲醛对苯酚摩尔比为 3.0，催化剂（NaOH）浓度为 20％。在此工艺条件下制备的生物乙醇木质素酚醛树脂游离甲醛含量为 0.32％，游离苯酚含量为 0.24％，胶合强度为 0.98MPa，达到了Ⅰ类板的强度要求。

4.3.3.4　生产实验

国内外利用木质素制备木质素改性酚醛树脂胶黏剂的研究已经有很长时间，但对其作为木材胶黏剂在工业化中应用的报道较少[29]。这其中有技术、经济、工艺、工业化可行性等原因，大多数研究人员制备的胶黏剂根本无法达到工业生产要求或只能短期试用而无法连续化生产[30]。

木质素酚醛树脂胶黏剂的工业化应用主要依赖于以下几个因素：①综合成本低；②技术简单可行；③胶黏剂黏度适中，适合涂胶，胶合强度达到要求。

选取了工业化可行性较高的 ELPF 树脂，分别采用木质素对苯酚质量替代率为 30％和 50％两个实验方案，进行胶黏剂生产试验，并在人造板厂中进行了压板试验。对大多数文献报道的木质素酚醛树脂而言，其树脂活性比纯酚醛低，因而在制备胶合板的过程中需要更高的热压温度、更长的热压时间或更大的热压压力使得树脂充分固化[21, 31]。本研究采用了生物乙醇木质素，由于没有经过高温高碱性蒸煮，木质素分子上保留更多的羟基，分子活性比常规造纸木质素活性更高。ELPF 树脂的性能也与纯酚醛树脂较接近。在人造板厂的实际生产应用中，ELPF 树脂胶黏剂被用于制备桉杨七层胶合板，用于实木地板基材的生产。生产工艺依照工业化的传统方法，工艺参数没有经过特殊调整，以便最大限度地接近工业化实际，检验生物乙醇木质素制备的 ELPF 树脂胶黏剂的工业化可行性。结果显示桉杨七层胶合板的胶合强度达到Ⅰ类板强度要求，甲醛释放量达到 E_0 级要求，具体数据如表 4-18 所示。

表 4-18　生物乙醇木质素酚醛树脂及七层胶合板性能生产实验数据

树脂	树脂性能				胶合板性能		
	黏度 /mPa·s	固含量 /％	游离甲醛含量/％	游离苯酚含量/％	胶合强度/MPa	合格率 /％	甲醛释放量 /(mg/L)
30％ELPF	100	48.71	0.31	0.13	1.32	100	0.10
50％ELPF	160	49.52	0.47	0.26	1.31	100	0.11
GB/T 14732	≥60	≥35	≤0.3	≤6	0.7	80	0.50

综上所述，以生物乙醇木质素为原料，工业化制备生物乙醇木质素酚醛树脂胶黏剂及其胶合板具有可行性。

4.4　木质素-脲醛树脂胶黏剂 ∷∷∷

脲醛树脂是由尿素与甲醛经过缩聚反应而生成的，与其他类型合成树脂相比，脲醛树脂有如下优点：固化速度快，浓度高而黏度低，固化胶层无色，与水的混溶性好，便于调节树脂的黏度和浓度等。但是脲醛树脂作为胶黏剂所制的人造板普遍存在两大问题：一是板材释放的甲醛气体污染环境；二是耐水性，尤其是耐沸水性差。为了提高脲醛树脂胶黏剂的耐水性，降低甲醛释放量，Willegger 等[32] 成功地引入了造纸废液，但是由于废液中木质素-与脲醛树脂的分子复杂性以及反应的多样性，所用的废液的量太小。Edler 等[33] 对其进行改进，研制出木质素-脲醛树脂胶黏剂，该胶黏剂所用废液比例明显加大，且产品达到类似产品的商业标准。

4.4.1 木质素-脲醛树脂复合胶黏剂

秸秆制备乙醇过程中会产生大量的残渣，这些残渣中含有丰富的木质素。相比木质素磺酸盐，酶解木质素具有较高的反应活性和较低的分子量。木质素通常作为填料或组分与树脂共混来制备复合材料。秸秆乙醇残渣（ER）羟甲基化后再与树脂共混，不仅能提高相容性，也能提高固化交联时的固化反应活性。

4.4.1.1 NaOH 用量的影响

ER 羟甲基化的催化剂为 NaOH，通过调节 NaOH 溶液的加入量来控制反应体系的 pH 值和黏度。NaOH 用量用 $m(NaOH)/m(ER)$ 来表示，在 ER 羟甲基化反应过程中，保持体系固体含量在 $36\% \sim 40\%$，在 80℃ 条件下反应 2h，考察 $m(NaOH)/m(ER)$ 对羟甲基化秸秆乙醇残渣（ER）性能的影响。将不同的 ER 分别替代 30%UF，复合后制备桉杨复合三层胶合板，测试其性能。结果如表 4-19 所示。

表 4-19 $m(NaOH)/m(ER)$ 对 ER 及三层胶合板性能的影响

$m(NaOH)$ /$m(ER)$/%	ER 的性能				胶合板的性能		
	pH 值	固含量/%	黏度 /mPa·s	游离醛含量/%	胶合强度/MPa	合格率/%	甲醛释放量/(mg/L)
0.6	7.10	37.91	650	0.26	0.82	95	0.27
0.9	7.95	38.44	3200	0.24	1.32	100	0.25
1.2	8.80	36.43	4600	0.19	0.86	95	0.49
1.5	9.20	38.78	75000	0.17	0.93	100	0.34
1.8	9.75	36.79	—	0.17	0.97	100	0.42

注："—"代表无法测出。

在表 4-19 中，随着 $m(NaOH)/m(ER)$ 的增大，ER 中木质素的粒径逐渐减小，黏度逐渐上升。ER 的 pH 值逐渐升高，甲醛消耗量逐渐增多，ER 中的游离甲醛逐渐减少。这是由于碱性条件下的甲醛能与 ER 发生羟甲基化反应，并且甲醛之间也能发生 Cannizzaro 反应。当 $m(NaOH)/m(ER)$ 为 0.6% 时，ER 的 pH 值较低，木质素溶解较少，ER 的黏度较小；pH 值较低时木质素难以发生羟甲基化反应，故游离甲醛含量较高；当 $m(NaOH)/m(ER)$ 为 0.9%、1.2% 时，ER 中的木质素逐渐溶解，且在该 pH 值条件下部分木质素能有效地进行羟甲基化反应，甲醛之间也能发生 Cannizzaro 反应，游离甲醛含量逐渐降低。当 $m(NaOH)/m(ER)$ 继续增加时，甲醛与自身及 ER 之间更容易反应，故 ER 中游离甲醛含量继续降低；但 $m(NaOH)/m(ER)$ 为 1.5%、1.8% 时，ER 的黏度急剧上升，流动性很差，不利于后期应用。

表 4-19 中不同 NaOH 用量下催化的 ER 与 UF 复合，制备的胶合板的胶合强度都符合胶合板 II 类板的要求，甲醛释放量都能达到 E_0 级的标准。当 $m(NaOH)/m(ER)$ 为 0.9% 时，ER/UF 制备的胶合板的胶合强度最大，为 1.32MPa；且甲醛释放量最低，为 0.25mg/L。当 $m(NaOH)/m(ER)$ 为 0.9% 时，ER 中的木质素能较好地羟甲基化，且 ER 的 pH 值为 7.95，与 UF 的 pH 值相当，复合后的 ER/UF 调胶压板后能有效地固化，ER 中木质素的多酚结构引入到树脂中，使其耐水性有所提高，故胶合强度较高。但 $m(NaOH)/m(ER)$ 为 1.5% 和 1.8% 时，ER 与 UF 复合后黏度较大，不利于实际应用。

4.4.1.2 ER 与 F 比例的影响

在 $m(NaOH)/m(ER)$ 为 0.9% 条件下，保持体系固体含量在 36%～40%，考察不同 $m(ER)/m(F)$ 条件下 ER 的性能，并将 ER 分别替代 30%UF 复合后制备桉杨复合三层胶合板，测试其性能。结果如表 4-20 所示。

表 4-20　$m(ER)/m(F)$ 对 ER 及胶合板性能的影响

$m(ER)/$ $m(F)$	ER 的性能				胶合板性能		
	pH 值	固含量/%	黏度 /mPa·s	游离甲醛 含量/%	胶合强度 /MPa	合格 率/%	甲醛释放 量/(mg/L)
5	8.00	37.13	830	0.50	0.98	100	0.39
10	8.00	37.83	1425	0.29	0.99	100	0.22
15	7.95	38.28	2075	0.28	1.13	100	0.43
20	7.95	38.41	3200	0.24	1.32	100	0.25
25	7.90	37.82	4400	0.24	0.99	100	0.27
30	8.00	36.91	3700	0.18	1.02	100	0.29

在表 4-20 中，随着 ER 用量的增加，体系中引入以苯丙烷等刚性结构为主的木质素大分子逐渐增多，ER 流动性变差，黏度逐渐增大；而反应体系中甲醛所占比例逐渐减小，游离甲醛逐渐减少，且单位体积中参与羟甲基化的游离甲醛减少，故游离甲醛呈现缓慢减少的趋势。由于反应体系中碱的用量占体系总量的比例相同，故不同的 ER 最终的 pH 值相差不大。

在羟甲基化反应体系中，随着 ER 与 F 质量比增加，制备的胶合板的胶合强度先升高后降低再升高，胶合强度均达到 II 类板的要求；且甲醛释放量均在 0.5mg/L 以下，均达到 E_0 级要求。当 $m(ER)/m(F)$ 为 20 时，相应的 ER/UF 树脂制备的胶合板的胶合强度最高，为 1.32MPa；甲醛释放量很低，为 0.25mg/L。且 $m(ER)/m(F)$ 为 20 时，ER 在 ER 中占的比例较高，ER 的利用率高，故选择 $m(ER)/m(F)$ 为 20 时进行羟甲基化反应最佳。

4.4.1.3 秸秆乙醇残渣用量的影响

将在 $m(NaOH)/m(ER)$ 为 0.9%、$m(ER)/m(F)$ 为 20 条件下制备的 ER 替代 $0\%\sim60\%$ 的 UF 复合后压制桉杨复合三层胶合板，测试其胶合强度和甲醛释放量，结果如图 4-49 所示。

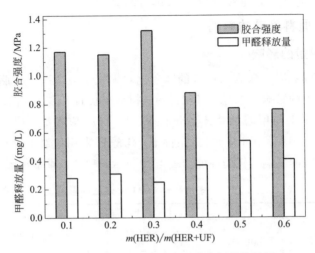

图 4-49　ER 对 UF 的替代率对胶合板性能的影响

在图 4-49 中，随着 ER 对 UF 的替代率增加，三合板的胶合强度先升高到一极大值，而后呈降低的趋势。当 ER 替代 $10\%\sim40\%$ 的 UF 时，三合板的胶合强度均在 0.88MPa 以上，合格率为 100%，符合 II 类板的要求；甲醛释放量小于 0.5mg/L，达到 E_0 级要求。当 ER 对 UF 替代率为 30% 时，制备的三合板的胶合强度最高，达到 1.32MPa；甲醛释放量仅为 0.25mg/L。综合来看，其三合板性能最好。当 ER 对 UF 替代率为 50%、60% 时，其平均胶合强度都大于 0.7MPa，但其合格率均只有 75%，故不符合 II 类板的要求。当 ER 对 UF 替代率为 50% 时甲醛释放量为 0.54mg/L，未达到 E_0 级要求；当 ER 对 UF 替代率为 60% 时甲醛释放量为 0.41mg/L，达到 E_0 级要求。这是由于 ER 对 UF 替代率较高，导致 ER/UF 复合胶固化不完全，从而使甲醛释放量偏高。而影响甲醛释放量的因素较多，实际数据可能有些偏差。

4.4.2 木质素-尿素-甲醛树脂胶黏剂

秸秆乙醇木质素-尿素-甲醛树脂（ERMUF）的制备工艺条件甲醛：尿素：三聚氰胺=1.5：1.0：0.2（摩尔比）。甲醛分三批加入。秸秆乙醇残渣（ER）以替代尿素质量为 $30\%\sim60\%$ 加入。

① 将质量分数 37% 的甲醛溶液、水、第一批尿素、第一批三聚氰胺、第一批 ER 投入反应器，调 pH 值为 7.0～8.5，85～95℃ 反应 40～50min；

② 调 pH 值至 4.0～6.0，反应至所需黏度；

③ 加入第二批尿素、第二批三聚氰胺、第二批 ER，调 pH 值至 6.0～7.0，90℃反应 40min；

④ 加入第三批三聚氰胺、第三批 ER，调 pH 值至 7.0～8.0，90℃反应 40min；

⑤ 加入第三批尿素，继续反应 15min，冷却出料。

4.4.2.1　原料用量的影响

（1）尿素用量的影响

在合成脲醛树脂时，尿素与甲醛的摩尔比对缩聚反应速率、树脂结构和树脂物理化学性能有较大的影响。二羟甲基脲是形成树脂交联的主体，为保证有足够的二羟甲基脲的生产，尿素与甲醛的物质的量比 $n(U)/n(F)$ 应在 1：（1.1～2.0）。在 $m(ER)/m(F)=0.3$、$n(M)/n(F)=0.15$ 条件下，考察尿素用量对 ERMUF 的性能及其制备的胶合板性能的影响。树脂性能如表 4-21 所示，三合板性能如图 4-50 所示。

表 4-21　尿素用量对 ERMUF 性能的影响

$n(U)/n(F)$	ERMUF 树脂性能				
	pH 值	黏度（25℃）/mPa·s	固体含量/%	游离醛含量/%	固化时间/s
1/1.2	7.60	100	53.33	0.04	330
1/1.3	7.60	70	52.21	0.09	300
1/1.4	7.60	1750	52.70	0.06	216
1/1.5	7.60	1075	50.02	0.08	164
1/1.6	7.60	280	52.33	0.10	146
1/1.7	7.60	475	51.81	0.10	132

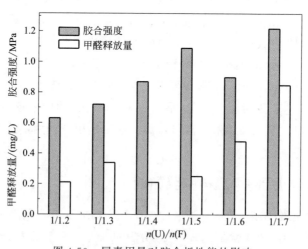

图 4-50　尿素用量对胶合板性能的影响

从表 4-21 中可以看出，随着尿素添加量减少，ERMUF 树脂的游离醛含量呈升高趋势，固化时间缩短。从图 4-50 可以看出，ERMUF 树脂制备的三合板胶合强度和甲醛释放量也呈升高趋势。这可能是由于尿素用量较少时，ERMUF 树脂固化不完全。综合考虑树脂性能与胶合板性能，当 $n(U)/n(F)$ 为 1/1.5 时，制备的树脂应用性能最佳。

(2) 三聚氰胺 (M) 用量的影响

用 M 改性脲醛树脂的耐水性是一种最常用有效的方法。从结构上看，M 是具有六个活性基团（通常只有三个参加反应）的环状结构。在树脂化及固化过程中，M 很大程度上促进脲醛树脂的交联，形成三维网状结构。同时封闭了许多吸水性基团，提高脲醛树脂的耐水性能。在 $m(ER)/m(F)$ 为 0.3，$m(ER)/m(ER+U)$ 为 0.48 条件下，考查 M 用量对 ERMUF 树脂性能及其制备的胶合板性能的影响。

从表 4-22 中可以看出，随着 M 用量增多，树脂的游离甲醛含量呈降低趋势，固化时间也呈缩短趋势。而胶合板的胶合强度和甲醛释放量都随 M 用量增加呈下降趋势。从图 4-51 中可以看出，当 $n(M)/n(F)$ 大于或等于 0.1 时，制备的三合板强度均满足 II 类板的要求，甲醛释放量均满足 E_0 级的要求。随着 M 用量增加，当甲醛释放量降至 0.25mg/L 时，继续增加 M，甲醛释放量变化不大，且 M 增加会导致成本升高。综合考虑，当 $n(M)/n(F)$ 为 0.15 时合成的 ERMUF 树脂最好。

表 4-22　M 用量对 ERMUF 性能的影响

$n(M)/n(F)$	树脂性能				
	pH 值	黏度/mPa·s	固体含量/%	游离醛含量/%	固化时间/s
0.05	8.00	100	50.12	0.19	169
0.10	8.00	117	49.13	0.17	176
0.15	8.00	1075	50.04	0.08	164
0.20	8.00	61	48.41	—	195
0.25	8.00	178	51.39	0.10	151
0.30	8.00	61	43.58	0.04	134

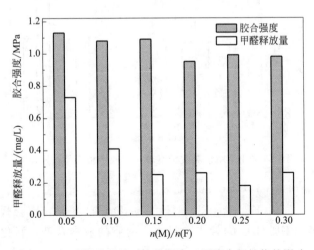

图 4-51　三聚氰胺用量对桉杨复合三层胶合板性能的影响

(3) 秸秆乙醇残渣（ER）用量的影响

ER中含有大量的木质素，少量的糖类、灰分及水分等。ER中的木质素在合成过程中替代尿素的作用，而ER中的其他成分则在ERMUF树脂应用时充当填料，也可能捕获部分甲醛。在$n(F)/n(U)$为1.5，$n(M)/n(F)$为0.15条件下，考察ER用量对ERMUF树脂性能及其制备的桉杨复合三层胶合板性能的影响。结果如表4-23所示。

表4-23　ER对U的替代量对ERMUF树脂性能的影响

$m(ER)/m(ER+U)$	ERMUF树脂性能				
	pH值	黏度/mPa·s	固体含量/%	游离醛含量/%	固化时间/s
0.30	8.20	73	53.81	0.14	190
0.40	7.70	186	53.22	0.10	145
0.48	7.50	1075	50.01	0.08	164
0.60	8.00	8000	53.33	0.14	105
0.70	7.90	1300	51.82	0.10	90

从表4-23中可知，随着ER用量增加，体系黏度逐渐变大，这是由秸秆乙醇残渣在反应体系中溶胀造成的。而$m(ER)/m(ER+U)$为0.7时树脂黏度变小，这是因为为了保持固体含量在50%左右，反应体系中加入水的量较多。当$m(ER)/m(ER+U)$为0.3时，树脂中游离甲醛含量为0.14%，ER对尿素替代率继续增加，树脂中游离醛含量变化不大。见图4-52。

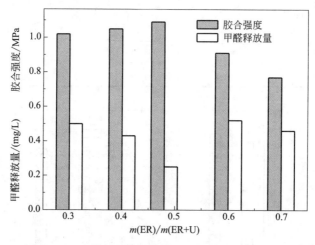

图4-52　ER用量对桉杨复合三层胶合板性能的影响

当$m(ER)/m(ER+U)$为0.30～0.60时，合成树脂制备的胶合板强度均能达到Ⅱ类板的要求；而$m(ER)/m(ER+U)$为0.30～0.48时，胶合板的甲醛释放量能达到E_0级要求。ER对U的替代率越高，树脂的成本越低，石化资源的利用就越少。

4.4.2.2 固化剂的影响

选取 $m(ER)/m(ER+U)$ 为 0.48 的 ERMUF 合成树脂，研究固化剂的使用对共聚树脂胶黏剂的影响。

(1) 单一固化剂

脲醛树脂在不添加固化剂时，在加热加压条件下也能固化，但需要很长时间，而且固化后的产物交联度低，固化不完全，粘接质量差。因此在实际使用时都要加入固化剂使脲醛树脂迅速固化，保证粘接质量。脲醛树脂本身不宜直接采用强酸作为固化剂[34]。添加树脂总量 1% 的不同种类的固化剂，考察固化剂种类对固化速度的影响。

从表 4-24 中可以得知，各种固化剂调胶后 pH 值均在 5.0 以上，不会对木材造成太大腐蚀，制备的胶合板强度均能达到Ⅱ类板的要求。用 NH_4Cl、H_3PO_4、酒石酸、甲酸作固化剂时，制备的胶合板甲醛释放量较小。用 NH_4Cl 作固化剂时，胶合板的甲醛释放量最低，达到 E_0 级要求。

表 4-24 单一固化剂种类对 ERMUF 树脂固化速度及胶合板性能的影响

固化剂种类	树脂性能		胶合板性能		
	pH 值	固化时间/s	胶合强度/MPa	合格率/%	甲醛释放量/(mg/L)
硼酸	7.60	263	0.83	82	1.13
NH_4Cl	7.40	169	1.50	100	0.34
草酸	6.70	205	1.24	100	1.31
H_3PO_4	6.60	183	1.43	100	0.62
酒石酸	6.30	145	1.04	100	0.79
盐酸	6.00	171	0.96	100	1.06
甲酸	5.10	106	1.16	100	0.61

(2) NH_4Cl 用量的影响

NH_4Cl 无毒无味，水溶性好，作为固化剂被广泛应用。NH_4Cl 作固化剂时，制备的三合板性能较好。要确定 NH_4Cl 的最佳用量，需考察固化剂用量对固化速度及三合板性能的影响。结果如表 4-25 所示。

表 4-25 NH_4Cl 用量对树脂固化速度及胶合板性能的影响

NH_4Cl /%	树脂性能		胶合板性能		
	pH 值	固化时间/s	胶合强度/MPa	合格率/%	甲醛释放量/(mg/L)
0	8.20	—	1.06	100	0.84
1	7.40	169	1.50	100	0.34
2	7.20	146	1.19	100	0.62
3	7.10	126	0.94	100	0.52
4	7.00	140	0.86	67	0.51
5	7.00	144	0.82	75	0.33

在一定 pH 值范围内，pH 值越低，固化速度越快。表 4-25 中的初始 pH 值仅

表示树脂中加入固化剂调胶后所测 pH 值，并非树脂固化时的实际 pH 值。NH_4Cl 加到树脂中后，会与甲醛结合逐渐释放出 HCl，故 NH_4Cl 调胶值后的树脂与盐酸调胶后的树脂固化时间相近（见表 4-24）。随着 NH_4Cl 用量增加，三合板的胶合强度先升高后降低，甲醛释放量先降低后升高再降低。这是由于 NH_4Cl 用量适当（如 1%）时，该 pH 值条件下树脂能够很好地固化，三合板胶合强度很高，甲醛释放量也较低；而当 NH_4Cl 用量从 2% 增加至 5% 时，树脂固化时实际 pH 值降至较低值，胶层易老化，胶合强度下降，但 NH_4Cl 用量增加，捕获树脂中游离甲醛的量增加，使甲醛释放量降低。NH_4Cl 用量为树脂的 1% 时，胶合强度最高，为 1.50MPa，达到 II 类板的要求，甲醛释放量为 0.34mg/L，达到 E_0 级要求。

（3）复合固化剂

对于低 F/（U+M）物质的量比的 ERMUF 树脂，由于游离甲醛含量低，仅用 NH_4Cl 作固化剂不足以使 ERMUF 的 pH 值下降至其完全固化，采用 NH_4Cl 和 H_3PO_4 作复合固化剂可以控制胶层的酸度，使其完全固化。保持复合固化剂中 NH_4Cl 用量为 1%，考察 H_3PO_4 用量对树脂固化速度及三合板性能的影响，结果如表 4-26 所示。

表 4-26　NH_4Cl 和 H_3PO_4 复合固化剂用量对树脂固化速度及胶合板性能的影响

H_3PO_4/%	树脂性能		胶合板性能		
	pH 值	固化时间/s	胶合强度/MPa	合格率/%	甲醛释放量/（mg/L）
0	7.50	169	1.50	100	0.34
0.5	6.37	148	1.09	100	0.25
1.0	6.08	154	1.04	100	0.38
1.5	5.74	148	1.36	100	0.35
2.0	5.60	146	1.39	100	0.32
2.5	5.50	123	1.29	100	0.30
3.0	5.09	—	1.01	100	0.30

由表 4-26 可知，当加入 1% NH_4Cl 和 0%~3.0% H_3PO_4，制备的三合板强度满足 II 类板的要求，甲醛释放量达到 E_0 级要求。加入的复合固化剂中 H_3PO_4 为 0.5% 时，树脂在该 pH 条件下制备胶合板的甲醛释放量能达到较低水平。继续增加 H_3PO_4 用量，甲醛释放量没有继续降低，而且 H_3PO_4 用量过多不仅增加成本而且会腐蚀木材。

参 考 文 献

[1] Lay D G, Cranley P. Polyurethane adhesives//Pizzi A, Mittal KL（eds）. Handbook of adhesive technology [M]. 2nd ed. Marcel Dekker, New York, 2003.

[2] Vázquez G, Freire S, Rodríguez-Bona C, et al. Structures and reactivities with formaldehyde of some acetosolv pine lignins [J]. Journal of Wood Chemistry and Technology, 1999, 19（4）：357-378.

[3] Zoumpoulakis L, Simitzis J. Ion exchange resins from phenol/formaldehyde resin-modified lignin [J]. Polymer International, 2001, 50（3）：277-283.

[4] Wu S B, Zan H Y. Changes in physico-chemical characteristics and structures of wheat straw soda lignin after modification [J]. Journal of South China University of Technology, 1998, 26 (11): 96-104.

[5] Wang J. Cure kinetics of wood phenol-formaldehyde systems [D]. Washington State University, 2007.

[6] 胡立红. 木质素酚醛泡沫保温材料的制备与性能研究 [D]. 北京: 中国林业科学研究院, 2012.

[7] Wörmeyer K, Ingram T, Saake B, et al. Comparison of different pretreatment methods for lignocellulosic materials. Part II: Influence of pretreatment on the properties of rye straw lignin [J]. Bioresource Technology, 2011, 102 (5): 4157-4164.

[8] Ibrahim M N M, Zakaria N, Sipaut C S, et al. Chemical and thermal properties of lignins from oil palm biomass as a substitute for phenol in a phenol formaldehyde resin production [J]. Carbohydrate Polymers, 2011, 86 (1): 112-119.

[9] Khan M A, Ashraf S M, Malhotra V P. Development and characterization of a wood adhesive using bagasse lignin [J]. International Journal of Adhesion and Adhesives, 2004, 24 (6): 485-493.

[10] Tejado A, Pena C, Labidi J, et al. Physico-chemical characterization of lignins from different sources for use in phenol-formaldehyde resin synthesis [J]. Bioresource Technology, 2007, 98 (8): 1655-1663.

[11] Khan M A, Ashraf S M, Malhotra V P. Eucalyptus bark lignin substituted phenol formaldehyde adhesives: A study on optimization of reaction parameters and characterization [J]. Journal of Applied Polymer Science, 2004, 92 (6): 3514-3523.

[12] Alonso M V, Oliet M, Rodrlguez F, et al. Modification of ammonium lignosulfonate by phenolation for use in phenolic resins [J]. Bioresource Technology, 2005, 96 (9): 1013-1018.

[13] Prasetyo E N, Kudanga T, Østergaard L, et al. Polymerization of lignosulfonates by the laccase-HBT (1-hydroxybenzotriazole) system improves dispersibility [J]. Bioresource Technology, 2010, 101 (14): 5054-5062.

[14] Hu G, Cateto C, Pu Y, et al. Structural characterization of switchgrass lignin after ethanol organosolv pretreatment [J]. Energy & Fuels, 2011, 26 (1): 740-745.

[15] Del Río J C, Rencoret J, Prinsen P, et al. Structural characterization of wheat straw lignin as revealed by analytical pyrolysis, 2D-NMR, and reductive cleavage methods [J]. Journal of Agricultural and Food Chemistry, 2012, 60 (23): 5922-5935.

[16] Del Río J C, Rencoret J, Gutiérrez A, et al. Structural characterization of guaiacyl-rich lignins in flax (Linum usitatissimum) fibers and shives [J]. Journal of Agricultural and Food Chemistry, 2011, 59 (20): 11088-11099.

[17] 孙其宁, 秦特夫, 李改云. 木质素活化及在木材胶粘剂中的应用进展 [J]. 高分子通报, 2008, (9): 55-60.

[18] 杨军, 吕晓静. 木质素在塑料中的应用 [J]. 高分子通报, 2002, (4): 53-59.

[19] Kim Y K, Son J S, Kim K-H, et al. Influence of surface energy parameters of dental self-adhesive resin cements on bond strength to dentin [J]. Journal of Adhesion Science and Technology, 2013, 27 (16): 1778-1789.

[20] Alonso M, Oliet M, Garcia J, et al. Gelation and isoconversional kinetic analysis of lignin-phenol-formaldehyde resol resins cure [J]. Chemical Engineering Journal, 2006, 122 (3): 159-166.

[21] Jin Y, Cheng X, Zheng Z. Preparation and characterization of phenol-formaldehyde adhesives modified with enzymatic hydrolysis lignin [J]. Bioresource Technology, 2010, 101 (6): 2046-2048.

[22] Ma Y, Zhao X, Chen X, et al. An approach to improve the application of acid-insoluble lignin from rice hull in phenol-formaldehyde resin [J]. Colloids and Surfaces A: Physicochemical and Engineering As-

pects，2011，377（1）：284-289.

[23] Hawkes G E，Smith C Z，Utley J H，et al. A comparison of solution and solid state ^{13}C NMR spectra of lignins and lignin model compounds [J]. Holzforschung-International Journal of the Biology, Chemistry，Physics and Technology of Wood，1993，47（4）：302-312.

[24] 王恺，夏志远. 木材工业实用大全：胶粘剂卷 [M]. 北京：中国林业出版社，1996.

[25] Kuo M，Hse C Y. Alkali treated kraft lignin as a component in flakeboard resins [J]. Holzforschung-International Journal of the Biology，Chemistry，Physics and Technology of Wood，1991，45（1）：47-54.

[26] Trosa A，Pizzi A. Industrial hardboard and other panels binder from waste lignocellulosic liquors/phenol-formaldehyde resins [J]. Holz als Roh-und Werkstoff，1998，56（4）：229-233.

[27] Liu X M，Guo Q J. Synthesis and property of foamable phenol-formaldehyde resin [J]. China Plastics Industry，2007，35（5）：4-8.

[28] Sarkar S，Adhikari B. Lignin-modified phenolic resin：synthesis optimization，adhesive strength，and thermal stability [J]. Journal of Adhesion Science and Technology，2000，14（9）：1179-1193.

[29] Danielson B，Simonson R. Kraft lignin in phenol formaldehyde resin. Part 2. Evaluation of an industrial trial [J]. Journal of Adhesion Science and Technology，1998，12（9）：941-946.

[30] Mansouri N E E，Pizzi A，Salvado J. Lignin-based polycondensation resins for wood adhesives [J]. Journal of Applied Polymer Science，2007，103（3）：1690-1699.

[31] Dinwoodie J，Pizzi A. Wood Adhesives，Chemistry and technology [M]. Marcel Dekker，New York，1983.

[32] Willegger W N，Thiel H G. Modified urea-formaldehyde resin adhesive [P]. US3994850. 1976.

[33] Edler F J. Sulfite spent liquor-urea formaldehyde resin adhesive product [P]. US4194997. 1980.

[34] 赵临五，王春鹏. 脲醛树脂胶黏剂——制备、配方、分析与应用 [M]. 北京：化学工业出版社，2009.

第5章

改性大豆蛋白胶黏剂

大豆蛋白是富含氨基酸的一类天然蛋白质高分子，具有可再生、资源丰富而且含有多个可反应基团等特点。近年来，随着人们对资源短缺和环境保护意识的增强，以大豆蛋白为原料制备生物质基胶黏剂成为研究热点。大豆蛋白胶黏剂的研究主要集中在提高其耐水性，通过对蛋白质分子进行改性，使其具有天然高分子与合成树脂的综合性能，可直接用作木材胶黏剂。改性剂可以有效改善大豆蛋白胶黏剂的流动性，而且后期在复合固化交联剂的作用下大豆蛋白能够形成不溶性三维网络结构，从而具有较好的耐水性能，为大豆蛋白胶黏剂的制备提供物质基础。根据各类人造板的生产设备及工艺特点，探索适宜的应用参数，为大豆蛋白胶黏剂在胶合板、纤维板、细木工板、刨花板等人造板行业的推广应用提供技术支撑。

5.1 制备与理化性质

5.1.1 理化性质

5.1.1.1 聚乙烯醇的影响

聚乙烯醇（PVA）广泛用于胶体分散中的乳化剂和胶黏剂，它的添加量直接影响大豆蛋白胶黏剂的流变性和储存稳定性。因此，首先研究聚乙烯醇的用量对大豆蛋白胶黏剂的理化性能及储存稳定性的影响，试验数据列于表5-1和表5-2中，由表中数据可见：随着PVA含量的增加，pH值基本没有变化（4~5），固体含量有所增加，黏度迅速上升，使得大豆蛋白胶黏剂的流变性变差。通过中试涂布实验发现，当胶黏剂的黏度在 10000mPa·s 以下时，整体涂布效果良好，因此，PVA 添加量应保持在 3.0%以下。由表 5-2 可见：当储存时间达 9 天及以上，PVA 含量低于 1.8%时，储存过程中会有水析出，储存稳定性较差，而且在后期胶合板制备过程中会出现鼓泡现象，导致胶合强度下降。综合以上实验结果，PVA 的最佳添加量为 1.8%。

表 5-1　聚乙烯醇添加量对大豆蛋白胶黏剂理化性能的影响

项目	PVA1788 添加量/%					
	0	0.6	1.2	1.8	2.4	3.0
pH 值	4~5	4~5	4~5	4~5	4~5	4~5
黏度/mPa·s	1125	1175	2150	5850	7950	11250
固体含量/%	24.7	25.2	25.8	26.1	27.1	28.2

表 5-2　聚乙烯醇添加量对大豆蛋白胶黏剂储存稳定性的影响

时间/天	PVA1788 添加量/%					
	0	0.6	1.2	1.8	2.4	3.0
0	B&E	A&F	A&F	A&F	A&F	A&F
3	C&E	B&F	A&F	A&F	A&F	A&G
6	C&E	C&F	A&F	A&F	A&G	A&G
9	D&E	C&F	B&F	A&F	A&G	A&G
12	D&E&H	D&F&H	B&F&H	A&F&H	A&G&H	A&G&H

注：A 为无水析出，B 为痕量水析出，C 为少量水析出，D 为大量水析出，E 为无气泡，F 为少量气泡，G 为大量气泡，H 为发霉迹象。

5.1.1.2　防腐剂的影响

大豆蛋白是一种天然高分子，含有丰富的营养物质，在空气和水存在下，有利于微生物的生长繁殖，因此，大豆蛋白胶黏剂的防腐性能，被认为是影响大豆蛋白胶黏剂工业化使用的另一个重要因素。没有添加防腐剂时，大豆蛋白胶黏剂的储存期仅为 12 天（如表 5-3 所示），随着防腐剂添加量的增大，大豆蛋白胶黏剂的储存时间逐渐延长，当添加量（质量分数）为 3‰时，储存期达到 17~18 天，可以满足工业生产的需要。因此，在实际生产中根据应用要求，防腐剂的适宜添加量（质量分数）为 3‰。

表 5-3　防腐剂添加量对大豆蛋白胶黏剂储存期的影响

项目	防腐剂添加量/‰					
	0	1	3	5	7	10
储存期/天	10~12	13~14	17~18	22~24	30 左右	>60

5.1.2　粒径分析

5.1.2.1　合成过程不同阶段的粒径分析

由图 5-1 可见，大豆蛋白胶黏剂制备过程中的第一阶段和第二阶段的平均粒径

在 $100\mu m$，而且分布较宽，第三阶段平均粒径变小，在 $90\mu m$ 左右，粒径分布明显变窄，所以第三阶段的升温过程有利于蛋白质粒子的进一步水解。从表 5-4 可以看出，水解温度对大豆蛋白的粒径大小和均匀性有重要影响，从第二阶段到第三阶段大豆蛋白质分子水解程度增长幅度为 23.2%，明显高于第一阶段到第二阶段的 7.5%。因为，在酸和尿素的协同作用下，加热对大豆蛋白质分子聚集态结构（氢键等次级键）的破坏起到重要作用，使其空间结构解体，疏水基团暴露，同时水解度显著增大。

表 5-4　不同合成阶段大豆蛋白胶黏剂的水解度

项目	制备阶段		
	I	II	III
pH 值	3.76	3.86	4.02
水解度/(g/100mL)	0.2804	0.3015	0.3716

5.1.2.2　不同水解温度下的粒径分析

加热对大豆蛋白质分子聚集态结构（氢键等次级键）的破坏起到重要作用，因此，研究水解温度对大豆蛋白胶黏剂的粒径大小及其分布的影响，对于制备工艺的优化至关重要。

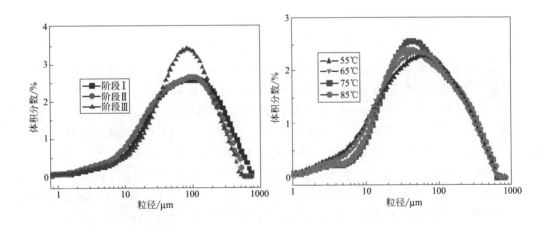

图 5-1　不同合成阶段大豆蛋白　　　　　图 5-2　水解温度对大豆蛋白胶
　　　胶黏剂的粒径大小及其分布　　　　　　　黏剂的粒径大小及其分布的影响

由图 5-2 可见：随着水解温度的升高，胶黏剂的平均粒径逐渐减小，而且水解温度为 75℃时，粒径分布最窄，平均粒径在 $40\mu m$ 左右。适宜的平均粒径及其分布，可使交联固化时的可接度较大，粒子彼此之间的交联阻力较小，有利于耐水交联网络结构的形成[1]。后期胶合强度测试结果表明：水解温度为 75℃时的胶合强度最高，满足国家 II 类胶合板使用要求。

5.1.3 红外谱图

蛋白质的 IR 光谱图分为几组特征吸收谱带，酰胺 I、酰胺 II、酰胺 III，其波数分别对应于 $1600\sim1700cm^{-1}$、$1530\sim550cm^{-1}$ 和 $1260\sim1300cm^{-1}$[2]。由图 5-3 可见：未改性大豆蛋白粉主要含有—OH、—NH₂、—COOH 等活性基团，$1636cm^{-1}$ 处是 C=O 伸缩峰（酰胺 I）；$1518cm^{-1}$ 处为 N—H 弯曲振动和 C—N 伸缩振动的偶合峰（酰胺 II）；$3273cm^{-1}$ 主要是 O—H 和 N—H 键，$1394cm^{-1}$ 是 COO—的特征峰，$1043cm^{-1}$ 是伯醇吸收带[3]。

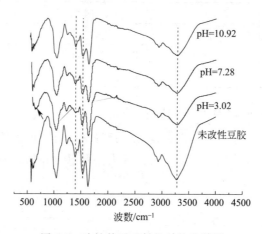

图 5-3　改性前后豆粉的红外光谱图

改性前后的大豆蛋白粉谱图的峰形较为相似（图 5-3），改性之后 $3273cm^{-1}$ 处的特征吸收峰由尖峰变为宽峰，说明 O—H 和 N—H 键增多，主要是因为在尿素作用下，蛋白质的二级结构展开，大量的极性基团外露和尿素的 N—H 共同作用所致。当 pH 值为 3.02 时，$1394cm^{-1}$ 处转变为宽峰，说明 COO—基团有所增加，而且 $656cm^{-1}$ 处吸收峰明显增强，说明大豆蛋白胶黏剂中，盐类等小分子物质增多，在胶黏剂中起到增塑的作用，这与之前黏度测试结果一致，即 pH 值在 3～4 时黏度最小，这是由蛋白质自身的化学结构决定的。相比之下，在中性和碱性条件下黏度较大，涂布效果较差，因此改性大豆蛋白胶黏剂的适宜 pH 值在 3～4。

5.2　流变行为

天然大豆蛋白质的溶解性不高，不具备自身吸水和水合能力，导致大豆蛋白胶黏剂储存过程中出现固液分层现象，稳定性变差。大豆蛋白胶黏剂通过各种物理和化学改性之后，可以使其保水能力大大增强，储存稳定性得到明显改善，但由于吸水能力增强导致其黏度变大、流动性变差，从而影响生产时的涂布效果。因此，在改善大豆蛋白胶黏剂的胶合强度和耐水性的同时，其良好流动性和对底物的快速渗透性也至关重要。大豆蛋白胶黏剂的流变行为在应用中主要体现在涂布性能和储存稳定性，对其进行系统研究为大豆蛋白胶黏剂的进一步推广应用提供实验基础。考察 pH 值、温度、聚乙烯醇、水性聚酰胺和异氰酸酯交联剂对体系流变行为的影响，从而确定适用于工业化生产的环保型大豆蛋白木材胶黏剂。

5.2.1 剪切速率的影响

大豆蛋白胶黏剂属于有屈服值的假塑性流体（图 5-4），大豆蛋白胶黏剂静止时，能形成蛋白质分子间键合力网络（极性力及范德华力等），这些力限制了蛋白质分子的位置变化，并使其显示出黏度无穷大的固体特征。所以，外部剪切作用力增强引起的变稀现象的可能机理为：蛋白质分子顺应流动方向的取向或排列作用超过了其分子布朗运动所产生的随机化作用[4,5]。

由图 5-5 大豆蛋白胶黏剂触变性曲线得到其屈服值为 0.39Pa，即当剪切应力低于 0.39Pa 时，大豆蛋白胶黏剂为弹性形变，剪切应力对于形变的斜率代表流体在低于屈服值时的"弹簧系数"，当剪切应力超过 0.39Pa 时，体积元开始流动，倾斜角度改变很多。这两段回归线的交叉点，即为屈服应力。因此，大豆蛋白胶黏剂在较低剪切应力作用下发生了体积元的位置迁移，网络结构被破坏而且黏度迅速降低，平衡剪切黏度随着剪切速率的升高逐渐下降，在极高剪切速率下，黏度逐渐达到确定的恒定值，其后剪切速率即使再升高，也不会产生进一步的剪切变稀。

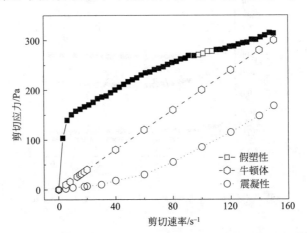

图 5-4　大豆蛋白胶黏剂的流变行为
— 实测大豆蛋白胶黏剂流变行为；--- 流体模型

大豆蛋白胶黏剂的平衡剪切黏度，随着剪切速率的升高而逐渐下降，而且随着剪切速率升高（0.1s^{-1} 和 1.0s^{-1}），黏度下降幅度（初始黏度至平衡黏度）逐渐减小（图 5-6）。因为，当剪切速率为 0.1s^{-1} 时，体系中只有轻微的剪切取向，布朗运动使得大豆蛋白分子仍然处于无序的状态，因此表现出类似于牛顿流体的特性，

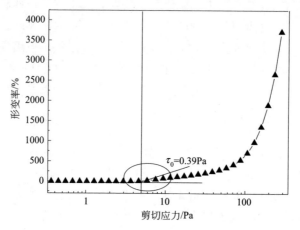

图 5-5 大豆蛋白胶黏剂的屈服应力曲线

具有与剪切速率无关的剪切黏度；当剪切速率升高至 $1.0s^{-1}$ 时，黏度进一步下降，平衡黏度下降幅度很大，由此可见，在这个过程中，体系的网络结构遭到破坏，剪切取向效应增强，蛋白质分子间物理交联点减少，分子间相互作用减弱，平衡黏度降低；剪切速率升高至 $5.0s^{-1}$ 和 $10.0s^{-1}$ 时，平衡黏度变化幅度很小，体系基本达到了最佳取向，黏度没有太大变化。

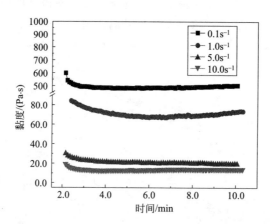

图 5-6 剪切速率对大豆蛋白胶黏剂黏度的影响

5.2.2 pH 值的影响

pH 值是影响大豆蛋白胶黏剂涂布性能的主要因素之一。表 5-5 表明：随着 pH 值的升高，大豆蛋白胶黏剂的黏度先减小后增大，在 4.0～4.5 出现最低值，随着 pH 值的进一步增大，黏度迅速上升，而且涂布性能变差。由图 5-7 也可得出：随着 pH 值的升高，表观黏度上升，达到最佳取向所需要的剪切速率逐渐升高。这是因为 pH 值升高，蛋白质的球状结构变得松散，同时也使原来包埋于球状分子内部的官能团有机会与水分子发生相互作用，从而使溶液的流动性变差，表观黏度升高。

表 5-5 pH 值对大豆蛋白胶黏剂黏度的影响

pH 值	3.5	4.0	4.5	5.0	6.0	7.0	8.0	10.0
黏度/(mPa·s)	3020	2278	2225	2375	2480	12500	82000	110000

非牛顿指数是判断聚合物流体偏离牛顿流体程度的标志。在一定剪切速率范围内，非牛顿流体符合如下幂律方程：$\eta = K\gamma^{n-1}$

取其对数形式：$$\lg\eta = \lg K + (n-1)\lg\gamma$$

式中，η 为剪切黏度，Pa·s；K 为稠度系数；n 为非牛顿指数；γ 为剪切速率，s^{-1}。

n 值越小，说明体系的非牛顿性越强，即溶液的剪切变稀行为越明显，黏度的剪切速率依赖性越大，即可以通过调整剪切速率来改变黏度。n 值越大，说明体系随剪切速率增加，黏度降低不明显，在剪切过程中，溶液的网络结构破坏较小。

由图 5-7 大豆蛋白胶黏剂流变行为曲线和表 5-6 中数据可见：随着 pH 值的升高，n 值先减小后增大，在 pH 值为 4.42 处得到最小值，而 4.42 位于大豆蛋白质的等电点附近，说明在大豆蛋白质等电点时，大豆蛋白胶黏剂的非牛顿性最强，当 pH 值位于等电点时，大豆蛋白质分子极性基团解离的正负离子数相等，净电荷为 0，蛋白质分子在电场中不向任何一极移动，而且分子与分子间因碰撞而引起聚沉的倾向增加，因此在蛋白质等电点附近体系的黏度最低，而且随着剪切速率增加黏度明显降低。

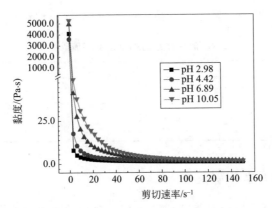

图 5-7 pH 值对大豆蛋白胶黏剂流变行为的影响

表 5-6 体系的稠度系数和流动指数

pH 值	K	n
2.98	15.20	0.4127
4.42	41.17	0.2466
6.89	104.71	0.2596
10.05	90.99	0.4464

5.2.3 温度的影响

温度是影响流变性质的主要因素之一[6]，对于不同流体的黏度影响各异。升高温度可使聚合物大分子的热运动和分子间的距离增加，分子间引力减小，内摩擦减弱，黏度随之降低，不同聚合物溶液黏度对温度变化的敏感性不完全相同，这主要取决于流体的种类与敏感性。从图 5-8 可以看出，随着温度从 25℃到 55℃变化，大豆蛋白胶黏剂的黏度变化趋势一致，即随着剪切速率的增大，大豆蛋白胶黏剂表现出明显的假塑性流体特征，n 值都在 0.4 左右（如表 5-7 所示）。因此，温度对大豆蛋白胶黏剂的流变行为影响很小，对涂布性能基本没有影响，这有利于豆胶的进一步推广使用。

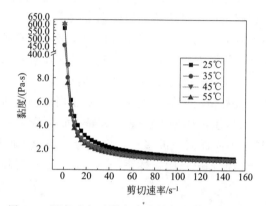

图 5-8　温度对大豆蛋白胶黏剂的流变行为的影响

表 5-7　混合体系的稠度系数和流动指数

温度/℃	K	n
25	16.95	0.4472
35	15.12	0.4344
45	14.00	0.4450
55	17.20	0.4280

5.2.4 聚乙烯醇添加量的影响

聚乙烯醇（PVA）是最早被合成并大范围应用的水溶性高分子材料，它具有无毒、生物相容性优良、可降解性优良等特点，广泛用于胶体分散中的乳化剂、胶黏剂等领域[7]。因此，用 PVA 改性大豆蛋白胶黏剂有利于其乳化稳定性和粘接强度的提高，而且 PVA 溶液也属于典型的假塑形流体，与大豆蛋白胶黏剂流变行为一致。

不同聚乙烯醇（PVA）添加量的大豆蛋白胶黏剂均显示出剪切变稀行为，在剪切作用下，流动场中的 PVA 分子链取向和解缠结，使得运动阻力减小，表现出

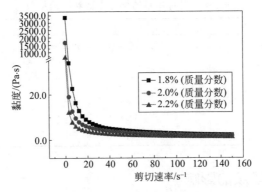

图 5-9　PVA添加量对大豆蛋白胶黏剂的流变行为的影响

假塑性行为[7]。由图5-9可见：随着PVA含量的增加，大豆蛋白胶黏剂的零剪切黏度逐渐减小，体系的剪切变稀行为明显，黏度的剪切速率依赖性增大。胶黏剂的涂布效果良好，预压强度逐渐增强，后期实验结果表明：PVA含量由1.8%增大到2.0%时，胶合强度逐渐增强，均在0.8MPa以上，因此综合考虑，PVA添加量在1.8%~2.0%为宜。

5.2.5　交联剂的影响

用异氰酸酯交联剂分子中的活泼基团—N=C=O与大豆蛋白的羧基和氨基基团反应，形成三维网络结构，减少了大豆蛋白质的亲水基团对胶合板湿态胶合强度的破坏作用，可以有效提高胶黏剂的耐水性和机械强度。如图5-10所示，随着交联剂含量的增加，大豆蛋白胶黏剂的黏度变化趋势一致，表现出明显的假塑性流体特征，n 值都在0.3左右（如表5-8所示），因此在常温下，随着剪切速率的增大，异氰酸酯与大豆蛋白胶黏剂没有发生交联反应，二者的交联发生在后期加热固化过程中。异氰酸酯改性大豆蛋白胶黏剂流变行为与未改性的流变行为基本重合。因此，交联剂添加量的增加对大豆蛋白胶黏剂的流变行为没有影响。

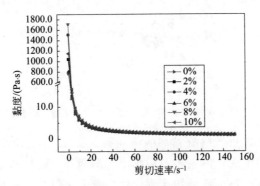

图 5-10　交联剂添加量对大豆蛋白胶黏剂的流变行为的影响

表 5-8　混合体系的稠度系数和流动指数

交联剂添加量/%	K	n
0	28.28	0.3252
2	26.88	0.3524
4	27.28	0.3218
6	31.15	0.3043
8	33.82	0.3013
10	27.05	0.3272

5.2.6　水性聚酰胺的影响

由表 5-9 可见：随着水性聚酰胺加入量的增加，大豆蛋白胶黏剂的黏度逐渐下降，从 9800mPa·s 降低至 2900mPa·s。一方面水性聚酰胺可以与水解蛋白质分子之间形成物理交联点（如图 5-11 所示）[8]，使得体系黏度有一定程度增大；另一方面水性聚酰胺的固体含量在 12% 左右，随着添加量的增加，大豆蛋白胶黏剂的固体含量降低，而这二者综合作用，使其表现出黏度降低，而且后者起主导作用。黏度降低有利于胶黏剂在木材表面充分润湿与渗透，有利于涂布性能的改善。

表 5-9　大豆蛋白胶黏剂的黏度与水性聚酰胺添加量的关系

水性聚酰胺添加量/%	0	5	10	15	20	25
黏度/mPa·s	9800	8700	6500	5100	3700	2900

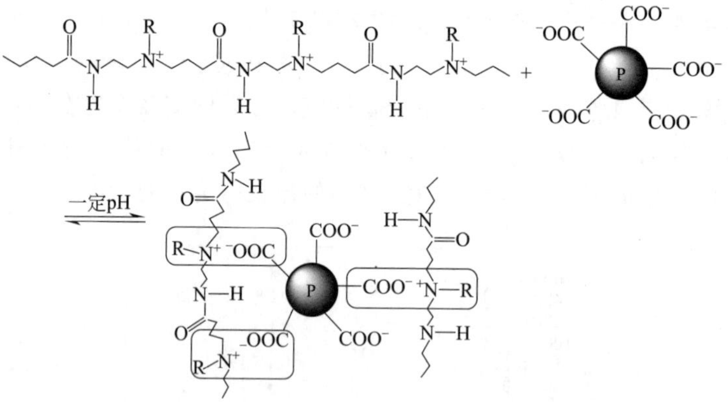

图 5-11　水性聚酰胺/大豆蛋白质分子间的作用机理

水性聚酰胺改性大豆蛋白胶黏剂的流变行为如图 5-12 所示，由图可见：随着水性聚酰胺添加量的增大，体系零剪切黏度逐渐降低，而且非牛顿性逐渐增强，即剪切变稀行为越明显，黏度的剪切速率依赖性越大。但是，水性聚酰胺单独改性大豆蛋白胶黏剂的成本较高，需与其他改性剂进行复合改性。

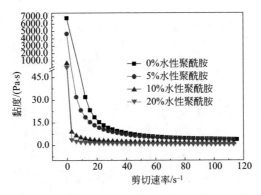

图 5-12　水性聚酰胺添加量对大豆蛋白胶黏剂的流变行为的影响

5.3　固化性能

大豆蛋白胶黏剂的交联固化程度对于耐水性和胶合性能有着显著影响。大豆蛋白胶黏剂的交联固化过程分为两个阶段：常温加压预固化和热固化交联。研究表明[9]：大豆蛋白胶黏剂经过常温加压的方式就可以形成具有一定强度的预固化胶层，而且胶黏剂的常温加压预固化程度直接影响后期的热固化交联，进而影响胶合强度。以下重点讨论大豆蛋白胶黏剂预压强度的影响因素，优化最佳预固化条件，研究复合交联剂对体系固化交联的影响，并对其复合改性机理进行探讨。

5.3.1　预固化性能

5.3.1.1　聚乙烯醇添加量的影响

聚乙烯醇由于具有与纤维良好的生物亲和性、流平性和粘接性能，其用量对大豆蛋白胶黏剂的基本性能、预固化性能和流变行为具有重要影响[10,11]。由表 5-10可见：随着 PVA 含量的增加，体系的黏度迅速上升，在工业生产中，当胶黏剂的黏度在 10000mPa·s 以上时，涂布不均匀，进而影响胶合板的预压强度，对后续生产不利。聚乙烯醇的用量对胶合板预压强度的影响如图 5-13 所示，随着聚乙烯醇含量的增加，胶合板的预压强度先增加后下降。这是因为在加入 3.5% PVA 时黏度已超过 10000mPa·s，预压强度出现最大值，随着黏度的进一步增加，大豆蛋白胶黏剂在基材上的流平性下降，导致涂布胶层的不均匀分布，预压强度下降。当预压强度在 0.4MPa 以上时，板坯在后续的修补及热压生产过程中不会受到破坏。

表 5-10　聚乙烯醇添加量对大豆蛋白胶黏剂黏度的影响

聚乙烯醇添加量/%	0	0.6	1.2	1.8	2.5	3.5	4.5	5.5
黏度/mPa·s	1125	1175	2150	5850	7950	11580	13800	18900

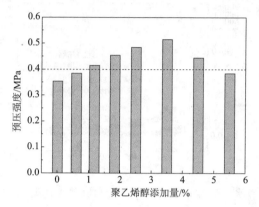

图 5-13　聚乙烯醇添加量对大豆蛋白胶黏剂预压强度的影响

5.3.1.2　开口陈放时间的影响

陈放是指单板涂胶之后热压之前放置一段时间的工艺过程。陈放工艺能够使胶液浓缩、水分挥发，避免热压时板材鼓泡；还能使单板充分膨胀，克服叠芯、离芯等。冷压之前的陈放为开口陈放，单板施胶之后的开口陈放时间对大豆蛋白胶黏剂的预胶化性能有重要影响。如图 5-14 所示，预压强度随着开口陈放时间的延长而下降，大豆蛋白预固化过程中的水合作用极大增强，但开口陈放时间过长使得大豆蛋白胶黏剂水分流失严重，影响预固化过程的进行，没有形成规整的预交联体系，导致预压强度逐渐下降。

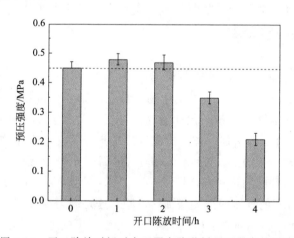

图 5-14　开口陈放时间对大豆蛋白胶黏剂预压强度的影响

胶合板的开口陈放时间对大豆蛋白胶黏剂的预压性能和粘接强度均有较大影响。图 5-15 表明，胶合强度随着开口陈放时间的延长而下降，而且开口陈放时间越长，胶合强度越低。当开口陈放时间在 3h 以上时，预压强度低于 0.3MPa，不利于板坯的修整，而且胶合板的胶合强度降至 0.7MPa 以下。这是因为，蛋白质凝胶是在多肽链间的分子作用力达到平衡时形成的带有空隙的立体网络结构，开口陈放时间越长，水分流失越大，当蛋白质浓度过高时，多肽链密度太大，使得网络结构空隙过小，水分子的进入和凝胶的形成受阻；反之，当蛋白质浓度过低时，凝胶立体网络结构的强度减弱，从而影响凝胶对水分子的束缚，也不利于凝胶结构的形成[12]。综合考虑，为保证预压效果及胶合强度能够满足生产需求和标准要求，大豆蛋白胶黏剂的开口陈放时间在 2h 以内为宜。

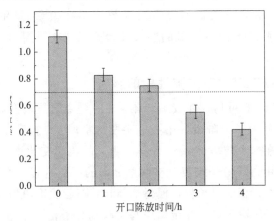

图 5-15　开口陈放时间对大豆蛋白胶黏剂胶合强度的影响

5.3.1.3　预压压力的影响

采用常温加压的方式使得大豆蛋白胶黏剂发生预固化，在大豆蛋白经过热改性或酸碱改性等处理后，获得具有一定水解度的胶黏剂体系，此时其吸水能力大大增强，经加压转化到高度水合的预固化状态，后期经过热压达到高度交联固化并与基材紧密衔接的状态。如图 5-16 所示，随着预压压力的增加，胶合板的预压强度呈现上升趋势，随着预压压力的升高，胶黏剂在基材表面的铺展更加均匀，为预固化

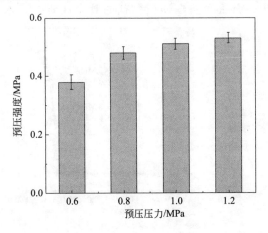

图 5-16　预压压力对大豆蛋白胶黏剂胶合强度的影响

向高度交联固化状态的转化奠定了良好的基础，因而随着预压压力增大，胶合板的胶合强度随之增大，当预压压力低于 0.8MPa 时，预压强度达不到使用要求。因此为了满足生产工艺需要和获得较高的出材率，预压压力在 0.8~1.2MPa 为宜。

5.3.2　交联固化性能

改性大豆蛋白胶黏剂体系属于较稳定的悬浮体系，动态黏弹性能是表征悬浮体系凝胶-溶胶最有用的方法，其最常用参数为弹性模量 G' 和黏性模量 G''。但是，由于大豆蛋白胶黏剂没有明显的凝胶过程，只能在升温过程中分析其固化交联过程。

5.3.2.1　交联剂对动态黏弹性能的影响

由图 5-17 和图 5-18 可见，在胶黏剂体系中，随着温度的升高，弹性模量 G' 的变化过程可以大致分为三个阶段：第一个阶段从室温至 130℃ 左右，模量 G' 和 G'' 基本不变，这说明在这个阶段体系没有发生明显的化学变化；第二阶段模量 G' 和 G'' 迅速升高，发生蛋白质分子与复合交联剂之间的固化过程；在温度高于 155℃ 的第三阶段交联剂添加量低于 2% 时，模量 G' 和 G'' 随着温度继续升高，当交联剂添加量高于 2% 时，G'' 开始下降，在蛋白质与交联剂分子相互作用的固化过程中同时发生交联，而且增大异氰酸酯交联剂的用量，其分子之间的内聚交联反应也会加强，二者综合作用，使得损耗模量 G'' 在此阶段随温度升高而降低。

5.3.2.2　复合交联剂的固化机理

水性聚酰胺、异氰酸酯及乙二醛三者之间适当地复合改性有助于胶合强度的提高。因为水性聚酰胺在改善大豆蛋白胶黏剂涂布性能的同时，可以与蛋白质分子活性基团形成共聚复合物（见图 5-11），后期通过固化交联反应形成不溶性的立体网络，与未改性豆胶相比，胶合强度有所改善，但是达不到使用要求，需要和其他交联剂复合使用进一步改善大豆蛋白质胶黏剂的胶合性能[8]。水性聚酰胺与异氰酸

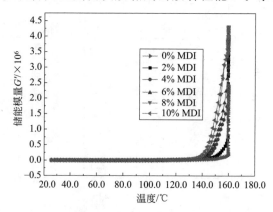

图 5-17　交联剂添加量对大豆蛋白胶黏剂储能模量的影响

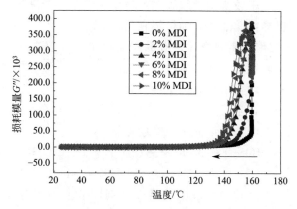

图 5-18　交联剂添加量对大豆蛋白胶黏剂损耗模量的影响

酯复合改性大豆蛋白胶黏剂，随着异氰酸酯添加量的增加，胶黏剂的胶合强度显著提高，而且在异氰酸酯添加量为 4% 时，耐水胶合强度达到了 0.74MPa；水性聚酰胺与乙二醛复合改性，也可以使大豆蛋白胶黏剂达到一定程度的交联度，提高耐水胶合强度；水性聚酰胺/异氰酸酯/乙二醛三者复合改性，胶合板的综合性能最佳，以上三种复合改性的交联固化机理如下。

　　异氰酸酯交联剂可以通过加成反应键接到了大豆蛋白分子链上，由图 5-19 可知：异氰酸酯交联剂中的多个活性异氰酸酯基与大豆蛋白分子的活性羟基和氨基都具有极强的聚合反应性，它们之间可交联成体型结构的树脂，使得大豆蛋白胶黏剂的耐水性增强，胶合强度得到显著提高，与此同时，增大异氰酸酯改性剂的用量，其分子之间的内聚交联反应也会加强，使体系达到高度交联的状态[13]。但是由于

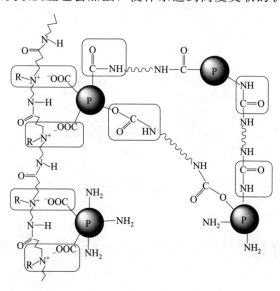

图 5-19　水性聚酰胺/异氰酸酯与蛋白质分子间的交联反应示意图

异氰酸酯与水的反应速率较快，导致胶黏剂适用期缩短，胶黏剂涂布性能和板坯的预压性能下降，所以异氰酸酯的添加量不宜超过5％。

水性聚酰胺/乙二醛二者复合改性有助于大豆蛋白分子之间的交联固化和胶合强度的提高。因为交联剂乙二醛与蛋白分子上的氨基发生缩合反应，产生分子内或分子间的交联，耐水性增强。当添加量过大时，由于分子内交联概率增加，减弱了与蛋白质分子间的交联，阻碍了进一步形成不溶性的立体网络结构[14]，故胶合强度增加缓慢，因此乙二醛添加量低于5％为宜。

$$CHO—CHO+ⓅNH_2 \longrightarrow Ⓟ—N=CH—CHO+H_2O$$
$$Ⓟ—N=CH—CHO+ⓅNH_2 \longrightarrow Ⓟ—N=CH—CH=N—Ⓟ+H_2O$$

水性聚酰胺、乙二醛和异氰酸酯三类改性剂联合使用将有助于胶合强度的提高，实验结果表明：水性聚酰胺/乙二醛/异氰酸酯添加比例为10％/1％/1％时，胶合强度达到国家Ⅱ类板使用要求。因为这三者在交联固化体系中产生了有效的协同作用（图5-20）：一方面，水性聚酰胺、异氰酸酯和乙二醛与大豆蛋白胶黏剂之间的交联固化；另一方面，异氰酸酯可与乙二醛反应得到线型分子，再次实现与蛋白质分子之间的交联固化，这样进一步提高了各分子间的相互交联程度。因此，水性聚酰胺/乙二醛/异氰酸酯固化体系，使得蛋白质分子交联更加充分，对大豆蛋白胶黏剂的固化起到了很好的协同效应。

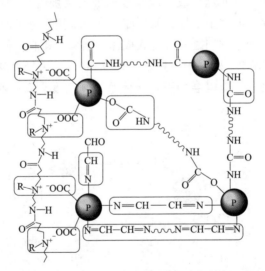

图5-20 水性聚酰胺/异氰酸酯/乙二醛与蛋白质分子间的交联反应示意图

5.4 应用性能

目前，广泛应用于人造板的胶黏剂大多是来源于石化产品，具有潜在甲醛释放的合成树脂。复合改性大豆蛋白胶黏剂，实现了"零甲醛"添加的环保标准。同时，因其原料可再生，无甲醛释放等优点，成为木材胶黏剂行业重要的发展方向，其人造板制品在装饰装修、家具制造、包装等领域具有广阔的应用前景。

5.4.1 豆粕胶多层胶合板

5.4.1.1 酸碱固化体系

pH 值是影响利用大豆蛋白胶黏剂制备多层胶合板材胶合强度的重要因素之一，同时影响它的黏度和涂布性能[8]。随着 pH 值的升高，大豆蛋白胶黏剂的黏度先减小后增大，在 4.0～4.5 出现最低值，这与蛋白质自身的结构与性能密切相关，当 pH 值位于等电点附近时，这时蛋白质溶液的黏度最小，使得胶黏剂与基体材料之间接触良好并成功渗透，预压强度提高，这是其粘接性能提高的首要条件[15]。由图 5-21 可见，在复合交联剂（10%水性聚酰胺+1%乙二醛+1%异氰酸酯）作用下，三层胶合板的最大耐水胶合强度出现在 pH 值为 4.0～4.5 时，这与上述分析结果相一致。在预压过程中，蛋白质分子与水结合能力显著增强，形成了具有一定强度的凝胶结构；在后期热压过程中，温度升高，蛋白质分子链进一步展开，在复合交联剂的作用下，固化交联成为高度交联且具有一定耐水性的三维网络结构，耐水胶合强度得到明显提高[16]。所以，复合改性大豆蛋白胶黏剂的最佳 pH 值位于蛋白质分子的等电点附近。

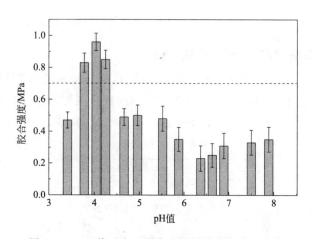

图 5-21 pH 值对大豆蛋白胶黏剂胶合强度的影响

5.4.1.2 水性聚酰胺复合固化体系

水性聚酰胺最佳添加量为 10%～15%，大豆蛋白胶黏剂的流变行为良好，而且水性聚酰胺的加入有利于胶合强度的提高，所以复合改性中水性聚酰胺添加量固定在 10%，通过与其他交联剂复配，研究复合固化体系的协同作用对胶合性能的影响。

(1) 水性聚酰胺/异氰酸酯复合固化体系

在固定水性聚酰胺添加量的情况下,考察异氰酸酯添加量对胶合强度的影响,结果见图5-22。随着异氰酸酯用量的增加,耐水胶合强度显著提高,在添加量为4%时,胶合强度达到了0.74MPa。因此,当10%水性聚酰胺和4%异氰酸酯复合改性时,三层胶合板的胶合强度可以达到国家Ⅱ类板使用要求。因为异氰酸酯交联剂可与大豆蛋白的活泼—COOH和—NH₂反应,从而减少蛋白质分子的亲水基团对湿态胶合强度的破坏作用,增强了耐水性。异氰酸酯用量越大成本越高,所以异氰酸酯交联剂添加量应在5%以内,此外,可以选择与其他交联剂(如乙二醛)有效协同来提高大豆蛋白胶黏剂的胶合性能。

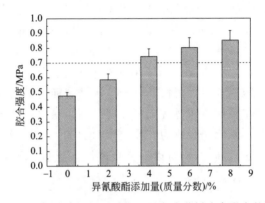

图 5-22　异氰酸酯添加量对大豆蛋白胶黏剂胶合强度的影响

(2) 水性聚酰胺/乙二醛复合固化体系

水性聚酰胺/乙二醛复合改性大豆蛋白胶黏剂所得胶合板材的胶合强度如图5-23所示,二者复合改性有助于大豆蛋白胶黏剂胶合强度的提高。当仅添加水性聚酰胺时,胶合强度只有0.5MPa;随着乙二醛添加量的增加,三层胶合板的胶合强

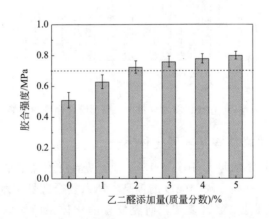

图 5-23　乙二醛添加量对大豆蛋白胶黏剂胶合强度的影响

度显著提高，当乙二醛添加量为2%时，其胶合强度达到了0.73MPa，满足国家Ⅱ类板标准的要求。这是因为交联剂乙二醛与蛋白分子上的游离—NH₂发生缩合反应，同时与水性聚酰胺产生分子间的交联，耐水性增强。但是当乙二醛含量大于2%时，增长趋于平缓，这主要是因为分子间的交联存在较大的位阻，不能进一步形成不溶性的立体网络[14]。

（3）水性聚酰胺/乙二醛/异氰酸酯复合固化体系

添加少量异氰酸酯交联剂有利于胶合强度的提高，由图5-24可知，在水性聚酰胺/乙二醛/异氰酸酯添加量为10%/1%/1%时，胶合强度即达0.75MPa，满足国家Ⅱ类板使用要求。因此，水性聚酰胺/乙二醛/异氰酸酯三者在交联固化体系中起到了有效的协同作用。

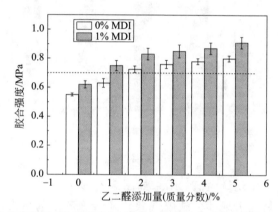

图5-24　水性聚酰胺/异氰酸酯/乙二醛与蛋白质分子之间的交联反应示意图

在相同工艺条件下，进行七层胶合板的制备及根据国家Ⅱ类板胶合性能要求测试，结果表明：七层桉木板胶合强度高达1.19MPa，合格率为100%，木破率为0.5%左右。因此，水性聚酰胺/乙二醛/异氰酸酯复合改性大豆蛋白胶黏剂的多层胶合板，可以满足生产使用要求。

水性聚酰胺使得大豆蛋白胶黏剂的涂布性能得到明显改善，乙二醛可以通过加成反应键接到大豆蛋白分子链上，同时高反应活性的异氰酸酯也可以实现蛋白质分子间的交联，进一步提高大豆蛋白胶黏剂的耐水胶合强度。因此，水性聚酰胺/乙二醛/异氰酸酯固化体系，不仅有效解决了异氰酸酯交联剂高添加量时的鼓泡现象，而且使得体系中的蛋白质分子交联更加充分，提高了大豆蛋白胶黏剂的耐水性。

在上述各因素讨论的基础上，筛选出适宜的复合固化交联体系，考察压制板材的多个主要参数对三层胶合板胶合强度性能的影响。

5.4.1.3　基材

不同的单板基材不仅影响豆胶的涂布性能，而且影响其胶合强度，这与板材内部构造、质地、内含物以及旋切的表面状态有关。同等条件下，材质较细、硬度适中、表面光滑的单板制成的胶合板的胶合强度较高，但富含较多内含物的板材制得的胶合板的胶合强度较差，因为内含物会影响板材的胶合[17]。另外，胶合强度与大豆蛋白胶黏剂的性能（pH、黏度和固体含量等）密切相关，由图 5-25 可见，在相同工艺条件下，三层桉木和三层杨木以及桉杨结合的胶合板的胶合强度都达到了国家Ⅱ类板使用要求，其中三层杨木胶合板的胶合强度最佳。

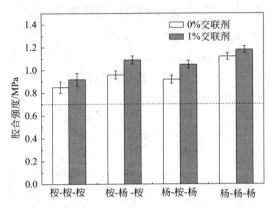

图 5-25 基材对大豆蛋白胶黏剂胶合强度的影响

5.4.1.4 施胶量

在相同工艺条件下，施胶量对胶合强度影响呈现先增加后降低的趋势，在单面施胶量为 $180g/m^2$ 时出现最大值，结果如图 5-26 所示。这是因为当单面施胶量低于 $180g/m^2$ 时，板材上出现部分缺胶现象，随着施胶量的增大，胶黏剂在板材上得以均匀分布，热压后胶黏剂与板材之间形成高强度三维网络结构，因此随着单面施胶量的增大，胶合强度逐渐升高；当单面施胶量超过 $180g/m^2$ 时，由于胶层的内聚力低于胶层与板材之间的粘接力，胶合强度测试时导致胶层断裂，所以单面施胶量继续增大，胶合强度降低。因此，最佳单面施胶量为 $160\sim200g/m^2$。

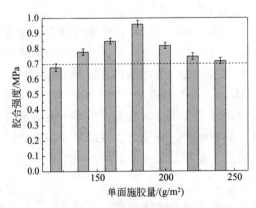

图 5-26 施胶量对大豆蛋白胶黏剂胶合强度的影响

5.4.1.5 热压压力

加压的目的是使板坯中木材-胶层-木材紧密结合，使得胶黏剂部分渗入木材孔隙中为良好胶合创造必要的条件。适当的压力，可使板坯压实，加速胶的流动，使胶均匀地扩散渗透，减少胶层空隙，增加胶层分子的内聚力。由于大豆胶黏剂的黏度较大，流动性较差，采用较大的热压压力有助于提高胶黏剂的流平性和改善胶层结构。图 5-27 显示了压力从 0.6MPa 增加到 1.6MPa，胶合强度呈现先增大后缓慢下降的趋势，当压力为 1.2MPa 时，胶合强度达到最大值 0.95MPa，但压力继续上升到 1.6MPa 时，胶合强度反而缓慢下降。这是因为压力过高致使胶液过分渗入木材而出现缺胶现象，从而导致胶合强度降低，同时还会减少胶合板的出材率及增加生产成本，所以热压压力以 1.2MPa 为宜。

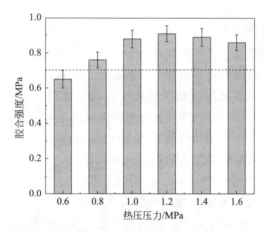

图 5-27　热压压力对大豆蛋白胶黏剂胶合强度的影响

5.4.1.6 热压温度

温度在热压时所起的作用主要是促使胶黏剂固化，较高的热压温度有助于热量由板坯表层向芯层迅速传导，促使板坯表-芯层间胶黏剂同时固化，有利于胶层和单板界面结构的改善，提高胶接强度。由实验可得，热压温度是影响胶合强度的主要因素之一，结果见图 5-28。在相同热压时间（96s/mm）下，热压温度位于 125～135℃时，板材胶合强度均在 0.7MPa 以上，低于 125℃和高于 145℃时，胶合强度均低于 0.7MPa。因为随着温度的升高，一方面充分展开的多肽链在较高的温度下交联，可以重新形成包括二硫键在内的各种化学交联，形成热固性胶层；另一方面温度升高，蛋白质分子运动速度加快，蛋白质分子之间相互碰撞、聚结的机会也就增多，由此交联基团与各类活性氢化合物的反应速率加快，同时异氰酸酯胶黏剂的自聚反应速率也会加快[18]，因此，随着温度升高，胶合强度升高。但当温度高于 140℃时，由于胶黏剂中大量水分急剧汽化而聚集鼓泡，导致胶层破坏进而胶合强度下降。因此，热压温度应该控制在 125～130℃。

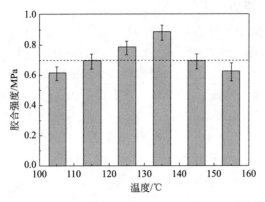

图 5-28　热压温度对大豆蛋白胶黏剂胶合强度的影响

5.4.1.7　防腐剂

为了保证产品运输和生产使用需求，蛋白胶黏剂中需加入一定量的防腐剂。大豆蛋白胶黏剂的常用防腐剂有环烷铜、正苯基酚以及氯代酚类，一般适宜的浓度为1‰～2.5‰，但是大豆基木材胶黏剂的防腐性能还受到其他因素的显著影响，其中，豆胶的 pH 值、豆胶储存的环境温度对防腐性能影响很大，因此，防腐剂的添加量各不相同。本研究中应用氯代酚类对大豆蛋白胶黏剂进行防腐性能研究，结果表明：随着防腐剂添加量的增加，储存时间逐渐延长，在添加量为3‰时，大豆蛋白胶黏剂的储存时间达到了 17 天以上。当防腐剂添加量为3‰时，图 5-29 显示随着储存时间的延长，大豆蛋白胶黏剂的胶合强度逐渐降低，储存期在 18 天以内，胶合强度仍然在 0.7MPa 以上，可以满足国家Ⅱ类板使用要求，因此，防腐剂最佳添加量为3‰。

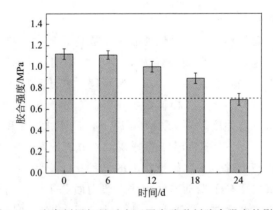

图 5-29　防腐剂添加量对大豆蛋白胶黏剂胶合强度的影响

5.4.1.8　甲醛释放量

甲醛释放量是衡量板材质量的重要指标之一，参照国家标准对胶合板甲醛释放量进行检测至关重要，由表 5-11 得出如下结论：基于桉木和杨木板材，三层和五层胶合板的甲醛释放量均达到环保要求，可以直接用于室内装修等行业。

表 5-11　胶合板甲醛释放量测试结果　　　　　　　单位：mg/L

胶合板类型	基　材		
	桉木	杨木	桉杨结合
三层胶合板	0.02	0.04	0.02
五层胶合板	0.10	0.10	0.10

5.4.1.9　中试实验

在实验室研究基础上进行中试实验，制备工艺与测试结果如表 5-12 所示。在涂布之前，添加部分面粉填料，预压时间为 13h，胶合强度在 0.7MPa 以上，合格率为 90% 左右，满足使用要求；添加同等量的豆粉时，2♯胶种的胶合强度优于 1♯胶种，因此，得到最佳中试工艺条件是 1 号和 4 号。

表 5-12　中试实验工艺与测试结果

项目	1	2	3	4	5	6
胶种	1♯	1♯	2♯	2♯	1♯	1♯
填料	面粉	面粉	豆粉	豆粉	豆粉	豆粉
层数	7	7	7	7	7	7
厚度/mm	13.5	13.5	13.5	13.5	13.5	13.5
预压时间/h	13	13	1	1	1	1
热压温度/℃	125	135	125	135	125	135
热压时间/min	20+5	20+5	20+5	20+5	20+5	20+5
胶合强度/MPa	0.70～1.37	0.68～1.33	0.45～1.41	0.93～1.44	0.67～1.01	0.44～1.24
合格率/%	100	89	61	100	94	89

注：1. 桉木单板规格：横板 120mm×97mm×2.2mm，长板 120mm×97mm×1.7mm。

2. 单面涂布，1h 内预压。

3. 胶合强度和合格率由浙江省林产品质量检测站检测。

5.4.2　豆粕胶中密度纤维板

大豆蛋白胶黏剂存在固体含量低、黏度大、难喷涂、储存周期短及胶合强度低、耐水性差等问题，制约了大豆蛋白胶黏剂在木材工业中的推广应用，尤其在纤维板行业尤为突出[19~22]。

以大豆提取油脂后的副产物——豆粕为原料，通过酸、分散剂及交联改性剂对大豆蛋白进行复合改性，制备了纤维板用双组分豆粕基胶黏剂，并采用分解喷涂方式压制中密度纤维板。该方法降低了大豆蛋白胶黏剂的生产成本，克服了因黏度大、储存周期短等缺陷制约大宗纤维板的生产问题，同时还能降低纤维板对不可再生资源的高度依赖，推动我国纤维板产业升级。

5.4.2.1　豆粕胶中密度纤维板的制备

利用喷枪将组分 1（改性剂复合而成的水溶液，固体含量为 10%～30%，黏度<

300mPa·s）均匀喷洒于木纤维中，搅拌并干燥使木纤维含水率控制在12%±1%，然后将组分2——大豆豆粕粉（粗蛋白质含量≥45%，目数为60~120目，水分含量≤13%）加入木纤维中继续搅拌至其分布均匀，后经铺装、预压等工序制得板坯，再经热压、冷却、砂光即制得设定厚度的豆粕胶中密度纤维板。

5.4.2.2 豆粕胶中密度纤维板的制备工艺及参数

豆粕胶中密度纤维板压板工艺主要分为闭合加压、保压固化和张开卸压三个阶段（如图5-30所示），整个过程的压力控制在0~6.0MPa，其中闭合加压阶段的时间应不大于10s，张开卸压阶段的时间应不小于15s。另外，板材的密度控制在0.7~0.8g/cm³，厚度通过厚度规控制在12mm±0.2mm，热压温度为180℃±3℃，热压时间约为27s/mm。

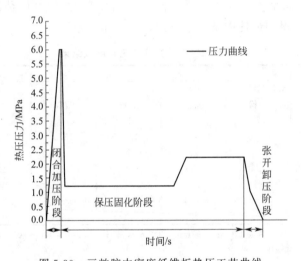

图 5-30 豆粕胶中密度纤维板热压工艺曲线

5.4.2.3 组分1添加量的影响

在组分2添加量为60kg/m³的条件下，考察组分1添加量对纤维板的密度、内结合强度及24h吸水厚度膨胀率的影响，结果如表5-13所示。

表 5-13 组分1添加量对豆粕胶中密度纤维板性能的影响

组分1的添加量/(kg/m³)	密度/(kg/m³)	内结合强度/MPa	24h吸水厚度膨胀/%
40	748.0	0.35	16.22
60	752.3	0.52	15.01
80	747.8	0.58	13.77
100	759.2	0.85	12.57
120	763.1	0.94	13.24
140	760.6	1.00	11.19
160	764.5	1.10	12.22

由表5-13中的数据可知，豆粕胶中密度纤维板的密度、内结合强度、24h吸

水厚度膨胀率基本符合国家标准。随着组分 1 用量的增加，豆粕基纤维板的内结合强度呈现明显的递增趋势，而 24h 吸水厚度膨胀率存在不同程度的波动，从数据可以看出，当组分 1 的添加量大于 $60kg/m^3$ 时，才能保证豆粕基纤维板 24h 吸水厚度膨胀率达到国家标准。

5.4.2.4　组分 2 添加量的影响

在组分 1 添加量为 $100kg/m^3$ 的条件下，考察组分 2 添加量对豆粕胶中密度纤维板性能的影响，结果如表 5-14 所示。

表 5-14　组分 2 添加量对豆粕胶中密度纤维板性能的影响

组分 2 的添加量/(kg/m³)	密度/(kg/m³)	内结合强度/MPa	24h 吸水厚度膨胀率/%
30	731.9	0.74	14.02
40	748.4	0.82	13.56
50	770.5	0.80	12.35
60	779.2	0.85	12.16
70	791.9	0.82	13.52
80	745.0	0.85	14.47

由表 5-14 中的数据可知，随着组分 2 用量的增加，豆粕基纤维板的 24h 吸水厚度膨胀率呈现先降低后增加的趋势，内结合强度的变化不明显。产生这种现象的主要原因是，组分 2 与组分 1、木纤维在一定的温度、压力下发生交联固化，改善了豆粕基纤维板的耐水性能。组分 2 用量增加，使参加反应的有效成分增多，纤维板的耐水性能得到逐步提高，宏观上表现为 24h 吸水厚度膨胀率的降低。但随着组分 2 用量的进一步增加，豆粕基纤维板中存在部分未参加反应的组分 2，其易吸水发生膨胀，从而造成豆粕基纤维板 24h 吸水厚度膨胀率增加。

5.4.2.5　木纤维含水率的影响

木纤维含水率是影响纤维板性能的一个重要的因素。木纤维含水率过高，板内积累的蒸汽不能完全释放，聚集产生较大内应力，热压结束卸压时会造成鼓泡现象；木纤维含水率过低，板内热量不足且传递过慢，木纤维之间以及木纤维与豆粕胶黏剂之间的交联固化不完全或在一定热压时间内来不及固化，这样卸压时会造成纤维分层从而影响板材质量。

由表 5-15 中的实验数据可知，豆粕胶中密度纤维板的内结合强度、静曲强度、弹性模量均随着木纤维含水率的升高呈现先升高后略微降低的趋势；24h 吸水厚度膨胀率随着木纤维含水率的升高呈现先降低后略微升高的趋势，其主要原因是，高温高压条件下，木纤维之间以及木质纤维与胶黏剂之间交联固化所需的热量是通过木纤维中的蒸汽传递的。随着木纤维含水率的升高，汽化蒸汽增加，向芯层传递的速度加快并且传递均匀，芯层交联固化加快。另外，含水率升高在一定程度上抑制了纤维的预固化，使纤维板性能有一定的改善，而纤维板的交联固化达到稳定后，含水率进一步升高，反而制约纤维板硬层的形成[20,23~25]，从而造成静曲强度、弹性模量相应降低和24h吸水厚度膨胀率相应升高。

表 5-15　木纤维含水率对豆粕胶中密度纤维板性能的影响

木纤维含水率 /%	密度 /(kg/m³)	内结合强度 /MPa	24h 吸水厚度膨胀率 /%	静曲强度 /MPa	弹性模量 /MPa
7.50	—	—	—	—	—
9.65	748.6	0.65	14.13	28.5	2802
10.86	768.9	0.72	13.17	31.5	2909
11.51	759.5	0.85	12.77	30.7	2898
12.57	730.3	0.74	11.02	31.2	2977
13.00	776.8	0.68	11.32	29.4	2881
13.80	766.5	0.65	11.39	29.9	2848
15.60	—	—	—	—	—

注：1. 表中木纤维含水率的测定数据是通过施加胶液后，经一定时间的搅拌和干燥，取部分木纤维经电子水分测试仪检测的。

2. 表中"—"是由于热压过程中纤维板含水率过高或过低导致产生废板，不能提供检测，无数据。

5.4.2.6　热压时间的影响

由表 5-16 中的实验数据可知，豆粕胶中密度纤维板随着热压时间的延长，内结合强度、静曲强度、弹性模量呈增大趋势，24h 吸水厚度膨胀率呈减小趋势。其主要原因是热量传递时间延长使热量分布趋于均匀，木质纤维的活化和分解彻底，与胶黏剂的交联固化充分，使得豆粕胶中密度纤维板的物理力学性能有所改善，但热压时间过长易造成纤维老化、纤维板力学性能下降。

表 5-16　热压时间对豆粕胶中密度纤维板性能的影响

热压时间 /(s/mm)	密度 /(kg/m³)	内结合强度 /MPa	24h 吸水厚度膨胀率 /%	静曲强度 /MPa	弹性模量 /MPa
23	748.8	0.48	15.52	24.5	2460
25	740.7	0.67	14.33	29.9	2848
27	737.9	0.80	13.12	30.4	2881
30	769.1	0.84	12.16	31.5	2909
32	762.1	1.00	11.83	33.5	3155

5.4.2.7　生产性试验

通过对影响豆粕胶中密度纤维板性能因素的探索和对生产成本及产品质量的综合考虑，选取热压温度 180℃，组分 1 添加量 100kg/m³，组分 2 添加量 60kg/m³，木纤维含水率 12%±1%，热压时间 27s/mm 为工艺参数，在实验室制备了豆粕胶中密度纤维板并送国家人造板与木竹制品质量监督检验中心检测，其密度为 0.76g/cm³，内结合强度为 0.71MPa，24h 吸水厚度膨胀率为 9.3%，静曲强度为 33.2MPa，弹性模量为 3319MPa，甲醛释放量（穿孔法）为 0.2mg/100g，各项性能指标均符合国家标准。

同时在广西丰林集团的辊压式连续压机生产线上进行了豆粕胶中密度纤维板的

生产试验，压制的豆粕胶中密度纤维板送国家林业局南京人造板质量监督检测站检验（标准：GB/T 11718—2009），其中，甲醛释放量按照 GB/T 18580—2001 穿孔萃取法检测。检测数据（见表 5-17）表明，豆粕胶中密度纤维板的各项指标均达到国家标准，甲醛释放量优于国标 E_0 级指标（≤5mg/L）。

表 5-17　检测报告

检测项目	单位	标准规定值	检验值	判定结果
密度	g/cm³	0.65～0.80（允许偏差±10%）	0.82	合格
板内密度偏差	%	±10.0	−1.0，+0.9	合格
含水率	%	3.0～13.0	4.5	合格
24h吸水厚度膨胀率	%	≤15.0	10.7	合格
静曲强度	MPa	≥26.0	36.2	合格
弹性模量	MPa	≥2500	3519	合格
内结合强度	MPa	≥0.50	0.65	合格
表面结合强度	MPa	≥0.60	0.90	合格
甲醛释放量	mg/100g	≤5	0.2	合格

5.4.2.8　TVOC 检测

豆粕胶中密度纤维板经国家林业局南京人造板质量监督检测站和通标标准技术服务有限公司（SGS）广州分公司检测，结果如下。

① 按照 HJ 571—2010《环境标志产品技术要求人造板及其制品》检测，豆粕胶中密度纤维板的 TVOC 的释放量为 $0.20mg/(m^2 \cdot h)$（72h），符合标准 [$\leq 0.50mg/(m^2 \cdot h)$（72h）]。

② 参照 Decree2011—321 对相关建筑材料、地板、墙饰及油漆涂料的有机污染物排放量的标签法规对 TVOC 挥发量不得超过 $941.6\mu g/(m^2 \cdot h)$（72h）的要求，豆粕胶中密度纤维板的 TVOC 的挥发量为 $753.3\mu g/(m^2 \cdot h)$（72h），产品属于 A^+ 级。

参 考 文 献

[1] 陶红，梁歧，张鸣镝. 热处理对大豆蛋白水解度的影响 [J]. 中国油脂，2003，28（9）：61-63.

[2] Meng G T，Ma C Y. Fourier-transform infrared spectroscopic study of globulin from Phaseolus angularis (red bean) [J]. International Journal of Biological Macromolecules，2001，29（4）：287-294.

[3] 孟令芝，龚淑玲，何永柄. 有机波谱分析 [M]. 武汉：武汉大学出版社，2006.

[4] 励杭泉，张晨. 聚合物物理学 [M]. 北京：化学工业出版社，2007.

[5] 施拉姆，Schramm G，李晓晖. 实用流变测量学 [M]. 北京：石油工业出版社，1998.

[6] Ngothai Y，Bhattacharya S，Coopes I. Effect of temperature on the flow behavior of polystyrene latex-gelatin dispersions [J]. Journal of Colloid and Interface Science，1995，172（2）：289-296.

[7] 高瀚文，何吉宇，杨荣杰，等. 聚乙烯醇水溶液的剪切流变行为 [J]. 高分子材料科学与工程，2010，26（3）：65-67.

[8] Zhong Z，Sun X S，Wang D. Isoelectric pH of polyamide-epichlorohydrin modified soy protein improved water resistance and adhesion properties [J]. Journal of Applied Polymer Science，2007，103（4）：

2261-2270.

[9] Tang C H, Liu F. Cold, gel-like soy protein emulsions by microfluidization: emulsion characteristics, rheological and microstructural properties, and gelling mechanism [J]. Food Hydrocolloids, 2013, 30 (1): 61-72.

[10] 林云周, 杨璐铭, 陈武勇. 聚乙烯醇/蛋白质共混及其复合材料的研究进展 [J]. 皮革科学与工程, 2005, 15 (5): 36-39.

[11] Li G. Phytoprotein synthetic fibre and method of manufacture thereof [P]. US7271217. 2007.

[12] 王飞镝, 崔英德, 周智鹏, 等. 大豆蛋白凝胶中水的状态的研究 [J]. 食品科学, 2006, 27 (9): 33-36.

[13] 顾继友, 高振华. 异氰酸酯树脂胶粘剂刨花板制板工艺研究 [J]. 木材工业, 1999, 13 (5): 7-10.

[14] 雷洪, 杜官本, 周晓剑, 等. 乙二醛对蛋白基胶黏剂结构及性能的影响 [J]. 西南林学院学报, 2011, 31 (2): 70-73.

[15] 赵新淮, 徐红华, 姜毓君. 食品蛋白质——结构、性质与功能 [M]. 北京: 科学出版社, 2009.

[16] Molina E, Papadopoulou A, Defaye A, et al. Functional properties of soy proteins as influenced by high pressure: emulsifying activity [J]. Progress in Biotechnology, 2002, 19 (02): 557-562.

[17] 向仕龙, 王建峰. 十种木材材性对其胶合板物理力学性能影响的研究 [J]. 中南林学院学报, 1999, 19 (4): 26-28.

[18] 赵科, 郝许峰, 刘大壮. 大豆分离蛋白复合胶粘剂研制 [J]. 郑州工业大学学报, 2000, 21 (1): 15-18.

[19] Li X, Li Y, Zhong Z, et al. Mechanical and water soaking properties of medium density fiberboard with wood fiber and soybean protein adhesive [J]. Bioresource Technology, 2009, 100 (14): 3556-3562.

[20] 高强, 张世锋, 李建章. 改性大豆蛋白胶黏剂制造纤维板工艺参数研究 [J]. 北京林业大学学报, 2009, (S1): 123-126.

[21] Ye X P, Julson J, Kuo M, et al. Properties of medium density fiberboards made from renewable biomass [J]. Bioresource Technology, 2007, 98 (5): 1077-1084.

[22] 张亚慧, 祝荣先, 于文吉. 改性大豆蛋白胶黏剂在高密度纤维板中的应用 [J]. 中国人造板, 2011, (12): 10-13.

[23] Ali I, Jayaraman K, Bhattacharyya D. Effects of resin and moisture content on the properties of medium density fibreboards made from kenaf bast fibres [J]. Industrial Crops and Products, 2014, 52 (1): 191-198.

[24] Ganev S, Gendron G, Cloutier A, et al. Mechanical properties of MDF as a function of density and moisture content [J]. Wood and Fiber Science, 2005, 37 (2): 314-326.

[25] Cai Z, Muehl J H, Winandy J E. Effects of panel density and mat moisture content on processing medium density fiberboard [J]. Forest Products Journal, 2006, 56 (10): 20.

第6章

苄基化、氰乙基化木材胶黏剂

生物质材料由于环保性和功能性，其开发应用越来越受到高度关注，将可再生资源转化为新材料已成为一种重要的发展趋势。木质纤维材料可以通过酯化、醚化等手段进行改性，经过改性之后的木质纤维材料具有热塑性，可取代传统胶黏剂用于人造板等的制造，也可用普通塑料加工成型的方法进行加工，制成各种高性能的功能性材料或复合材料。

本章介绍苄基化木材、氰乙基化木材的合成方法，它们的结构、性能以及在人造板生产中的应用。

6.1 苄基化、氰乙基化木材制备及产物特性 ░░░░

6.1.1 苄基化木材制备

6.1.1.1 苄基化木材制备的历史与发展

苄基化木质纤维材料始于纤维素的苄基化，后来将这种方法逐步扩展到木材及其他木质纤维材料。纤维素（半纤维素）的苄基化反应属于典型的 Williamson 亲核取代反应：

$$纤维素\text{-}OH + NaOH \longrightarrow 纤维素\text{-}ONa + H_2O$$

$$纤维素\text{-}ONa + \underset{}{\bigcirc}\!\!-CH_2Cl \longrightarrow \underset{}{\bigcirc}\!\!-CH_2-O\text{-}纤维素 + NaCl$$

碱性条件下苄基化过程中存在一些副反应，如：

$$\text{C}_6\text{H}_5\text{—CH}_2\text{Cl} + \text{NaOH} \longrightarrow \text{C}_6\text{H}_5\text{—CH}_2\text{OH} + \text{NaCl}$$

$$\text{C}_6\text{H}_5\text{—CH}_2\text{Cl} + \text{C}_6\text{H}_5\text{—CH}_2\text{OH} + \text{NaOH} \longrightarrow \text{C}_6\text{H}_5\text{—CH}_2\text{—O—CH}_2\text{—C}_6\text{H}_5 + \text{NaCl} + \text{H}_2\text{O}$$

苄基化纤维素的研究开始于 1917 年，最初是碱纤维素与氯化苄在 100℃下反应。后来，由 Gambcrg 和 Buchler 改进为在氢氧化钠水溶液存在时，氯化苄与纤维素在 94～95℃下直接反应[1]。

苄基化纤维素的研究与生产在 20 世纪 30～40 年代较为突出。主要有欧洲的 Farhen Industries A. G.、英国的 Imperial Chemical Industries Ltd. 和美国的 Hercules Powder Co. 等投入研究，但产物始终没有商业化。

在木材的苄基化改性反应中，一般也采取由 Gambcrg 和 Buchler 改进的苄基化方法[2]。国内不少学者也对纤维素及木材等的苄基化进行了研究和改进。如余权英等[3]研究了苄基化反应条件如碱的浓度、氯化苄的用量、使用甲苯作稀释剂等对苄基化的影响；滕莉丽等[4]研究了微波加热条件下木材的苄基化；万东北等[5]研究了甘蔗渣的苄基化等。

6.1.1.2 苄基化木材制备的基本方法和影响因素

苄基化原料可以使用纸浆、木纤维、木刨花或其他木质纤维材料。基本制备过程如下：

原料粉碎 → 碱润胀 → 苄基化反应 → 洗涤 → 干燥

粉碎可以降低原料的粒度，从而提高相同条件下产物的苄基取代度。原料润胀时可以采用多种处理手段如冷冻、超声波处理等，这些手段同样可以提高产物的苄基取代度。原料苄基化通常以氯化苄作为醚化剂，可以使用甲苯等作为稀释剂，以减少氯化苄用量并改善醚化剂和原料的接触状况。苄基化的反应温度通常控制在 90℃以上。

(1) 反应时间的影响

由于木纤维、木刨花等木质纤维原料中不仅含有纤维素，还含有半纤维素、木质素等成分，所以很难像纤维素等纯纤维材料那样确定取代度，在此以反应后原料的增重率表示苄基化的反应程度。

不同原料苄基化反应的难易差别很大。木材类原料如木刨花和木纤维只需要 2h 甚至更少的时间就能达到一定的增重率，而纸浆开始 2h 的反应几乎测不到产物增重。木纤维和木刨花本身结构较疏松，氯化苄容易向其内部渗透，再加上木纤维和木刨花中都含有木质素和半纤维素，而木质素和氯化苄的反应能力高于纤维素，因而使得木纤维和木刨花的反应比纤维素容易得多。

从表 6-1 中纸浆反应后的增重率随反应时间的变化可以看出，纤维素的苄基化反应通常需要较长的反应时间。纸浆反应 8h 时增重率只有 70.6%，相对应的取代度为 1.8，还远未达到饱和。表 6-1 中的数据显示，在实验所限定的条件下，延长反应时间对于实验中涉及的所有原料来说均可以相应提高其苄基化反应程度（表 6-1 中表现为增重率的提高）。

表 6-1　几种不同纤维原料苄基化后的增重率随反应时间的变化情况（反应温度为 105℃）

反应时间/ h	纸浆增重率/%	木纤维增重率/%	木刨花（大）增重率[①]/%
2	—	34.2	33.7
3	18.7	44.9	45.2
4	33.1	58.3	60.8
5	46.6	—	—
6	59.3	—	—
8	70.6	—	—

① 此处大刨花是指自制杨木刨花中不能通过孔径 5mm 筛子的部分。

（2）反应温度的影响

由图 6-1 可以看出，在实验条件下，获得的产物取代度整体处于较低水平（不超过 2），此时产物的取代度随反应温度的升高而增加，二者呈直线关系。在图 6-1 中不同反应时间所对应的直线接近于相互平行，说明不同反应时间下，苄基化产物的取代度随反应温度升高而增加的幅度是相同的。按照图 6-1 中的变化趋势，继续升高温度可使同样反应时间内产物的取代度进一步升高，然而反应温度会受到反应混合物沸点的限制。在 110℃下，反应混合物已处于剧烈沸腾状态，因而难以继续大幅度升高反应温度。

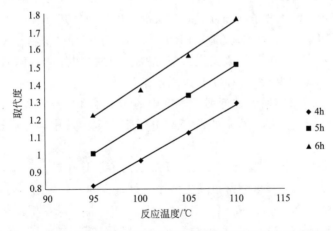

图 6-1　相同反应时间下温度对纸浆纤维素苄基化取代度的影响

（3）原料粒度的影响

表 6-2 中的数据显示，原料粉碎得越细，同样条件下其苄基化产物的增重率也越高，证明粉碎也是提高原料苄基化取代度的一种有效手段。

表 6-2　原料粒度对木刨花苄基化增重率的影响

项目	大刨花	中刨花	小刨花
增重率/%	33.7	39.2	49.6

注：不能通过粗筛（筛孔直径约 5mm）的为大刨花；能够通过 24 目标准筛（孔径为 0.8mm）的为小刨花；尺寸介于大刨花和小刨花之间的为中刨花。

（4）冷冻润胀的影响

冷冻润胀的预处理方式对木刨花苄基化的影响见表 6-3。表 6-3 中的数据显示，同等条件下在预处理中采用冷冻润胀和常温润胀相比，产物的增重率或取代度更高，即冷冻润胀比常温润胀更能促进原料的苄基化反应。表 6-3 还显示反应时间越短冷冻润胀的作用就越明显。

表 6-3　冷冻碱润胀对大刨花苄基化增重率的影响

反应时间/h	2	3	4
常温碱润胀增重率/%	33.7	45.2	60.8
冷冻碱润胀增重率/%	42	52.1	64.6

纤维素中含有大量分子排列整齐、结构致密的结晶区，结晶区内纤维素分子间存在大量氢键，这使得溶剂分子难以进入，所以纤维素难以溶于水和其他普通溶剂。但低温下一定浓度的碱性水溶液可以溶解纤维素。Roy 等[6,7]证明在 NaOH 水溶液中，NaOH 以水合物形式存在，平均一个 NaOH 分子与 9 个水分子结合。低温下（−12～−5℃）NaOH 水合物更容易与纤维素上的羟基基团结合形成新的氢键网络，新的网络结构能在一定程度上取代原来纤维素大分子内或分子间形成的氢键，从而导致纤维素分子内和分子间的氢键被破坏而使其具有一定的溶解性。

吕昂、张俐娜[8]通过红外光谱（FR-IR）、示差扫描量热分析、^{13}C NMR、同步辐射源 X 线衍射（WAXD）、激光光散射和高分辨透射电镜（TEM）分别研究了 NaOH/尿素、NaOH/硫脲和 LiOH/尿素水溶液体系及它们的纤维素溶液在低温下的结构变化。结果表明，在低温下溶剂中的小分子和纤维素大分子之间通过氢键驱动自组装形成包合物，由此把纤维素分子带入水溶液中，形成透明的纤维素溶液。

师少飞等[9]认为温度越低，碱液对纤维素的溶胀作用越大，不但在结晶区之间发生溶胀，而且在结晶区内部也发生溶胀。纤维素和氢氧化钠进行反应，生成物 $[C_6H_7O_2(OH)_3 \cdot NaOH]_n$ 和 $[C_6H_7O_2(OH)_2ONa]_n$ 可以互相转化。温度越低，纤维素钠 $[C_6H_7O_2(OH)_2ONa]_n$ 越易电离，所以纤维素在低温下容易溶解。纤维素的溶解提高了润胀效果，并增加了纤维素的可及度，因此能够有效提高苄基化反应中羟基的取代度。

（5）微波辐射的影响

微波照射碱润胀预处理方式对大刨花苄基化的影响见表 6-4。预处理时微波功率为 90W，处理时间为 30min。为排除微波加热效应的影响，大刨花采用微波照射碱润胀的预处理方式时同时做了加热碱润胀的对照实验，润胀时物料温度控制在 105℃ 左右。物料的苄基化反应温度为 105℃。

表 6-4　微波预处理对大刨花苄基化增重率的影响

反应时间/h	2	3	4
常温碱润胀增重率/%	33.7	45.2	60.8
微波预处理增重率/%	41.9	52.5	65.9
加热碱润胀增重率/%	31.3	44.6	59.3

表 6-4 中的数据显示，微波照射碱润胀的预处理方式，对木刨花的苄基化是一种有效地提高取代程度的手段。

纤维素与氢氧化钠反应生成带负电荷的碱纤维素，当它与水化程度很强的钠离子结合时，有大量的水分被带到纤维素大分子内部，引起纤维素的剧烈溶胀，而拆散纤维素无定形区大分子间的结合力，但不能克服晶区大分子间所有的结合力，因此若没有类似低温处理等作为辅助手段纤维素在氢氧化钠溶液中不能发生溶解[10]。

微波是一种频率为 300MHz～300GHz 的电磁波，对极性分子能产生高速的振动作用，使极性分子的结构发生变化[11]。纤维素为极性高分子，采用微波处理时，微波的热效应和非热效应均使纤维素的分子热运动、分子间撞击、摩擦等作用更强烈，这些作用与碱的消晶作用相结合，使纤维素分子链发生部分降解，导致聚合度和结晶度均降低[12]。

6.1.2　氰乙基化木材制备

6.1.2.1　氰乙基化木材制备的历史与发展

木材的氰乙基化同样始于纤维素的氰乙基化。氰乙基纤维素（CEC）于 1938 年由法国专利首次报道[13]。直至 20 世纪 50 年代，该产品才由棉花的直接氰乙基化制备而得以商业化。氰乙基化纤维素主要用于绝缘、介电及膜材料。

纤维素的氰乙基化反应也属于 Williamson 亲核取代反应：

$$纤维素\text{-}OH + NaOH \longrightarrow 纤维素\text{-}ONa + H_2O$$

$$纤维素\text{-}ONa + CH_2\!\!=\!\!CHCN + H_2O \longrightarrow 纤维素\text{-}OCH_2CH_2CN + NaOH$$

氰乙基化的副反应包括：微晶纤维素、丙烯腈及氰乙基纤维素的碱性水解；局部过热或其他原因导致的丙烯腈聚合；副反应放出的氨气和丙烯腈的二次反应等。

较早的方法是将经过苯醇和热水抽提的木粉干燥后，以 NaOH 作为润胀剂和催化剂，与丙烯腈在 40℃ 左右下反应。这种方法在碱浓度较低时，润胀和催化效果较差；反之，碱浓度较高时，又会造成丙烯腈及氰乙基化木材碱性水解，因而需要消耗 10～20 倍理论量的丙烯腈才能获得需要的取代度。余权英等[14]探索了丙烯腈用量、碱浓度、反应温度、反应时间等条件对木材氰乙基化的影响，认为木材最佳氰乙基化反应条件是：温度 50℃，时间 60min，适中碱浓度（质量分数 10%）

及大用量（20 倍）的丙烯腈匹配或较高碱浓度（质量分数 15%）与适中用量（10 倍）的丙烯腈相匹配。

一种改进措施是：碱润胀时加入 NaSCN 或 KSCN。在保证取代度不降低的情况下，适当降低碱液的浓度，同时使丙烯腈用量减少。余权英等[15]用 NaSCN 饱和的、浓度为 1mol/L 的 NaOH 水溶液作预润胀剂和催化剂进行氰乙基化反应，结果比单独用浓度为 2.5～3.75mol/L 的 NaOH 水溶液的丙烯腈投料量减少 4/5 以上，并获得同样性能的氰乙基化木材。最佳氰乙基化条件是木粉用润胀剂浸渍 60min，丙烯腈用量为木粉重量的 2.5 倍，在 40℃反应 2～4h。其他学者[16,17]也做了类似的研究，如容敏智等以杉木粉为原料进行了氰乙基化试验，所得最佳反应温度等和余权英的结论略有差别。金永安等[18]研究了苎麻纤维的氰乙基化，反应条件也类似。

除了液相反应之外，国外一些学者也对蒸汽相反应进行了研究，反应温度高于液相反应而反应时间更短[19]。另外，反应时采用微波加热，反应时间可由 4h 缩短为 20min[20,21]。

6.1.2.2　氰乙基化木材制备的基本方法和影响因素

氰乙基化基本制备过程如下：

原料润胀 → 去除多余的碱液 → 氰乙基化反应 → 洗涤 → 干燥

润胀采用由 NaSCN 或 KSCN 饱和的碱液可以降低润胀所用碱液的浓度，减少纤维素水解和其他副反应，对氰乙基化反应是有利的。原料中所含的水分会使后面水解等副反应增加，因此在完成润胀之后，氰乙基化反应之前要尽可能去除原料中多余的水分，去除时可以采用挤压、抽滤等手段。

木材等原料的氰乙基化反应通常以丙烯腈为醚化剂，不使用稀释剂。和氯化苄相比，丙烯腈的分子量和体积要小得多，这有利于它向原料内部渗透，使它具有穿透到纤维素链间隙的能力，并能引起链间氢键的破裂。另外，氰乙基化纤维素在低取代度下就有较好的溶解性，如取代度为 0.2～0.3 的氰乙基化纤维素有碱溶性，取代度为 0.7～1.0 的氰乙基化纤维素具有水溶性。这使得原料表面的部分在初步氰乙基化后能够及时溶解，使里面的纤维暴露出来，继续与丙烯腈反应。基于以上两个原因，丙烯腈可在多相介质中与羟基反应，生成高取代的纤维素衍生物，而且其反应条件明显低于同样材料的苄基化反应。通常反应温度控制在 40℃左右即可。反应时间、温度对纤维素氰乙基化取代度的影响见图 6-2、图 6-3。

开始阶段随着反应时间的延长，产物取代度迅速增加。反应到最后，副反应相对加快，纤维素碱性水解增加，而氰乙基化反应几乎停止。所以反应 2h 之后继续延长反应时间反而使取代度下降。其他反应温度下产物的取代度和反应时间的关系和图 6-2 反应的情况类似。

图 6-3 是相同反应时间下（1h 或 1.5h）温度对纤维素氰乙基化产物取代度的

影响。从图 6-3 可以看出，反应时间相同时，反应温度越高，产物的取代度越高。但实验中也发现，在 50℃ 以上反应时，温度会急剧升高，难以控制，高温下会发生严重的水解反应，副反应也显著增加，最终增重率反而很低。故纤维素的氰乙基化反应温度应该控制在一定温度以下。

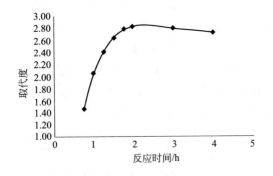
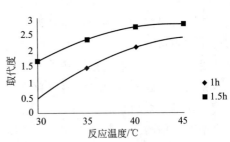

图 6-2　反应时间对纤维素氰乙基化取
代度的影响（反应温度为 40℃）

图 6-3　相同反应时间下反应温度
对纤维素氰乙基化取代度的影响

和原料的苄基化反应不同，在氰乙基化反应中，原料的粉碎、碱润胀冷冻或微波处理均不能提高产物的羟基取代度。原料的氰乙基化反应中，丙烯腈和羟基亲核取代反应速率较快，产物的溶解比较及时，丙烯腈向原料内部的渗透也比氯化苄容易，这一切使得反应前原料的分散性或粒度对氰乙基化反应速率的影响很小。这样就导致了可以提高原料分散性的各种预处理手段对氰乙基化反应未表现出有利影响。木材类原料中所含的木质素、半纤维素在碱性条件下部分溶解和水解，而预处理使得这种溶解和水解增加，造成原料损失增加，因而冷冻润胀、微波预处理和超声波预处理等预处理手段反而会使产物的增重率下降。

6.1.3　苄基化、氰乙基化木材的特性

6.1.3.1　苄基化木材的特性

木材经过苄基化改性后，其部分亲水性羟基被疏水性苄基所取代，因此耐水性、尺寸稳定性获得改善，但不同原料苄基化后性能会有一定的差异。如日本柳杉（Cryptomeria Japonica）苄基化后光泽性差、耐候性差[19]。

木材苄基化之后还可以获得一定的热塑性[3]。醚化如果和酯化相结合会使木材的热塑性更好。苄基化木材用溶剂溶解或液化后能用于制备聚氨酯泡沫材料及聚氨酯黏合剂[22]。添加增塑剂或其他化学试剂同样可改善苄基化木材的热塑性[23,24]。木素的存在对苄基化木材的热塑性是有利的，Mohammadi-Rovshandeh[25]通过 TMA 分析确认苄基化杨木（Populus）粉比苄基化其脱木素产物的软化点更低。

6.1.3.2　氰乙基化木材的特性

木材的氰乙基化改性同样能够减少木材中亲水性的羟基，破坏纤维素结晶结

构，而且氰乙基化和苄基化相比，更容易获得较高的取代度。因此氰乙基化木材同样具有较好的尺寸稳定性和一定的热塑性。但氰乙基比苄基小，氰乙基化对木材热塑性的改善不如苄基化。不同的木材经氰乙基化改性后热流动温度都在 250℃ 左右，氯溶胶处理可进一步增加氰乙基化木材的热塑性，使其热流动温度降到 150℃ 左右。金属卤化物及一些其他化学试剂也可以改善氰乙基化木材的热塑性。如氰乙基化改性反应之前用高碘酸钠或氯化钠处理木粉，或在反应之后加入少量氯化铁、氯化铜等都是降低产品的热流动温度的有效方法[26,27]。同苄基化木材类似，氰乙基化木材也可溶解或部分溶解于某些有机溶剂中。它在甲酚中可溶解 3%～30%。氯化处理和加热可增加氰乙基化木材的溶解性，但对不同类型的木材效果不完全相同。氰乙基化硬木氯化之后溶解比例增加到 84%～97%，但氰乙基化软木氯化之后溶解比例仅增加到 26%～44%。加热可以破坏氯化后的氰乙基木材细胞壁，因此可使其在甲酚中的溶解性进一步增加[28]。

氰乙基化木材的取代度比苄基化木材更高，羟基的减少减弱了木纤维表面的极性，使它更容易和极性较小的塑料复合制备木塑复合材料[19,29]。氰乙基化纸浆或木材还具有许多独特的性能，其应用不仅仅限于热压成型或制备复合材料等方面。氰乙基化纸浆再进行氨基甲酰乙基化，可以使其中的部分取代基转变成氨基，用于造纸等方面[30]。氰乙基化纤维素、氰乙基化木材还具有优良的电性能，因此此类产品也常用于生产功能材料[31,32]。

6.2 苄基化、氰乙基化木材表征

经过醚化反应后木材中纤维素、半纤维素和木质素上的羟基部分被取代，这导致了木材各成分结构、官能团的变化，同时使木材具有热塑性，这些变化可以通过傅里叶红外光谱分析、X 射线衍射分析、热分析等分析手段确认。

6.2.1 官能团的改变及取代度

6.2.1.1 官能团的变化

木材中的纤维素等成分醚化后，其官能团的变化可以通过傅里叶红外光谱及核磁共振图谱进行分析。

（1）傅里叶红外光谱分析

纤维素苄基化、氰乙基化产物粉碎、干燥后通过 KBr 压片测定其红外吸收光谱。主要技术指标：波数 4000～1000cm^{-1}，分辨率 4cm^{-1}，扫描次数 64，室温下进行。

图 6-4 是纸浆纤维苄基化前后（苄基化取代度为 1.51）的傅里叶红外光谱对照图。

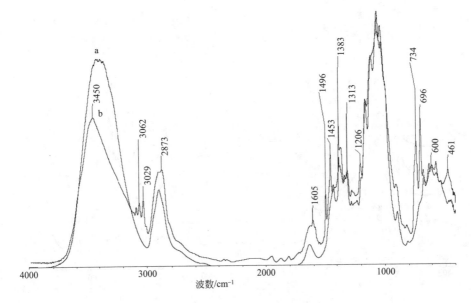

图 6-4　纸浆苄基化前后的傅里叶红外光谱图
a—苄基化前；b—苄基化后

从图 6-4 中可以看出，原料苄基化后，原来在 3355cm^{-1} 处的羟基峰相对强度降低，并移到了 3450cm^{-1} 处，说明原料中的羟基数量减少了，同时也使得分子间的氢键遭到破坏，使得缔合羟基向高频位移；3062cm^{-1} 处出现了不饱和 C—H 伸缩振动吸收峰；1605cm^{-1}、1496cm^{-1}、1453cm^{-1} 三处出现了芳环的特征峰（纤维素原有的相邻的 1633cm^{-1} 处峰为水分的 H—O—H 吸收峰；1430cm^{-1} 处峰为 C—H 弯曲振动吸收峰，和芳环无关），证明有芳环引入了纸浆纤维中。上述这些变化都表明在实验条件下，原料中的部分羟基和氯化苄发生了 Williamson 亲核取代反应，部分羟基中的氢已经被苄基所取代。

图 6-5 是不同取代度的氰乙基化微晶纤维素的傅里叶红外光谱对照图。从图 6-5 中可以看出，微晶纤维素氰乙基化后同样使原来在 3386cm^{-1} 处的羟基峰相对强度降低，并移到了 3450～3475cm^{-1} 处，说明原料中的羟基数量减少了，同时也使得分子间的氢键遭到破坏，使得缔合羟基向高频位移；2899cm^{-1} 处的亚甲基峰相对强度增加，是氰乙基的引入使微晶纤维素中的亚甲基数量增多的结果；2251cm^{-1} 处出现了新的不饱和 C≡N 伸缩振动吸收峰。上述这些变化都表明在实验条件下，原料中的部分羟基和丙烯腈发生了 Williamson 亲核取代反应，部分羟基中的氢已经被氰乙基所取代。

(2)^{1}H NMR 分析

纤维素苄基化、氰乙基化产物的^{1}H NMR 主要测试条件是：氘代丙酮

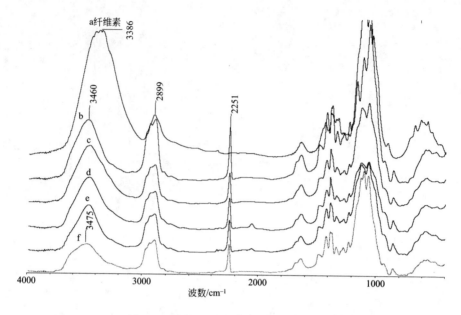

图 6-5　不同取代度的氰乙基化微晶纤维素的傅里叶红外光谱图

（取代度：b 1.43；c 2.07；d 2.40；e 2.66；f 2.79）

（CD_3COCD_3）作为测试溶剂，累加扫描 20000 次；温度 20～30℃；观察频率 600.17MHz。

图 6-6 和图 6-7 为苄基化纸浆纤维素的[1]H 核磁共振分析图谱。其中图 6-6 对应的苄基化纸浆纤维素取代度为 0.79，图 6-7 对应的苄基化纸浆纤维素取代度为 1.80。图中 δ 在 3～6 的为纤维素葡萄糖单元 C—H 键上 H 的化学位移以及羟基上 H 的化学位移，其中 $\delta=4.97$ 处较尖锐的峰为羟基 H，其余为纤维素 C1～C6 上的 H。$\delta=7.32$ 处为苯环上 H 的化学位移，$\delta=7.49$ 处为苯环和醚键上 O 之间亚甲基上 H 的化学位移，$\delta=7.22$、$\delta=7.58$ 和 $\delta=8.74$ 为溶剂 D 的化学位移。

对照图 6-6 和图 6-7 及其余不同取代度的苄基化纸浆纤维的[1]H 核磁共振谱可以发现，随着取代度的升高，羟基 H 的积分强度逐渐下降，而苯环上 H 和苯环上亚甲基 H 的积分强度逐渐增加，表明苄基取代了部分纤维素羟基 H。各不同取代度的苄基化纸浆纤维[1]H 核磁共振谱图中纤维素 C1～C6 上 H 的化学位移没有明显的变化，说明醚键的形成和苄基的引入对邻近 C 上 H 的化学位移影响不够显著，因而用氘代吡啶作溶剂的苄基化纤维素[1]H 核磁共振谱不能判断取代位置和取代的先后顺序。

图 6-8 和图 6-9 分别为取代度较低的（取代度为 1.43）和取代度较高的（取代度为 2.70）氰乙基化微晶纤维素的[1]H 核磁共振分析图谱。

图 6-8 和图 6-9 中 $\delta=3～5$ 处为纤维素葡萄糖单元各 C 上 H 的化学位移，$\delta=2.78$ 和 $\delta=2.84$ 为氰乙基中亚甲基 H 的化学位移。图中 $\delta=2.05$ 处的化学位移由

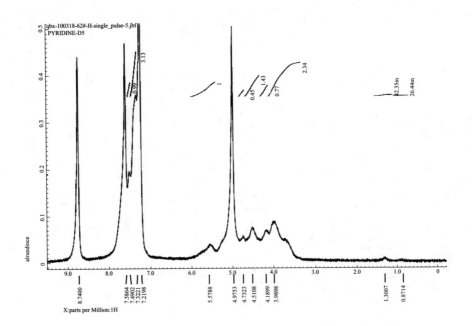

图 6-6　取代度为 0.79 的苄基化纸浆的^{1}H NMR 谱图

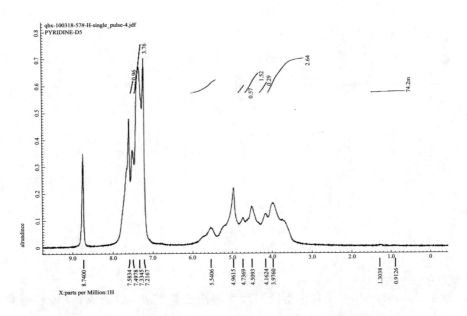

图 6-7　取代度为 1.80 的苄基化纸浆的^{1}H NMR 谱图

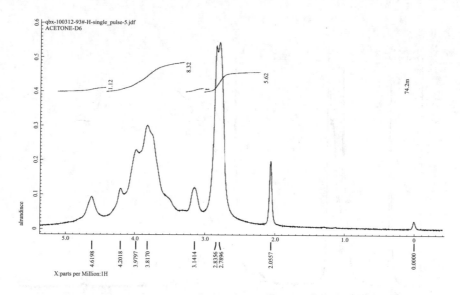

图 6-8　取代度为 1.43 的氰乙基化微晶纤维素的 ^{1}H NMR 谱图

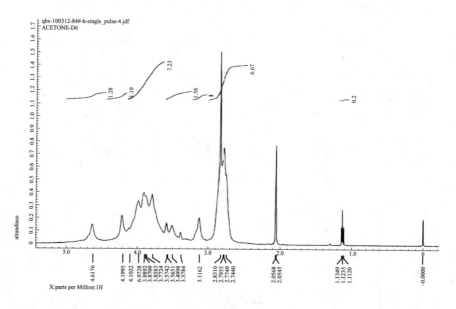

图 6-9　取代度为 2.70 的氰乙基化微晶纤维素的 ^{1}H NMR 谱图

溶剂形成。图 6-9 中 $\delta=1.12$ 处推测为杂质峰。

对照图 6-8 和图 6-9 及其余不同取代度的氰乙基化微晶纤维素的 ^{1}H 核磁共振谱可以发现，随着取代度的升高，亚甲基 H 的积分强度逐渐增加，表明氰乙基取代了部分纤维素羟基 H。同时部分纤维素葡萄糖单元 C1～C6 上 H 的化学位移及峰形也发生了变化，说明氰乙基的引入对邻近 C 上 H 的化学位移产生了影响，如果能确定各化学位移和葡萄糖单元上各 H 的对应关系，则有望利用不同取代度的氰乙基化微晶纤维素的^{1}H 核磁共振谱判断取代位置和取代的先后顺序。

6.2.1.2　取代度

纤维素等成分的苄基化、氰乙基化产物的取代度可以通过元素分析和计算获得，木材苄基化、氰乙基化后的取代程度一般通过增重率表达。

苄基化反应结束后副反应产物及未反应的氯化苄、甲苯、NaOH 等通过洗涤除去。纤维素葡萄糖单元通过贰键连接构成，每个葡萄糖单元含有三个可以进行苄基化反应的羟基，葡萄糖单元 $C_6H_{10}O_5$ 的分子量为 162。每一个羟基上面的氢被苄基取代即增加一个 C_7H_6（分子量为 90），则各元素随取代度 n 的变化可按下列各式计算：

H 元素含量随取代度的变化：$X_H = (10 + 6n)/(162 + 90n)$

O 元素含量随取代度的变化：$X_O = 80/(162 + 90n)$

C 元素含量随取代度的变化：$X_C = (72 + 84n)/(162 + 90n)$

变形后可获得计算取代度的公式：

按 O 元素含量计算取代度：$n = 80/90X_O - 162/90$

按 H 元素含量计算取代度：$n = (162X_H - 10)/(7 - 90X_H)$

按 C 元素含量计算取代度：$n = (162X_C - 72)/(84 - 90X_C)$

氰乙基化产物，可以根据产物中的氮元素含量计算取代度。脱水葡萄糖单元的分子量为 162，每增加一个取代基氰乙基增加的分子量为 53，则含氮量 N 和取代度 DS 的关系如下式：

$$N = \frac{1400DS}{162 + 53DS}$$

变形后得到取代度 DS 的计算公式：

$$DS = \frac{162N}{1400 - 53N}$$

除了利用元素分析法计算氰乙基化微晶纤维素的取代度之外，还可通过产物的增重率对取代度进行估算。

葡萄糖单元[$C_6(H_2O)_5$,比葡萄糖少一分子水]分子量为：

$$12 \times 6 + (2 + 16) \times 5 = 162$$

氰乙基（—CH_2CH_2CN）分子量为：

$$(12 + 2) \times 2 + 12 + 14 = 54$$

每一个羟基被氰乙基取代使葡萄糖单元增重 53，即取代度为 1 时原料增重率为 53/162。从而得到取代度和原料增重率之间的关系：

$$取代度 = 增重率/(53/162) = 增重率/0.327$$

按增重率计算的取代度和按元素分析计算的取代度并不完全相同。以氰乙基化为例，按氮元素含量计算出的取代度较高，两者之间的差异可以用图 6-10 表示。

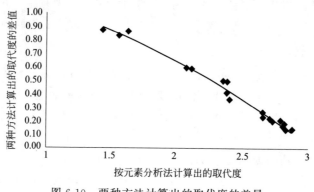

图 6-10　两种方法计算出的取代度的差异

　　纤维素分子链本身含有大量亲水性很强的羟基，但由于纤维素结构具有高度的结晶性，单靠羟基的亲水能力不足以克服分子间强大的氢键与范德华力，因而纤维素不溶于水和一般溶剂，在水中只是溶胀。当分子链中引入取代基时，不但在取代点破坏了氢键，而且因相邻链间取代基楔入而破坏链间氢键。取代基体积愈大，拉开分子间的距离愈大，破坏氢键的效应就愈大，溶解性也由此产生。

　　在低取代度时，取代基的大小（体积）和残存羟基的数量是决定溶解性能的重要因素。取代度低，残存的羟基较多，分子间还存在较强的氢键，必须用 NaOH 溶液进一步破坏这些残留的氢键。所以，低取代纤维素醚可溶于 4% NaOH 水溶液，而且温度愈低（如接近 0℃），愈有利于羟基亲水，溶解度愈大；当取代度增大时，晶格进一步膨化，以致余下的氢键可以被羟基的亲水作用所克服，结果纤维素醚就显现水溶性。开始显示水溶性的取代度取决于取代基的大小，即使是憎水性取代基（如烷基）也无妨碍。随着取代度增大，分子链上残留羟基数量减少，OR（取代基）数量增多，水溶性减小，醇溶性增大，当 OR 基比残留羟基占优势时，纤维素醚对有机溶剂的亲和力增加，由在极性有机溶剂中可溶，逐渐变为在非极性有机溶剂中可溶，水溶性则丧失殆尽。

　　由以上分析可知，包括氰乙基化纤维素在内的纤维素醚溶解性随取代度的增大而增加，到一定程度之后，其水溶性又会随着取代度的增大而下降。实际上取代度为 0.7~1.0 的氰乙基化纤维素具有水溶性；取代度达到 2.6~2.8 的氰乙基化纤维素既不溶于水，也不溶于碱，而只溶于有机溶剂。实验条件下获得的氰乙基化纤维素取代度在 1.43~2.88，低取代度的氰乙基化纤维素有一定的水溶性和醇溶性，取代度越低溶解性越好。微晶纤维素氰乙基化反应结束后，为除去残余的反应物和反应副产物，要用蒸馏水和乙醇交替洗涤，这样会造成部分产物损失，取代度越低，损失越多，这样按增重率计算的取代度就低于实际值，取代度越低这种差距就越大。这是造成增重率法取代度和元素分析法取代度差异的原因。

6.2.2 结晶度

通过醚化反应破坏木材或其他木质纤维材料中纤维素的结晶结构是使木材具有热塑性的重要方法，测定纤维素相对结晶度的变化可以确定纤维素结晶结构的破坏情况。

图 6-11 为微晶纤维素氰乙基化前后（氰乙基化取代度为 2.35）的 X 射线衍射图。

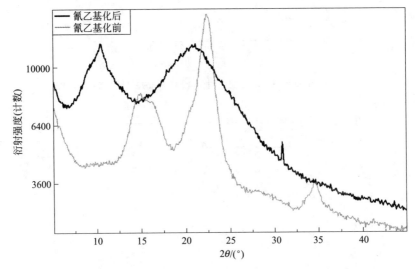

图 6-11　微晶纤维素氰乙基化前后的 X 射线衍射图

采用 Segal 法计算氰乙基化前后微晶纤维素的相对结晶度[33]，计算公式如下：

$$C_{rI}(\%) = \frac{I_{002} - I_{am}}{I_{002}} \times 100$$

式中，C_{rI} 为相对结晶度的百分率；I_{002} 为晶格 002 衍射角的极大强度；I_{am} 为非结晶背景衍射的散射强度。各参数情况如图 6-12 所示。据此算出的未改性微晶纤维素相对结晶度为 64.4%，氰乙基化微晶纤维素的相对结晶度为 34.2%。这一结果显示氰乙基化破坏了纤维素原有的结晶结构。

图 6-11 中微晶纤维素氰乙基化之前在 $2\theta = 22.5°$ 及 $2\theta = 15.5°$ 的反射峰显示了典型的纤维素 I 结晶图谱。经氰乙基化后纤维素 I 晶格 002 平面 $2\theta = 22.5°$ 反射峰迁移到了 $2\theta = 21°$，而且峰的强度显著减弱，峰宽显著增加，峰的形状和位置的变化与去结晶化的球磨纤维素非常相似，因此推断 $2\theta = 22.5°$ 反射峰的变化是纤维素去结晶化的结果。微晶纤维素 $2\theta = 15.5°$ 的反射峰是纤维素 I 晶格平面 101 和 $10\overline{1}$ 的反射峰，氰乙基化后迁移至 $2\theta = 10.4°$ 处。此峰向低角度迁移说明了材料结构空间增大，密度下降。

图 6-13 为纸浆苄基化前后（苄基化取代度为 1.51）的 X 射线衍射图。仍然采

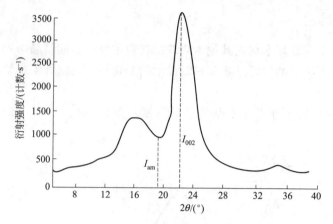

图 6-12　Segal 经验法计算相对结晶度的示意图

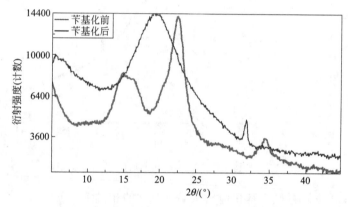

图 6-13　纸浆苄基化前后的 X 射线衍射图

用 Segal 法计算苄基化前后纸浆纤维素的相对结晶度，计算得纸浆纤维素苄基化前后的相对结晶度分别为 64.4% 和 52.2%。苄基化后纸浆纤维素的相对结晶度下降了。

苄基化之后纤维素两个典型的特征峰消失或发生了迁移。迁移后的峰强度显著减弱，峰宽显著增加，这些均显示纤维素原有的结晶结构受到了破坏。

苄基化减少了纸浆纤维中的羟基数量，削弱了其分子间和分子内氢键，并在纤维素分子间引入了较大的官能团，因而破坏了纤维素原有的结晶结构，导致其相对结晶度明显下降。

6.2.3　热塑性

只有具有较好的热塑性，醚化改性产品才可能代替胶黏剂用于各种人造板的制备。产物的热塑性可以通过热压实验、测定熔融温度、测定维卡软化点和熔融指数等方式反映出来。

各种苄基化产物和氰乙基化产物均可在150℃、3.5MPa下热压成类似于塑料的样条，这证明了它们都具有一定的热塑性。

6.2.3.1 熔融温度

将少许苄基化或氰乙基化产物用两片盖玻片封住，置于 X_4 熔点测定显微镜的载物台上，边加热边观察物料的变化，以确定物料的熔融温度。

X_4 熔点测定显微镜测定结果显示，取代度为1.51的纸浆纤维素苄基化产物在176℃时可观察到明显软化，206℃时开始出现熔融部分，220℃时完全熔融液化。其他取代度在0.8以上的苄基化纸浆纤维素也在不同的温度下软化和熔融。但取代度在1.1以下的苄基化纸浆纤维素熔融后留有部分残渣，不能完全液化，取代度越低，残留部分越多。取代度在0.8以下的苄基化纸浆纤维素及未改性纸浆纤维素未发生熔融。表6-5为不同取代度的苄基化纤维素的熔融温度和软化温度。

表6-5 纸浆纤维素苄基化产物熔融温度和取代度的关系

取代度	0.96	1.01	1.12	1.29	1.34	1.51	1.78	2.00
软化温度/℃	244	232	219	197	189	176	169	161
熔融温度/℃	292	276	262	245	235	220	214	208

纸浆纤维本身也做了测试，结果显示在300℃以下，纸浆纤维没有软化更没有熔融，而此时纤维素已开始分解，颜色逐渐发黄，故未进一步升高温度。苄基化的产物可以在一定温度下软化和熔融，说明苄基的引入确实使纤维素具有了热塑性。

杨木刨花和杨木纤维的测定结果也与纸浆纤维类似。杨木刨花和杨木纤维本身在300℃以下既不熔融也不软化，但增重率为60%左右的杨木纤维和杨木刨花苄基化产物可在160℃左右软化，在210℃左右熔融，比相应增重率的纸浆的软化和熔融温度略低（增重率59.3%的纸浆苄基化产物羟基取代度为1.56）。

表6-5中的数据还说明，原料的苄基化取代程度越高，产物的软化温度和熔融温度越低，或者说苄基化产物的取代程度越高，其热塑性越好。

氰乙基化产物的情况类似。取代度为2.07的纤维素氰乙基化产物在196℃时可观察到明显软化，249℃时熔融液化。其他取代度的氰乙基化纤维素大部分也在不同的温度下软化和熔融。但取代度为1.17以及2.88的氰乙基化纤维素及未改性纤维素在300℃以下均未观察到熔融。表6-6为不同取代度的氰乙基化纤维素的熔融温度和软化温度。其变化趋势和样品的维卡软化点变化趋势相同。

表6-6 纤维素氰乙基化产物熔融温度、X_4软化温度和取代度的关系

取代度	1.28	1.43	2.07	2.35	2.66	2.79
软化温度/℃	190	188	196	201	226	244
熔融温度/℃	251	242	249	256	280	290①

① 取代度为2.79的氰乙基化纤维素在290℃仅部分物料开始熔融，但考虑到纤维素分解及受仪器最高温度限制，未进一步升温。

杨木刨花和杨木纤维的测定结果也类似。杨木刨花和杨木纤维本身在290℃以下既不熔融也不软化，但增重率为48.6%左右的杨木纤维和杨木刨花氰乙基化产物可在193℃左右软化，在245℃左右熔融，比相应增重率的纤维素氰乙基化产物的软化和熔融温度略低（增重率48.3%的纤维素氰乙基化产物羟基取代度为2.07，其软化和熔融温度分别为196℃和249℃）。氰乙基化产物可以在一定温度下软化和熔融，说明氰乙基的引入确实使纤维素具有了热塑性。

6.2.3.2　维卡软化点

测试用样品条通过热压试验获得，长80mm，宽10mm，厚度约为4mm。测定时弯曲应力采用1.80MPa，加热油浴的升温速度为120℃/h。每一样品取样测定3次。按GB/T 1633—2000（ISO 306—1994）样条变形1mm±0.01mm时的温度为其维卡软化温度。

图6-14为纸浆纤维素苄基化产物维卡软化点和取代度的关系。

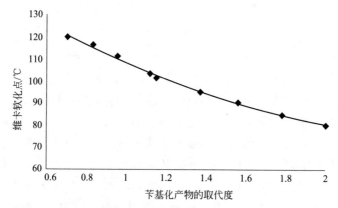

图6-14　苄基化纸浆纤维素样品的维卡软化点和取代度的关系

图6-14表明，苄基化后的纸浆纤维素维卡软化点随取代度的增加而下降。这一规律和X_4熔点测定显微镜测定的苄基化产物的熔融温度、软化温度变化规律相一致，进一步证明了材料苄基化产物热塑性随取代度的增加而增加。

杨木纤维和杨木刨花苄基化产物的维卡软化点变化规律与纸浆纤维素苄基化产物相同。对于相同取代度的产物来说，木材类原料的苄基化产物维卡软化点比纤维类原料的略低。

以上试验结果表明，纸浆、杨木刨花、杨木纤维的苄基化产物具有良好的热塑性，而且其热塑性随着其取代度或增重率的增加而增强。

图6-15为纤维素氰乙基化产物维卡软化点和取代度的关系。结果表明，氰乙基化纤维素的维卡软化点先随取代度的增加而下降，而后又随取代度的升高而升高，拐点出现在取代度1.43附近。

氰乙基化使纤维素中的部分羟基被取代，分子间氢键缔合减弱，纤维素结晶被破坏，因而产物的维卡软化点先随取代度的增加而下降。但在碱性条件下，氰乙基化纤维素会发生如下副反应：

$$纤维素-OCH_2CH_2CN + H_2O \longrightarrow 纤维素-OCH_2CH_2CONH_2$$

生成酰胺时氮元素仍然保留，所以这一步副反应对元素分析法取代度没有太大的影响。酰胺及少量其他副反应生成的官能团（如羧基等）使纤维素间氢键缔合增强。这种增强使得纤维素分子自由空间减小，纤维素的软化点又有上升的趋势。取代度超过 1.43 以后，副反应相对增多，其影响逐渐超过葡萄糖单元上原有的羟基减少对产物软化点的影响，因此导致了这之后氰乙基化纤维素的维卡软化点又随着取代度的增加而缓慢上升。取代度较高的氰乙基化纤维素样品红外光谱在 $1650cm^{-1}$ 处的吸收峰是典型的酰胺吸收峰[34]，证实了上述副反应的存在。

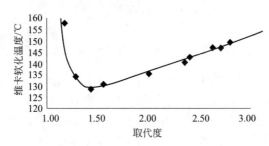

图 6-15　纤维素氰乙基化样品的维卡软化点和取代度的关系

杨木纤维和杨木刨花氰乙基化产物的维卡软化点变化规律与纤维素氰乙基化产物相同。对于相同增重率的产物来说，木材类原料的氰乙基化产物的维卡软化点比纤维类原料的略低，但两者差别不显著。如增重率为 55.5% 和 48.6% 的杨木刨花氰乙基化产物维卡软化点分别为 134.1℃ 和 133.1℃。相应的增重率为 48.3% 的纤维素氰乙基化产物（取代度为 2.07）的维卡软化点为 135.6℃。

6.2.3.3　差示扫描量热分析

通过观察 DSC 曲线上吸热峰和放热峰出现的位置以及峰形的变化可以确定物料在特定温度下是否发生了吸热或放热反应，是否发生了相变等带有热效应的变化。通常它来测定样品的玻璃化转变温度、软化点、熔融液化温度、热分解温度等等。

图 6-16 为纸浆纤维素苄基化前和苄基化后（取代度为 1.51）的 DSC 曲线。

苄基化之后的纸浆在 205～245℃ 增加了一个吸热峰，峰顶约在 220℃，推测为产品熔融时形成的吸热峰，这一点和 X_4 熔点测定显微镜测定结果相符；苄基化之后的纸浆热分解提前，并且峰顶温度由 330℃ 降到 318℃，说明苄基化后纤维素热稳定性略有下降。

部分不稳定成分提前分解，在图 6-16 中近 200℃ 处形成了一个小的放热峰，它本应该和主体分解放热峰连在一起，但随后的产物熔融吸热形成吸热峰将其和主体放热峰分开，成为一个独立的放热峰。

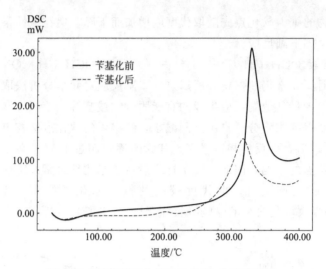

图 6-16　纸浆苄基化前后的 DSC 曲线对照图

其他取代度的苄基化产物 DSC 曲线与此相类似。

图 6-17 为纤维素氰乙基化前和氰乙基化后（取代度为 2.79）的 DSC 曲线。取代度为 2.79 的氰乙基化纤维素在 $300 \sim 330 ℃$ 增加了一个吸热峰，峰顶约在 $313 ℃$，推测为产品熔融时形成的吸热峰，这一点同样和 X_4 熔点测定显微镜测定结果相佐证；氰乙基化之后的纤维素热分解比未改性纤维素滞后，并且峰顶温度由 $330 ℃$ 升高到 $353 ℃$，说明氰乙基化后纤维素热稳定性有所增强。

在图 6-17 中可以看到在近 $300 ℃$ 处形成了一个小的放热峰。实际上这不是一个独立的放热峰，它是氰乙基化纤维素在主体热分解之前，部分不稳定成分提前分解所形成的。由于纤维素是在强碱环境下进行氰乙基化反应，因而会发生碱性水解而

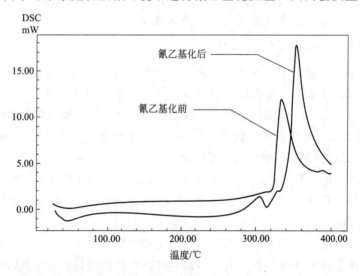

图 6-17　纤维素氰乙基化前后的 DSC 曲线对照图

生成部分分子量较小的物质，此类物质不如纤维素稳定，高温下首先发生热解，形成放热峰。其他取代度的氰乙基化产物的 DSC 曲线与此相类似。

6.3 苄基化、氰乙基化木材在人造板中的应用 ⸭⸭⸭⸭

苄基化、氰乙基化材料具有热塑性，可以用它取代传统的胶黏剂来制备各类人造板。改性产物的选择主要考虑其热塑性。各种苄基化产物的维卡软化点和熔融温度均随取代度或增重率的增加而下降，即取代度或增重率越高，苄基化产物热塑性越好。在人造板的制造中，倾向于选择取代度或增重率较高的改性产物，通常使用增重率大于 60% 的苄基化产物作为各种人造板制造中胶黏剂的替代物。而根据氰乙基化产物的维卡软化点和熔融温度的相互关系，增重率为 18.2% 的纤维素氰基化产物的热塑性最好。氰乙基化刨花和氰乙基化纤维的软化点及熔融温度的变化规律和氰乙基化纤维素相同，而且增重率相同的氰乙基化纤维、杨木刨花和杨木纤维其软化点和熔融温度很接近。因此氰乙基化杨木刨花或纤维也以增重率为18.2% 附近的比较理想。通常使用增重率为 18%～40% 的氰乙基化产物作为各种人造板制造中胶黏剂的替代物。

6.3.1 胶合板

使用前将苄基化、氰乙基化产物用高速粉碎机粉碎成粉末状（60 目左右）。对于氰乙基化刨花，为了增加其热塑性，要加入占氰乙基化杨木刨花质量 10% 的 $FeCl_3$（或 $ZnCl_2$）水溶液（质量分数为 20%）。粉碎后的改性产品均匀铺在单板表面，每平方米胶合面用量约为 40g。组坯后板坯置于热压机内，压机的上下压板温度均调为 120℃（使用苄基化改性产物时）或 150℃（使用氰乙基化改性产物时）。在此温度下热压 7min，压力为 1.5MPa。热压完成后将板材取出冷却。

用增重率为 60.8% 的苄基化刨花粉碎后代替现有的胶黏剂，不添加任何辅助成分，所得三层胶合板的胶合强度为 1.84MPa（平均值），最大值为 1.96MPa，最低值为 1.34MPa，均高于 GB/T 9846—2015 规定的 0.7MPa 的标准。苄基化刨花所胶合的三层胶合板平均木破率为 76.2%。

用增重率为 18.2% 的氰乙基化纸浆粉碎后代替现有的胶黏剂，不添加任何辅助成分，所得三层胶合板的胶合强度为 2.06MPa（平均值），最大值为 2.27MPa，最低值为 1.59MPa，均高于 GB/T 9846—2015 规定的 0.7MPa 的标准。氰乙基化纤维素所胶合的三层胶合板平均木破率为 62.7%。用 $FeCl_3$ 处理过的增重率为 39.2% 的氰乙基化刨花制备的三层胶合板胶合强度为 0.84MPa，木破率为 42.6%。

由苄基化刨花代替传统胶黏剂所得到的胶合板，干燥器法甲醛释放量只有 0.08mg/L［实验所用杨木单板（单层）本身的甲醛测定值为 0.06mg/L］，由氰乙基化刨花代替传统胶黏剂所得到的胶合板，干燥器法甲醛释放量也只有 $0.1\mathrm{mg/L}$，以上数值均低于 GB 18580—2008 规定的 E_1 级标准（小于或等于 $1.5\mathrm{mg/L}$），可以直接用于室内。

6.3.2 纤维板

风干状态下的苄基化或氰乙基化改性产物粉碎后和杨木纤维分别按比例搅拌混合均匀。在热压机的垫板上铺成厚度均匀的毛坯。原料组坯后连同上下垫板一起置于热压机内，压机的上下压板温度均调为 120℃（使用苄基化改性产物时）或 150℃（使用氰乙基化改性产物时）。在此温度下热压 7min，压力为 3MPa。热压完成后将板材取出冷却。

6.3.2.1 以苄基化产物为胶黏剂生产纤维板

用增重率为 60.8% 的苄基化刨花粉碎后代替现有的胶黏剂，所制备的纤维板密度为 $0.7\sim0.8\mathrm{g/cm^3}$，厚度均在 $4\sim6\mathrm{mm}$ 范围内。它们的内结合强度列于表 6-7 中。

按照国标 GB/T 11718—2009，室内型中密度纤维板厚度在 9mm 以下的板材优等品内结合强度要求在 0.65MPa 以上，合格品内结合强度要求在 0.55MPa 以上。表 6-7 中的数据显示，苄基化刨花和普通杨木纤维按 4:6 的比例混合制成的纤维板内结合强度达到了室内型中密度纤维板优等品的要求，按 2:8 的比例混合制成的纤维板达到了室内型中密度纤维板合格品的要求。

表 6-7 苄基化刨花制得的纤维板的内结合强度

苄基化刨花含量/%	40	20
内结合强度/MPa	0.81	0.59

表 6-8 为苄基化刨花粘接的纤维板静曲强度和弹性模量测定结果。

表 6-8 苄基化刨花制得的纤维板的静曲强度和弹性模量

苄基化刨花含量/%	40	20
静曲强度/MPa	45	41
弹性模量/MPa	4900	4300

GB/T 11718—2009 中规定厚度在 9mm 以下的室内型中密度纤维板静曲强度应在 23MPa 以上，弹性模量应在 2700MPa 以上。试验中所得到的纤维板的静曲强度和弹性模量均达到了国家标准的要求。

表 6-9 为苄基化刨花粘接的纤维板的甲醛释放量测定结果。

表 6-9 苄基化刨花制得的纤维板的甲醛释放量

板材种类(苄基化刨花含量)	纤维板(40%)	纤维板(20%)
甲醛释放量/(mg/100g)	0.3	0.2

GB 18580—2008 中规定 E_1 级板材甲醛释放量不高于 9.0mg/100g，E_2 级板材甲醛释放量不高于 30.0mg/100g。实验所得板件达到了 E_1 级板材的要求。

6.3.2.2　以氰乙基化产物为胶黏剂生产纤维板

用增重率约为 18% 的氰乙基化纸浆粉碎后代替现有的胶黏剂，所制备的纤维板密度为 0.7~0.8g/cm³，它们的内结合强度列于表 6-10 中。

表 6-10　氰乙基化纸浆制得的度纤维板的内结合强度

板材种类(氰乙基化纸浆含量)	纤维板(40%)	纤维板(20%)
内结合强度/MPa	0.53	0.31

国标 GB/T 11718—2009 规定中密度纤维板合格品内结合强度要求在 0.55MPa 以上，表 6-10 中的数据显示，以氰乙基化纸浆为胶黏剂制备的中密度纤维板内结合强度略低于国家标准，需要进一步优化工艺条件以提高其内结合强度。

表 6-11 为氰乙基化纸浆粘接的纤维板的静曲强度和弹性模量测定结果。

表 6-11　氰乙基化纸浆制得的纤维板的静曲强度和弹性模量

板材种类(氰乙基化纸浆含量)	纤维板(40%)	纤维板(20%)
静曲强度/MPa	38	31
弹性模量/MPa	4200	3700

表 6-11 中的数据显示，以氰乙基化纸浆为胶黏剂制备的中密度纤维板内结合强度符合国标 GB/T 11718—2009 的要求（厚度在 9mm 以下的室内型中密度纤维板静曲强度在 23MPa 以上，弹性模量要求在 2700MPa 以上）。

表 6-12 为氰乙基化纸浆粘接的纤维板的甲醛释放量测定结果。

表 6-12　氰乙基化纸浆制得的纤维板的甲醛释放量

氰乙基化纸浆含量/%	40	20
甲醛释放量/(mg/100g)	0.3	0.3

表 6-12 中的数值均低于 GB 18580—2008 中规定的 E_1 级标准（小于或等于 1.5mg/L），可以直接用于室内。

6.3.3　刨花板

风干状态下的苄基化或氰乙基化改性产物粉碎后和麦秸秆分别按比例搅拌混合均匀，在热压机的垫板上铺成厚度均匀的毛坯。原料组坯后连同上下垫板一起置于热压机内，压机的上下压板温度均调为 120℃（使用苄基化改性产物时）或 150℃（使用氰乙基化改性产物时）。在此温度下热压 7min，压力为 3MPa。热压完成后将板材取出冷却。

6.3.3.1　以苄基化产物为胶黏剂生产刨花板

用增重率为 60.8% 的苄基化刨花粉碎后代替现有的胶黏剂，所制备的秸秆刨花板密度为 0.5～0.7g/cm³。厚度均在 4～6mm 范围内。它们的内结合强度列于表 6-13 中。GB/T 4897—2015 中规定，厚度为 3～6mm 的干状态下使用的普通刨花板内结合强度要达到 0.31MPa 以上。表 6-13 中的数据显示，用苄基化刨花和麦秸秆按 4∶6 或 2∶8 的比例混合制成的秸秆刨花板均满足普通刨花板内结合强度的要求。苄基化刨花和麦秸秆按 1∶9 的比例混合制成的秸秆刨花板内结合强度略低于国家标准。

表 6-13　苄基化刨花制得的秸秆刨花板的内结合强度

苄基化刨花含量/%	40	20	10
内结合强度/MPa	0.63	0.48	0.30

表 6-14 为苄基化刨花粘接的麦秸秆刨花板的静曲强度测定结果。GB/T 4897—2015 中规定，厚度为 3～6mm 的干状态下使用的普通刨花板静曲强度要达到 14MPa 以上。表 6-14 中的数据表明，苄基化刨花和麦秸秆按 4∶6 或 2∶8 的比例混合制成的秸秆刨花板均满足普通刨花板静曲强度的要求。

表 6-14　苄基化刨花制得的秸秆刨花板的静曲强度

苄基化刨花含量/%	40	20
静曲强度/MPa	38	32

GB/T 4897—2015 中规定刨花板的甲醛释放量采用穿孔萃取法测定，E_1 级板材甲醛释放量不高于 9.0mg/100g，E_2 级板材甲醛释放量不高于 30.0mg/100g。表 6-15 为苄基化刨花粘接的麦秸秆刨花板的甲醛释放量测定结果，两种秸秆刨花板的甲醛释放量均达到了 E_1 级标准。

表 6-15　苄基化刨花制得的秸秆刨花板的甲醛释放量

苄基化刨花含量/%	40	20
甲醛释放量/(mg/100g)	0.4	0.3

6.3.3.2　以氰乙基化产物为胶黏剂生产秸秆刨花板

用增重率约为 18% 的氰乙基化纸浆粉碎后代替现有的胶黏剂所制备的秸秆刨花板的密度为 0.5～0.7g/cm³。它们的内结合强度列于表 6-16 中，其中添加 40% 氰乙基化纸浆的秸秆刨花板达到了对刨花板内结合强度的要求。

表 6-16　氰乙基化纸浆制得的秸秆刨花板的内结合强度

氰乙基化纸浆含量/%	40	20
内结合强度/MPa	0.49	0.29

表 6-17 为氰乙基化纸浆粘接的纤麦秸秆刨花板的静曲强度和弹性模量测定结果。板件满足 GB/T 4897—2015 对刨花板静曲强度的要求。

表 6-17　氰乙基化纸浆制得的秸秆刨花板的静曲强度

氰乙基化纸浆含量/%	40	20
静曲强度/MPa	33	28

表 6-18 为氰乙基化纸浆粘接的麦秸秆刨花板的甲醛释放量测定结果。秸秆刨花板的甲醛释放量均达到了 E_1 级标准。

表 6-18　氰乙基化纸浆制得的秸秆刨花板的甲醛释放量

氰乙基化纸浆含量/%	40	20
甲醛释放量/(mg/100g)	0.4	0.3

参 考 文 献

[1] 高勃，汤烈贵．纤维素科学［M］．北京：科学出版社，1996．

[2] Hon D N S, Ou N H. Thermoplasticization of wood. I. benzylation of wood［J］. Journal of Polymer Science Part A：Polymer Chemistry, 1989, 27 (7)：2457-2482.

[3] 余权英，蔡宏斌．苄基化木材的制备及其热塑性研究［J］．林产化学与工业，1998，18 (1)：23-29．

[4] 滕莉丽，王科军，郭国瑞．微波作用下木材苄基化改性研究［J］．林产化工通讯，2004，38 (1)：21-24．

[5] 万东北，罗序中，黄桂萍，等．甘蔗渣苯甲基化改性研究［J］．林业科技，2005，30 (3)：57-59．

[6] Roy C, Budtova T, Navard P, et al. Structure of cellulose-soda solutions at low temperatures［J］. Biomacromolecules, 2001, 2 (3)：687-693.

[7] Roy C, Budtova T, Navard P. Rheological properties and gelation of aqueous cellulose-NaOH solutions ［J］. Biomacromolecules, 2003, 4 (2)：259-264.

[8] 吕昂，张俐娜．纤维素溶剂研究进展［J］．高分子学报，2007，(10)：937-944．

[9] 师少飞，王兆梅，郭祀远．纤维素溶解的研究现状［J］．纤维素科学与技术，2007，15 (3)：74-78．

[10] 王怀芳，朱平，张传杰．氢氧化钠/尿素/硫脲溶剂体系对纤维素溶解性能研究［J］．合成纤维，2008，37 (7)：28-32．

[11] 熊犍，冯凌凌，叶君．微波辐射对大豆浓缩蛋白溶解性的影响［J］．食品与发酵工业，2006，32 (1)：107-110．

[12] 郭立颖，史铁钧，段衍鹏．氯化 1-烯丙基-3-乙基-咪唑盐的合成及其对微晶纤维素的微波溶解［J］．应用化学，2009，26 (9)：1005-1010．

[13] Farbenind. I G, A. G. Condensation products［P］. French 830, 863. 1938.

[14] 余权英，李国亮．氰乙基化木材的制备及其热塑性研究［J］．纤维素科学与技术，1994，2 (1)：47-54．

[15] 余权英，谭向华．木材氰乙基化改性研究（Ⅱ）［J］．林产化学与工业，1995，15 (4)：31-38．

[16] Rusu G, Teaca C. The chemical modification of wood. V. The carboxyethylation reaction［J］. Evistade Chimie, 2002, 53 (5)：380-382.

[17] 容敏智，卢珣，章明秋．剑麻增强氰乙基化木复合材料的研究［J］．中山大学学报：自然科学版，2007，46 (1)：52-56．

[18] 金永安，张曙光，常克平．苎麻纤维的氰乙基化改性初探［J］．毛纺科技，2004，(5)：14-16．

[19] Kiguchi M. Chemical modification of wood surfaces by etherification I. Manufacture of surface hot-melted wood by etherification［J］. Journal of the Japan Wood Research Society, 1990, 36 (8)：

651-658.

[20] 万东北，尹波，罗序中．微波辐射作用下氰乙基化木材的制备 [J]．生物质化学工程，2006，40（1）：5-8.

[21] 万东北，郭国瑞，罗序中．微波辐射作用下木材氰乙基化改性研究 [J]．赣南师范学院学报，2004，(6)：32-34.

[22] Shiraishi N. Plasticization of wood and its application [J]. Journal of the Korean Wood Science and Technology，1990，18（3）：77-84.

[23] Honma S，Okumura K，Yoshioka M，et al. Mechanical and thermal properties of benzylated wood. [J]. Polymer Engineering & Science，1992，28（3）：151-203.

[24] Yoshioka M，Uehori Y，Toyosaki H，et al. Thermoplasticization of wood and its application [J]. FRI bulletin-Forest Research Institute，New Zealand Forest Service，1992，(176)：155-162.

[25] Mohammadi-Rovshandeh J. Plasticization of poplar wood by benzylation and acetylation [J]. Iranian Journal Ofence & Technology，2003，27（B2）：353-358.

[26] Morita M，Sakata I. Chemical conversion of wood to thermoplastic material [J]. Journal of Applied Polymer Science，1986，31（3）：831-840.

[27] Yamawaki T，Morita M，Sakata I. Production of thermally auto-adhered medium density fiberboard from cyanoethylated wood fibers [J]. Mokuzai Gakkaishi，1991，37（5）：449-455.

[28] Morita M，Sakata I. Development of the thermoplasticity and the solubility of cyanoethylated woods and barks of various species [J]. Journal of the Japan Wood Research Society，1988，34（11）：917-922.

[29] Sarkar A，Pillay S，Sailaja R，et al. Thermoplastic composites from cyanoethylated wood and high density polyethylene [J]. Journal of Polymer Materials，2001，18（4）：399-407.

[30] Morita M，Koga T，Shigematsu M，et al. Functional materials derived from cyanoethylated wood and pulp [J]. Wood Processing and Utilization，1989：293-298.

[31] Yamawaki Y，Morita M，Sakata I. Mechanical and dielectric properties of cyanoethylated wood [J]. Journal of Applied Polymer Science，1990，40（9-10）：1757-1769.

[32] Hirai N，Morita M，Suzuki Y. Electrical properties of cyanoethylated wood meal and cyanoethylated cellulose [J]. Journal of the Japan Wood Research Society，1993，35（5）：603-609.

[33] 石雷，孙庆丰，邓疆．人工幼龄印度黄檀木材解剖性质和结晶度的径向变异及预测模型 [J]．林业科学研究，2009，22（4）：553-558.

[34] 贝拉米，黄维垣，聂崇实．复杂分子的红外光谱 [M]．北京：科学出版社，1975.

单宁基木材胶黏剂

单宁是一类具有酚类特性的化合物，可以与醛类物质发生缩聚反应，还可以通过氢键、共价键与众多高分子化合物接枝、共聚或共混制备出新型的功能高分子材料。单宁基木材胶黏剂是以单宁为主要原料、添加合适的固化剂制备得到的一类低毒、环保的新型木材胶黏剂，可用于木材的胶接，其主要特点为反应活性高、固化速率快[1~4]。

本章主要介绍单宁基木材胶黏剂（包括单宁-酚醛树脂胶和黑荆树单宁胶）的实验室制备及生产试验等方面的内容。

7.1 单宁-酚醛树脂胶 ::::::::

7.1.1 单宁作酚醛树脂的固化促进剂

酚醛（PF）树脂胶具有较好的耐水胶合强度和耐候性，是常用的室外型胶合板的木材胶黏剂，但是也存在成本高和固化温度较高（一般需要 $130\sim150℃$ 的热压温度）的不足之处。研究国产栲胶作 PF 树脂胶加速剂压制胶合板试验，筛选实验用栲胶原料，确定配方、压制工艺后，进行生产试验。

7.1.1.1 试验用栲胶品种的观察试验

栲胶作为可再生、结构多样的天然聚合物，有活泼的化学性质，可以作为 PF 树脂胶的固化促进剂[5]。试验用栲胶品种有：牙克石落叶松（深度亚硫酸盐处理）、吉首红根、湛江木麻黄、南靖木麻黄（混合）、南靖木麻黄（磺化）、宜山杨梅（磺化）、宜山杨梅（未磺化）。原料配比（以质量计）：GF-3 PF 树脂 100 份，栲胶（绝干）5 份，多聚甲醛（80 目）0.4 份，水 6 份。其中，制备 GF-3 PF 树脂胶的原料摩尔比为苯酚：甲醛：氢氧化钠：水＝1.0：2.0：0.4：7.7，树脂固体含量为 50％±2％，游离酚含量＜1.5％，可被溴化物含量＞11％。调胶步骤：将栲胶水溶液加入到已加有多聚甲醛的 PF 树脂中，待搅拌均匀后放置 1h，之后将栲胶 PF 树脂胶涂在尺寸为 300mm×300mm×1.25mm 的椴木单板（含水率＜7％）上，涂胶量为 240g/m²（双面），涂胶后闭合陈放 30min。

试验的热压温度为 125℃，压力为 1.2MPa，每格 4 张 3mm 厚三合板热压 11min，对照的 GF-3 PF 树脂胶热压 13min。胶合板的胶合强度是 40 片试件在 100℃水中煮 3h 检测胶合强度的平均值。胶合板的胶合强度和木破率如表 7-1 所示。

表 7-1　七种栲胶压板试验结果

栲胶品种	胶合强度/MPa	木破率/%
内蒙古牙克石落叶松（深度亚硫酸盐处理）	$\dfrac{0.96}{0.60\sim1.32}$	5
湖南吉首红根	$\dfrac{1.15}{0.80\sim1.84}$	22
广东湛江木麻黄	$\dfrac{1.39}{1.06\sim1.70}$	48
福建南靖木麻黄（混合）	$\dfrac{1.29}{0.96\sim1.80}$	25
福建南靖木麻黄（磺化）	$\dfrac{1.45}{1.12\sim1.90}$	48
广西宜山杨梅（磺化）	$\dfrac{1.61}{1.30\sim1.94}$	53
广西宜山杨梅（未磺化）	$\dfrac{1.49}{0.84\sim2.06}$	54
GF-3 PF 树脂	$\dfrac{1.55}{1.28\sim1.96}$	34

由表 7-1 可见，湛江木麻黄、南靖木麻黄（磺化）、宜山杨梅（磺化）和宜山杨梅（未磺化）作添加剂的 GF-3 树脂胶热压 11min 与不加栲胶的纯 GF-3 树脂胶压制的胶合板的强度相似，说明它们都可以作 PF 树脂的加速剂。选用宜山杨梅（磺化）和南靖木麻黄（磺化）做进一步试验。在选择栲胶观察试验中发现 GF-3 树脂胶中加入栲胶后黏度增大，胶的生活力短，涂胶困难。后采用调胶时加入适量 NaOH 溶液降低胶液的黏度，提高胶的生活力。

7.1.1.2　杨梅、木麻黄栲胶作加速剂的研究

试验用宜山杨梅栲胶质量指标：水分 7.0％，单宁 69.0％，不溶物 2.6％，沉淀物 1.1％，纯度为 71％；南靖木麻黄栲胶质量指标：水分

10.23％，单宁 65.07％，不溶物 3.33％，沉淀物 2.69％，纯度 75.28％。调胶：将水分分成两份，一份溶解栲胶，另一份溶解 NaOH，将碱液倒入栲胶溶液快速搅拌均匀，再将栲胶碱溶液和多聚甲醛加入 GF-3 PF 树脂中混合搅匀。通过调节水的加入量，使胶的总固体含量为 50％。将配好的树脂胶涂在尺寸为 300mm×300mm×1.25mm 的椴木单板（含水率＜7％）上，涂胶量为 240g/m^2（双面）。试验的热压温度为 125℃，压力为 1.2MPa，每格 4 张 3mm 厚三合板热压 9min。

正交试验因素和水平的选定：A 因素为杨梅或木麻黄栲胶用量，相当于 PF 胶用量的 5.0％、7.5％、10.0％；B 因素为氢氧化钠用量，相当于栲胶用量的 30％、50％、70％；C 因素为多聚甲醛用量，相当于栲胶用量的 0％、8％、12％。选用 L9(3^4) 正交表进行正交设计试验，对试验结果进行方差分析，栲胶用量（A 因素）和氢氧化钠用量（B 因素）较显著，多聚甲醛用量（C 因素）不显著，用直观分析选定下列四个配方，如表 7-2 所示。

表 7-2　正交试验配方

方案	杨梅-1	杨梅-2	木麻-1	木麻-2
GF-3 酚醛树脂胶	100.00	100.00	100.00	100.00
栲胶（绝干计）	7.50	7.50	7.50	10.00
NaOH（固含量 100％）	3.75	5.25	5.25	7.00
多聚甲醛（绝干计）	0.00	0.30	0.00	0.40
水	11.25	13.05	12.75	17.40

为了验证优选出的较好配方，按正交试验优选出的较好配方，进行八次重复调胶，压板试验（试验条件同前），胶合强度测试结果如表 7-3 所示。

表 7-3　较优配方验证试验结果

方案配方	杨梅-1	杨梅-2	木麻-1	木麻-2
胶合强度/MPa	1.40	1.46	1.42	1.41

从表 7-3 可见，加多聚甲醛的配方（杨梅-2、木麻-2）与不加多聚甲醛的（杨梅-1、木麻-1）配方相比，胶合强度相差不大；加多聚甲醛的杨梅-2、木麻-2 配方黏度比不加多聚甲醛的杨梅-1、木麻-1 配方黏度增长快，决定选用杨梅-1、木麻-1 配方进行生产试验。

7.1.1.3　试验条件的选定

为了探讨正交设计试验选择的杨梅-1、木麻-1 配方在生产试验中的适用范围，对不同树脂胶黏度、涂胶后不同闭合陈化时间、不同热压温度、不同涂胶量、加豆饼粉与不加豆饼粉等体系进行了系统地压板试验。

研究树脂胶黏度对胶合板性能的影响，选用 GF-3 树脂胶的黏度分别为 90mPa·s、110mPa·s、130mPa·s、150mPa·s、200mPa·s，进行杨梅-1、木麻-1 配方的调胶压板试验，其调胶工艺、热压条件同前。胶合板的胶合强度和木破率测试结果如表 7-4 所示。

表 7-4　不同黏度酚醛树脂胶压板试验结果

树脂胶黏度/mPa·s	90		110		130		150		200	
编号	胶合强度/MPa	木破率/%	胶合强度/MPa	木破率/%	胶合强度/MPa	木破率/%	胶合强度/MPa	木破率/%	胶合强度/MPa	木破率/%
GF-3	$\dfrac{1.56}{1.02\sim2.30}$	37	$\dfrac{1.52}{1.10\sim1.76}$	15	$\dfrac{1.61}{0.86\sim2.02}$	63	$\dfrac{1.58}{1.26\sim1.90}$	24	$\dfrac{1.61}{1.14\sim2.30}$	53
杨梅-1	$\dfrac{1.43}{1.06\sim1.76}$	43	$\dfrac{1.37}{1.02\sim1.74}$	16	$\dfrac{1.59}{1.00\sim1.90}$	52	$\dfrac{1.51}{1.12\sim1.86}$	26	$\dfrac{1.44}{1.16\sim1.80}$	41
木麻-1	$\dfrac{1.40}{1.02\sim1.86}$	38	$\dfrac{1.35}{1.12\sim1.96}$	22	$\dfrac{1.61}{1.22\sim1.92}$	57	$\dfrac{1.41}{1.10\sim1.74}$	20	$\dfrac{1.51}{1.14\sim1.90}$	23

为了研究涂布后闭合陈化时间对胶合板性能的影响，选用杨梅-1、木麻-1 配方调胶，涂布后分别闭合陈化 5min、30min、1h、2h、24h 后压板，试验结果如表7-5所示。从表 7-5 可见，涂胶后闭合陈化 5min 和 1h，胶合强度差距不大；放置 2h 后，胶合板胶合强度及木材破坏率均有提高。

表 7-5　涂胶后不同闭合陈化时间压板试验结果

闭合陈化时间	5min		30min		1h		2h		24h	
编号	胶合强度/MPa	木破率/%	胶合强度/MPa	木破率/%	胶合强度/MPa	木破率/%	胶合强度/MPa	木破率/%	胶合强度/MPa	木破率/%
GF-3	$\dfrac{1.47}{1.20\sim1.68}$	2	$\dfrac{1.50}{0.90\sim1.78}$	9	$\dfrac{1.27}{1.04\sim1.50}$	3	$\dfrac{1.47}{1.08\sim1.74}$	28	$\dfrac{1.68}{1.32\sim2.20}$	48
杨梅-1	$\dfrac{1.17}{0.88\sim1.44}$	4	$\dfrac{1.17}{0.94\sim1.60}$	8	$\dfrac{1.31}{0.96\sim1.60}$	6	$\dfrac{1.50}{1.04\sim2.16}$	30	$\dfrac{1.47}{1.02\sim1.88}$	33
木麻-1	$\dfrac{1.22}{1.00\sim1.50}$	3	$\dfrac{1.20}{0.92\sim1.40}$	5	$\dfrac{1.26}{0.94\sim1.60}$	7	$\dfrac{1.42}{1.20\sim1.82}$	17	$\dfrac{1.45}{1.06\sim2.00}$	25

为了研究热压温度对胶合板性能的影响，选用杨梅-1、木麻-1 配方调胶并进行压板试验，热压温度分别为 120℃、125℃、130℃，每格 4 张板热压 9min。取GF-3胶（不加栲胶）在同样条件三种热压温度下热压 13min，测试结果见表 7-6。从表 7-6 可见，酚醛树脂胶在 120℃、125℃、130℃热压 13min，强度差距不大。但采用杨梅-1、木麻-1 配方热压 9min，热压温度为 120℃ 时的强度与 125℃、130℃时的强度有些差距，因此热压温度应不低于 125℃。

表 7-6　不同热压温度压板试验结果

热压温度/℃	120		125		130	
编号	胶合强度/MPa	木破率/%	胶合强度/MPa	木破率/%	胶合强度/MPa	木破率/%
GF-3	$\dfrac{1.68}{1.32\sim1.98}$	68	$\dfrac{1.61}{0.86\sim2.02}$	63	$\dfrac{1.64}{1.30\sim2.02}$	49
杨梅-1	$\dfrac{1.37}{1.02\sim1.74}$	39	$\dfrac{1.59}{1.00\sim1.90}$	52	$\dfrac{1.51}{1.20\sim1.86}$	57
木麻-1	$\dfrac{1.42}{1.08\sim1.72}$	31	$\dfrac{1.61}{1.22\sim1.92}$	57	$\dfrac{1.55}{1.12\sim2.04}$	45

在前述小试试验中出现胶合强度波动大，木材破坏率低，透胶严重等问题。因此在酚醛树脂胶中加入一定量豆饼粉做压板试验，豆饼粉添加量为：100g 酚醛树脂中加入 5g 豆饼粉。配方调胶工艺、热压条件同以上试验相同，试验结果如表 7-7 所示。经过多次加豆饼粉和不加豆饼粉对照压板试验，从外观看加豆饼粉后克服了透胶现象，胶合强度较稳定，木材破坏率有显著提高。

表 7-7　加豆饼粉与不加豆饼粉压板试验结果

编号	不加豆饼粉		加豆饼粉	
	胶合强度/MPa	木破率/%	胶合强度/MPa	木破率/%
GF-3	$\dfrac{1.45}{1.32\sim1.98}$	18	$\dfrac{1.61}{0.86\sim2.02}$	60
杨-1	$\dfrac{1.37}{1.02\sim1.74}$	24	$\dfrac{1.59}{1.00\sim1.90}$	48
木-1	$\dfrac{1.42}{1.08\sim1.72}$	11	$\dfrac{1.61}{1.22\sim1.92}$	48

总结以上试验，得出试验的工艺参数：GF-3 酚醛树脂黏度范围取 90～200mPa·s，调胶后胶料放置 30min 即可涂胶，涂胶后闭合陈化 30min 以上为宜，热压温度要求控制在 125～130℃，调胶时加入酚醛树脂用量 3%～5% 豆饼粉。

7.1.1.4　栲胶作酚醛树脂加速剂生产试验

在杨梅-1 和木麻-1 的配方基础上，添加 3～5 份（质量份）豆饼粉，进行生产试验。调胶工艺：将栲胶缓慢加入到 75℃ 的热水中，其中水的质量为栲胶量的 50%～60%，搅拌均匀后，加入 40% 的 NaOH 溶液，搅匀得到栲胶碱溶液；将豆饼粉与 GF-3 PF 树脂在调胶机中搅匀，再加入栲胶碱溶液，搅拌 5～10min，调成的胶放置 30min。将胶液涂在椴木、水曲柳和柳桉（单板厚 1.25mm，含水率<7%）上，涂胶量分别为：椴木 200～220g/m² （双面），水曲柳、柳桉 240～260g/m²（双面）。涂胶后闭合陈化 30min。

胶合板热压温度为 125～130℃，压力为 0.8～1.2MPa，热压时间为 9min（每格 4 张 3mm 厚三合板或每格 2 张 5mm 厚五合板）。生产试验的胶合板测试结果如表 7-8 所示。

表 7-8　GF-3 树脂和加栲胶的 GF-3 树脂制备的胶合板的测试结果对比

项目	GF-3 树脂			GF-3 树脂加栲胶		
	热压时间 /min	胶合强度 /MPa	木破率 /%	热压时间 /min	胶合强度 /MPa	木破率 /%
3mm 厚椴木三合板 （每格 4 张）	13	$\dfrac{1.29}{1.05\sim1.93}$	80	9	$\dfrac{1.38}{1.17\sim1.53}$	85
5mm 厚椴木五合板 （每格 2 张）	12	$\dfrac{1.59}{1.00\sim2.43}$	70	9	$\dfrac{1.70}{1.19\sim2.39}$	90
5mm 厚水曲柳五合板 （每格 2 张）	12	$\dfrac{1.38}{1.17\sim1.53}$	88	9	$\dfrac{2.12}{1.31\sim3.31}$	86

由表 7-8 可以看出，在热压温度相同情况下，添加国产杨梅、木麻黄栲胶的 GF-3 酚醛树脂胶比 GF-3 酚醛树脂胶热压时间缩短 25%～30%；压制的胶合板强度稳定，均符合国家标准 I 类板的要求，但木材破坏率有所提高。

按国外经验，一般用栲胶作酚醛树脂的固化促进剂需加入多聚甲醛。试验证实用国产栲胶作酚醛树脂固化促进剂时，不需加入多聚甲醛。GF-3 酚醛中的少量游离甲醛能与栲胶反应生成热固性树脂，同时又减少了游离甲醛对环境的污染。

7.1.2　单宁-酚醛树脂胶试验

植物单宁在自然界的储量非常丰富，它具有多元酚结构，可以替代部分苯酚制备单宁-酚醛树脂胶。Moubarik 等[6]将单宁和玉米淀粉引入酚醛树脂胶中，当淀粉、单宁、酚醛胶质量比为 15:5:80 时，胶合板的力学性能比商业酚醛胶压制的胶合板高；Li 等[7]用单宁和尿素改性酚醛树脂制备了新型的环境友好胶黏剂，研究发现压制的胶合板胶合强度达到 GB/T 17657—2013 标准。

为了缓解人造板胶黏剂原料（特别是苯酚）供应紧缺和价格猛涨的情况，针对生产出口水泥模板用的单板、酚醛胶和热压工艺条件，系统进行单宁酚醛胶配方试验和实验室压板试验，用国产栲胶取代 20% 酚醛胶调制的单宁-酚醛树脂胶压制混凝土模板，施胶量、陈放时间、热压工艺与酚醛胶相同，证明所选定的单宁-酚醛胶配方完全适用水泥模板的生产工艺条件，压制的胶合板强度与酚醛胶合板相当，木材破坏率比酚醛板高。

7.1.2.1　实验室压板试验

（1）试验原料

实验室压板试验使用的主要原料：两种黑荆树栲胶，五批不同酚醛胶（F/P 摩尔比为 1.5），面板为克隆单板（320mm×320mm×1.5mm），芯板为新西兰松单板（320mm×320mm×2.5mm），夹心为杂木单板（320mm×320mm×2.5mm）。栲胶和酚醛胶的质量指标如表 7-9 和表 7-10 所示。

表 7-9 黑荆树栲胶质量指标

栲胶种类	单宁/%	非单宁/%	不溶物/%	水分/%	甲醛缩合值/%
1	69.3	25.9	4.9	10.7	81.2
2	73.5	23.3	3.2	12.6	84.1

表 7-10 五批酚醛胶质量指标

PF 胶批次	固含量/%	黏度(25℃)/mPa·s	碱度/%	可被溴化物含量/%	游离酚含量/%
1#	50.0	692	3.1	17.2	3.6
2#	53.4	534	3.5	18.8	2.7
3#	49.9	871	4.1	16.6	3.1
4#	48.0	760	3.3	20.0	2.1
5#	50.3	1320	4.0	17.8	2.6

(2) 助剂用量

根据观察试验，用酚醛胶配制单宁-酚醛胶时，需要加入适量助剂，才能得到较好的胶合强度和木材破坏率。单宁-酚醛胶原料配比（以质量份计）：栲胶溶液（47%）为 17.5 份，PF 胶为（50%）78.9 份，填料为 3 份，助剂为 2.2～4.28 份。上胶量为 360g/m²（双面），在 0.7MPa 下预压 20min，在 145℃±5℃，1.4MPa 条件下压 5.5min 制得 5.5mm 厚三合板，同时用 PF 胶压板对照，测试结果如表 7-11 所示。

表 7-11 不同助剂用量的压板结果

项目	栲胶 1					栲胶 2					PF 胶
助剂用量/%	2.20	3.24	3.59	3.93	4.28	2.20	3.24	3.59	3.93	4.28	0
剪切强度/MPa	1.10	1.45	1.34	1.66	1.55	1.25	1.42	1.54	1.38	1.45	1.58
木破率/%	18	59	58	76	74	32	93	86	82	68	53

由表 7-11 可见，单宁-酚醛胶配方中助剂用量在 3.24～4.28 份范围内，胶合强度与 PF 胶相近，木材破坏率均高于 PF 胶，确定单宁-酚醛胶的配方如下（以质量份计）：栲胶溶液（47%）17.5 份，51# PF 胶（50%）78.9 份，助剂 3.6 份，填料 3～5 份。

(3) 单宁-酚醛胶配方对不同批次 PF 树脂胶的适应性

为了考核单宁-酚醛胶配方对 PF 树脂的适应性，任取五批 51# PF 胶，按确定配方进行实验室压板试验，并用 PF 胶压板对照，结果如表 7-12 所示。

表 7-12 不同批 PF 树脂配胶压板的胶合强度

PF 胶批号	栲胶种类	胶合强度/MPa	木破率/%
1#	PF 对照	1.34	53
	1	1.36	69
	2	1.38	76

PF 胶批号	栲胶种类	胶合强度/MPa	木破率/%
2#	PF 对照	1.34	45
	1	1.44	75
	2	1.45	49
3#	PF 对照	1.26	91
	1	1.07	50
	2	1.26	84
4#	PF 对照	1.09	57
	1	1.18	68
	2	1.10	78
5#	PF 对照	1.18	58
	1	1.22	62
	2	1.19	73

从表 7-12 可见，用五批不同的 51# PF 树脂调制的单宁-酚醛胶压制的胶合板，胶合强度与相应的 PF 胶相似，木材破坏率大多数比相应的 PF 胶好，说明确定的单宁-酚醛胶配方对不同批号的 PF 胶均可适用。

（4）单宁-酚醛胶对陈放时间的适应性

胶合板车间生产水泥模板时，要求胶料适应较长的陈放时间。为了考核单宁-酚醛胶对不同陈放时间的适应性，固定上胶量、涂胶后闭合陈放时间（30～60min）、预压和热压条件，将板坯预压后陈放 0～24h，压制七组板，并用相应的 PF 胶作对比，结果如表 7-13 所示。

表 7-13　不同闭合陈放时间的压板效果

陈放时间/h	栲胶种类	胶合强度/MPa	木材破坏率/%	陈放时间/h	栲胶种类	胶合强度/MPa	木材破坏率/%
0～0.5	PF 对照	1.14	29	16	PF 对照	1.29	35
	1	1.06	27		1	1.30	42
	2	1.16	40		2	1.44	41
4	PF 对照	1.21	41	20	PF 对照	1.37	42
	1	1.16	51		1	1.17	52
	2	1.24	65		2	1.53	71
8	PF 对照	1.17	42	24	PF 对照	1.23	22
	1	1.16	47		1	1.15	37
	2	1.22	57		2	1.27	69
12	PF 对照	1.26	62	—	—	—	—
	1	1.30	34	—	—	—	—
	2	1.29	57	—	—	—	—

由表 7-13 可见，除少数结果外，用栲胶 1 和栲胶 2 配制的单宁-酚醛胶压制的三合板胶合强度与相应的 PF 胶相似，木材破坏率大多数比 PF 胶高，说明单宁-酚醛胶可以用于陈放时间较长的生产工艺；PF 胶和单宁-酚醛胶陈放时间稍长些，结果较好。

将单宁-酚醛胶涂布后，闭合陈放 15h 后，再预压，并热压成板，同时用 PF 胶进行对照,结果如表 7-14 所示。

表 7-14 涂胶后闭合陈放 15h 再预压、热压的压板结果

栲胶种类	剪切强度/MPa	木破率/%
PF 对照	1.20	41
栲胶 1	1.08	68
栲胶 2	1.16	58

单宁-酚醛胶闭合陈放 15h 后,板坯因上压数块水泥板,已预压成一体。PF 胶板坯则有拉丝现象,经预压后能成一体,说明单宁-酚醛胶因加入填料比 PF 胶好;单宁-酚醛胶的剪切强度与 PF 胶相近,木材破坏率比 PF 胶好,说明单宁-酚醛胶也可适用于先摆坯闭合陈放较长时间,再预压、热压的车间生产条件。

(5) 单宁-酚醛胶对不同热压温度及热压时间的适应性

固定热压时间为 5.5min,在热压温度为 135℃和 145℃下进行两组压板试验;固定热压温度为 145℃,压制时间分别为 4.5min 和 5.5min 进行两组压板试验,同时均用 PF 胶进行对照,结果如表 7-15 和表 7-16 所示。

表 7-15 不同热压温度压板结果

热压温度/℃	栲胶种类	剪切强度/MPa	木破率/%
135±5	PF 对照	0.68	16
	1	1.09	43
	2	1.26	72
145±5	PF 对照	1.34	53
	1	1.36	69
	2	1.38	76

表 7-16 不同热压时间压板结果

热压时间/min	栲胶种类	剪切强度/MPa	木破率/%
4.5	PF 对照	1.04	47
	1	1.04	30
	2	1.38	64
5.5	PF 对照	1.34	53
	1	1.36	69
	2	1.38	76

(6) 压制九合板试验结果

为了能让单宁-酚醛胶用于水泥模板生产,仿照胶合板车间水泥模板组坯情况,用 1.5mm 厚克隆单板为面、背板,以 2.5mm 厚新西兰松单板和杂木单板为夹心板,以 2.5mm 厚新西兰松单板为芯板,压制三组 18mm 厚九合板。涂胶量为 360g/m² (双面),涂胶后闭合陈放 0.5~1.5h 后预压,预压压力为 0.7MPa,预压时间为 20min;预压后陈放 3.5~4.5h,热压条件为:1.4MPa、145℃±5℃压制 15min;0.7MPa、145℃±5℃下压制 5min。试验结果如表 7-17 所示。

表 7-17　九合板压制结果

九合板单板树种组合 （面、背板 1.5mm 克隆单板）	栲胶种类	剪切强度/MPa	木破率/%
4 张新西兰松芯板 3 张杂木夹心板	4♯ PF 胶	1.45	43
	1	1.63	47
	2	1.58	77
4 张新西兰松芯板 3 张杂木夹心板	5♯ PF 胶	0.27	3
	1	1.64	48
	2	1.63	63
4 张新西兰松芯板 2 张杂木夹心板 1 张新西兰松夹心板	5♯ PF 胶	1.19	32
	1	1.39	26
	2	1.53	35

由表 7-17 可见，单宁-酚醛胶压制的九合板，胶合强度和木材破坏率比相应 PF 胶板高。

7.1.2.2　单宁-酚醛胶压制水泥模板生产试验

在实验室试验的基础上，选用黑荆树栲胶为生产试验原料，压制九层水泥模板（1m×2m×0.018m），抽样检验平均胶合强度为 2.09MPa，木材破坏率为 57%。

(1) 主要原料

试验用的黑荆树栲胶质量指标：单宁为 72.9%，非单宁为 25.5%，不溶物为 1.6%，水分为 6.7%，甲醛缩合值为 78.3%。51♯PF 胶的质量指标、单宁-酚醛胶调胶配方和单宁-酚醛胶室温下黏度变化情况分别如表 7-18～表 7-20 所示。

表 7-18　51♯PF 胶的质量指标

51♯PF	固含量/%	黏度(20℃)/mPa·s	可被溴化物含量/%	游离酚含量/%	碱度/%
I	48.0	514	18.7	2.4	4.9
II	54.0	531	18.5	3.8	3.2

表 7-19　单宁-酚醛胶调胶配方（以质量份计）

配方	51♯PF 胶	黑荆树栲胶	助剂	水	填料
I	160.7	20.0	6.3	20.0	6.0
II	159.6	20.0	8.3	20.0	8.0

表 7-20　单宁-酚醛胶黏度（20℃）变化情况

放置时间/h	2	4	24	48	72
I 号单宁-酚醛胶黏度/mPa·s	1070	—	1434	1722	2286
II 号单宁-酚醛胶黏度/mPa·s	—	1416	—	1685	—

由表 7-20 可见，调配好的单宁-酚醛胶室温下黏度增长不大，在一两天内仍符合涂布要求。

（2）单宁-酚醛胶生产水泥模板的工艺参数

上胶量（双面）为 $320\sim340g/m^2$，预压条件：0.8MPa，冷压 20～30min；热压条件：在 1.4～1.5MPa、150～160℃压 10min；0.7～0.8MPa、140～150℃压 10min；卸压＞130℃，10min。

PF 胶生产试验压制的水泥模板抽检数据平均值为：剪切强度为 2.08MPa，木破率为 41%。单宁-酚醛胶生产试验压制的水泥模板试验结果如表 7-21 所示。由表 7-21 可见，单宁-酚醛胶压制的水泥模板胶合强度与 PF 胶相似，而木材破坏率比 PF 胶高，与实验室压板结果相符。生产试验的水泥模板由于热压温度高，热压时间长，加之卸下的水泥模板热堆放，因而单宁-酚醛压制的水泥板胶合强度比实验室压制的胶合板高。

表 7-21　单宁-酚醛胶生产试验压制的水泥模板抽样检测结果

批　号	剪切强度/MPa	木破率/%
Ⅰ	1.86	43
Ⅱ	2.46	69
Ⅲ	1.96	58
平均值	2.09	57

（3）生产试验

邵武某胶合板厂用 380kg 特制黑荆栲胶调制单宁-酚醛胶 2.93t，压制 9 层和 11 层马尾松水泥模板（1m×2m×0.018m）30m³。生产试验用的黑荆树栲胶质量指标同（1），PF 胶质量指标如表 7-22 所示。该厂质检科抽样 6 次，测试结果如表 7-23 所示。该厂酚醛胶马尾松水泥模板抽检 18 次，数据见表 7-24。从表 7-23 和表 7-24 可见，单宁-酚醛胶压制的马尾松水泥模板质量与用 PF 胶压制的相当。

表 7-22　试验用 PF 胶的质量指标

批　号	1#	2#	3#	4#	5#	6#
固含量/%	46.9	47.2	47.5	48.7	47.0	47.1
黏度(25℃)/mPa·s	740	600	705	1010	930	805

表 7-23　单宁-酚醛胶马尾松水泥模板测试结果

编　号	剪切强度/MPa	木破率/%	合格率/%
1	1.31	45	100
2	1.07	57	92
3	1.18	32	77
4	1.43	71	95
5	1.41	51	100
6	1.21	50	87
平均值	1.27	51	92

表 7-24　邵武酚醛胶马尾松水泥模板抽检数据

编号	剪切强度/MPa	木破率/%	合格率/%	编号	剪切强度/MPa	木破率/%	合格率/%
1	1.28	75	100	11	1.15	61	100
2	1.16	47	83	12	0.78	33	71
3	1.21	65	95	13	1.28	74	96
4	1.37	77	100	14	1.19	35	91
5	1.36	85	100	15	0.75	24	54
6	1.15	47	83	16	1.19	37	88
7	1.13	36	88	17	1.34	82	100
8	1.27	62	100	18	1.50	38	100
9	1.47	68	100	平均值	1.20	56	91
10	1.00	65	96				

7.2　黑荆树单宁胶

黑荆树栲胶含有天然的多元酚化合物，主要成分为类黄烷单元及其缩合物。黑荆树单宁的类黄烷单元主要由含间苯二酚的 A 环与邻苯二酚或邻苯三酚的 B 环连接构成。在一定条件下，甲醛可与黑荆树单宁的类黄烷单元发生缩合反应，交联成网状结构，因而黑荆树单宁可用于制木工胶黏剂。

7.2.1　硬质(湿法)纤维板用单宁胶

酚醛胶作为增强剂生产硬质纤维板时，纤维板车间排出的废水的挥发酚达到2.56mg/L，严重污染环境。为了缓解和改变这种情况，节约胶料成本，避免环境污染。针对纤维板生产工艺条件，系统进行单宁胶配方、石蜡乳和沉淀剂用量变化的实验室压板试验，并用酚醛胶进行对照压板试验。结果证明，单宁胶完全可以等量代替酚醛胶，制得相似质量的硬质纤维板。

7.2.1.1　单宁胶压制纤维板实验室试验

(1) 试验原料及热压工艺

实验室压板试验用的黑荆树栲胶质量指标：单宁为 72.9%，非单宁为 25.5%，不溶物为 1.6%，水分为 6.7%，甲醛缩合值为 78.3%；酚醛树脂胶固含量为45.5%，黏度为 1515mPa·s，pH 值为 10.5，游离醛含量为 3.9%，游离酚含量为 2.4%，碱度为 3.1%；石蜡乳是以油酸和氨水为乳化剂调制的，稀释后的浓度为 5% 左右；沉淀剂是工业硫酸铝配成 10% 的溶液；纤维浆料为未施胶精磨浆。试验热压工艺为：热压温度为 190～200℃，5.7MPa 下压制 30s，1.3MPa 下压制 110s，5.7MPa 下压制 70s。

（2）助剂对单宁胶压板的影响

根据观察试验，配制单宁胶时必须加入助剂。固定石蜡乳和硫酸铝的用量，固定栲胶（绝干）用量为绝干纤维用量的 1.0%，改变单宁胶助剂的用量，压制一组纤维板，同时与加 1.0% PF 胶（以 PF 胶固体计）和不加胶压板做对照，测试结果如表 7-25 所示。

表 7-25　不同助剂用量单宁胶压板结果

施胶量 （对绝干纤维量）	助剂用量/份 （对 100 份栲胶量）	pH 值	静曲强度 /MPa	吸水率 /%	密度/(kg/m³)
	16	4.0	25.3	28.2	893
	21	4.0	29.1	31.7	886
1.0% WT 胶 （特制黑荆栲胶）	29	4.2	28.6	27.6	900
	37	4.2	28.0	30.6	860
	45	4.2	29.1	32.7	884
	53	4.2	27.9	29.4	892
1.0% PF 胶	—	4.0	25.4	25.0	919
0	—	3.8	19.1	26.2	919

由表 7-25 可见，添加 1.0%栲胶的板，静曲强度增加 6～10MPa，与施胶量为 1.0%的 PF 胶相比，静曲强度略好，但吸水率略差。助剂用量在 21～45 份范围内变动时，静曲强度相似，吸水率差别不大，以下试验固定助剂用量为 29 份或 37 份。

（3）单宁胶用量对纤维板强度的影响

单宁胶用量会影响纤维板的强度，固定单宁胶配方、石蜡乳和沉淀剂的用量，变化单宁胶施胶量进行一组压板试验，并用与单宁胶等量的 PF 胶同时压板进行对照，结果如表 7-26 所示。

表 7-26　不同用量单宁胶和 PF 胶压板结果

胶种	用胶量/%	静曲强度/MPa	吸水率/%	密度/(kg/m³)
	0	20.9	28.1	940
WT	0.3	24.2	26.0	937
PF		24.8	25.8	943
WT	0.6	27.3	27.1	948
PF		27.3	25.5	937
WT	0.9	30.2	26.4	943
PF		31.1	27.2	934
WT	1.2	32.3	28.1	926
PF		31.0	25.2	948
WT	1.5	32.7	28.1	930
PF		33.1	24.7	946
WT	1.8	32.3	27.1	949

由表 7-26 可见，用胶量在 0.3%～1.5%范围内，栲胶与单宁胶用量相同时，

纤维板的静曲强度基本相似，而 PF 胶的吸水率大多比单宁胶低。随着用胶量从 0% 向 0.9% 逐步递增时，静曲强度也逐步增加，超过 0.9% 用胶量时，静曲强度呈平稳状。可以初步断定，黑荆单宁胶基本上能等量取代 PF 胶，制备相似强度的硬质纤维板。

硬质纤维板主要有空心门板和普通板两种，前者用 PF 胶（45%）18～20kg，石蜡 15～18kg，后者用 PF 胶（45%）6～8kg，石蜡 10～12kg（均以每吨纤维板计）。固定 WT 用量分别为 1.0% 和 0.4%，石蜡用量相应各为 1.5% 和 1.2%，改变硫酸铝（沉淀剂）用量进行压板试验，并用 0.9% PF 胶和 0.3% PF 胶对照压板进行比较，结果如表 7-27 所示。

表 7-27　确定纤维板施胶配方试验结果

配　方			pH 值	静曲强度 /MPa	吸水率 /%	密度 /(kg/m³)
胶料/%	石蜡乳/g	沉淀剂/g				
0	100	100～150	4.2～4.3	22.1	31.1	1000
1.0% WT	130	110	3.9～4.0	33.1	23.3	945
	130	130	3.9～4.0	33.2	26.0	983
	130	150	3.8	32.7	27.0	986
0.9% PF	130	110	4.0～4.3	33.2	24.0	981
0.4% WT	100	80	4.0～4.3	31.4	26.5	996
	100	100	4.0～4.2	30.0	26.2	979
	100	120	3.9～4.1	31.1	26.1	979
0.3% PF	100	100	4.1～4.2	29.3	26.9	974

由表 7-27 可见，硫酸铝用量在选定范围内对结果影响不大，WT 用量为 1.0% 和 0.4% 时压制的硬质纤维板静曲强度和吸水率基本与 PF 胶用量 0.9% 和 0.3% 的板相当，因而确定两个配方（以绝干纤维重量计）：配方 1 为 WT 1.0%，石蜡 1.6%，硫酸铝 2.8%；配方 2 为 WT 0.4%，石蜡 1.2%，硫酸铝 2.2%。

（4）单宁胶和酚醛胶混合压板试验

考虑到用单宁胶生产压制硬质纤维板时，要经过一段单宁胶和 PF 胶混合压制硬质纤维板的过程，为观察两者混合压板的效果，固定施胶总量、石蜡乳和硫酸铝的用量不变，将单宁胶和 PF 胶按不同比例搭配，压制一组纤维板，测试结果如表 7-28 所示。

表 7-28　单宁胶和 PF 胶不同配方混合压板结果

WT/PF	pH 值	静曲强度/MPa	吸水率/%	密度/(kg/m³)
10/0	3.84	32.1	30.0	959
8/2	4.05	31.3	29.0	944
6/4	4.10	32.1	28.2	934
4/6	4.18	34.8	27.3	954
2/8	4.27	33.2	28.3	943
0/10	4.34	31.6	29.9	933

由表 7-28 可见，单宁胶和 PF 胶以不同的配比混合压制的硬质纤维板，静曲强度和吸水率大多数比单独用单宁胶和 PF 胶的要好些，WT/PF 重量比为 4/6 时压制的硬质纤维板质量最好。生产试验时，用单宁胶取代 PF 胶，经过两者混合的压板阶段，不会对纤维板的质量产生不良影响。

7.2.1.2　单宁胶压制纤维板生产试验

用实验室压板试验确定的配方 1 和配方 2 进行压板试验，原料具体用量如表 7-29 所示，热压过程中，总压力为 Ⅰ 段 24～29MPa，Ⅱ 段 5～10MPa，Ⅲ 段 24～29MPa。按配方 1 进行二次生产压板试验，每次施胶压板 3h，压板 30 车，实际每吨硬质纤维板消耗栲胶 10.42kg，石蜡 14.17kg，硫酸铝 25.00kg；按配方 2 进行一次生产压板试验，施胶压板 6h，压板 66 车，实际每吨硬质纤维板消耗栲胶 4.73kg，石蜡 12.3kg，硫酸铝 21.78kg。按配方 1 和配方 2 进行生产试验压制的硬质纤维板压板结果如表 7-30 所示。

表 7-29　配方 1 和配方 2 原料具体用量

配方	特制黑荆栲胶/kg	助剂/kg	水/kg	石蜡液/kg	硫酸铝/kg
1	50	18.8	900	60	120
2	25	9.4	900	130	230

表 7-30　配方 1 和配方 2 生产试验压板结果

配方	取样板号	蒸汽压力/MPa	热压时间/s Ⅰ	Ⅱ	Ⅲ	静曲强度/MPa	吸水率/%	密度/(kg/m³)
1	1	1.5～1.8	33	101	81	41.2	36.5	960
	2	0.8～0.9	55	65	120	35.9	32.5	988
	3	1.7	38	100	63	37.4	24.2	1011
	4	1.6	42	113	65	37.0	29.9	1012
	5	—	45	104	75	32.2	26.1	1023
	6	1.7～1.8	40	80	44	36.3	27.9	1012
	7	1.6	25	95	30	36.1	28.3	983
	8	1.5	54	100	40	36.8	31.6	981
	9	1.3	50	100	60	40.5	36.6	988
	10	1.5～1.6	40	100	60	36.4	31.4	1012
	11	1.5～1.6	—	—	—	32.6	35.7	955
	12	1.6～1.8	35	100	90	36.9	35.6	1011
	平均值					36.7	31.4	995
2	1	1.2～1.3	45	90	70	30.7	24.1	1024
	2	1.3～1.5	45	90	60	31.8	29.7	1036
	3	1.5	50	120	40	33.1	34.3	969
	4	1.4～1.6	45	95	55	31.6	37.2	988
	5	1.5	55	90	90	36.7	32.9	1024
	6	1.0～1.2	50	90	60	28.3	31.1	974
	7	1.1～1.3	57	80	70	27.5	32.9	971
	平均值					31.4	31.8	994

由表 7-30 可见，按配方 1 生产的硬质纤维板平均静曲强度 36.7MPa，全部符合国家标准Ⅰ类板的强度指标，80％以上大于 35MPa，平均吸水率为 31.4％；按配方 2 生产的硬质纤维板，平均静曲强度 31.4MPa，70％以上符合国家标准Ⅱ类板的强度指标，强度大于 30MPa，平均吸水率为 31.8％。吸水率可以通过调整石蜡和硫酸铝的用量得到改善，适当增加石蜡可以降低吸水率。由于整段生产试验时间内，间隔 30～60min 抽一张板进行检测，要求尽可能均匀施加单宁胶、石蜡乳和硫酸铝溶液，上述数据比较客观地反映了用单宁胶生产硬质纤维板的实际情况。

用配方 1（每吨硬质纤维板用栲胶 10kg）进行生产试验时，抽检长网废水，挥发酚含量为 0.24mg/L，可见用单宁胶取代 PF 胶生产硬质纤维板，废水中挥发酚含量显著降低。

7.2.2　室外级胶合板用黑荆单宁胶

在中澳合作 ACIAR（澳大利亚农业研究中心）8458 和 8849 合作项目中，中国林科院林产化学工业研究所先后用多聚甲醛和 PF 树脂、PUF 树脂为黑荆栲胶的交联剂，压制椴木、柳桉、马尾松胶合板，经检测均能符合室外级胶合板的国家标准要求[8]，试验结果如下。

7.2.2.1　用多聚甲醛为交联剂的黑荆单宁胶

（1）中国和南非黑荆树栲胶性能比较

① 分子量分布和甲醛缩合值　中国黑荆树栲胶与澳大利亚提供的南非产的制胶用黑荆树栲胶，在实验室利用超滤法筛分成不同分子量级分，并用 Stiasny 法测甲醛缩合值，结果见表 7-31。

表 7-31　中国和南非黑荆树栲胶超滤分级和甲醛缩合值比较

栲胶类别		南非黑荆树栲胶		中国黑荆树栲胶					
		胶黏剂用重量/％	甲醛缩合值/％	工厂制重量/％	甲醛缩合值/％	实验室制重量/％	甲醛缩合值/％
黑荆树栲胶原样		—	77.8	—	78.7	—	—
上层清液		94.3	80.6	98.1	82.3	98.3	85.2
沉淀物		5.7	67.9	1.9	81.0	1.7	85.3
超滤分子量级分	>10^6	5.5	47.5	4.7	24.2	2.6	—
	10^5～10^6	0.83	—	4.5	—	3.8	—
	10^4～10^5	25.6	104.1	22.9	96.7	36.4	103.1
	<10^4	62.3	—	65.9	87.1	54.5	85.6

由表 7-31 可见，中国黑荆栲胶无论上层清液或沉淀物的甲醛缩合值均比南非黑荆栲胶高，超滤法得到的分子量分布结果与南非黑荆树栲胶也非常相似，可以预测中国黑荆栲胶也适合配制单宁胶。

② 压板观察试验　用中国黑荆树栲胶和南非黑荆树栲胶在实验室配制单宁胶。单宁胶配方为（质量份）：黑荆栲胶（绝干）50，水 50，多聚甲醛 5，面粉 5。用

40% NaOH 溶液将单宁胶 pH 值调到 6.5。用尺寸为 300mm×300mm×1mm 的椴木单板压制三合板。涂胶量（双面）为 380g/m²，涂胶后陈放 40~60min，热压条件为 140℃±5℃，1.0MPa，5min，结果如表 7-32 所示。

表 7-32　不同黑荆单宁胶压板的胶合强度比较

栲胶种类	南非黑荆树栲胶	中国工厂制革用黑荆树栲胶	实验室自制黑荆树栲胶	实验室自制黑荆树栲胶
胶合强度/MPa	1.56	1.27	2.11	1.89

从表 7-32 可见，中国黑荆树栲胶与南非黑荆树栲胶相似，实验室自制黑荆树栲胶制胶的性能优于南非栲胶，而工厂制革用黑荆树栲胶的性能比南非栲胶的差。

（2）黑荆单宁胶配方试验

超滤分析结果和压板观察试验说明中国黑荆树栲胶可用于调制单宁胶压制室外级胶合板，为使其用于工业化生产，用中国黑荆树栲胶（工厂产）在实验室比较筛选单宁胶的实用配方，并用尺寸为 300mm×300mm×1.85mm 的柳桉单板系统进行压板试验，观察选定配方的压板工艺条件。

① 单宁胶的 pH 值　pH 值对单宁胶的生活力和压板结果有较大影响。观察试验表明 pH 值大于 8.0 时，室温（25℃）下单宁胶黏度增长较快，无实用价值，控制单宁胶的 pH 值在 4.7~8.0 范围内压制一批柳桉三合板，结果如表 7-33 所示。

表 7-33　不同 pH 值单宁胶压板结果

pH 值	胶合强度/MPa	木破率/%	合格率/%
4.7~4.9	0.85	7	80
6.1~6.4	1.00	4	84
6.8~7.1	1.03	8	93
7.9~8.0	1.02	12	97

由表 7-33 可见，单宁胶的 pH 值在 6.1~8.0 范围内，三合板的胶合强度均符合 I 类板要求。考虑到 pH 值为 7.0 左右的单宁胶在 35℃、4h 以上仍有良好的涂布性能，胶合强度也较稳定，以下试验单宁胶的 pH 值均取 7.0 左右。

② 多聚甲醛的用量　单宁胶配方中一般均用多聚甲醛作为交联剂，它可以缓慢释放出甲醛以控制交联速率，达到网状交联的目的。选择合理的用量，也是单宁胶配方的关键。固定单宁胶其他组分用量，控制 pH 值为 7.0 左右，采用不同多聚甲醛用量进行一批压板试验，结果如表 7-34 所示。

表 7-34　多聚甲醛用量对胶合强度的影响

多聚甲醛用量 （以单宁质量计）/%	胶合强度/MPa	木破率/%	合格率/%
7	0.81	3	78
10	1.08	15	96
13	1.21	13	100
16	1.20	13	100

从表 7-34 可见，多聚甲醛用量为 7% 时，单宁胶交联程度不够，因而胶合强度差。而多聚甲醛用量为 10% 时压制的板强度较好，多聚甲醛用量增加至 13% 及以上时，胶合强度更好。考虑到兼顾胶合强度和成本，多聚甲醛用量以 10% 为好。

(3) 单宁胶胶压条件试验

经比较确定黑荆树单宁胶配方（质量份）为：黑荆树栲胶（绝干）50，水 50，多聚甲醛 5，面粉 3.5，40% 氢氧化钠溶液 1~2（pH 值调至 7 左右）。为了考核该配方对胶压条件的适应性，用柳桉单板在实验室进行压板试验。通过压板试验发现，涂胶量为 320~380g/m² （双面），涂胶预压后陈放 0~16h，热压温度为 110~150℃，热压 2 张 5.5mm 厚柳桉三合板需 8~12min（相当于 45~65s/mm 板厚），压制的柳桉三合板胶合强度均符合 I 类胶合板的需求。

室外级胶合板主要用作车厢板、混凝土模板等，均为多层胶合板。为观察选定的单宁胶配方压制多层板的适应性，压制一批五合板。热压条件为：温度 135℃±5℃，压力 1.2MPa，时间 9min。检测结果为：胶合强度 1.32MPa，木破率 22%，合格率 100%。选定的单宁胶配方压制的五合板符合 I 类胶合板的要求。

(4) 结论

综上可知，中国黑荆树栲胶的制胶性能与南非（胶黏剂用）黑荆树栲胶相似，可用于制备室外级胶合板用单宁胶，压制的胶合板强度符合 I 类胶合板要求；选定的中国黑荆树单宁胶配方基本能适应工厂胶合板生产条件（生活力、陈放时间等）要求，且具有所用化工原料少、调制方便、能耗低、成本便宜等优点。

7.2.2.2 用活性酚醛树脂和活性苯酚-尿素-甲醛树脂为交联剂的黑荆单宁胶

Zhang 等[9]用落叶松树皮单宁制备单宁-尿素-甲醛树脂，单宁的酚基通过亚甲基键引入树脂结构中，研究发现单宁的引入不利于树脂的固化，但是胶合板的性能得到提高。

本研究研制了低分子量活性 PF 树脂和 PUF 树脂，用它们分别代替多聚甲醛作交联剂进行单宁胶配方试验和系统压板工艺条件试验[10]。在试验压板基础上用以 PF 和 PUF 树脂为交联剂的单宁胶压制 600mm×600mm 胶合板，检测结果均符合 I 类胶合板的胶合强度要求。

(1) 实验原料

黑荆树栲胶质量指标为：水分 13.6%，单宁 73.1%，非单宁 22.8%，不溶物 4.1%，甲醛缩合值 85.6%。活性酚醛树脂 F/P 摩尔比为 2.6，具体制备工艺：加入苯酚和甲醛①（甲醛总量的 38%~40%），适量 30% 氢氧化钠溶液，90℃反应 1h；加入余下的甲醛②（甲醛总量的 60%~62%），用 30% 氢氧化钠溶液将反应液的 pH 值调到 8~10，90℃反应 20min，冷却。活性 PUF 树脂 U/P 质量比为 3/7，F/（P+U）摩尔比为 2.6。制备工艺：加入苯酚和甲醛①（甲醛总量的 35%），适量 40％氢氧化钠溶液，90℃反应 50～60min；加入尿素和甲醛②（甲醛总量的65％），用 40％氢氧化钠溶液将反应液的 pH 值调到 8.5～9.5，90℃反应 40～60min，冷却。

活性 PF 和 PUF 树脂的质量指标如表 7-35 所示。

表 7-35　活性 PF 和 PUF 树脂的质量指标

项目	固含量/%	游离酚含量/%	游离醛含量/%	黏度(20℃)/mPa·s
PF 树脂	44～46	<1	2～4	20～200
PUF 树脂	44～46	<1	2～4	20～200

(2) 黑荆单宁胶配方试验

对交联剂的用量及单宁胶适用 pH 值范围进行试验。

① 交联剂用量的比较　单宁胶的配制：100 份 45％黑荆栲胶水溶液，分别加入 20～50 份 PF 树脂或 PUF 树脂，再加入 8％（以黑荆栲胶水溶液和 PF 树脂或 PUF 树脂总量计）面粉，搅匀。用添加不同用量 PF 树脂或 PUF 树脂调制的黑荆单宁胶，压制两批椴木三合板。其中椴木单板尺寸为 300mm×300mm×1.0mm，涂胶量为 260～320g/m² （双面），涂胶 20～60min 后，0.7MPa 下预压 10min，陈放 2～4h 后，在 140～150℃，1.0MPa 下，两张三合板一起热压 6min。检测结果如表 7-36 和表 7-37 所示。

表 7-36　不同 PF 树脂用量的单宁胶压板结果

PF 质量份(对 100 份栲胶重)	胶合强度/MPa	木破率/%	合格率/%
20	0.66	0	6
30	1.02	29	100
40	1.63	53	100
50	1.53	46	100

表 7-37　不同 PUF 树脂用量的单宁胶压板结果

PF 质量份(对 100 份栲胶重)	胶合强度/MPa	木破率/%	合格率/%
20	0.75	25	56
30	1.09	20	80
40	1.19	26	94
50	1.35	25	100

由表 7-36 和表 7-37 可见，单宁胶配方中 PF 树脂和 PUF 树脂用量大于 30 份时，胶合强度才符合国家标准Ⅰ类板的要求；大于 40 份时，胶合强度和木材破坏率均有较大增长，并趋于稳定；PF 树脂的交联效果比 PUF 树脂好。

② 单宁胶的 pH 值　分别选用 45％的 PF 树脂和 PUF 树脂 30 份，与 70 份 45％黑荆树栲胶溶液，8 份面粉调制数批单宁胶，并用 40％氢氧化钠溶液将单宁胶的 pH 值调节到 5.0～9.0，涂胶量、预压条件和热压工艺均同表 7-36 和表 7-37。压制 10 批椴木三合板，检测结果如表 7-38 和表 7-39 所示。

表 7-38　用 PF 树脂为交联剂不同 pH 值的单宁胶压板结果

pH 值	胶合强度/MPa	木破率/%	合格率/%
5.0±0.1	1.38	67	100
6.0±0.1	1.46	53	100
7.0±0.1	1.47	69	100
8.0±0.1	1.62	93	100
9.0±0.1	1.53	61	100

表 7-39　用 PUF 树脂为交联剂不同 pH 值的单宁胶压板结果

pH 值	胶合强度/MPa	木破率/%	合格率/%
5.0±0.1	1.58	8	100
6.0±0.1	1.64	57	100
7.0±0.1	1.38	44	100
8.0±0.1	1.28	25	100
9.0±0.1	1.40	49	100

由表 7-38 和表 7-39 可见，pH 值在 5.0～9.0 范围内的单宁胶压制的椴木三合板的胶合强度均符合 I 类板的强度要求。但是在 20～25℃室温下，pH 值为 8.0 和 9.0 的单宁胶的生活力分别为 2h 和 1h，pH 值为 5.0～7.0 的单宁胶的生活力大于 4h，所以单宁胶的 pH 值控制在 7.0 以下为好。

(3) 单宁胶胶压条件试验

经上述试验，确定以 PF 树脂为交联剂的单宁胶的配方 1 为（以质量份计）45％黑荆栲胶水溶液 70 份，45％ PF 树脂水溶液 30 份，面粉 8 份；以 PUF 树脂为交联剂的单宁胶的配方 2 为（以质量份计）45％黑荆栲胶水溶液 70 份，45％ PUF 树脂水溶液 30 份，面粉 8 份。

为了考核单宁胶配方对胶压条件的适应性，用椴木单板进行系统压板试验。

① 涂胶量对胶合强度的影响　用配方 1 和配方 2，分别取涂胶量 230g/m^2、260g/m^2、290g/m^2、320g/m^2（双面）各压制一组三合板，结果表明涂胶量在 230～320g/m^2（双面）范围内，用 PF 和 PUF 树脂为交联剂的两种单宁胶压制的胶合板的胶合强度均符合 I 类板的强度要求。

② 对不同陈放时间的适应性　用配方 1 和配方 2，分别固定涂胶量、预压和热压条件，采用预压后陈放不同的时间，压制数批椴木三合板，检测结果如表 7-40 和表 7-41 所示。

表 7-40　配方 1 单宁胶对不同陈放时间的适应性

陈放时间/h	胶合强度/MPa	木破率/%	合格率/%
0.5	1.59	73	100
4	1.66	71	100
8	1.41	88	100
12	1.46	75	100
16	1.55	91	100
24	1.55	77	100

表 7-41　配方 2 单宁胶对不同陈放时间的适应性

表 7-41　配方 2 单宁胶对不同陈放时间的适应性

陈放时间/h	胶合强度/MPa	木破率/%	合格率/%
0.5	1.17	13	100
4	1.30	54	100
8	1.14	40	100
12	1.41	30	100
16	1.38	33	100
24	1.52	63	100

　　由表 7-40 和表 7-41 可见，两种配方的单宁胶在 0~24h 陈放时间内压制的胶合板强度符合 I 类板的要求，能符合工厂实际生产要求。配方 2 单宁胶陈放 12h 以上，胶合强度反而高些。

　　③ 热压温度对胶合强度的影响　用配方 1 和配方 2，分别固定涂胶量、预压条件、陈放时间、热压压力和时间，用不同的热压温度分别压制两组三合板，检测结果如表 7-42 和表 7-43 所示。

表 7-42　配方 1 单宁胶不同热压温度压板检测结果

热压温度/℃	胶合强度/MPa	木破率/%	合格率/%
110~120	0	0	0
120~130	0.37	0	6
130~140	0.84	0	69
140~150	1.40	53	100

表 7-43　配方 2 单宁胶不同热压温度压板检测结果

热压温度/℃	胶合强度/MPa	木破率/%	合格率/%
110~120	0.55	0	0
120~130	0.67	0	25
130~140	0.75	32	69
140~150	1.30	54	100

　　表 7-42 和表 7-43 可见，配方 1 和配方 2 两种单宁胶的热压温度必须高于 140℃，胶合板的胶合强度才能符合 I 类板的要求。如低于 140℃，由于交联固化不完全，胶合强度和木材破坏率均偏低。

　　④ 热压时间对胶合强度的影响　用配方 1 和配方 2，分别固定涂胶量、预压条件、热压温度和压力，采用不同的热压时间分别压制两组椴木三合板，检测结果如表 7-44 和表 7-45 所示。

表 7-44　配方 1 单宁胶不同热压时间压板检测结果

热压时间/min	胶合强度/MPa	木破率/%	合格率/%
4	0.71	0	56
5	1.04	0	100
6	1.40	53	100
7	1.56	55	100

表 7-45　配方 2 单宁胶不同热压时间压板检测结果

热压时间/min	胶合强度/MPa	木破率/%	合格率/%
4	0.78	44	63
5	1.10	38	100
6	1.30	54	100
7	1.25	31	100

由表 7-44 和表 7-45 可见，配方 1 和配方 2 两种单宁胶在 140～150℃热压时，胶压时间为 5min 时，胶合板的强度符合Ⅰ类板的要求，胶压时间增加到 6min 以上，胶合板强度明显提高，木材破坏率也大于 50%。为保证胶合板质量，每毫米厚板热压时间应不低于 60s。

⑤ 单宁胶配方对不同材种的适应性　为考核两种单宁胶配方对不同材种的适应性，固定预压条件、陈放时间、热压工艺，用椴木单板（厚 1.04mm）、水曲柳单板（厚 1.04mm）、桦木单板（厚 1.40mm）和马尾松单板（厚 1.33mm）分别压制两组三合板。其中，椴木单板涂胶量为 280g/m²（双面），其他单板涂胶量为 340g/m²（双面）。涂胶 20～60min 后，0.7MPa 下预压 10min，陈放 2～4h，在 140～150℃下压制三合板，椴木三合板热压压力为 1.0MPa，其他三合板的热压压力均为 1.2MPa。压制的三合板检测结果如表 7-46 和表 7-47 所示。

表 7-46　配方 1 单宁胶不同材种三合板胶压检测结果

材种	热压时间/min（每格两张，板厚 mm）	胶合强度/MPa	木破率/%	合格率/%
椴木	6(6mm)	1.58	54	100
水曲柳	6(6mm)	1.23	44	92
马尾松	8(8mm)	1.24	57	92
桦树	8.3(8.4mm)	1.28	0	100

表 7-47　配方 2 单宁胶不同材种三合板胶压检测结果

材　种	热压时间/min（每格两张，板厚 mm）	胶合强度/MPa	木破率/%	合格率/%
椴木	6(6mm)	1.17	21	100
水曲柳	6(6mm)	1.23	53	94
马尾松	8(8mm)	1.13	51	88
桦树	8.3(8.4mm)	1.14	0	88

由表 7-46 和表 7-47 可见，两种配方单宁胶压制的椴木、水曲柳、马尾松、桦木三合板的胶合强度均符合Ⅰ类板的要求，配方 1 比配方 2 的胶合强度略高些。

(4) 600mm×600mm 中试压板试验

① 中试压板条件

a. 单板　椴木面板和夹心板幅面为 600mm×600mm，涂胶芯板幅面为 300mm×600mm，单板厚 1.08mm，含水率为 7%～8%；马尾松面板和夹心板幅面为 600mm×600mm，厚 1.4mm；涂胶芯板幅面为 300mm×600mm，厚 1.4mm 和 2.7mm，含水率为 7%～8%。

b. 涂胶　涂胶量为 320～360g/m² （双面）。

c. 预压　涂胶后 10～40min，0.7MPa 冷压 10min。

d. 热压工艺　温度为 140～160℃ （蒸汽压力为 0.8～1.1MPa），椴木压力为 1.0MPa，马尾松压力为 1.2MPa，热压时间为 60s/mm。

② 中试压板结果　用配方 1 和配方 2 分别调制 5kg 单宁胶，各压制一批椴木和马尾松胶合板，抽样检测结果见表 7-48 和表 7-49。

表 7-48　配方 1 单宁胶中试压板结果

板号	材种	板厚/mm	热压时间/min	胶合强度/MPa	木破率/%	合格率/%
1	椴木三合板	3.24	3.5	1.94	97	100
2	椴木五合板	5.40	6.0	1.68	75	100
3	马尾松三合板	4.20	4.5	1.87	78	100
4	马尾松厚芯三合板	5.50	6.0	1.01	79	92
5	马尾松厚芯五合板	9.60	10.0	1.00	82	90

表 7-49　配方 2 单宁胶中试压板结果

板号	材种	板厚/mm	热压时间/min	胶合强度/MPa	木破率/%	合格率/%
1	椴木三合板	3.24	3.5	1.45	0	100
2	椴木五合板	5.40	6.0	1.27	0	100
3	马尾松三合板	4.20	4.5	1.35	35	100
4	马尾松五合板	7.00	7.0	1.50	53	97

由表 7-48 和表 7-49 可见，用配方 1 和配方 2 单宁胶压制的椴木和马尾松胶合板的强度均符合 I 类板的要求。

应澳大利亚 ACIAR 的要求，中国林科院林产化学工业研究所用配方 1 和配方 2 的黑荆单宁胶在生产线上进行连续 8h 压制面包车用车厢底板的生产试验。压制的车厢底板经检测符合当时 GB 9846.4—88 标准 I 类板的要求，说明配方 1 和配方 2 适用工厂生产条件。

参 考 文 献

[1] Pizzi A，Mittal K L. Wood adhesives ［M］. CRC Press，2011.

[2] Moubarik A，Charrier B，Allal A，et al. Development and optimization of a new formaldehyde-free corn-starch and tannin wood adhesive ［J］. European Journal of Wood and Wood Products，2010，68 （2）：167-177.

[3] 张礼华，胡人峰，沈青. 植物多酚在高分子材料中的应用 ［J］. 高分子通报，2007，（8）：48-54.

[4] Lee W J，Lan W C. Properties of resorcinol-tannin-formaldehyde copolymer resins prepared from the bark extracts of Taiwan acacia and China fir ［J］. Bioresource Technology，2006，97 （2）：257-264.

[5] 马志红，陆忠兵. 单宁酸的化学性质及应用 ［J］. 天然产物研究与开发，2003，15 （1）：87-91.

[6] Moubarik A，Pizzi A，Allal A，et al. Cornstarch and tannin in phenol-formaldehyde resins for plywood

production [J]. Industrial Crops and Products, 2009, 30 (2): 188-193.

[7] Li C, Zhang J, Yi Z, et al. Preparation and characterization of a novel environmentally friendly phenol-formaldehyde adhesive modified with tannin and urea [J]. International Journal of Adhesion and Adhesives, 2016, 66: 26-32.

[8] 赵临五, 曹葆卓, 王锋, 等. 室外级胶合板用黑荆树单宁胶粘剂 [J]. 林产化学与工业, 1994, (3): 21-28.

[9] Zhang J, Kang H, Gao Q, et al. Performances of larch (Larix gmelini) tannin modified urea-formaldehyde (TUF) resin and plywood bonded by TUF resin [J]. Journal of Applied Polymer Science, 2014, 131 (22): 547-557.

[10] Zhao L, Cao B, Wang F, et al. Chinese wattle tannin adhesives for exterior grade plywood [J]. Holz als Roh-und Werkstoff, 1995, 53 (2): 117-122.

第8章

生物质液化产物制备木材胶黏剂

锯末、树皮、灌木、秸秆等农林剩余物在我国资源极其丰富，价格低廉，利用率低。农林剩余物具有天然高分子的化学特征和较高的反应活性，使其在苯酚等含有酚类官能团的有机溶剂中发生降解、酚化反应，转化为可替代石油基产品——苯酚的具有反应活性的液体物质，开发适合木材工业使用的环保型生物基胶黏剂，逐渐受到人们的青睐。

本章主要介绍生物质苯酚液化及其产物的结构特征、生物质化学组成对液化速率和产物结构的影响、微波辅助生物质快速苯酚液化和热固性液化木基酚醛树脂的制备等研究内容。

8.1 生物质苯酚液化及其产物的结构特征 ▦▦

8.1.1 反应条件对液化速率和产物结构的影响

在生物质的液化过程中，反应时间、反应温度、苯酚与生物质的质量比（液固比）和催化剂的加入量等是影响生物质液化速率和液化产物结构特征的主要因素[1]。本章以残渣率作为衡量木材液化程度的指标，残渣率越低，说明木材液化程度越高，用凝胶渗透色谱对液化产物的分子量及其分布进行表征。

8.1.1.1 反应时间的影响

从图 8-1 可知，当反应温度为 150℃时，反应进行 15min 后，杉木液化产物的残渣率仅为 0.6%，杨木液化产物的残渣率为 2.3%。随着反应时间的延长，液化产物的残渣率略有降低。当反应温度为 120℃时，反应进行 30min 后杨木和杉木的残渣率仍分别为 29.3% 和 24.3%。随着反应时间的延长，残渣率逐步下降。木材液化产物的残渣率随反应时间的延长而下降，但达到一定程度后，残渣率变化很小；当反应温度较高时，反应时间对液化效率的影响比反应温度较低时的影响程度弱。杉木的液化曲线基本上与杨木的液化曲线相似，但杉木的残渣率在相同试验条件下始终比杨木的残渣率低。

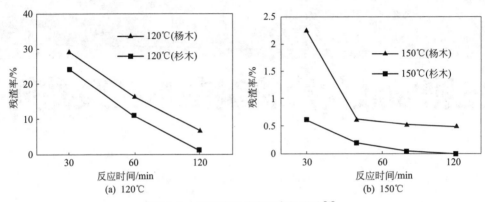

图 8-1　反应时间对残渣率的影响[1]

液化产物的重均分子量（M_w）随反应时间的变化见图 8-2。随着反应时间从 15min 延长到 30min，杨木液化产物的 M_w 从 2289 下降到 1407，之后缓慢增加，当反应时间为 120min 时，M_w 上升为 1574。根据杨木液化产物的残渣率和 M_w 的测定结果，推断随着反应时间的延长，杨木液化产物中的高分子量组分进一步分解成较低分子量组分，但因为大部分低分子量组分反应活性高，它们能互相缩合重新再缩合形成新的高分子物质，或者和苯酚进行酚化反应。

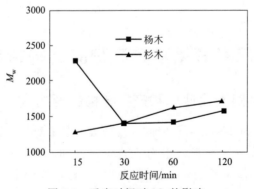

图 8-2　反应时间对 M_w 的影响

当反应时间从 15min 延长至 120min，杉木液化产物的 M_w 从 1280 逐渐上升至 1722。比较杨木和杉木液化产物的 M_w，除了在 30min 以前，杉木液化产物的 M_w

总是稍高于杨木液化产物的 M_w。

8.1.1.2　反应温度的影响

动力学研究结果表明[2]，反应温度对木材在苯酚中的液化速率常数有显著的影响。当用盐酸作为催化剂时，60℃时的速率常数为 $1.28 \times 10^{-3} h^{-1}$，随着温度从60℃逐渐上升至150℃，木材液化的速率常数不断增加，当温度为150℃时，速率常数已增加到 $3.56 h^{-1}$；采用硫酸作为木材苯酚液化反应的催化剂时，也发现同样的现象，这表明较高的温度有利于木材液化反应的发生。

图 8-3 显示了反应时间为 30min 时残渣率和反应温度的关系。当反应温度从100℃上升至120℃时，液化产物的残渣率逐渐降低；温度继续上升至140℃时，液化曲线斜率变化明显，残渣率显著降低；当温度从140℃上升至150℃时，残渣率几乎保持稳定；这说明反应温度对木材液化效率有着显著的影响。从总体上说，杨木和杉木随反应温度变化的液化曲线基本上相同，但杨木的残渣率在相同试验条件下始终比杉木的残渣率高。当反应温度从100℃上升至150℃时，杨木和杉木的残渣率变化分别为43.5%和37.6%，这说明同样条件下，反应温度对杨木液化反应的影响程度较大。

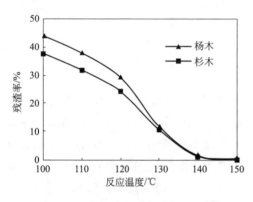

图 8-3　反应温度对残渣率的影响[1]

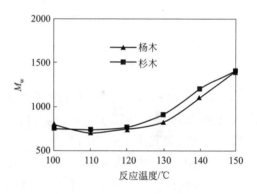

图 8-4　反应温度对 M_w 的影响

液化产物的 M_w 随反应温度的变化如图 8-4 所示。当反应温度从100℃上升到110℃时，杨木和杉木液化产物的 M_w 均有微弱的下降，当温度继续升高时，M_w 确持续增长。这可能是木质素和半纤维素在较低温度时被液化成较低分子量的组分，随着反应温度的上升，纤维素被逐渐液化并产生较高分子量的组分，从而导致 M_w 逐渐增大。液化杉木的 M_w 随温度变化的趋势与液化杨木相似，但除了在100℃以外，杉木液化产物的 M_w 总是稍高于杨木液化产物的 M_w。

8.1.1.3　液固比的影响

在液化发应过程中，苯酚作为催化剂的溶剂，在反应过程中将酸性催化剂很好地分散到反应体系中，提高 H^+ 进攻木材组分的机会，提高传质和传热效率，使反应尽可能在均一条件下进行。另外，苯酚因为酚羟基与苯环的共轭作用使羟基邻、对位的电子云密度增大，亲核能力增强，易与木材组分的降解中间产物反应起到封端作用，对于抑制木材降解产物的再缩聚有重要作用[3]。

由图 8-5 残渣率曲线的变化趋势可以看出，液固比值 2 是一个重要的转折点，它将整个液化过程分为两个阶段。液固比值由 1 增加到 2 的过程中，液化产物的残渣率呈线性降低，继续增加到 3 时，残渣率曲线趋于平缓。这说明在低液固比范围内，升高液固比能显著加快反应速率，提高液化反应的效率；但当液固比达到一定值后，增加液固比对液化效率无显著提高作用。从总体趋势看，两个树种的曲线基本相似，但杨木对液固比的变化更敏感，如当液固比值从 1 增加到 3 时，杨木液化产物的残渣率下降 55.6%，而杉木只下降 49.1%。

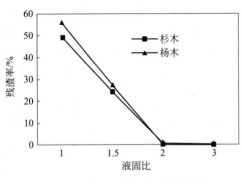

图 8-5　液固比对残渣率的影响[4]　　　图 8-6　液固比对 M_w 的影响

液化产物的 M_w 随液固比的变化如图 8-6 所示。当液固比由 1 提高到 3 时，杨木液化产物的 M_w 呈现下降趋势，但在不同液固比范围内，M_w 的变化幅度不同。液固比值 2 是杨木液化产物的分子特征发生变化的转折点：液固比由 1 提高到 2 时，M_w 由 7487 减小到 2895，降低了 4592，说明在此阶段内增大液固比，能有效地降低液化产物的分子量，提高分子量分布的均一性；随着液固比继续升高，M_w 的变化幅度明显减缓，说明液固比对杨木液化反应的影响程度减弱。杉木液化产物的分子特征随液固比的变化趋势与杨木相似，但 M_w 的变化速率却在液固比值大于 1.5 后降低，可见在较低值范围内，液固比对杉木液化反应的影响较显著。

上述结果表明，液固比不仅影响液化反应的进程，还对液化产物的分子结构特征有着决定性的影响。木材的液化反应主要分 3 种：降解、酚化和再缩聚。酚化反应和再缩聚反应是一对互相竞争的反应：当液固比较低时，中间产物的再缩聚反应是主要反应；随着苯酚用量的增加，酚化反应成为主要的反应形式[5]。由此可见，在木材液化反应中，苯酚对于抑制中间产物的再缩聚和液化产物的分子量过高起着重要的作用。

8.1.1.4　催化剂加入量的影响

催化剂能降低反应的活化能，改变反应的历程，使更多的分子成为能越过活化能垒的活化分子，从而提高反应的速率。对于木材在苯酚中的液化反应，不加催化剂，反应需在250℃左右的高温下进行，木质素和纤维素发生均裂生成自由基，然后和苯酚随机反应生成分子量分布较宽的液化产物；加入酸性催化剂，反应可在150℃左右的中温条件下进行，木质素和纤维素在 H^+ 的进攻下形成碳正离子，然后和苯酚以特定的路径反应生成分子量分布较窄的液化产物[6,7]。上述结果表明，酸性催化剂对木材的液化历程和液化产物的结构都有显著的影响。

从图8-7可知，在硫酸催化剂用量相对较低时，增加用量能加快木材液化反应速率，有效降低液化产物的残渣率，但当用量达到一定值后对液化效率无明显影响。总体来看，两种木材的残渣率随催化剂用量的变化趋势基本相同，但催化剂对杨木的影响程度比对杉木的稍大，在相同试验条件下，杨木液化产物的残渣率始终比杉木的略高。

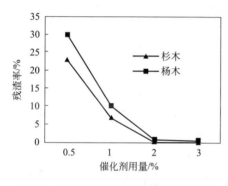

图 8-7　催化剂用量对残渣率的影响[4]

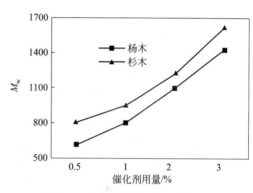

图 8-8　催化剂用量对 M_w 的影响

液化产物的 M_w 随催化剂加入量的变化见图8-8。随着催化剂用量由0.5％提高到3.0％，杨木和杉木液化产物的 M_w 逐渐增大。在相同试验条件下，杉木液化产物的 M_w 始终比杨木的略高。当催化剂用量为2.0％时，杨木和杉木都已基本完全液化，并且其液化产物的分子特征基本相同，说明选用合适的液化条件，可以实现我国主要人工林杉木和杨木的混合液化，使木材液化技术更具有使用价值。

8.1.1.5　催化剂种类的影响

纤维素和半纤维素中存在大量的糖苷键，糖苷键一般情况下对碱比较稳定，但对酸的稳定性很低，在适当的氢离子浓度、温度和时间条件下，即可发生糖苷键的断裂。木质素是由苯基丙烷为结构单元，通过醚键、碳-碳键彼此连接而成的高度无规则的三维芳香族高分子化合物。碳-碳键比较稳定，木质素的降解主要通过醚键的断裂发生，醚键与碱、氧化剂、还原剂常温下不反应，但氧原子具有未共用电子对，可与酸反应。虽然木材在碱性催化剂作用下也可发生降解，但碱的催化作用主要是促使纤维素润胀，破坏其结晶结构，提高纤维素的可及度，在高温下使纤维素大分子断裂、降解。从上述酸、碱催化剂的作用机理来讲，选用酸性催化剂更利于木材的降解。

从图 8-9 可看出，硫酸对木材液化反应的催化效果最好，表现为残渣率最低，其次为磷酸，草酸的催化效果最差。依据 Lin 等[8]和山田等[9]提出的木材液化机理，纤维素降解反应的第一步是酸性催化剂解离的 H^+ 进攻糖苷键引起糖苷键的断裂；木质素降解反应的第一步也是酸性催化剂解离的 H^+ 进攻与苯环相连的 α-碳上的羟基形成碳正离子，可见 H^+ 的浓度对液化反应有着重要的影响。根据硫酸、磷酸和草酸的解离常数可判断出，在硫酸催化的液化体系中 H^+ 的浓度最高，其次为磷酸，草酸催化的液化体系中 H^+ 的浓度最低，从而导致硫酸对木材液化反应的催化效果最好，草酸最差。

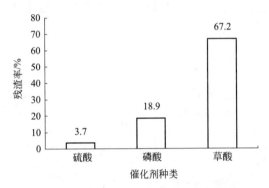

图 8-9　催化剂种类对木材液化率的影响

8.1.2　生物质化学组成对液化速率和产物结构的影响

Kurimoto 等[10]的研究结果表明，木材种类对液化行为和液化产物的性质有重要的影响。木材的三大主要化学组成中，木质素和半纤维素比较容易液化，纤维素分子链长，存在部分结晶区，催化剂和液化溶剂很难渗入，是液化过程中不容易降解的成分[11]。鉴于褐腐菌可降解木材中的纤维素，破坏纤维素的结晶结构。以不同腐朽阶段的木材为研究对象，研究木材褐腐预处理、木材化学组成和液化特性之间的关系，以期为促进木材的液化速率及对农村种植茯苓后大量扔弃的褐腐木材的再利用问题提供依据。

8.1.2.1　正常材和褐腐材的比较

为了获得良好的液化效果，正常木材的液固比通常为 3～4。液固比的增加意味着苯酚溶剂用量的增大，这样势必引起木材液化成本的增加，也与木材液化技术的初衷——替代或部分替代石油产品相矛盾。液固比的选择应在满足木材液化所需和保证液化产物性质较好基础上越低越好。从表 8-1 可知，当液化温度为 160℃、磷酸催化剂用量为 8%、反应时间为 2h，液固比值为 1 时，腐朽木材的液化残渣率高达 69.1%；而液固比值为 2 或 3 时残渣率均约为 3.0%。这说明褐腐材在液固比值为 2 时即可取得良好的液化效果，比正常材液化时所需的溶剂量少，从而可通过减少贵重试剂的投料量降低液化成本。

浓硫酸对木材液化反应的催化效果最好，但浓硫酸作催化剂时，因具有氧化性、强脱水能力，对设备腐蚀严重，液化过程中会引起木粉出现局部炭化和发烟现象等弊端。研究发现，褐腐材使用浓硫酸作催化剂时残渣率为 1.2%，而改为磷酸后残渣率仅升至 3.0%，说明褐腐材发生液化反应时选用酸性为中等强度的磷酸就能获得令人满意的液化效果。

表 8-1　液固比和催化剂对残渣率的影响

液化条件		残渣率/%
液固比	1	69.1
	2	3.2
	3	3.0
催化剂	硫酸	1.2
	磷酸	3.0
	草酸	19.9

8.1.2.2　木材的组成成分对液化率的影响

木材褐腐过程中化学组成和残渣率的变化见表 8-2。正常材的液化率较低，仍存在较多的残渣没被液化。随着腐朽时间延长至 7 周，液化残渣率逐渐下降，之后，随着褐腐时间的延长，液化残渣率迅速下降。木材液化残渣率的下降趋势和木材化学组分的变化趋势相似。随着褐腐时间的延长，α-纤维素含量和纤维素相对结晶度（CrI）减少，木质素含量上升，褐腐处理 7 周之后，它们的变化速率加快。从图 8-10 木材化学组成和 CrI 对木材液化残渣率的影响得出，α-纤维素含量和残渣率之间高度线性相关（$R^2 = 0.974$），CrI（$R^2 = 0.986$）、木质素含量（$R^2 = 0.997$）和残渣率之间具有高度的非线性相关。这表明当木材中的 α-纤维素含量和 CrI 较高时，木材难以液化。木质素含量和液化残渣率直接的高度负相关关系说明木质素比较容易液化。

表 8-2　正常木材和不同腐朽程度木材的化学组成和相对结晶度

样品号	腐朽时间/周	综纤维素/%	α-纤维素/%	戊聚糖/%	Klason 木质素/%	1% NaOH 抽提物/%	CrI/%	残渣率/%
1	0	72.80	47.14	14.95	27.30	12.89	40.3	26.2
2	3	67.51	40.49	12.54	28.47	17.90	39.0	22.8
3	7	58.42	26.35	14.52	30.52	36.34	37.6	16.4
4	11	39.90	13.30	13.20	37.96	54.01	28.9	4.4
5	15	18.57	3.08	8.58	53.88	70.07	16.1	2.3

8.1.2.3　木材组成成分的变化对液化产物中游离酚含量的影响

游离酚含量代表液化产物中残留的、没有参与反应的苯酚，在液化产物 GPC 分布曲线中，以游离酚的面积百分比代表液化产物中游离酚的相对含量。从图8-11

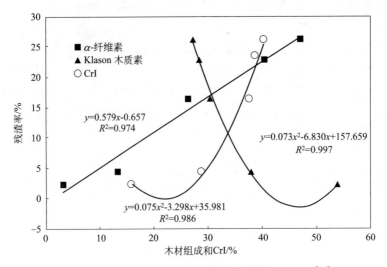

图 8-10　木材组成和 CrI 对木材液化残渣率的影响[12]

中可以看出，在相同的液化条件下，正常材液化产物中残留的游离酚含量较高，表明正常材液化产物结合的苯酚量较少，这说明正常材产生的液化中间产物较少，与苯酚发生酚化反应的机会也较少，致使正常材液化产物中残留较多的没有参与反应的游离苯酚。

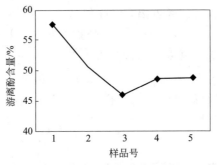

图 8-11　木材组成成分对游离酚含量的影响[13]
注：液化条件为时间 2h，温度 160℃，液固比 2，H_3PO_4 8%

　　不同腐朽时间的木材在相同的液化条件下，液化产物中残留的游离酚含量不同。从游离酚含量的变化趋势看，腐朽时间从 7 周延长至 11 周这个过程是转折点。推测腐朽 11 周后，因褐腐真菌对木材的降解程度已使木材的结构和性质发生了巨大的变化，不但液化残渣率大幅下降，而且液化所需的苯酚量减少。这可能是因为木质素降解产物和液化试剂苯酚结构相似而较易溶解，随着木材腐朽时间的延长，木材中残留木质素的相对含量逐渐升高，当木质素含量达到一定程度时，较少的苯酚液化剂即可满足其液化所需。这表明当木材被褐腐到一定程度后，腐朽木材的液化可减少苯酚的用量，有利于降低木材液化技术的成本。据此可在木材进行液化反应之前，先用褐腐真菌或其他技术手段对木材进行预处理，以提高木质素的含量，破坏木材的致密纤维结构、降低纤维素的聚合度，达到降低木材液化难度、缓和液化条件的目的。

8.1.2.4　木材组成成分对液化产物分子量及其分布的影响

正常材和不同腐朽程度木材液化产物的分子量和分子量分布结果见图 8-12。从图 8-12(a) 来看，正常材和腐朽材液化产物的组成有较大的差别。正常材液化产物的高分子组分（主要指洗脱时间小于 25min 的组分）所占比例较高，平均分子量较高，分布范围较宽。而腐朽木材液化产物的高分子量组分所占比例较低，平均分子量相对较低，分布范围较窄。正常材和腐朽材液化产物的分子量和分子量分布不同缘于两者之间的化学组成和结构不同。值得注意的是，虽然褐腐 3 周的样品化学组成和结构与正常材差别不大，但两者液化产物的分子量和分子量分布差别非常大。

从图 8-12(a) 看出，腐朽 3 周和 7 周的样品液化产物包含的组分基本相似，只是含量有所不同。当腐朽时间从 7 周延长至 11 周后，液化产物的高分子量组分增多。腐朽 15 周后，液化产物的高分子量组分已占总量的 63.7%。说明随着腐朽时间的延长，木材的化学组成继续发生变化。从图 8-12(b) 看出，腐朽时间超过 3 周时，木材液化产物的分子量和分子量分布随着腐朽时间的延长呈现上升的趋势。这可能是因为随着木材液化率的提高，纤维素被陆续液化，并生成较高分子量的组分。另外，腐朽材液化产物分子量的升高与木质素的含量可能也有一定的关系。因为木质素在酸性条件下容易发生缩聚反应，随着褐腐程度的加深木质素的含量逐渐升高，木质素发生缩聚反应的机会增多，导致液化产物分子量升高。

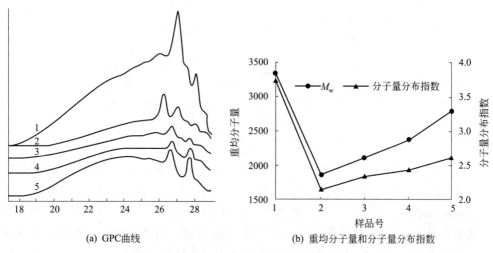

(a) GPC曲线　　　　　　(b) 重均分子量和分子量分布指数

图 8-12　木材组成成分对分子量及其分布的影响[13]

注：液化条件为时间 2h，温度 160℃，液固比 2，H_3PO_4 8%

8.1.2.5 液化产物的红外和核磁表征

图 8-13 为苯酚与褐腐废弃材于酸性催化条件下液化后所得产物去除残渣后的 FT-IR 图，谱图中各主要吸收峰的归属如下[14,15]：3401cm^{-1}附近宽而强的吸收峰是—OH 的伸缩振动；2939cm^{-1}和 1363cm^{-1}处是烷烃的 C—H 伸缩和弯曲振动峰；1709cm^{-1}处是 C=O 的伸缩振动；1455cm^{-1}、1509cm^{-1}和 1596cm^{-1}处是苯环的骨架振动峰；1226cm^{-1}处带有精细结构的宽而强的峰至 1033cm^{-1}处之间系列峰的存在，是由酚类、醇类、醚类物质中 C—O 的振动叠加产生的复合吸收带，不能说明其具体归属，但比较肯定的是液化产物中含有—C—O 或 =C—O 结构；693cm^{-1}处的峰说明苯环发生了单取代，暗示液化产物中还有游离苯酚；756cm^{-1}处的峰说明苯环发生了邻位二取代，834cm^{-1}处的峰说明苯环发生了对位二取代，这两个比较强的峰说明木材与苯酚的酚化反应主要以邻位和对位方式发生，且以单取代的反应为主[16]。木材液化产物的增值利用中，酚类物质的应用途径主要有两种，一是利用酚羟基进行化学改性，二是利用酚类物质中残留的活性部位。木材液化产物制备树脂的反应机理主要是利用酚类物质中的活性部位，已知在酚类物质和甲醛的缩聚反应中，为了能形成体型结构的高聚物，两者的平均官能度都必须大于 2，所以木材液化产物与苯酚主要发生单取代反应对后续利用非常有利。

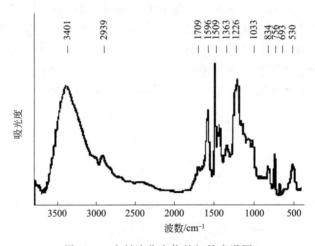

图 8-13　木材液化产物的红外光谱图

图 8-14(a) 和 (b) 分别为含有和不含苯酚的液化产物的 NMR 图，化学位移在 110~160 的峰归属于苯环上的碳原子。其中，157.38 和 155.50 处的峰分别归属于游离苯酚和被木材组分取代苯酚中与酚羟基相连的碳原子。用水蒸气蒸馏去除游离苯酚后，157.38 处的峰消失，而 155.50 处的峰更清楚。这意味着木材组分在液化过程中和苯酚发生了酚化反应，从而证实了木材的液化产物中也含有酚类组分，说明在液化产物的树脂化反应中，木材液化成分不只是填料，还能和甲醛发生缩聚反应合成树脂。

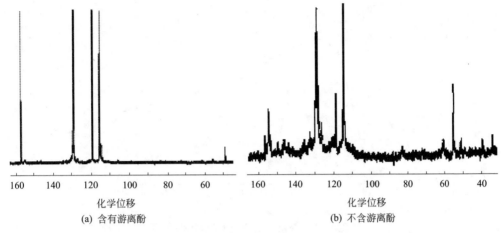

160	140	120	100	80	60		160	140	120	100	80	60	40

化学位移
(a) 含有游离酚

化学位移
(b) 不含游离酚

图 8-14　木材液化产物的核磁共振谱图[13]

8.1.3　微波辅助生物质快速苯酚液化

木质生物材料在苯酚中的初期反应为液固异相反应，传质传热差，采用油浴和电加热等外部热源通过热传导方式进行加热，存在反应时间长、反应不均匀、黏度大、应用性能较差等问题。微波加热属于物料内部加热，是通过被加热体内部偶极分子高频往复运动摩擦生热，本小节利用微波加热，研究生物质的快速苯酚液化技术，表征微波液化产物结构，分析生物质种类对微波辅助苯酚液化行为的影响，比较微波和油浴加热下木材苯酚液化的区别。

8.1.3.1　微波辅助杨木快速苯酚液化工艺的优化

从图 8-15 可以看出，含水率对微波辅助木材苯酚液化反应有重要的影响。含水率从 0 增加到 30％时，液化率从 40.5％快速增加到 79.4％，而当含水率从 30％增加至 40％时，液化率仅有微弱的上升，之后随着含水率的增加液化率逐渐下降。这说明当含水率为 30％～40％时，最有利于微波辅助木材苯酚液化反应。原因之一是适量水分可以使木材水解并能增强木材液化产物在溶剂中的溶解能力，从而促进木材液化反应；另一个原因是木粉的介电常数随着含水率的增加而上升，当木粉的含水率达到 30％左右时，介电常数急剧上升，显著提高了木材液化体系的升温速率，使液化体系在短时间内上升至较高温度，促进纤维素、半纤维素和木质素的解聚反应。但当含水率超过 40％时，体系中的苯酚和氢离子浓度减小，木材大分子在苯酚中的催化解聚反应速率降低，过量水的回流也会降低体系温度，导致液化率降低。

图 8-16 显示了反应时间对木材液化率的影响。利用微波加热，当反应时间从 2min 延长到 15min 时，液化率迅速从 22.5％提高到 80.0％，15min 到 30min 时间范围内液化率仅微弱上升，这说明 15min 以内木材的解聚反应还不完全，延长反

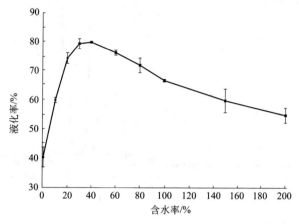

图 8-15　含水率对液化率的影响[17]

应时间能有效促进木材在苯酚溶剂中的解聚，当反应时间超过 15min 后，木材解聚反应趋于动态平衡。

　　微波液化和油浴液化的木材液化速率差异显著（见图 8-16）。在液固比为 2 时，微波液化 15min 时的液化率和油浴液化 90min 相似，这说明相同条件下，微波液化速率至少是油浴液化速率的 6 倍。上述结果表明，微波加热比油浴加热能取得更快、更有效的木材液化反应。这是因为微波辐射开始后，整个反应体系立即快速升温，导致木材快速液化。对油浴液化而言，生物质液化初期为固、液异相体系，传质、传热速率慢，因此是一个冗长的逐渐液化过程。

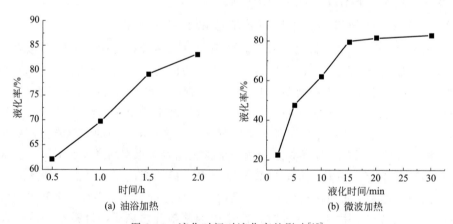

(a) 油浴加热　　　　　　　　　　　(b) 微波加热

图 8-16　液化时间对液化率的影响[17]

　　如图 8-17 所示，液化率随着液固比的升高而增加，当液固比超过 2.0 后，液化率的增加幅度变小。由于苯酚溶剂能促进木材中大分子的解聚和抑制中间产物的再缩聚反应，液固比是影响液化产物结构和性能的重要因素。当液固比为 1.5 时，苯酚溶剂的量较少，苯酚溶剂和木粉的有效接触面积较小，苯酚对木材中大分子的解聚能力较弱，木材液化率低。此外，在试验过程中发现，利用微波加热在液固比为 1.5 时，容易发生炭化副反应产生黑色块状物。当液固比大于 2 时，苯酚对木材中大分子的解聚能力增强，木材液化率较高，并且能抑制炭化副反应的发生。但液固比高于 2.5 时，木材中大分子解聚过程所需溶剂量已满足，溶剂已有过量的趋势，因而液化率上升不明显。故液固比选择 2.5 较为合适。

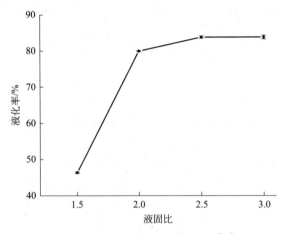

图 8-17　液固比对液化率的影响[17]

在液固比为 2.5 时，木粉粒径对液化率的影响见图 8-18。当木粉粒径从 0.38～0.83mm 减小至 0.18～0.25mm 时，液化率从 58.5％逐渐增加至 87.0％，但随着木粉粒径的进一步减小，液化率却有所降低。原因可能是减小木粉的粒径有利于增加溶剂和木粉的接触面积，提高木粉对苯酚溶剂的可及度，促进液化反应的进行；但粒径小于 0.18～0.25mm 时，木粉颗粒数量和比表面积增加使苯酚试剂被大量吸附，反应体系黏度迅速增大，甚至发生团聚现象，致使木粉液化反应速率降低。

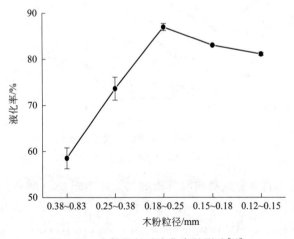

图 8-18　木粉粒径对液化率的影响[17]

8.1.3.2 生物质种类对微波辅助苯酚液化行为的影响

表 8-3 为 5 种生物质原料的化学成分分析结果。5 种生物质原料的化学成分各异,杨木阔叶材综纤维素含量最高,杉木针叶材木质素含量最高,稻草禾本科木质素含量最低、灰分和苯/乙醇抽提物含量最高。

表 8-3 5 种生物质原料的化学成分分析结果

种类	综纤维素/%	α-纤维素/%	木质素/%	半纤维素/%	苯-乙醇抽提物/%	灰分/%	综纤维素和木质素含量之和/%
杨木	77.55	45.59	18.45	31.96	2.94	1.20	96.00
杉木	71.96	47.10	32.89	24.86	1.56	0.50	104.85
毛竹	67.35	40.68	23.85	26.67	3.60	1.67	91.20
稻草	67.69	39.94	14.89	27.75	8.57	12.96	82.58
汉麻秆芯	76.62	33.54	19.57	43.08	3.98	2.51	96.19

5 种生物质的微波辅助液化行为均不同(见图 8-19),但大体上可分为 3 类:①杨木、杉木和毛竹在液固比为 2 和 3 时,液化率均分别达到 60%和 80%以上;②汉麻在液固比低于 2.5 时,液化率低于 50%,之后随着液固比增加,液化率显著提高;③即使液固比增加至 5,稻草液化率也不足 50%,说明必须使用大量的苯酚溶剂才能提高稻草的液化率,这条技术路线经济性较差。稻草中的高灰分含量抑制了稻草在苯酚中的液化反应。另外,稻草的苯-乙醇抽提物含量高达 8.6%,其主要成分为蜡质和脂肪,这些组分可以阻碍液化剂和稻草的接触,抑制稻草的液化反应。同理,汉麻秆芯由于含有较多的灰分和苯-乙醇抽提物,其液化反应也需要较多的苯酚溶剂。

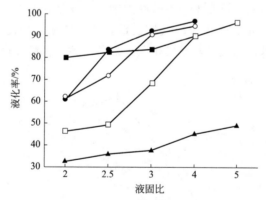

图 8-19 5 种生物质的微波辅助液化
■杨木;●杉木;○毛竹;▲稻草;□汉麻

杨木、杉木和毛竹 3 种生物质混合物的共液化如图 8-20 所示。液化率随液固比增加而增大,在液固比为 2.5 时,共液化率和杨木、杉木的单一液化率相近,但显著高于毛竹的单一液化率;当液固比为 3 和 4 时,共液化率和杉木、毛竹的单一液化率相近,但高于杨木的单一液化率,说明生物质在苯酚液化过程中存在协同作用。这可能是在液化过程中，容易液化的生物质的液化产物起到类似溶剂的作用，促进了生物质混合物的共液化。这表明生物质的共液化可以促进难以液化的单一生物质的液化反应，减缓反应条件，降低生产成本，使生物质液化技术具有更广的适用性和经济性。

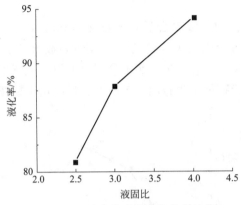

图 8-20　3 种生物质混合物的共液化

8.1.3.3　微波辅助杨木苯酚液化产物的表征

(1) 黏度和分子量

如表 8-4 所示，木材液化产物的数均分子量、重均分子量和多分散系数分别为 617、1155 和 1.87，表明在微波加热条件下，木材在苯酚溶剂中已被解聚成分子量较低、分子量分布范围较窄的物质。木材液化产物的黏度为 3015mPa·s，说明产物的流动性好，使用价值较高。与利用油浴加热获得的木材液化产物相比，微波加热获得产物的黏度（3015mPa·s）显著低于常规方法获得产物的黏度（8250mPa·s），说明微波加热能将木材降解成分子量更低的产物，改善液化产物的流动性能。原因可能是微波加热的整体快速升温特性，使木材在较短时间内实现均匀快速的解聚，避免了传统加热条件下木材液化反应不均匀和反应时间长导致的再缩聚副反应加剧现象。

表 8-4　木材液化产物的黏度和分子质量及其分布

加热方式	反应时间/min	黏度/mPa·s	数均分子量 M_n	重均分子量 M_w	多分散系数 M_w/M_n
微波	15	3015	617	1155	1.87
油浴	120	8250	—	—	—

(2) 和甲醛的反应性能

木材液化产物的主要用途是和甲醛聚合制备酚醛树脂，因此其与甲醛的反应性能对树脂化原料配比及树脂的结构和性能有重要的影响。图 8-21 显示了木材液化产物与甲醛的反应能力。在 2h 以前，木材液化产物和甲醛的反应速率较快，2h 后和 100g 木材液化产物反应的甲醛已达到 2.04mol，之后反应速率变慢，且反应消耗的甲醛仅有微弱的增加。这说明木材液化产物具有较强的反应活性，并且至少包含两类能和甲醛反应的物质，其中和甲醛反应速率较快的物质占绝大多数。这可能是由于木材液化产物中含有苯酚、木材降解成分和苯酚反应的取代产物、木质素的降解产物等酚类衍生物，这些物质中酚羟基的邻对位与甲醛发生加成反应的反应速率较快，而芳香环侧链和降解过程中产生的其他非酚类物质中可能存在少量能和甲醛缓慢反应的基团。

利用木材液化产物和甲醛聚合后得到的酚醛树脂呈棕色，固含量为 48.3%，黏度为 480mPa·s，胶合强度平均值达 1.36MPa，胶合性能良好。这说明木材液化产物和甲醛经加成反应后，可进一步缩聚成以亚甲基或亚甲基醚键连接的体型高聚物，表明木材液化产物可作为石油基苯酚的替代品用于酚醛树脂的合成。

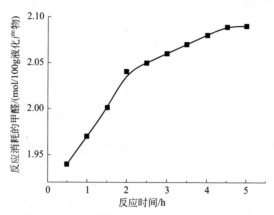

图 8-21　木材液化产物与甲醛的反应能力[17]

(3) 结构和组成分析

表 8-5 列举了木材液化产物的官能团组成。$2942cm^{-1}$、$1473cm^{-1}$ 和 $1369cm^{-1}$ 处的峰是纤维素、半纤维素中 C—H 的振动吸收峰，$1740cm^{-1}$ 处的峰是纤维素和半纤维素中的非共轭 $C=O$ 的伸缩振动吸收峰，$1229cm^{-1}$ 和 $1114cm^{-1}$ 处的峰是纤维素和半纤维中 C—O 的振动吸收峰，这说明木材液化产物中含有纤维素和半纤维的降解产物，其中包括脂肪族化合物、醇、酯、酮、醛、羧酸和醚类化合物。$1595cm^{-1}$ 和 $1501cm^{-1}$ 处的峰是苯环骨架振动吸收峰，主要来自木质素的降解。上述结果表明，木材三大组分都已发生大分子的解聚反应，转化成能溶于溶剂的较小物质。另外，$886cm^{-1}$、$812cm^{-1}$、$755cm^{-1}$ 和 $692cm^{-1}$ 处吸收峰的存在，说明木材液化产物中存在苯酚的单、双和三取代产物，暗示木材解聚产物和苯酚之间发生了多种取代反应。

表 8-5　木材液化产物的官能团组成

波数/cm^{-1}	吸收峰归属	化合物类别
3319	O—H 伸缩振动	醇类、酚类、羧酸类
2942	C—H 伸缩振动	脂肪类
1740	非共轭 $C=O$ 的伸缩振动	非共轭酮、羰基化合物和酯
1707	共轭 $C=O$ 的伸缩振动	共轭醛、酮或羧酸

波数/cm^{-1}	吸收峰归属	化合物类别
1595、1501	苯环骨架振动	芳香族化合物
1473、1369	C—H 弯曲振动 C—H	脂肪族化合物
1229、1114、1027	C—O 伸缩振动	醚类、醇类
886、812、755、692	C—H 面外振动 C—H	苯酚,苯酚的单、双和三取代物

木材液化产物中乙醚可溶部分的总离子流图、化学组成及其相对含量分别见图 8-22 和表 8-6。木材在苯酚中的液化产物组成复杂,包含醇类、酸类、芳香族类和醚类等物质,但相对含量较高的化合物主要包括苯酚、2,3-丁二醇、2-乙氧基丙烷、1,1-二乙氧基乙烷、1,2-丙二醇、二异丙基缩甲醛和 12-冠醚-4 共 7 种物质,说明木材在苯酚试剂中的降解主要按照特定反应路径进行。其中,2,3-丁二醇和 1,2-丙二醇是重要的化工原料,表明木材在苯酚试剂中的解聚产物除了可以直接用于酚醛树脂等的合成,也可以分离纯化制备高附加值的化学品。

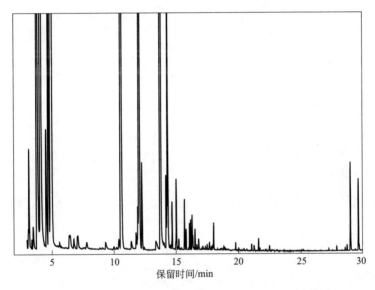

图 8-22　木材液化产物中乙醚可溶部分的总离子流图

木材液化产物中乙醚可溶部分的 2,3-丁二醇和 1,2-丙二醇相对含量分别为 17.5% 和 8.2%,说明在微波辅助木材苯酚液化过程中,纤维素和半纤维降解为葡萄糖、木糖等单糖后,单糖分子可进一步断裂为 2,3-丁二醇和 1,2-丙二醇等物质。

2-乙氧基丙烷、1,1-二乙氧基乙烷、二异丙基缩甲醛和 12-冠醚-4 在 PW 中乙醚可溶部分的含量为 1.6%～25.3%,说明纤维素和半纤维素能降解成乙醇、乙二醇、异丙醇、甲醛和乙二醛中间产物,而这些中间产物因具有较高的反应活性,相互之间可以发生脱水、羟醛缩合等反应。

苯酚的相对含量为 32.2%,是木材液化产物中含量最高的组分,主要是反应体系中含有较高比例的苯酚液化试剂所致。除了苯酚之外，在已报道的木材苯酚液化产物组成中，并不包含其他 6 种主要化合物，这说明微波加热与传统加热下的木材苯酚液化反应历程不尽相同，主要表现在纤维素和半纤维素降解为单糖后，单糖可进一步断裂为 2,3-丁二醇、1,2-丙二醇、乙二醇和乙二醛等物质，这些物质相互之间可以发生脱水、羟醛缩合等反应进一步生成 2-乙氧基丙烷，1,1-二乙氧基乙烷、二异丙基缩甲醛和 12-冠醚-4[16]。

另外，在木材液化产物中还含有多种芳香族化合物，如 2,4'-二羟基二苯甲烷、4,4'-二羟基二苯甲烷、4-甲基苯酚、2-甲氧基苯酚和 2,6-二甲氧基苯酚，这些化合物与木质素和纤维素模型物在利用油浴加热方式下获得的苯酚液化产物的化学成分相似，这暗示微波加热与油浴加热下的木材苯酚液化反应有一定的相似之处。

表 8-6　木材液化产物中乙醚可溶部分的化学组成及其相对含量

序号	保留时间/min	化合物	面积百分比/%
1	3.17	2,4,5-三甲基-1,3-二氧戊环	0.26
2	3.82	2,3-丁二醇	7.02
3	4.11	2,3-丁二醇	10.53
4	4.52	2-乙氧基丁烷	0.57
5	4.69	二异丙基缩甲醛	3.29
6	4.98	2-乙氧基丙烷	25.29
7	10.38	乙酸酐	0.05
8	10.60	1,1-二乙氧基乙烷	8.34
9	11.77	乙酸乙酯	0.08
10	11.92	2-羟基丙酸乙酯	0.19
11	12.05	1,2-丙二醇	8.26
12	12.25	2-甲氧基-1,3-二氧戊环	0.41
13	13.77	苯酚	32.2
14	14.19	二乙二醇乙醚	0.24
15	14.32	12-冠醚-4	1.63
16	14.68	1-乙氧基-1-丙氧基乙烷	0.13
17	15.02	3,3,5-三甲基环己酮	0.24
18	15.22	2,2'-双-1,3-二氧戊环	0.04
19	15.68	2-甲基苯酚	0.16
20	15.81	4-甲基-1,3-二氧六环	0.05
21	16.08	5-甲酰基-6-甲基-4,5-二氢吡喃	0.07
22	16.17	4-甲基苯酚	0.08
23	16.29	1-甲氧基-2-丙基乙酸酯	0.10
24	16.34	2-甲氧基苯酚	0.04
26	16.66	2-甲基丙酸	0.02
27	16.81	2-甲基-1,3-二氧六环	0.03
28	18.00	2-乙氧基苯	0.07
29	21.03	2,6-二甲基苯酚	0.02
30	21.58	2-乙酰基苯并呋喃	0.03
31	29.01	2,4'-二羟基二苯甲烷	0.28
32	29.66	4,4'-二羟基二苯甲烷	0.22

8.2　热固性液化木基酚醛树脂 ∷∷∷∷

8.2.1　合成工艺对树脂物化性质的影响

　　木材的苯酚液化产物可作为苯酚的替代物，但目前苯酚液化产物替代苯酚的比率较低，一般约为30%，因此降低酚醛树脂生产成本的程度有限。为了进一步降低PWF的生产成本，著者在PWF制备后期加入树脂理论固体含量5%的尿素。从表8-7发现，尿素的加入可适当降低树脂的黏度和游离甲醛含量，胶合强度稍微降低，但仍能满足国家Ⅰ类胶合板标准，说明在树脂合成后期加入一定量尿素这种技术方案具有可行性。

　　当甲醛与苯酚的投料比为2.2时，采用1次投料方式所得树脂中的游离甲醛含量为0.39%，超过了标准规定的限量值，而采用2次投料方式在反应初始阶段加入2/3的甲醛和氢氧化钠催化剂，反应1h后再加入剩余的甲醛和氢氧化钠，可促进苯酚与甲醛的缩聚反应，降低产品中的游离甲醛含量，且胶合性能相当。另外，在小规模的合成过程中虽然体系放热反应引起的自升温现象不明显，但扩大生产规模可加剧这种现象的发生，因此，采用2次投料方式，有助于减缓反应中产生的自发热，使反应易于控制，提高树脂质量。

表8-7　合成工艺对树脂物化性质的影响

树脂	F/P摩尔比	尿素	加料方式	黏度/mPa·s	游离甲醛含量/%	胶合强度/MPa
PWF	1.8	—	1次	400	0.20	0.97～1.73
PWF	1.8	5%	1次	280	0.17	0.73～1.66
PWF	2.2	—	1次	207	0.39	1.17～1.70
PWF	2.2	—	2次	327	0.24	1.28～1.58
PF标准	—	—	—	≥60	≤0.30	≥0.70

8.2.2　甲醛在液化木基树脂合成过程中的行为

　　图8-23显示了液化木基树脂合成过程中反应时间对游离甲醛含量的影响。反应30min后，大量的甲醛被迅速消耗，然后游离甲醛的含量随着反应的进行逐渐降至0.31%。在树脂的制备过程中，加入的甲醛不仅和酚化产物中残留的苯酚反应，而且也和液化的木材组分反应，特别是含有羟基基团的分子量较低的液化纤维素和液化木质素组分。在反应初始阶段，反应体系中存在大量的包括游离苯酚酚羟基在内的官能团，官能团和甲醛反应导致体系中游离甲醛含量迅速下降。随着反应时间的延长，这些官能团和甲醛逐渐被消耗，反应速率也变得更加缓慢。

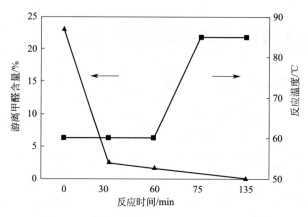

图 8-23　游离甲醛含量和反应时间的关系[18]

注：1. 杨木液化条件：温度 150℃，时间 90min，液固比 1.4，催化剂用量 5%。

2. 树脂化条件：F/P 摩尔比＝1.5；NaOH/苯酚摩尔比＝0.5；60℃反应 1h，然后 85℃反应 1h

8.2.3　液化产物残渣率对树脂物化性质的影响

液化产物的残渣含量对树脂的物理、化学性质的影响如表 8-8 所示。对于以含有残渣的杉木液化产物为原料的树脂，随着液化产物残渣含量由 11.0% 增加到 31.9%，树脂的黏度增大，固含量降低，游离苯酚含量明显上升；杨木液化产物合成树脂的性质随残渣率的变化结果与杉木相似。因为由木材液化产物制备树脂的配方和工艺相同，所以导致树脂性质存在差异的原因则应归于木材液化产物性质的差异。

由不含残渣和含有残渣的液化产物制备的树脂相比，前者的黏度较低，固体含量较高，聚合时间较短，游离苯酚含量显著降低，说明残渣对树脂性能有一定程度的影响。但在残渣含量比较低的时候，液化产物树脂的各项性质虽稍有不同，但仍能满足制备树脂的要求。比如，杉 1a* 和杨 1a* 树脂的游离苯酚含量分别为 0.81% 和 0.56%，满足 GB/T 14732 中一般热压胶合板用酚醛树脂的技术指标要求（≤1.5%）。因此，从简化工艺操作，降低生产能耗和提高效率的角度来看，液化产物的残渣含量较低的时候可以不过滤，直接用于制备树脂。

表 8-8　不同残渣含量的液化杉木、杨木制备的酚醛树脂和传统酚醛树脂的性质

树脂编号	残渣率/%	黏度/mPa·s	pH 值（20℃）	固含量/%	聚合时间/s	游离苯酚含量/%	游离甲醛含量/%
杉 0.5	滤×	595	12.0	55.8	187	0.19	0.24
杉 0.5a*	31.9	699	12.1	49.1	220	5.18	0.23
杉 1	滤×	628	12.4	54.2	181	0.06	0.24
杉 1a*	11.0	666	11.5	52.7	232	0.81	0.23
杨 0.5	滤×	586	11.8	54.9	190	0.02	0.22
杨 0.5a*	37.9	759	11.3	49.5	235	3.13	0.22

树脂编号	残渣率/%	黏度/mPa·s	pH值(20℃)	固含量/%	聚合时间/s	游离苯酚含量/%	游离甲醛含量/%
杨1	滤×	687	12.0	54.0	165	0.10	0.23
杨1a*	16.5	713	11.4	52.9	200	0.56	0.22
Co PF	—	726	10.5	55.0	206	1.37	0.18

注：滤×表示用于制备树脂的液化产物中的残渣被过滤；a*表示用于制备树脂的液化产物中的残渣未被过滤；Co PF表示外购。

8.2.4 甲醛与苯酚的摩尔比对树脂物化性质的影响

甲醛与苯酚的摩尔比对树脂的物理、化学性质的影响如表8-9所示。以杉木液化产物为原料的树脂，随着甲醛与苯酚摩尔比的增大，树脂的黏度逐渐增加，游离苯酚含量显著降低，pH值和游离甲醛含量几乎不变，固含量和聚合时间略有变化。从总体上看，随着甲醛用量的增加，杨木和杉木液化产物制备的树脂的性质变化规律相似。这暗示可以采用杨木和杉木的混合液化产物制备树脂，使木材液化技术具有重大的实际应用价值。

液化产物中含有游离苯酚以及木材分解、酚化产生的各种酚类物质。这些酚类物质和游离苯酚相似，具有较高的反应活性，在碱催化下能与甲醛反应，形成交联的网状高聚物。当甲醛加入量较少时，甲醛不足以和体系中的游离苯酚及酚类物质充分反应，因此树脂中游离苯酚含量较高。当增加甲醛的加入量时，游离苯酚及酚类物质和甲醛反应，被逐渐消耗，致使树脂中的游离苯酚含量逐渐减少。从表8-9中得知，当甲醛与苯酚的摩尔比增加至1.5时，树脂中的游离酚含量满足GB/T 14732中一般热压胶合板用酚醛树脂的技术指标要求（≤1.5%）。

表8-9　不同摩尔比的甲醛与苯酚制备的液化木基酚醛树脂和传统酚醛树脂的性质

树脂编号	F/P摩尔比	黏度/mPa·s	pH值(20℃)	固含量/%	聚合时间/s	游离苯酚含量/%	游离甲醛含量/%
杉1.2	1.2	648	11.4	50.7	220	3.37	0.24
杉1.5	1.5	666	11.5	52.7	232	0.81	0.23
杉1.8	1.8	743	11.5	52.0	194	0.48	0.26
杨1.2	1.2	647	11.5	49.8	214	2.51	0.21
杨1.5	1.5	713	11.4	52.9	200	0.56	0.22
杨1.8	1.8	721	11.5	52.1	178	0.05	0.24
Co PF	—	726	10.5	55.0	206	1.37	0.18

注：液化杉木和杨木的制备条件为温度120℃，时间1h，液固比3，催化剂用量3%。

8.2.5 液化木基酚醛树脂的胶合性能

由液化木基酚醛树脂压制的胶合板的胶合强度和木破率如图8-24所示。随着甲醛与苯酚的摩尔比由1.5增加到1.8，胶合强度和木破率均有所增加。比较以滤与不滤残渣液化产物制备的树脂，前者的胶合强度和木破率比后者稍高，但无较大差别。

这进一步说明当残渣含量较低时，液化产物可不滤残渣而直接用于制备树脂。

当树脂化条件相同时，杉木液化产物制备的树脂的胶合强度高于杨木液化产物制备的树脂的胶合强度。其原因可能是杉木液化产物的残渣率比杨树液化产物的残渣率稍低。此外，两种木材的主要化学成分含量和结构特征稍有不同，其液化产物性质存在差异。

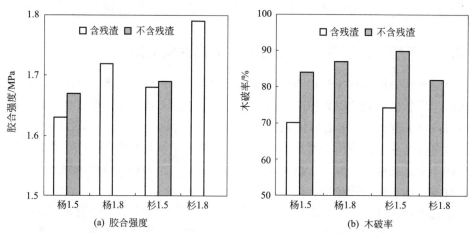

(a) 胶合强度   (b) 木破率

图 8-24　由液化木基酚醛树脂压制的胶合板的胶合强度和木破率[19]

注：1. 树脂代号中的 1.5、1.8 表示甲醛与苯酚的摩尔比；

2. 未过滤残渣的杨木、杉木液化产物的残渣率分别为 16.5%、11%；

8.2.6　液化木基酚醛树脂压制的胶合板的可挥发有机物释放量

从图 8-25 可知，用酚化木基酚醛树脂压制的胶合板的甲醛释放量远低于 JAS F☆☆☆☆ 限量值（0.3mg/L）。即使和商业酚醛树脂相比，用酚化木基酚醛树脂压制的胶合板的游离甲醛释放量也非常低。

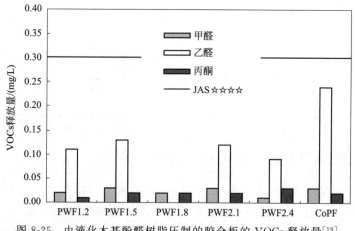

图 8-25　由液化木基酚醛树脂压制的胶合板的 VOCs 释放量[19]

随着人们对健康木材制品日益增长的要求，除了游离甲醛，有机挥发物也成了木材加工行业的热点话题。本章节不但测量了胶合板的甲醛释放量，也采用DNPH-HPLC 干燥器法测试了乙醛和丙酮的释放量[20]。用酚化木基酚醛树脂压制的胶合板的乙醛和丙酮释放量分别约为 0.11mg/L 和 0.02mg/L，和商业酚醛树脂相比，乙醛释放量明显降低，而丙酮释放量相似。乙醛和丙酮在液化木基酚醛树脂的制备中并没有使用，这可能是在木材液化过程中产生或者作为其他原料的杂质带入的。图 8-25 证实本试验制备的酚化木基酚醛树脂属于环境友好产品。

<h1 style="text-align:center">参 考 文 献</h1>

[1] 李改云，秦特夫，黄洛华. 酸催化下苯酚液化木材的制备与表征 [J]. 木材工业，2005，19 (2)：28-31.

[2] Alma M H，Acemioglu B. A kinetic study of sulfuric acid-catalyzed liquefaction of wood into phenol [J]. Chemical Engineering Communications，2004，191 (7)：968-980.

[3] 李改云. 褐腐预处理木材的苯酚液化及产物的树脂化研究 [D]. 北京：中国林业科学研究院，2007.

[4] 罗蓓，秦特夫，李改云. 人工林木材的苯酚液化及树脂化研究 I. 液比和催化剂对液化反应的影响 [J]. 木材工业，2006，19 (6)：15-18.

[5] Lin L，Yao Y，Yoshioka M，et al. Molecular weights and molecular weight distributions of liquefied wood obtained by acid-catalyzed phenolysis [J]. Journal of Applied Polymer Science，1997，64 (2)：351-357.

[6] Lin L，Yoshioka M，Yao Y，et al. Liquefaction mechanism of lignin in the presence of phenol at elevated temperature without catalysts. Studies on β-O-4 lignin model compound. II. reaction pathway [J]. Holz-forschung，1997，51 (51)：325-332.

[7] Lin L，Yao Y G，Shiraishi N. Liquefaction mechanism of β-O-4 lignin model compound in the presence of phenol under acid catalysis. Part 1. Identification of the reaction products [J]. Holzforschung，2001，55 (6)：617-624.

[8] Lin L，Yao Y，Yoshioka M，et al. Liquefaction mechanism of cellulose in the presence of phenol under acid catalysis [J]. Carbohydrate Polymers，2004，57 (2)：123-129.

[9] 山田竜彦. 木材の液化技術の開発と反応機構の解明 [J]. 木材工业，1999，54 (1)：2-7.

[10] Kurimoto Y，Tamura Y. Species effects on wood-liquefaction in polyhydric alcohols [J]. Holzforschung，1999，53 (6)：617-622.

[11] Maldas D，Shiraishi N，Harada Y. Phenolic resol resin adhesives prepared from alkali-catalyzed liquefied phenolated wood and used to bond hardwood [J]. Journal of Adhesion Science and Technology，1997，11 (3)：305-316.

[12] Li G Y，Hse C Y，Qin T F. Preparation and characterization of novolak phenol formaldehyde resin from liquefied brown-rotted wood [J]. Journal of Applied Polymer Science，2012，125 (4)：3142-3147.

[13] 李改云，江泽慧，任海青，等. 木材褐腐过程中化学组成对其液化的影响 [J]. 北京林业大学学报，2009，31 (1)：113-119.

[14] Faix O. Classification of lignins from different botanical origins by FT-IR spectroscopy [J]. Holzfors-chung-International Journal of the Biology，Chemistry，Physics and Technology of Wood，1991，45 (s1)：21-28.

[15] Schwanninger M，Rodrigues J，Pereira H，et al. Effects of short-time vibratory ball milling on the shape of FT-IR spectra of wood and cellulose [J]. Vibrational Spectroscopy，2004，36 (1)：23-40.

［16］ Zhang Y，Ikeda A，Hori N，et al. Characterization of liquefied product from cellulose with phenol in the presence of sulfuric acid ［J］. Bioresource Technology，2006，97（2）：313-321.

［17］ 李改云，朱显超，邹献武，等. 微波辅助杨木快速苯酚液化及产物表征 ［J］. 林业科学，2014，50（11）：115-121.

［18］ Li G Y，Qin T F，Tohmura S I，et al. Preparation of phenol formaldehyde resin from phenolated wood ［J］. Journal of Forestry Research，2004，15（3）：211-214.

［19］ 秦特夫，罗蓓，李改云. 人工林木材的苯酚液化及树脂化研究 II. 液化木基酚醛树脂的制备和性能表征 ［J］. 木材工业，2006，20（5）：8-10.

［20］ Tohmura S I，Inoue A，Miyamoto K，et al. Determination of acetaldehyde emission from wood-based materials applying the desiccator method ［J］. Journal of the Adhesion Society of Japan，2003，39（5）：190-193.

第9章

木材用乳液胶黏剂

乳液胶黏剂作为一种水基型胶黏剂与其他溶剂型胶黏剂相比具有绿色环保的优势，且乳液胶黏剂复合性能好，可以用多种性能不同的聚合物乳液进行复合，以达到性能设计的目的，因此在木材加工领域中的作用越来越大，用量也逐渐增大。随着人们对生活品质的要求越来越高，它也越来越受青睐。但是在木地板拼接、家具拼板等方面，乳液胶黏剂也存在一些自身的缺点，难以满足耐水性和粘接强度的要求，还有待进一步提高。

本章节主要介绍了木材粘接用聚醋酸乙烯酯乳液胶黏剂（PVAc）、水基聚合物-异氰酸酯胶黏剂（API）、丙烯酸酯乳液和 VAE 乳液等方面的研究和应用。

9.1 聚醋酸乙烯酯乳液 ▪▪▪▪▪

9.1.1 PVAc 乳液生产工艺

醋酸乙烯酯乳液聚合可以采用间歇、连续或者半连续种子乳液聚合工艺多种方法进行，加料方式取决于欲制备的乳液的性质，在工业生产中制备聚醋酸乙烯酯乳液最常用的方法是种子乳液聚合法，因为这种加料工艺能够很好地控制聚合速度，使反应平稳进行，单体转化率高（大于99%），乳液性质稳定。半连续种子聚合法聚醋酸乙烯酯乳液的聚合工艺如图 9-1 所示。

其生产操作工艺为：

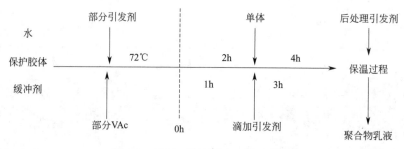

图 9-1   PVAc 乳液聚合工艺路线图

在装有搅拌器、冷凝管、温度计的反应釜中加入适量去离子水，边搅拌边加入聚乙烯醇（PVA），然后升温至 90℃ 溶解 PVA，待 PVA 完全溶解后，降温至 65℃，加入缓冲剂等助剂及部分醋酸乙烯（VAc）单体，称取一定量的氧化还原体系引发剂，用去离子水稀释到一定浓度缓慢加入，同时升温至 72℃，待种子乳液呈现蓝光后开始滴加剩余单体和引发剂；反应持续 4h 后，升温至 80℃ 保温 1h，降温出料。参加反应的共聚单体混合在一起滴加或分别滴加都可以，反应釜一般为带夹套可以加热和冷却的不锈钢釜或搪瓷玻璃釜，反应釜装有搅拌和回流冷凝器、温度计、单体和引发剂的进料口。

聚合反应基本配方：

PVA	30 份
VAc	465 份
引发剂	0.5～2 份
缓冲剂	0.5～2 份
水	适量

9.1.2   引发体系

引发剂是乳液聚合配方中重要的组分之一，引发剂的种类和用量会直接影响产品的产量和质量，并影响聚合反应速率，用于乳液聚合的引发剂根据生成自由基的机理可分为热分解引发剂和氧化-还原引发剂，另外还可采用辐射法、光引发和超声引发 VAc 乳液聚合[1]。

9.1.2.1   热分解型引发剂

传统的乳液聚合中使用的引发剂是热分解引发剂，它包括偶氮类和无机过氧化物类引发剂，如 AIBN、过硫酸钾（KPS）[2]、过硫酸铵（APS）[3]、过氧化苯甲酰（BPO）等。商品热分解引发剂大多为过氧化物，过氧化物的特征键为过氧键（—O：O—），这种键的键能大约为 146.5kJ/mol，遇热时过氧键均裂而生成自由基。

几种主要的自由基引发剂热分解形式如下：

a. 过硫酸盐　$S_2O_8^{2-} \longrightarrow SO_4^- \cdot + SO_4^- \cdot$

b. 过氧化氢　$HO{-}OH \longrightarrow HO \cdot + HO \cdot$

c. 有机过氧化物　$RO{-}OR' \longrightarrow RO \cdot + R'O \cdot$

d. 氢过氧化物　$RO{-}OH \longrightarrow RO \cdot + HO \cdot$

e. 二酰基过氧化物　$(RCOO)_2 \longrightarrow R \cdot + R \cdot + 2CO_2$

f. 过酸　$RCOOOH \longrightarrow R \cdot + HO \cdot + CO_2$

g. 过酸酯　$RCOOOR' \longrightarrow R \cdot + R'O \cdot + CO_2$

h. 偶氮化合物　$RN{=}NR' \longrightarrow R \cdot + R' \cdot + N_2$

9.1.2.2　氧化还原引发剂

氧化还原引发体系是由两种或多种组分构成的，在乳液聚合时，使用氧化还原引发剂，可降低生成自由基的活化能和聚合反应温度，提高聚合反应速率，从而提高生产能力，改善聚合物性能，其引发聚合的自由基是由氧化剂与还原剂反应产生的。VAc 乳液聚合中常用的氧化还原体系包括过硫酸钾/亚硫酸氢钠、叔丁基过氧化氢（TBHP）/抗坏血酸（AsAc）[4]、过硫酸钠/亚硫酸氢钠和 TBHP/甲醛次硫酸氢钠（SFS）[5]等。

(1) 不同氧化还原引发剂的 PVAc 乳液制备

采用改性 PVA RS-2117 制备耐水性能优良的聚醋酸乙烯酯乳液，设计乳液固体含量为 50%，按照前述的基本配方[6]，分别采用叔丁基过氧化氢/甲醛次硫酸氢钠、过硫酸钠/亚硫酸氢钠、双氧水（H_2O_2）/酒石酸（TA）氧化还原体系制备 PVAc 乳液[7]，结果如表 9-1 所示。

表 9-1　不同氧化还原体系制备的 PVAc 乳液的基本性能

氧化还原体系	固体含量/%	残余单体/%	黏度/(mPa·s)	冻融稳定性	pH 值
TBHP/SFS	49.4	0.11	5900	2	4.5
过硫酸钠/亚硫酸氢钠	49.6	0.10	2400	5	3.5
H_2O_2/TA	49.5	0.12	1630	5	3.4

如表 9-1 所示，采用三种氧化还原引发体系的引发效率都比较高，固体含量大于 49.0%，乳液残余单体达到国家标准的要求。不同的引发体系制备得到的 PVAc 乳液的黏度差别较大，这与得到的聚合物分子量和粒径大小有关，不同的引发体系制备得到的聚合物的粒径、分子量差别较大。

影响 PVAc 乳液冻融稳定性的因素很多，包括乳液自身的特性，保护胶体的性质，各种添加剂等。在冻融稳定性试验中，TBHP/SFS 体系制备的 PVAc 乳液冻融稳定性较差，只达到 2（最高为 5），过硫酸钠/亚硫酸氢钠和 H_2O_2/TA 引发体系能够达到 5，冻融稳定性较好。

从图 9-2 SEM 图中可以看出，三种氧化还原体系制备的 PVAc 乳液的粒子都呈规则的圆球状，H_2O_2/TA 体系粒径大小约为 $1\mu m$，过硫酸钠/亚硫酸氢钠体系制备

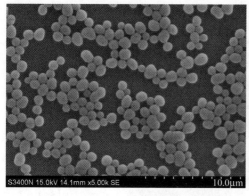

(a) H₂O₂/TA体系

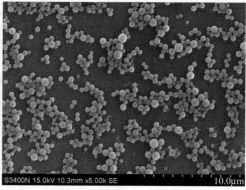

(b) TBHP/SFS体系

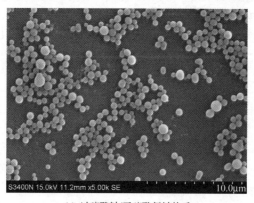

(c) 过硫酸钠/亚硫酸氢钠体系

图 9-2   PVAc 乳液 SEM 图

得到的乳胶粒子大约为 600nm，TBHP/SFS 体系粒径最小。结合图 9-3 所示的粒径分布图可知，TBHP/SFS 体系乳液的平均粒径为 514nm，过硫酸钠/亚硫酸氢钠体系乳液的平均粒径为 630nm，与图 9-2 中的 SEM 图结果基本一致，用 H₂O₂/TA 引发体系制备的 PVAc 乳液粒径较大，且有两个峰，平均粒径大于 $1\mu m$。

　　玻璃化转变温度（T_g）是聚醋酸乙烯酯均聚物的特征参数，但是测试仪器和测试条件对它也有一定影响，同时聚合物的分子量大小也会对聚合物的玻璃化转变温度有一定的影响，分子量越大，则相应的 T_g 也越大，

　　中等大小分子量的聚合物的 T_g 为 28～32℃[7,8]，也有文献报道在聚合物完全干燥的状态下 T_g 为 34～39℃，聚合物在湿态时 T_g 小于 30℃。不同引发剂制备的 PVAc 乳液的 DSC 曲线如图 9-4 所示。从图 9-4 中可以看到，由 H₂O₂/TA 制备的 PVAc 乳液的 T_g 为 33.7℃，由 TBHP/SFS 制备的 PVAc 乳液的 T_g 为 32.3℃，由过硫酸钠/亚硫酸氢钠引发制备的 PVAc 乳液的 T_g 为 31.7℃，三种引发剂制备的 PVAc 乳液的 T_g 略有差别，其中由 H₂O₂/TA 制备的 PVAc 乳液的 T_g 稍高，原因可能是聚合物的分子量略大一些。

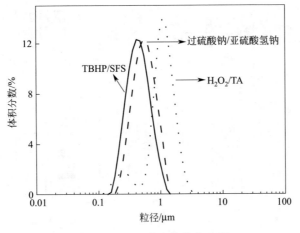

图 9-3　PVAc 乳液粒径分布图

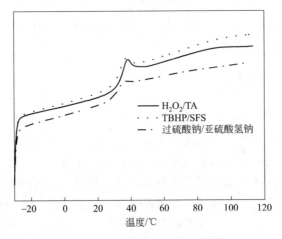

图 9-4　不同引发剂的 DSC 曲线

（2）压板试验

采用杨木单板压制三层胶合板，乳液胶黏剂的胶合强度按照标准 GB/T 17657—2013 测定，试件尺寸为长 100mm±1mm，宽度为 25mm±1mm，剪切面长度为 25mm。测试热水浸泡：在 63℃±3℃热水中浸渍 3h，然后在室温下冷却 10min；100℃沸水煮：在沸水中浸渍 3h，室温下放置冷水中冷却，其他测试胶合强度方法同上；分别测定三种引发体系制备的 PVAc 乳液的耐水胶合强度。

在耐水性试验中，分别经过 63℃浸泡和 100℃水煮，从图 9-5 可以看到，用 H_2O_2/TA 体系制备的 PVAc 乳液的胶合强度最好，都大于 0.7MPa，达到合格标准的要求，用 TBHP/SFS 体系制备的 PVAc 乳液强度均未达到 0.7MPa，未达到标准的要求，且 SFS 中含有甲醛，不利于环保，应尽量减少使用；用过硫酸钠/亚

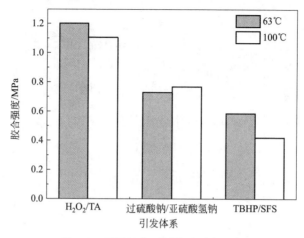

图 9-5 不同氧化还原体系耐水强度

硫酸氢钠体系制备的 PVAc 乳液强度在合格线附近。通过对几种氧化还原体系的分析发现，用 H_2O_2/TA 引发体系制备的 PVAc 乳液的性能优良，所以 H_2O_2/TA 是本体系合适的引发剂。

9.1.3 耐水性改性研究

9.1.3.1 聚乙烯醇改性

聚醋酸乙烯酯乳液是最常用的木制品胶黏剂之一，其最大的特点是几乎可以用于所有木材粘接。聚醋酸乙烯酯乳液胶黏剂大多采用聚乙烯醇作为保护胶体，其中聚乙烯醇不但是胶黏剂的重要组成部分，而且对聚醋酸乙烯酯乳液的性能会产生重要影响。随着聚乙烯醇工业的发展，聚乙烯醇的品种增多，性能大大改善，通过选择不同种类的聚乙烯醇以及对聚乙烯醇进行改性，可以生产出不同性能的聚醋酸乙烯酯乳液。普通的 PVA 如 17-88、17-99 等由于其本身具有一定的亲水性，导致产品的耐水性能差，而采用经过改性的 PVA，可以得到性能优良的聚醋酸乙烯酯乳液胶黏剂。

聚乙烯醇（PVA）最早由德国的化学家赫尔曼（W. O. Hemnann）和海涅尔（W. Hachnel）于 1924 年发明，聚乙烯醇是通过醋酸乙烯酯聚合制得聚醋酸乙烯酯（PVAc），然后再醇解或者水解得到的。聚乙烯醇外观一般为白色或微黄色，有絮片状、颗粒状、粉末状三种形状，具有强极性，在常温下或者加热的情况下溶于水。PVA 的牌号一般将醇解度放在后面，聚合度放在前面，如聚乙烯醇 17-99 即表示醇解度为 99%，聚合度为 1700。由于对乳液的质量要求不同，聚乙烯醇的规格和用量也有所不同。加入保护胶体后，以空间位阻的作用稳定乳液，降低水的表面张力，起到高分子表面活性剂的作用，聚乙烯醇在乳液中除了起乳化剂的作用外，也起保护胶体增稠剂的作用。

采用聚乙烯醇或改性聚乙烯醇作为保护胶体[9]，可以得到乳胶粒径较大的聚合物乳液，这种大粒径的聚合物乳液特别适合用作木材胶黏剂，因为如果聚合物粒子直径太小，则胶黏剂会过多地渗透到木材的纤维孔隙结构中去，这将影响胶黏剂的粘接强度。

(1) 聚乙烯醇产品类型牌号

聚乙烯醇在制造过程中，由于聚合和醇解条件不同，可以得到不同牌号的聚乙烯醇。聚乙烯醇的牌号较多，国内与国外牌号也不一致，且牌号不同其性质和用途也不同。

a. 国内类型牌号　聚乙烯醇的牌号一般分为 17-99、20-99、23-99、24-99、26-99、17-88、20-88、24-88 等，前 2 位数表示聚合度，例如 17-99 中的 17 表示聚合度为 1700，后 2 位数表示醇解度，99 表示醇解度为 99%，其余类推。国内类型牌号其聚合度主要有 500、1700、2000、2600 等，水解度有 99%、88%、78%。表 9-2 为国内常见牌号 PVA 的性能指标。

b. 国外类型牌号　国外类型牌号主要有 1×× 和 2××，1 和 2 为水解度，1 代表全水解，2 代表部分水解，×× 代表聚合度，目前也有很多厂家牌号没有按照此规则来定，目前国外比较大的 PVA 生产企业有日本可乐丽公司，日本合成化学工业公司等，常见的 PVA 牌号性能指标见表 9-3。

表 9-2　国内常见牌号 PVA 的技术参数

PVA 牌号	水解度/%	聚合度	黏度/mPa·s	pH 值
17-99	99.0	1700	27.0~34.0	5.0~7.0
17-88	88.0	1700	20.0~24.0	5.0~7.0
08-99	99.0	800	5.0~6.5	5.0~7.0
05-88	88.0	500	4.5~6.0	5.0~7.0
10-99	99.0	1000	9.0~11.0	5.0~7.0
20-99	99.0	2000	43.0~53.0	5.0~7.0
20-88	88.0	2000	29.0~34.0	5.0~7.0
26-88	88.0	2600	56.0~68.0	5.0~7.0

注：黏度是 20℃下 4%水溶液的黏度。

表 9-3　国外牌号 PVA 的技术参数

PVA 牌号	水解度/%	黏度/mPa·s	pH 值	特　性
117	98.0~99.0	25~31	5.0~7.0	相当于国内的 17-99
217	87.0~89.0	20~24	5.0~7.0	相当于国内的 17-88
RS-2117	97.5~99.0	25~30	5.0~7.0	乙烯嵌段改性 PVA
Z-200	≥99.0	11~14	3.5~5.0	分子含有反应的乙酰乙酰基
WR-14	90.5~93.0	6~7	4.0~5.0	分子含有反应的乙酰乙酰基
H26	≥99.4	60~68	—	自身具有防水性
KL-318	85~90	20~30	5.0~7.0	羧基改性 PVA

注：黏度是 20℃下 4%水溶液的黏度。

（2）PVA 膜的特性

为改善乳液耐水性能通常对保护胶体聚乙烯醇进行缩醛化、醚化、酯化、磺化、酰胺化处理，减少聚乙烯醇分子上的亲水羟基数量，达到改善耐水性的目的。

聚乙烯醇 RS-2117、PVA-217、PVA-117、WR-14、Z-200 分别加热溶解，配成 10% 的聚乙烯醇水溶液，加入适量的 $AlCl_3$ 溶液搅拌均匀，放入聚四氟乙烯圆盘中自然干燥 5 天，切成 5cm×5cm 的小块。将编好号的已称重的聚乙烯醇膜块分别放置在有去离子水的烧杯中，浸泡 48h，取出试样用滤纸擦干表面水分，放置在 30℃烘箱中干燥至恒重，测其残留率，结果见表 9-4。

表 9-4 不同 PVA 膜溶解情况

PVA 型号	PVA-117	PVA-217	RS-2117	Z-200	WR-14
25℃水溶解情况	部分溶解	完全溶解	部分溶解	部分溶解	部分溶解
残留率/%	68	0	82	85	31
100℃水溶解情况	部分溶解	完全溶解	部分溶解	基本不溶	部分溶解
残留率/%	12	0	19	86	16

在 25℃冷水中浸泡后，PVA-217 是完全溶解的，其他都是部分溶解，Z-200 和 RS-2117 残留率最高，这两种 PVA 经过乙烯嵌段改性，说明此类 PVA 胶膜在加入 $AlCl_3$ 后不易溶于冷水，其耐冷水性能优良。

聚乙烯醇 RS-2117、PVA-217、PVA-117、WR-14、Z-200 干膜置于沸水中浸泡 10min 后，只有 PVA-217 完全溶解，其他都是部分溶解，仍然剩余一部分，其中 Z-200 溶解性最差，在水中还能保持本身的形状，残留率最高，耐水性最好。

（3）不同 PVA 制备的 PVAc 乳液

表 9-5 中列出了采用普通 PVA 及几种改性 PVA 制备的 PVAc 乳液的基本性能，胶合强度采用三层杨木板测试。从表 9-5 可以看到，不同的 PVA 作为保护胶体，制备得到的 PVAc 乳液的黏度差别较大，其中 Z-200 制备的 PVAc 乳液的固体含量为 40% 左右，黏度都已经达到 20000mPa·s，可见 PVA 对胶黏剂乳液性能的影响很大。其中普通 PVA-217 和 PVA-117 在未加任何改性剂的情况下，制备得到的 PVAc 乳液的胶合强度较差，耐水性能不好，其余三种采用改性 PVA 制备得到的乳液，在 100℃和 63℃下浸泡，胶合强度都合格，说明不同的保护胶体制备的 PVAc 乳液的性能差别较大。

表 9-5 不同 PVA 体系制备的 PVAc 乳液的基本性能

PVA 型号	黏度/mPa·s	固体含量/%	转化率/%	胶合强度/MPa	
				63℃ 3h	100℃ 3h
RS-2117	1400	49.8	99.8	1.1	0.9
PVA-117/217	8000	49.6	99.6	0.5	0.3
WR-14	15000	48.7	99.7	1.2	1.1
Z-200	20000	39.7	99.5	1.1	1.0

9.1.3.2 共聚改性

PVAc 乳液用于木材粘接时，耐水性能差，引入具有反应性的基团如双键、羟基、羧基的单体进行交联能够增强聚醋酸乙烯酯的耐水性，如与丙烯酸酯、羟甲基丙烯酰胺[10]、丙烯酸等带有羧基或多官能团的单体共聚。

(1) 甲基丙烯酰胺（NMA）共聚改性

NMA 与醋酸乙烯单体通过自由基引发进行乳液共聚[11]，它既有不饱和双键，可以与醋酸乙烯共聚，又有有活性的 N-羟甲基基团，共聚乳液在加热或者酸性固化剂作用下能够形成大分子之间的交联，乳液干燥成膜后形成耐水、耐化学药品性能较好的并具有较高的硬度和内聚强度的膜层。自 20 世纪 60 年代后期开始，NMA 就已经用于商品化的 PVAc 乳液，且直到现在一直在使用[12~15]，NMA 的用量一般少于 5%[16]。

① NMA 对乳液稳定性的影响　NMA 分子中含有双键，其单体分子之间的竞聚率比与 VAc 单体共聚的竞聚率要大得多，很容易自聚，NMA 的用量对聚合乳液稳定性有影响。通过实验发现，将 NMA 用水配成合适的浓度，将之与单体 VAc 同时滴加或者滴加速度过快都会造成聚合不稳定，这可能是在酸性环境（经测乳液体系 pH 值为 4.8）、受热环境下，NMA 单体容易自聚造成的，此时在烧瓶壁上会有透明胶状黏附物，并且最后乳液过滤时会有粗粒子剩余。在以往的文献报道中，控制滴加工艺，采用高效的引发剂，以半连续法先制备出 PVAc 种子乳液，再滴加 VAc，半小时后滴加 NMA 单体，在 70~80℃下进行共聚反应，制备出稳定的 VAc/NMA 共聚乳液。

表 9-6　NMA 含量对乳液性能的影响

NMA 含量/%	0	1	2	3	4
黏度/mPa·s	500	920	1960	2300	2800
固体含量/%	49.4	49.2	49.1	49.1	49.0
pH 值	4.7	4.8	4.8	4.8	4.8
过滤情况	无渣	无渣	无渣	无渣	无渣
粒径/nm	760	930	910	890	950

由表 9-6 可知，NMA 的加入对乳液的 pH 值基本无太大影响，乳液体系 pH 值均在 4.8 左右，而且采用半连续法滴加，控制混合单体的滴加速率，单体得到充分反应，基本没有回流现象，固体含量均大于等于 49.0%（理论固体含量 50.0%），最终所得乳液粒子粒径在 900nm 左右，乳液稳定性较好。

图 9-6 为 VAc/NMA 共聚乳液稀释后胶粒的 SEM 图。粒子整体呈球状，也有少数呈不规则的多边形。乳液微球分散较好，粒径大小均一，都在 700~800nm 左右，说明制备的乳液没有团聚现象，乳液的稳定性很好。

② NMA 对乳液流变性的影响　从流变行为图 9-7 中可以看出，VAc/NMA 共聚物乳液体系表现出剪切变稀行为，随着剪切速率增大，黏度变小，属于假塑性流

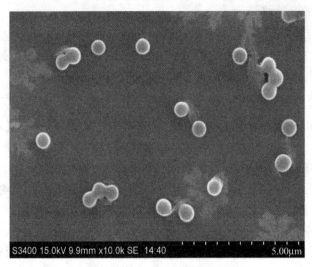

图 9-6　共聚乳液扫描电镜图

体。NMA 含量为 4％时，乳液体系黏度急剧增加，乳液流动指数减小，这是因为 NMA 含量增加，其所带极性基团的数量也增加，在分子间形成的氢键约束了大分子链段的扩散运动能力，体系内形成的氢键越多，则这种约束越强，黏度也就越大。

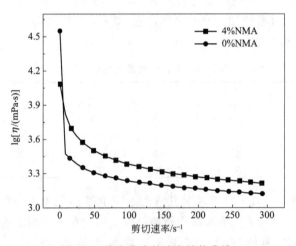

图 9-7　共聚乳液的流变性能曲线

③ 共聚乳液胶膜的性能分析　共聚乳液胶膜红外图谱（FT-IR）分析如图 9-8 所示，含 2％ NMA 的共聚物中的 NMA 会引入—NHCH$_2$OH，—NH 会干扰—OH 伸缩振动。图 9-8 中，3354cm^{-1} 处难以区分羟基峰或者氨基峰，但是其聚合物分子间—OH 的数量总体增加，由于—OH 为强极性基团，容易产生缔合效应，故峰值向低波数方向移动。2934cm^{-1} 处为—CH$_2$ 特征峰，1729cm^{-1} 处为羰基伸缩

振动峰，1016cm^{-1}处为C—O伸缩振动峰，943cm^{-1}处的C—O—C伸缩振动峰确定了酯基的存在。

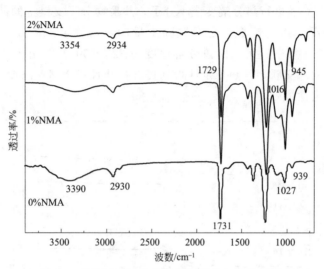

图 9-8　不同 NMA 含量共聚乳液的红外光谱图

④ 共聚乳液胶膜的热重分析（TGA）　如图 9-9 所示，单纯聚醋酸乙烯酯以及与 NMA 共聚的醋酸乙烯酯在受热情况下的分解大致分为三个阶段。从图 9-9 中可以看出，在醋酸乙烯酯中加入 NMA 共聚后，其在氮气氛围下要比纯 PVAc 更稳定一些。室温至第一阶段分解温度 320℃，共聚 PVAc 的失重比纯 PVAc 要快一些。PVAc 膜第二阶段热分解在 400～500℃内，第三阶段分解在 500～600℃内。可以看出，与 NMA 共聚的 PVAc 的热失重比纯 PVAc 要少。

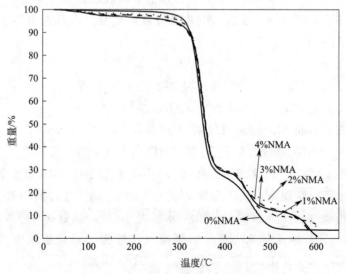

图 9-9　不同 NMA 含量共聚乳液胶膜的热重曲线

在热失重第一阶段，由于加入 NMA 后，在受热的情况下，未完全与 VAc 单体进行共聚的 NMA 单体会进行缩聚脱水，而已经缩聚的低聚物又会在较低的温度下（室温至 320℃）进行热分解变成小分子，共聚物分子支链上的部分羟甲基酰胺基团在受热情况下进行交联，也会脱除少量的水，故第一阶段与 NMA 共聚的 PVAc 失重较多。第二、第三阶段分解温度为 320～600℃，由于共聚物分子与分子之间及分子内部交联，其热稳定性得到提升，并且当 NMA 添加量为 2％时，其高温下的热稳定性最好。

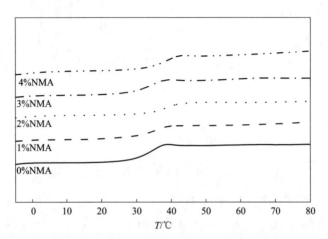

图 9-10　不同含量 NMA 聚醋酸乙烯酯乳胶膜的 DSC 曲线

如图 9-10 所示，由 VAc 单体均聚得到的聚合物乳液胶膜的玻璃化温度为 32.6℃，而随着聚合过程中引入 NMA 单体，最终产物的玻璃化温度逐渐升高。加入 1％、2％、3％、4％NMA 单体聚合而成的乳液胶膜玻璃化温度分别为 34.1℃、35.4℃、35.6℃、38.3℃。根据无规共聚物玻璃化温度通过自由体积理论导出的 Fox 方程如下：

$$1/T_g = \omega_a/T_{g.a} + \omega_b/T_{g.b}$$

式中　T_g，$T_{g.a}$，$T_{g.b}$——共聚物及均聚物 a、b 的 T_g 值；

　　　ω_a、ω_b——共聚物中 a、b 的质量分数。

根据公式计算得到的理论值分别为 33.6℃、34.4℃、34.9℃、35.6℃。由此可以看出 VAc/NMA 共聚物实际 T_g 温度要略高于理论值。特别是当 NMA 量为单体量的 4％时，其实际 T_g 比理论值高出 2.7℃，这也说明 NMA 在胶膜的形成过程中很可能发生了交联现象，从而使共聚物分子主链运动困难，T_g 升高。

交联度指通过 80℃水抽提 8h，40℃水抽提 8h 后，残留物与原胶膜质量之比。如图 9-11 所示，普通不加入 NMA 的聚醋酸乙烯酯胶的膜被丙酮溶解，而加入 1％、2％、3％、4％NMA 共聚的乳液的交联度分别为 54％、66％、56％、73％，随着 NMA 加入量的提高，其交联度也呈增高的趋势。交联度与羟甲基数呈正相关，羟甲基数增加其聚合物分子之间的交联点也增加，最终使得交联度增大。

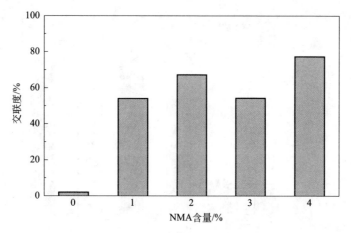

图 9-11　NMA 加入量与交联度的关系图

⑤ 胶合强度　将含水率为 10％～11％的桦木裁锯成适量大小长方形板材后，将乳胶用胶辊均匀涂布在板上（涂胶量：280g/m²），覆上同样大小的桦木板，加压 1MPa。24h 后卸去压力，常温下放置 7 天，裁锯成标准的试件，然后使用万能电子拉力机按照 EN 204 D3 级标准进行拉伸强度测试。

EN 204 D3 标准：常温 20～25℃，标准大气压下放置 7 天，试件拉伸强度≥10MPa；常温 20～25℃，标准大气压下放置 7 天，20℃±5℃水浸泡 4 天，试件拉伸强度≥2MPa；常温 20～25℃，标准大气压下放置 7 天，20℃±5℃水浸泡 4 天，标准大气压下放置 7 天，试件拉伸强度≥8MPa。

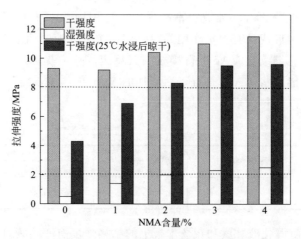

图 9-12　NMA 量与剪切强度的关系图

如图 9-12 所示，随着 NMA 添加量提高至 2％以上时，试件的干态剪切强度能够提高 2～3MPa，并且均超过 10MPa；常温下其湿态剪切强度也上升至 2MPa，但是低于 4MPa。浸湿再干燥后的干态剪切强度均超过 8MPa，达到 EN 204 D3 级。

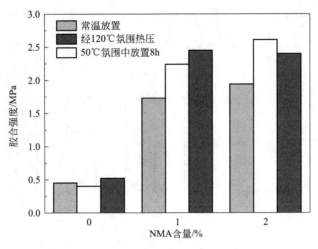

图 9-13　25℃水浸泡 4d 后的剪切强度

将一部分板材在冷压 24h 后，置于 50℃烘箱中烘 8h，取出放置 7 天，将另外的板材在 120℃下热压 15min，取出静置 7 天，然后锯成标准试件，实验结果如图 9-13 所示。有 NMA 共聚的乳液胶黏剂在经历热环境后其剪切强度明显提高，其湿态剪切强度均能超过 2.2MPa。而板材热压 15min 后放置一定时间，其最终的湿态剪切强度仍能够接近 2.5MPa。如果用此乳液作木质板材的胶黏剂，只通过热压就能使板材有足够的粘接强度，省去了冷压 24h 的工序，提高了生产效率。

（2）丙烯酸（AA）共聚改性

为了进一步提高 PVAc 乳液的粘接强度，选用丙烯酸为共聚单体，羧基在乳液颗粒表面富集，形成具有保护作用的双电层，增加乳液的稳定性，酯化产物在引发剂的作用下还能继续与 VAc 进行接枝共聚反应，从而提高乳液的耐水性、冻融稳定性及粘接性能。将 AA 单体混于后滴加的 VAc 单体中，随 VAc 滴加完毕。按耐水性测试标准测试得到表 9-7 所示结果。

表 9-7　AA 对 PVAc 乳液性能的影响

AA 加入量/%	固体含量/%	黏度/mPa·s	胶合强度/MPa	
			63℃ 3h	100℃ 3h
0	49.7	1180	1.1	0.9
1	49.6	1630	1.2	1.1

AA 的加入使得乳液黏度和在杨木板上的粘接强度有一定程度的增加，这是由于少量 AA 参与共聚时羧基官能团比较集中在乳液微粒表面，在聚醋酸乙烯酯乳液分子中引入极性羧基，产生空间位阻效应，具有内增塑作用，使乳液极性增加、增稠、稳定性提高，可以改善聚醋酸乙烯酯乳液的粘接性、耐寒性和耐水性[17]，提

高了乳液的粘接强度。

表 9-8 以及图 9-14 显示了 AA 共聚改性 PVAc 乳液在中试条件下相关参数的变化情况。

设计中试实验乳液固体含量为 50%，丙烯酸加入量 1%，严格控制滴加工艺，使反应平稳进行，得到的中试乳胶的性能如表 9-8 所示。

表 9-8　中试反应过程

反应时间	pH 值	固体含量/%	黏度/mPa·s	2 个月后的黏度/mPa·s
1h	3.5	21.8	100	—
1.5h	3.4	28.0	400	—
2.0h	3.2	42.7	1400	—
最终乳液	3.1	49.3	900	910

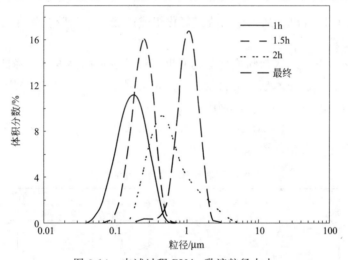

图 9-14　中试过程 PVAc 乳液粒径大小

如表 9-8 所示，在聚合反应过程中，采用半连续乳液滴加工艺，随着单体的滴加，乳液固体含量逐步升高，体系中黏度变大，pH 值随着单体的加入，略微降低，这是单体中 AA 加入所致，最终所得样品的黏度为 900mPa·s 左右，乳液反应体系的黏度呈现先升高后降低的趋势。乳液固体含量随着单体的不断加入逐渐增大，最后乳液的固体含量接近理论固体含量。不同时间段的 PVAc 乳液粒径分布如图 9-14 所示，随着取样时间后移，粒径逐渐增大，符合种子乳液聚合粒径增长的规律，而且可以发现最终乳液的粒径分布要比 2h 时乳液的粒径分布窄，这可以从侧面解释乳液黏度先增大后减小的现象。

9.1.3.3　添加剂复配改性

共混改性技术是聚醋酸乙烯酯改性的一种重要手段，为了提高聚醋酸乙烯酯的粘接强度，改善耐水性，快速固化，通常使用改性剂，采用共混的方法使得各组分的材料的优缺点互补。PVAc 乳液可以加入固化剂提高性能，固化剂一般采用酸性金属盐，如硝酸铬、高氯酸铬、硝酸铝、三氯化铝、四氯化锡等，由于酸性金属盐在乳液中起到了交联剂的作用，因此它不仅能加速固化，而且还能提高胶的耐水性。

三氯化铝或硝酸铝与 PVAc 乳液复配，观察胶合强度的变化，采用的压板条件：五层桉木板，涂胶量 300g/m²，预压 1h，压力 1.0MPa；热压时间 90s/mm，温度 125℃，压力 1.2MPa。

表 9-9　金属添加剂对胶合强度的影响

硝酸铝/%	三氯化铝/%	胶合强度/MPa	
		63℃	100℃
0	0	0.7	0.5
1.5	0	1.0	0.8
0	1.5	1.0	0.9

从表 9-9 可以看出，加入金属盐三氯化铝或硝酸铝后其胶合强度明显增大，达到Ⅰ类板的要求。

在一定条件下，加入面粉或碳酸钙有助于调节乳液的黏度，并降低成本。

压板条件：五层桉木板，上胶量 300g/m²，预压 1h，压力 1.0MPa；热压时间 90s/mm，温度 100℃，压力 1.2MPa。

在该测试条件下，PVAc 乳液加入面粉或碳酸钙后，乳液的胶合强度有一定的下降，都未能达到合格的要求（表 9-10）。

表 9-10　添加剂对胶合强度的影响

硝酸铝/%	面粉/%	碳酸钙/%	黏度/(mPa·s)	胶合强度/MPa	
				63℃ 3h	100℃ 3h
1.5	5	—	2040	0.6	0.5
1.5	10	—	5000	0.6	0.5
1.5	15	—	12200	0.7	0.7
1.5	—	5	6350	0.5	0.5
1.5	—	10	12600	0.6	0.5
1.5	—	15	15000	0.8	0.7

9.1.3.4　不同固体含量的 PVAc 乳液

固定其他条件不变，改变 PVAc 乳液的固体含量，在相同的工艺条件下分别制备固体含量为 50%、45%、40%、30%的乳液胶黏剂，并探讨乳液的性能，结果如表 9-11 所示。

表 9-11　不同固体含量的 PVAc 乳液

理论固体含量/%	实测固体含量/%	黏度/mPa·s	pH 值
30	29.5	64	3.7
40	39.4	475	3.4
45	44.5	1311	3.2
50	49.6	1630	3.2

由表 9-11 可以看到，实验室制备的不同固体含量的 PVAc 乳液随着固体含量的降低其黏度逐渐变小，呈弱酸性，实测固体含量接近理论固体含量，体系转化率较高。

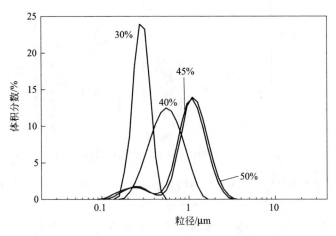

图 9-15　不同固体含量的 PVAc 乳液粒径图

图 9-15 为不同固体含量的 PVAc 乳液的粒径分布图，明显可以看出，随着乳液固体含量的增大，粒径逐渐增大，在固体含量较高的情况下（45%，50%），粒径分布呈双峰分布，这可能是因为聚合后期，滴加的 VAc 单体形成新的粒子。

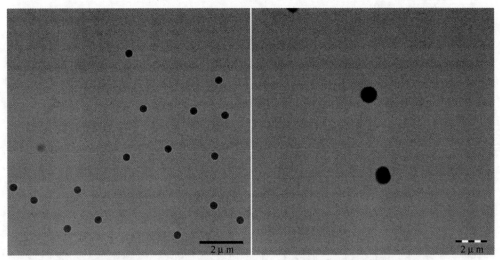

(a) 固体含量为30%的PVAc乳液　　　　　　　(b) 固体含量为50%的PVAc乳液

图 9-16　不同固体含量 PVAc 乳液的 TEM

从图 9-16 看到，随着乳液固体含量的增大，PVAc 乳液粒径增大，粒径从300nm 逐渐增大到 1μm 左右，这与图 9-15 中粒径大小的变化基本一致。

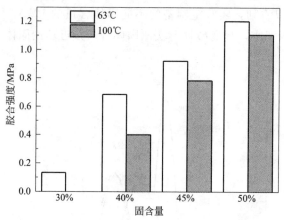

图 9-17　不同固体含量 PVAc 乳液的胶合强度

图 9-17 是不同固体含量 PVAc 乳液在杨木胶合板上的胶合强度，可以看到，随着 PVAc 乳液固体含量的提高，胶合强度逐渐增大，固体含量为 30％和固体含量为 40％时其胶合强度未达到标准的要求，固体含量超过 45％时，耐水胶合强度满足标准的要求。

9.1.4　聚醋酸乙烯酯乳液胶黏剂的应用

9.1.4.1　胶合板的粘接

(1) 桉木胶合板

采用桉木单板组坯，涂胶量 300g/m²，预压 1h，压力 1.0MPa；热压温度 125℃，时间 90s/mm，保压 1min。采用的胶样分别是改性 PVA-2117 制备得到的 PVAc 乳液、NMA 改性的醋酸乙烯酯乳液及 PVA-2117 制备的固体含量为 45％的乳液（标号为样品 1、样品 2 和样品 3）。

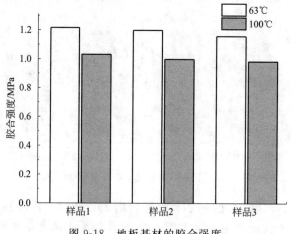

图 9-18　地板基材的胶合强度

图 9-19　地板基材的拉伸断裂表面

胶合强度如图 9-18 所示，样品 1、样品 2 和样品 3，63℃水煮和 100℃水煮的耐水胶合强度都大于 0.7MPa，且 63℃水煮强度都大于 1.0MPa，合格率达到 100%，图 9-19 是测试胶合强度后，木材的木破率情况，可以看出 63℃和 100℃处理时都有很高的木破率，说明实验室制备的这几种胶黏剂在地板基材粘接方面可以使用。

（2）阳离子改性 PVAc 乳液在桉木胶合板中的应用

上述采用 RS-2117 制备的 PVAc 乳液，在制备过程中除采用 PVA 作为保护胶体外，没有添加其他乳化剂，所以我们可以选用一些阳离子改性剂对 PVAc 乳液进行改性，提高乳液的耐水性能。

按照标准 LYT 1738—2008 执行，五层桉木胶合板，上胶量 300g/m²，预压 1h，压力 1.0MPa，热压温度 120~125℃，压力 1.2MPa，热压时间 90s/mm。

表 9-12　阳离子改性 PVAc 乳液

pH 值	阳离子改性剂用量/%	胶合强度/MPa	
		63℃	100℃
4	0	0.9	0.8
4	5	1.0	0.8
7	3	0.8	0.7
7	5	1.1	0.9
7	10	1.1	0.9

从表 9-12 中可以看到，调整乳液的 pH 值对胶合板强度有影响，阳离子改性剂的加入使胶合板的胶合强度显著增强，阳离子改性剂加入乳液中需要乳液在中性及接近中性的范围内。在一定范围内阳离子改性剂加入量越多，胶合强度越大。

（3）温度对胶合板胶合强度的影响

在不同的压板温度条件下，分别测试胶合板的胶合强度。压板条件：五层桦木胶合板，上胶量 300g/m²，分别采用不同的压板温度（压板温度分别为室温、100℃、125℃），室温下压 24h，热压温度下先预压 1h，压力 1.0MPa，热压时间 90s/mm，压力 1.2MPa。

表 9-13   压板温度对胶合强度的影响

面粉/%	碳酸钙/%	压板温度/℃	胶合强度/MPa	
			63℃	100℃
5	—	室温	0.2	0.2
5	—	100	0.6	0.5
5	—	125	1.0	0.5
—	5	室温	0.3	0.3
—	5	100	0.5	0.5
—	5	125	0.7	0.5
—	—	室温	0.7	0.7
—	—	100	0.9	0.8
—	—	125	1.1	0.9

压板温度对胶合板胶合强度的影响较大，压板温度越高，胶合强度越大，加入面粉后压板温度为 125℃ 时胶合强度达到 II 类板的要求，碳酸钙及面粉的加入主要是调节乳液的黏度及改善乳液剪切变稀的现象，使其更好地用于工业生产中。但是从表 9-13 中看到，碳酸钙的加入降低了乳胶的粘接强度；不加入添加剂时，在该条件下，冷压强度也未能达到合格要求，100℃ 和 125℃ 压板条件下，胶合强度均合格。

（4）地板贴面

采用自制的聚醋酸乙烯酯乳液胶黏剂，用红橡对桦木基材进行贴面。

检测方法：锯制 6 块 75mm×75mm 规格的试件置于 70℃ 水中浸泡 2h，再置于 60℃ 鼓风干燥箱中烘 3h，每一边的任一胶层开胶的累计长度不超过该胶层长度的 1/3 则为合格，合格试件数≥5 块时，判为合格，否则为不合格。

加入一定量的异氰酸酯后，PVAc 乳液可以用于地板贴面，不加入异氰酸酯时，如图 9-20 所示，浸泡烘干后胶层开裂，胶黏剂不合格。

9.1.4.2   在集成材上的应用

D3 级木工胶：根据欧洲 DIN EN204 耐水性木工胶 D3 等级的标准来定义，相比普通木工胶，其耐热性、耐水性和粘接强度更优[18]。

采用自制的 PVAc 乳液胶黏剂按照标准 DIN204 的要求，将样品裁成相应的试件。

得到的检测结果如表 9-14 所示：干剪切强度达到 10.20MPa，湿剪切强度为 3.95MPa，先湿后干剪切强度为 10.14MPa，都达到标准的要求，且都有一定的木破率。

图 9-20　红橡贴面

表 9-14　D3 级耐水测试结果

干剪切强度/MPa	湿剪切强度/MPa	先湿后干强度/MPa
10.20	3.95	10.14

按照行业标准 LY/T 1601—2011，采用桦木检测胶接性能，板材达到Ⅰ型Ⅰ类和Ⅱ类板的要求（见表 9-15），从图 9-21 中可以看到木材木破率较高。

表 9-15　胶接性能结果

类型	检测项目	单位	规定标准值	检验值	结论
Ⅰ型Ⅰ类	压缩剪切强度（常态）	MPa	≥9.8	10.7	合格
	压缩剪切强度（反复煮）	MPa	≥5.9	6.1	合格
Ⅰ型Ⅱ类	压缩剪切强度（热水浸渍）	MPa	≥5.9	10.5	合格
	压缩剪切强度（常态）	MPa	≥9.8	11.7	合格

图 9-21　PVAc 乳液用于桦木集成材的粘接

9.2 其他乳液胶黏剂 ▦▦

9.2.1 水性聚合物-异氰酸酯胶黏剂

水性高分子聚合物-异氰酸酯胶黏剂通常是以用水溶性高分子乳液（通常为聚醋酸乙烯酯乳液、苯乙烯-丁二烯乳液、聚丙烯酸酯乳液、VAE 乳液等）、填料（通常为碳酸钙、白炭黑、陶土、石膏粉、淀粉等）为主要成分的主剂和多官能团的异氰酸酯化合物（通常为 MDI、TDI、P-NDI、PAPI）为交联剂构成的双组分胶黏剂。它具有用量小、无甲醛释放、耐水性佳、胶接强度高等优点。因此，在环保型木材胶黏剂的开发研究中，它具有较大的潜力。

9.2.1.1 SR-100 结构集成材用 API 胶

冉全印等 1994 年研制成 SR-80 木材拼接胶，其各项指标均达到非结构用集成材胶黏剂的技术要求，1996 年冉全印等又研制成功 SR-100 集成材用胶黏剂，其各项指标均达到了结构用集成材胶黏剂的要求[19]，SR-100 胶的应用情况如下：

SR-100 胶黏剂

主剂由改性 PVA、VAE 乳液和碳酸钙均匀混合而成，固化剂为 MDI。

主剂与交联剂质量比：100：20（阔叶材），100：17.5（云杉）。

树种：水曲柳、柞木、榆木、云杉。

涂胶量：300g/m²。

胶合条件：冷压压力阔叶材 1.47MPa，云杉 0.98MPa。

保压时间：阔叶材 2h，云杉 1h。

养护：室温下放置 72h 以上。

性能检测结果：依据 JAS 集成材日本农林规格（农林水产省告示 2053 号）的结构集成材技术要求，将集成材刨光后检测浸泡剥离率、煮沸剥离率、压缩剪切强度和木破率。结果见表 9-16。

表 9-16 集成材性能检测结果

树种	浸泡剥离率/%	煮沸剥离率/%	压剪强度/MPa	木破率/%
水曲柳	0	0	12.4	90
榆木	0	0	8.4	93
柞木	0	0	15.0	85
云杉	0	0	8.9	100

注：1. 浸泡剥离率、煮沸剥离率＜10% 为合格；压剪强度阔叶材≥5.88MPa 合格，云杉≥4.9MPa 合格；木破率阔叶材≥40%，云杉≥60% 合格。

2. 浸泡剥离率的试验方法：将集成材截成长 75mm 的试件，室温在水中浸泡 6h 后，放入 40℃±3℃ 的烘箱中干燥 18h。

3. 煮沸剥离率的试验方法：将集成材截成长 75mm 的试件，在沸水中煮 5h，再在室温水中浸泡 1h，放入 60℃±3℃ 的烘箱中干燥 18h。

由表 9-16 可见，用 SR-100 用于针叶材云杉和阔叶材水曲柳、榆木、柞木所制得的集成材性能均能满足结构用集成材有关标准要求。

9.2.1.2 HP-1 集成材用胶黏剂

HP-1 集成材用胶黏剂属双组分水乳型冷固化胶黏剂，主要用于木材制品粘接，如集成材、高档家具、指接地板条及其他拼板制品，也可以用于木材与金属、木材与塑料等的粘接，该胶不含有机溶剂、操作简单、清洗方便。其性能与日本 KR-134 集成材胶相似，双组分混合后，固化剂中的异氰酸根与主剂中的羟基及木材中的羟基以下列方式进行反应，形成三元结构的大分子：

$$ⓟ—OH+OCN—R—NCO+HO—WOOD \longrightarrow ⓟ—OCONH—R—HNOCO—WOOD$$

　　　聚合物　　　固化剂　　　木材

技术指标：

外观：均匀的乳白色液体。

pH 值：7.0 ± 1.0。

固体含量：$60\% \pm 2\%$。

黏度（25℃）：$3000 \sim 4000 mPa \cdot s$。

储存期：>6 个月。

使用方法：聚合物乳液：固化剂＝100：（10～15）（重量比），将计量好的双组分混合，搅匀，即可涂布使用，加压压力 1.0～2.0MPa（视木材软硬而选用适当压力），加压时间 45～60min（视室温调整加压时间），该胶固化后，胶合强度高，具有耐水、耐热、耐溶剂等特点。HP-1 集成材胶黏剂对几种木材的胶合结果见表 9-17。

表 9-17　HP-1 对几种木材的胶合强度

木材种类	胶合后 24h 干状/MPa	胶合后 24h 80℃ 烘 2h/MPa	63℃±3℃ 水浸 3h/MPa	100℃水煮 1h/MPa	100℃水煮 3h/MPa
云杉	>10.0	>10.0	>4.0	>3.0	
水曲柳	>12.0	>15.0	>5.0	>4.0	
白栗木			6.0～12.0		3.0
红桉			3.0～16.0		4.0
缅甸花黎木			5.0～10.0		3.0～8.0

HP-1 集成材用胶黏剂可用于制造人造薄木、胶黏染色木方或用于制造刨切薄竹，胶黏竹材集成材（竹方），由于该胶的优良耐水、耐热胶合强度，木方和竹方后软化处理不开胶，制成的人造薄木刨切成薄竹质量优异。

9.2.2 丙烯酸酯乳液胶黏剂

9.2.2.1 接触型丙烯酸-醋酸乙烯共聚（CAV）乳液

CAV 接触型乳胶是一种以丙烯酸酯为主的共聚乳液，具有在低压或接触压力下快速胶黏的优点，对聚氯乙烯、高压三聚氰胺装饰板、纸板、木材、金属等多种材料均有良好的黏附性能，CAV 乳胶在固化过程中能自身交联，所以它具有一定的耐水、耐热性能，是一种性能优良的非结构胶黏剂。

20 世纪 80 年代初，吕时铎等研制成 CAV 接触型乳液。用醋酸乙烯、丙烯酸丁酯、丙烯酸、N-羟甲基丙烯酰胺等多种单体搅拌下加入复合乳化剂并在蒸馏水中制成预乳液，取出 5%～10% 预乳液加入适量引发剂，80～85℃下将连续滴加预乳液并定时补充引发剂进行 4～5h 聚合反应，预乳液滴加完毕，加入少量引发剂，升温至 85～90℃熟化 0.5～1h，制成 CAV 接触型乳液。

CAV 接触型乳液的理化指标如下：

外观：均匀的乳白色液体。

固体含量：50%±2%。

黏度（25℃）：1000～3000mPa·s。

乳液粒径：200～400nm。

表面张力：40～41dyn/cm（1dyn/cm＝10^{-3}N/m）。

T_g：−3～5℃。

冻融稳定性（−10℃下 16h 室温 8h 为一次循环）：＞5 次。

储存稳定性（室温封闭）：＞8 个月。

(1) CAV 乳液的粘接性能

CAV 乳液的黏度为 1000～3000mPa·s，根据不同应用要求，可添加某些助剂，将黏度提高到一定范围。如同时加入六甲氧基甲基三聚氰胺、氢化松香甲苯溶液和邻苯二甲酸二丁酯，胶的黏度上升较快，不易控制，产生凝胶。如加六甲氧基甲基三聚氰胺和氢化松香甲苯溶液或六甲氧基甲基三聚氰胺和邻苯二甲酸二丁酯，则黏度增加缓慢[20]。CAV 乳液加添加剂后黏度的增长速度还取决于乳液的原始黏度，如原始黏度低，加入添加剂后黏度增长不大。

① PVC 薄膜与胶合板的粘接　基材采用柳桉三合板，双面（基材、PVC 薄膜）一次涂胶，上胶量 129g/m²，基材涂胶一次，上胶量 102g/m²，PVC 不涂，涂胶后在 80℃烘干 30s，立即进行胶压，胶压温度为室温（25～30℃），胶压时间 1h。不同粘接压力与 PVC/胶合板的剥离强度的关系见表 9-18。

表 9-18　粘接压力与 PVC/柳桉胶合强度的关系

粘接压力/MPa	双面一次涂胶	基材单面一次涂胶 PVC 不涂
	干剥离强度/（kgf/25 mm）	干剥离强度/（kgf/25 mm）
0.06	4.3	3.9
0.10	5.0	3.7
0.20	4.5	3.4
0.40	4.5	3.4
0.60	4.4	3.9
0.80	4.4	3.0
1.00	4.2	3.1

由表 9-18 可见，粘接压力从 0.06MPa 到 1.00MPa，PVC/胶合板的剥离强度差别不大，可采用低压进行胶黏。

用 PVC 对柳桉三合板进行粘接试验，粘接条件除粘接压力全用 0.2MPa 外，其他条件同表 9-18，加压时间与 PVC/胶合板的剥离强度的关系见表 9-19。

表 9-19　加压时间与 PVC/胶合板的剥离强度的关系

胶压时间/min	双面一次涂胶	基材单面一次涂胶，PVC 不涂
	干剥离强度/(kgf/25mm)	干剥离强度/(kgf/25mm)
0	4.4	3.2
10	5.2	3.7
20	4.8	3.5
40	5.0	3.6
60	4.8	3.4
80	4.4	3.7
120	4.5	3.8

由表 9-19 可见，CAV 乳液的胶压时间对剥离强度的影响不大，可以采用辊压连续化生产工艺。

② 三聚氰胺装饰贴面板与胶合板的胶黏　采用高压三聚氰胺装饰贴面板与椴木胶合板进行粘接试验。粘接条件：双面一次涂胶，上胶量 130g/m²，涂胶后在 80℃烘干 30s 后，100℃加压 30s。不同压力粘接强度结果见表 9-20。

表 9-20　粘接压力与强度的关系

压力/MPa	剪切强度/MPa
0.1	2.9
0.3	3.5
0.5	3.3
0.7	3.7
1.0	3.6

由表 9-20 看到，随着加压压力增大，三聚氰胺装饰贴面板与胶合板的胶合强度逐渐增大。CAV 乳液用在高压三聚氰胺与椴木三合板的胶压，在 0.3MPa 以上单位压力时，胶合强度基本在一个水平上，胶合压力大小对胶合强度的影响不大。

粘接后放置时间与胶合强度的关系见表 9-21。

粘接条件：双面一次涂胶，上胶量 130g/m²。

热压条件：压力 0.5MPa，温度 100℃，时间 30s。

冷压条件：压力 0.5MPa，时间 30s，室温。

表 9-21　粘接后放置时间与强度的关系

粘接后放置时间/h	热压后剪切强度/MPa	冷压后剪切强度/MPa
1	1.7	0.9
24	2.5	1.6
96	3.4	2.8

由表 9-21 可见，用 CAV 胶合的高压三聚氰胺/椴木装饰板热压 1h 后初期强度即可达到最终强度的 50%，一般在 1~3h 后即可进行下工序加工。

（2）CAV 乳液的应用试验

PVC 薄膜与胶合板粘接，在人造板复面连续化生产设备上，对 PVC 薄膜与（1220mm×2440mm）胶合板进行粘接试验。试验条件及结果见表 9-22。

表 9-22　PVC/柳桉胶合板的粘接条件及检测结果

编号	干燥温度/℃			车速 /(m/min)	橡胶辊筒 温度/℃	铁辊筒 温度/℃	辊筒线 压力 /(kgf/cm)	剥离强度/(kgf/25mm)			
	第一道	第二道	第三道					干状	湿状	冷热循环	再干后强度
C1-2-0	50	55	55	13	25	40	17	3.3	1.9	3.3	3.5
C1-2-4	65	62	70	13	25	40	17	3.3	2.8	3.1	3.9
C1-2-9	65	62	70	13	25	40	17	3.4	2.1	2.8	3.3

注：1. 调胶配方（重量比）为 CAV 乳液 100 份，六甲氧基甲基三聚氰胺 5 份，氢化松香（50%甲苯溶液）10 份；涂胶量为基材单面一次涂胶 100g/m²。

2. 湿状剥离强度：试件在室温下水泡 24h 后测定。

3. 冷热循环强度：试件在 70℃加热 3h，冷至室温，再加热，共循环 3 次。

4. 再干后强度：试件水泡 24h，再干燥后测定。

由于 PVC 薄膜饰面胶合板主要用作电视机壳，具体条件为 40℃下放置 4h，湿度 93%±2%处理 4h，后又在 -25℃处理 4h 为一循环，经过七天七次循环反复处理，未发现 PVC 薄膜有收缩或鼓泡现象；经例行试验的板，再测定剥离强度，干状为 3.9kgf/25mm，湿状为 3.7kgf/25mm，强度比原有（干状 3.3kgf/25mm，湿状 2.8kgf/25mm）的提高较多，说明胶层的耐久性能良好。

CAV 乳液在装订精装书籍和涂塑纸盒或树脂处理纸盒的粘贴等方面也进行了相关的应用，经过 100 本书籍的装订试验，在室温 5℃以下，胶层不发脆，进入精装联动机后，无任何开裂现象，从而保证了产品的质量。

9.2.2.2　WBM 双组分热固型微薄木用乳液

A 组分为含羧基和羟甲基可交联的丙烯酸酯共聚乳液，与 B 组分（固化剂）混合后用于微薄木与人造板（胶合板、细木工板、MDF 等）热压胶合。制成的微薄木贴面人造板有良好的耐水胶合强度，在 63℃±3℃水中浸泡 3h 不开胶。

技术指标如表 9-23 所示。

表 9-23　双组分热固性乳液基本性能

项目	A 组分	B 组分
外观	均匀的乳白色液体	均匀的深褐色黏稠液体
固体含量/%	52±2	
黏度/mPa·s	500~3000	
pH 值	4.0~6.0	
储存期（室温密闭）	>6 个月	>6 个月

用法：A 组分 100 份加 B 组分 8 份（重量比）搅匀即可用，上胶量单面 $80\sim$ $120g/m^2$，$90\sim100℃$，压力 $1.0\sim1.2MPa$，压制 $1\sim2min$。该乳液在生产微薄木贴面出口家具上应用效果较好。

9.2.3 改性 E 型乳胶

VAE 乳液是醋酸乙烯和乙烯单体乳液共聚而成的，乳液无毒无味、绿色环保且对许多材质均有极好的粘接力。目前 VAE 乳液主要用于胶黏剂、涂料、水泥改性剂、纺织品/无纺布、纸制品及木材加工等领域中，具有诸多优异性能。

改性 E 型乳胶是为解决 PVC 薄膜粘接木质人造板国产化而研制开发的，经国内音箱木壳、装饰板材生产厂家推广应用，因其粘接强度高、耐水性好、安全无毒、使用方便而替代了进口同类胶种，其技术指标如下：

外观：均匀的乳白色黏稠液体。

pH 值：$4.5\sim6.0$。

固体含量：$52\%\sim55\%$。

黏度：$4000\sim11000mPa\cdot s$。

粒径：$0.2\sim1.0\mu m$。

最低成膜温度：$<0℃$。

储存期：1 年。

PVC 薄膜/人造板的胶合工艺：人造板辊涂上胶，上胶量 $120g/m^2$，PVC 薄膜复贴后在 0.5MPa 下冷压 24h。

改性 E 型胶与日本胶胶合强度的对比见表 9-24。

表 9-24 胶合强度

项目	日本胶	改性 E 型胶
干状 180°剥离强度/(kgf/25mm)	4.3	>4.0
湿状 180°剥离强度/(kgf/25mm)	4.5	>1.5
60℃受热 4h 后剥离强度/(kgf/25mm)	3.5	3.5

改性 E 型乳胶的用途为：PVC 薄膜、聚苯乙烯、聚氨酯泡沫塑料对木质、纸质材料的粘接；PVC 标签对塑料瓶、玻璃瓶的粘接；PVC 壁纸对墙壁的粘接，PVC 防水卷材对水泥墙体、屋顶的粘接；扬声器纸盆和涂塑纸盒的粘接。

参 考 文 献

[1] Shaffei K，Ayoub M，Ismail M，et al. Kinetics and polymerization characteristics for some polyvinyl acetate emulsions prepared by different redox pair initiation systems [J]. European Polymer Journal，1998，34（3）：553-556.

[2] Carra S，Sliepcevich A，Canevarolo A，et al. Grafting and adsorption of poly (vinyl) alcohol in vinyl acetate emulsion polymerization [J]. Polymer，2005，46（4）：1379-1384.

[3] Ren B K，Hu K T，Li G H，et al. A novel high water-resistant aqueous acrylate emulsion, part 1:

preparation and characterization［C］. International Conference on Power Electronics and Energy Engineering，2015.

［4］ Agirre A，Calvo I i，Weitzel H P，et al. Semicontinuous emulsion co-polymerization of vinyl acetate and VeoVa10［J］. Industrial & Engineering Chemistry Research，2013，53（22）：9282-9295.

［5］ Lu J，Easteal A J，Edmonds N R. Crosslinkable poly（vinyl acetate）emulsions for wood adhesive［J］. Pigment & Resin Technology，2011，40（3）：161-168.

［6］ 程增会，林永超，刘美红，等. 氧化还原体系条件下耐水聚醋酸乙烯酯乳液的合成［J］. 粘接，2015，（3）：39-42.

［7］ Saito S. Temperature dependence of dielectric relaxation behavior for various polymer systems［J］. Colloid & Polymer Science，1963，189（2）：116-125.

［8］ Mohsen-Nia M，Doulabi F M. Synthesis and characterization of polyvinyl acetate/montmorillonite nano-composite by in situ emulsion polymerization technique［J］. Polymer Bulletin，2010，66（9）：1255-1265.

［9］ 程增会，林永超，刘美红，等. 改性聚乙烯醇（WR-14）对聚醋酸乙烯酯乳液性能的影响［J］. 中国胶粘剂，2015，24（2）：1-5.

［10］ Cui H W，Fang Q，Du G B. Secondary and ternary emulsions from vinyl acetate，N-hydroxymethyl ac-rylamide，and urea for wood bonding［J］. Wood Science and Technology，2014，48（6）：1123-1137.

［11］ 林永超. 耐水聚醋酸乙烯酯乳液胶黏剂研究［D］. 南京：南京理工大学，2013.

［12］ Armour W B. Thermosetting，elastomeric polyvinyl acetate adhesives containing trimethylol phenol［P］. US 3041301. 1962.

［13］ Albert G，Jasinski V. Nu-methylol acrylamide-vinyl acetate copolymer emulsions containing polyvinyl al-cohol［P］. US 3301809. 1967.

［14］ Armour W B. Water resistant polyvinyl acetate adhesive compositions［P］. US 3444037. 1969.

［15］ Brown N R，Frazier C E. Cross-linking poly［（vinyl acetate）-co-N-methylolacrylamide］latex adhesive performance part I：N-methylolacrylamide（NMA）distribution［J］. International Journal of Adhesion and Adhesives，2007，27（7）：547-553.

［16］ Cui H W，Du G B. Development of novel polymers prepared by vinyl acetate and N-hydroxymethyl acryl-amide［J］. Journal of Thermoplastic Composite Materials，2013，26（6）：762-776.

［17］ 徐永祥，高彦芳，郭宝华，等. 醋酸乙烯酯乳液聚合的研究进展［J］. 石油化工，2004，33（9）：885-890.

［18］ 程增会，林永超，刘美红，等. D3级耐水聚醋酸乙烯乳液胶黏剂的合成［J］. 中国胶粘剂，2015，24（3）：40-44.

［19］ 冉全印，叶素. 水基聚氨酯胶粘剂在集成材生产中的应用［J］. 林产工业，1997，24（4）：25-29.

［20］ 吕时铎，赵临五，裘梅琴，等. 接触型乳液胶粘剂-丙烯酸-醋酸乙烯共聚乳液及其应用［J］. 林产化学与工业，1983，（1）：13-27.

第10章

脲醛树脂胶黏剂预固化特性及控制机理

　　在纤维板热压过程中，胶黏剂的固化特性对板材性能有着至关重要的影响，使用较少量胶黏剂同时实现最大胶合强度是中密度纤维板生产企业控制成本、提高产品质量最主要的目标之一。

　　早期纤维板生产是将干燥好的纤维采用机械摩擦施胶，类似于刨花板生产，但胶液容易分布不均而产生胶斑，因此该方法很快被管道式施胶所代替。尽管管道施胶的胶液损失率较高[1]，但管道气流干燥采用全自动控制并且管道中传质传热的表面积大，因而具有热效率高、施胶快速均匀、成板表面不会留下胶斑等优点，更有利于生产线高速运行和连续作业[2]。管道气流干燥系统由风机、锅炉、干燥管道、旋风分离器四个部分组成，即气流由高压风机送入管道后与锅炉中燃料燃烧产生的高温烟气混合后进入垂直管道，热磨完毕的纤维脱水处理后喷洒胶黏剂、固化剂、防水剂，然后进入干燥管道，经过管道高温气体干燥后由水平管道和旋风分离器分离同时排出废气，干燥完毕的纤维最终热压成纤维板，如图10-1所示。

　　干燥管道中纤维水分的汽化大致可分为三个阶段：第一阶段为表面水汽化阶段，管道长约10m，耗时约0.36s，该阶段主要以蒸发自由水为主；第二阶段为自由水和纤维中吸着水同时汽化阶段，干燥管道长约10~20m，历时约0.35s[3]，由于刚进入干燥管道的湿纤维中含有大量自由水，同时入口处的干燥气体温度为170℃，因而在干燥管道前20m的垂直干燥段约74%的水分被蒸发[4]，随着大量

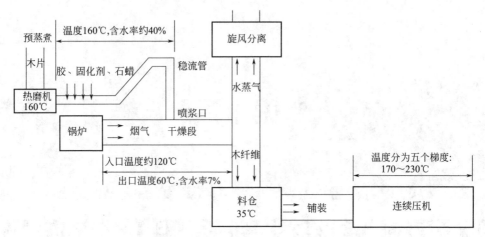

图 10-1 中密度纤维板生产流程图

自由水和吸着水被排出，干燥气体的含湿量快速上升同时干燥温度下降；第三阶段，以吸着水汽化为主，干燥速率相比前两段也明显下降[4]，该阶段长度约 20~110m[3]。

干燥管道中高温高湿环境会促进纤维表面上的脲醛树脂（UF）交联甚至部分固化，造成胶黏剂部分甚至全部丧失活性，导致纤维之间黏合力下降，板材强度降低；生产企业为了保证纤维板力学强度往往被迫增加施胶量来保证产品质量，从而增加了生产成本和板材的甲醛释放量。

尽管国内外纤维板生产企业以及学者们已经意识到胶液预固化行为对板材力学性能的显著性影响，但由于干燥过程中的影响因素很多、干燥环境复杂，预固化现象存在的争议很大。到目前为止，脲醛树脂的预固化现象发生的机理、相关影响因素是如何影响树脂预固化行为的以及显著性评价等内容都尚未清晰。本章跟踪脲醛树脂的预固化过程，分析预固化机理，对预固化行为的影响因素及其显著性进行评价，同时借助潜伏型固化剂对预固化行为进行控制。

10.1 脲醛树脂预固化机理 ▦▦▦

以已添加固化剂氯化铵（NH_4Cl）的 UF 树脂作为研究对象，模拟在恒温下预固化情况，利用差示扫描量热仪（DSC）、凝胶色谱、飞行质谱、^{13}C NMR 核磁以及胶合强度对树脂整个预固化过程进行跟踪，深入探讨不同预固化时间下活化能、热熔、黏度、分子量分布、官能团以及胶合强度的变化规律，揭示脲醛树脂预固化机理。

UF 配方：将 163g 甲醛和 60g 尿素加入三口烧瓶中，将 pH 值调到 7.8~8.0

后在 30~40min 升温到 90℃左右，保温 35min；待保温完毕后再将 pH 值调到 4.0~
4.5，当该温度下出现浑浊点后立即将 pH 值调到 7.0~7.5，再加入第二批尿素
15g，在此温度下保温 30min。保温结束后加入第三批尿素 25g，保温 30min 后将
pH 值调到 8.0~9.0，降温后取出。F/U 摩尔比为 1.2。树脂最终 pH 值为 8.9，
固体含量为 53%，初始黏度为 35mPa·s。

10.1.1 固化速度

将已添加氯化铵的 UF 树脂放置在室温环境下，定时取样测定固化时间直至树
脂完全凝胶，测试方法参照 GB/T 14074—2006《木材胶粘剂及其树脂检验方法》。
如图 10-2(a) 所示，未经预固化处理的新鲜 UF 树脂（预固化时间为 0h），对应固
化时间为 137s；经过不同放置时间（预固化时间分别为 1h、3h、5h、7h、9h）后
取样，随着预固化程度越大，固化时间越短，到第 9h 时变为 40s 左右。根据预固
化时间和固化时间的关系建立了线性方程 $y = -9.1977x + 138.35$，拟合度为
0.9735，并且预测错误率均低于 0.1%，说明该拟合方程和实测值误差小。为了验
证该拟合方程的可信度，用同样取样方法，即间隔 2h（预固化时间分别为 2h、
4h、6h、8h、10h）预固化时间后进行固化时间测定，由图 10-2(b) 可知，预固化
时间与对应的固化时间有很好的线性相关性（$R^2 = 0.95016$），经过验证，该拟合
方程可以对相似配方下的 UF 树脂预固化时间下的固化时间进行预测。

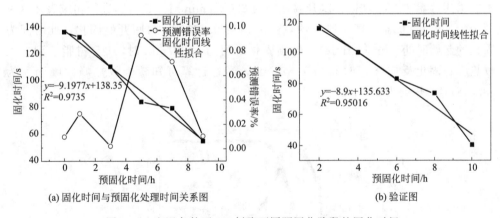

(a) 固化时间与预固化处理时间关系图　　　　(b) 验证图

图 10-2　室温条件下 UF 树脂不同预固化阶段的固化时间

10.1.2 流变学和热力学行为

以固体含量为 65%（以固体含量为 53% 的新鲜树脂进行旋转蒸发所得）的
UF 树脂为研究对象，在恒温 100℃条件下采用流变仪观察树脂的黏度和储存模量
变化（见图 10-3）。预固化时间为 1min 以内时，树脂处于受热阶段，黏度基本无
变化；1~6min 时间范围内，黏度增长迅猛；6min 以后黏度增长变慢，到预固化

时间为 11min 时，黏度基本稳定，由此判断在流变仪的等温作用下，11min 后该树脂已经凝胶甚至部分固化。相比之下，储存模量在前 6min 几乎无变化，从 6min 开始迅速增大，说明 6min 开始树脂逐渐形成一定刚度并呈现增长趋势，而此时的黏度值为 3.5×10^6 mPa·s，该值为树脂完全固化后最终黏度值的 2.21%。由此判断，UF 树脂的预固化过程大致分为两个阶段，第一阶段黏度增大但树脂没有形成网络结构，随着黏度进一步增大和缩聚反应进行，树脂形成网络结构，刚性增强。

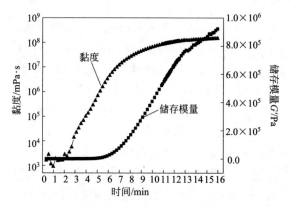

图 10-3　UF 树脂在恒温（100℃）条件下的流变学行为

为了准确描述树脂的固化行为，同时表征温度变化过程中的热焓值和固化度，本文采用等温 100℃ DSC、以升温速率为 200℃/min 对 UF 树脂进行相应表征（见图 10-4）。经过机器平衡阶段（约 0.4s）后第 0.425min 树脂开始固化，此时间为固化的起始时间（onset time）；当预固化时间为 1.287min 时，UF 树脂达到最大放热峰；固化反应终止时间为 1.870min，经过计算可知整个放热峰的峰面积为58.418mJ，热焓为 35.6182J/g。

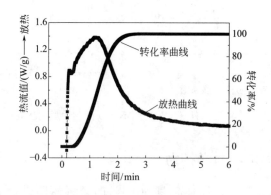

图 10-4　UF 树脂在恒温（100℃）条件下的 DSC 放热曲线和固化度

根据等温 DSC 曲线，可以推导出不同预固化时间下对应的热焓，从而与总热焓相比求出固化度，如式(10-1) 和图 10-5 所示。

$$P_i = \frac{\Delta H_T}{\Delta H_0} \times 100\%$$ (10-1)

式中　P_i——某一时间 T 固化反应的转化率，%；

ΔH_T——某一时间 T 的热熔值，kJ；

ΔH_0——整个放热峰面积对应的热熔值，kJ。

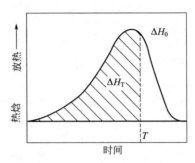

图 10-5　ΔH_T 和 ΔH_0 相关性示意图

10.1.3　固化特性

为了了解 UF 树脂在不同预固化阶段的热学性质，将 UF 树脂样品在恒温（100℃）条件下经不同预固化时间处理后用液氮终止其反应，取样后用升温模式 DSC、以升温速率为 10℃/min、15℃/min、20℃/min 和 25℃/min 进行跟踪分析其起始温度、峰顶温度，并计算固化反应动力学参数。

10.1.3.1　固化特征温度

对 DSC 而言，起始温度是固化反应的起点，起始温度越低意味着该固化反应越容易进行；而峰顶温度代表着在对应的温度点和时间点上，整个反应的转换率达到了最大值[5]。

从图 10-6 可以看出，UF 树脂在完全固化前不同预固化阶段，随着预固化程度增大，整个 DSC 曲线的放热峰位置向低温处移动。结合图 10-7 可知，DSC 曲线的起始温度和峰顶温度均呈下降趋势。在通常情况下，热固性树脂在不同升温速率的放热峰峰顶温度对应下的转化率几乎是不变的[6]。由此判断，经过预固化处理后，随着多余水分蒸发，有效成分间相互碰撞的机会增大，树脂固化速度加快。

10.1.3.2　预处理后 UF 树脂的动力学分析

以固体含量为 65% 的 UF 树脂在恒温（100℃）条件下分别保留 30s、90s 和 110s 后取出用液氮进行冷冻处理，然后利用升温模式 DSC 进行跟踪分析并结合 Kissinger 方程［式(10-2)］和 Flynn-Wall-Ozawa 方程［式(10-3)］计算固化反应动力学参数。

$$-\ln\left(\frac{\beta}{T_p^2}\right) = \frac{E_a}{RT_p} - \ln\left(\frac{ZR}{E_a}\right)$$ (10-2)

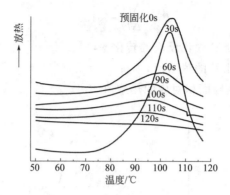

图 10-6　UF 树脂在不同预固化阶段的 DSC 放热曲线（升温速率 15℃/min）

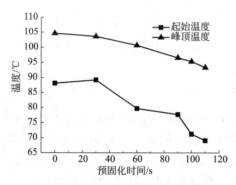

图 10-7　不同预固化阶段的 DSC 曲线对应的起始温度和峰顶温度（升温速率 15℃/min）

$$\ln\beta = C - 1.0516\left(\frac{E_k}{RT_p}\right) \tag{10-3}$$

式中　β——升温速率，℃/min；

　　　T_p——峰顶温度，K；

E_a，E_k——表观活化能，kJ/mol；

　　　R——气体常数，8.314J/(mol·K)；

　　　Z——指前因子。

　　表观活化能是指化学反应体系中活化分子的能量平均值与反应物分子的平均能量的差值[7]，它作为动力学的参数之一，可以反映出整个化学反应对温度的敏感性，一个聚合物体系的活化能越低，说明它的固化速率对温度变化的敏锐性越强[8]。根据碰撞理论，指前因子 Z 代表着整个反应体系中分子碰撞成功的次数总和，碰撞成功也就意味着反应物分子之间相互发生了化学结合[9]。

　　表 10-1 中两种动力学方程计算出的表观活化能相差不大，相关系数均在 0.98 以上，拟合精度很高。由数据可知，该树脂的活化能呈现先略有减小然后升高趋势；而指前因子同活化能一样先处于升高趋势，之后一直处于减小趋势。这是因为新鲜的

UF 树脂分子量低，较多的水分使得小分子分散度较高，也降低了反应物的浓度，不利于树脂固化。当把树脂放入恒温 100℃的高温作用下，水分蒸发，反应物浓度增加，相互碰撞机会也增加，整个反应体系的固化速度得到了提升，因而在表 10-1 中 30s 时活化能降低，指前因子增大。在恒定的温度作用下，水分持续减少，分子相互团聚直到形成密集体[10]。在这整个过程中，一方面，连续的缩聚反应和大分子沉淀作用使得部分自由水和结合水被封锁在大分子结构中间难以排除，反应基团之间扩散更为困难，整个体系想要蒸发出更多水分需要更多的能量[11]；另一方面，水分的减少增加了反应物浓度，缩聚反应开始，低聚物逐渐被大分子所取代，树脂的预固化过程循序推进，缩聚反应的速率也呈现先快后慢的节奏，表现为活化能 90s 以后呈现逐渐升高趋势。在热力学中，活化能升高意味着整个体系的反应速率在逐渐降低[12]。

表 10-1　Kissinger 和 Flynn-Wall-Ozawa 方程对不同预固化程度的 UF 树脂的动力学分析

预固化时间/s	升温速率 β/(℃/min)	峰顶温度/K	Kissinger 方程			Flynn-Wall-Ozawa 方程	
			活化能 E_k/(kJ/mol)	指前因子 Z	相关系数 R^2	活化能 E_a/(kJ/mol)	相关系数 R^2
0	10	373.21	90.83	4.08×10^9	0.999	92.36	0.999
	15	377.78					
	20	381.66					
	25	384.37					
30	10	372.05	90.83	4.49×10^9	1.000	92.34	1.000
	15	376.77					
	20	380.40					
	25	383.22					
90	10	365.36	95.28	3.60×10^{10}	0.996	96.46	0.996
	15	369.70					
	20	373.49					
	25	375.4					
110	10	362.47	100.43	2.96×10^8	0.984	102.31	0.986
	15	366.46					
	20	371.54					
	25	373.86					

10.1.4　分子量分布

将 UF 树脂样品在恒温（100℃）条件下分别保留 30s、90s 和 110s 后取出用液氮终止反应，再利用凝胶色谱（GPC/SEC）和基质辅助激光解吸电离飞行时间质谱仪（MALDI-TOF MS）对分子量及其分布进行表征。

GPC 测试方法：将混合有 NH_4Cl 的 UF 树脂放置在 100℃下预固化不同时间，然后立即取出放进液氮中终止反应，按照 GPC 的标准配比将样品溶解在 DMF 中，待溶解充分放置 24～48h 后取混合溶液震荡均匀测试。

MALDI-TOF MS 测试方法：将 α-氰基-4-羟基肉桂酸以 1mg/mL 的比例溶解在含有 0.1% 三氟乙酸，且浓度为 70% 的乙腈中并混合均匀，以此作为基质水溶液，然后将试样以 4mg/mL 的浓度溶解在丙酮中，震荡离心处理后取 1mL 滴在飞行质谱不锈钢靶上，待样品干燥后，取基质水溶液 1mL 滴在样品上面，待水分蒸发后进行测试。

10.1.4.1 凝胶色谱分析

图 10-8 是 UF 树脂在不同预固化阶段对应的分子量变化。结合表 10-2 来看，从新鲜 UF 树脂（预固化时间为 0s）曲线来看，树脂中低、中、高三种分子种类均有，其中摩尔质量低于 3.0×10^4 的分子占 23.17%，高分子量（$1.0 \times 10^5 \sim 3.0 \times 10^5$）的分子占了 29.21%，摩尔质量介于 $3.0 \times 10^4 \sim 1.0 \times 10^5$ 的分子占 47.93%。分布宽度指数（D）2.68 表明分子种类繁多，因为 UF 树脂在合成过程中甲醛和尿素不同的摩尔比、缩聚阶段的时间、后期加入的尿素总量等因素都造成了树脂合成后小分子种类以及初始数均分子量的不同，小分子物质包括了游离甲醛或尿素，尿素和甲醛形成的一羟、二羟及三羟甲基脲，还有二亚甲基醚等低聚物。

当预固化时间从 0s 变为 30s 时（图 10-8），流出时间 13min 后的小分子物质已经消失，分子量分布宽度减小，曲线整体的流出时间缩短。从表 10-2 来看，数均分子量由 0s 的 2.38×10^4 飙升到 9.15×10^4，同时分子量小于 3×10^4 的小分子比例下降到 0.35%，分子量为 $1.0 \times 10^5 \sim 3.0 \times 10^5$ 的分子比例由 0s 的 29.21% 增加到 87.45%；同时，分布宽度指数由 2.68 减小到 1.74，分子种类比新鲜树脂要少。当预固化时间为 110s 时，在数均分子量和重均分子量持续增加的基础上，分子量小于 3×10^4 的小分子消失，分子量为 $1.0 \times 10^5 \sim 3.0 \times 10^5 \, \text{g/mol}$ 的大分子比例增加到 97.52%，分布宽度指数减小到 1.25，说明 UF 树脂的分子均一性提高，分子量趋同的分子增多。图 10-8 中 110s 的 GPC 曲线和 90s 的曲线相似，造成这种现象的原因是 110s 的预固化时间已经接近凝胶时间 127s，预固化程度已经很高，高含量的不溶大分子物质在进入 GPC 的过滤器时被滤掉。

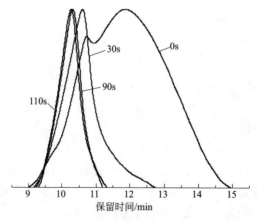

图 10-8　UF 树脂（固体含量 65%）在不同预固化阶段对应的分子量分布

由此可见，随着预固化时间延长，酸性环境下的 UF 树脂小分子在 100℃ 的恒温作用下会先经历水分蒸发带来的黏度增大，部分树脂团聚开始凝胶，再到已凝胶部分团聚，最后形成超级聚合物的过程[13]。

表 10-2　UF 树脂在不同预固化阶段对应的 GPC 指标

预固化时间/s	数均分子量 M_n	重均分子量 M_w	分布宽度指数 $D(M_w/M_n)$	分子量分布		
				f_1 < 3.0×10^4	f_2 $3.0 \times 10^4 \sim$ 1.0×10^5	f_3 $1.0 \times 10^5 \sim$ 3.0×10^5
0	2.38×10^4	6.37×10^4	2.68	23.17%	47.93%	29.21%
30	9.15×10^4	1.59×10^5	1.74	0.35%	12.21%	87.45%
60	1.71×10^5	2.18×10^5	1.27	0.00%	3.06%	96.94%
110	1.81×10^5	2.30×10^5	1.25	0.00%	2.48%	97.52%

10.1.4.2　基质辅助激光解吸电离飞行时间质谱分析

通过 MALDI-TOF MS 谱图，可以直观地看到 UF 树脂质量分布范围和重复单元等信息，同时可以测定整个分子量范围内每条聚合物链的分子量，从而推断出相关的反应机理和降解机理。由于在聚合物的分析中遵循"离子的质荷比等于它的质量数"的原则[14]，因而根据 UF 初始反应物的分子式及其对应的质荷比可以推断反应进程中的分子结构，如图 10-9 所示。从图 10-9 中可以看出，重复单元有质荷比为 30 道尔顿（Da）的羟甲基单体（—CH₂OH），如结构式(a)与结构式(c)的差值，也有链状亚甲基链接的重复单元如结构式(g)，如表 10-3 所示。

图 10-10 是以醚键为重复单元的 UF 树脂结构式。在合成完毕的新鲜树脂中，配方中投放的第二和第三批尿素会和过量的甲醛形成羟甲基脲，在碱性条件下羟甲基脲之间不会直接生成亚甲基键，而是脱水缩聚形成二亚甲基醚键，二亚甲基醚键会进一步分解生成亚甲基键，同时释放甲醛。另外，加入固化剂氯化铵后，由于 UF 树脂处于和过量甲醛营造的酸性环境下，一、二羟甲基脲与甲醛会进行缩聚反应，会生成亚甲基键和少量醚键连接的低分子化合物[15]。按照图 10-11 的方法推理得到了图谱中不同质谱的质荷比峰位与化学结构式。

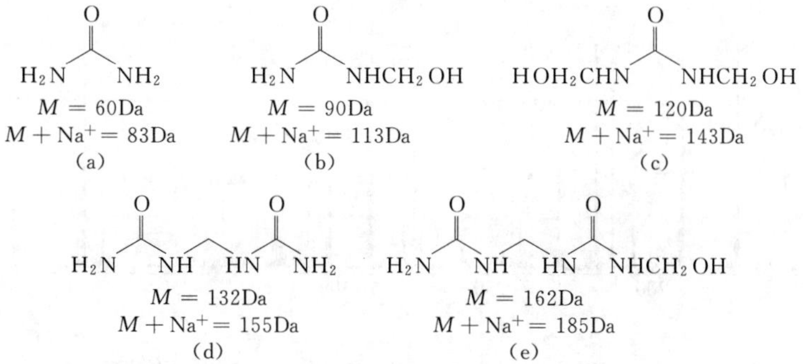

图 10-9

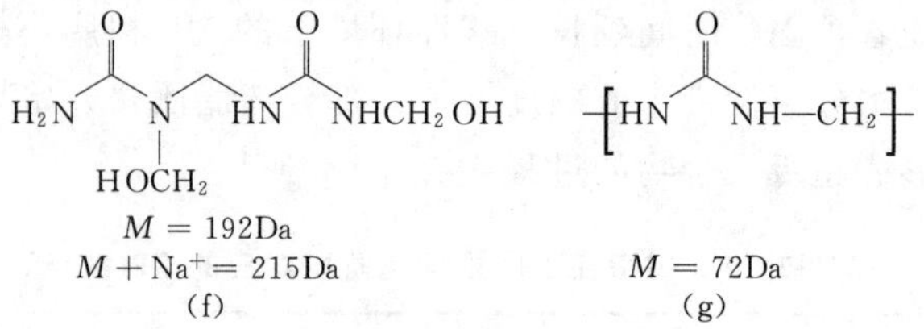

$M = 192\mathrm{Da}$
$M + \mathrm{Na}^+ = 215\mathrm{Da}$
(f)

$M = 72\mathrm{Da}$
(g)

图 10-9　脲醛树脂以羟甲基和亚甲基为同系物的分子式和飞行质谱峰位[16]

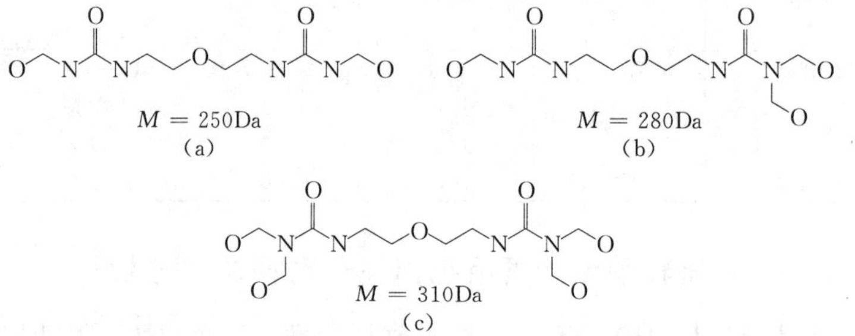

$M = 250\mathrm{Da}$
（a）

$M = 280\mathrm{Da}$
（b）

$M = 310\mathrm{Da}$
（c）

图 10-10　脲醛树脂醚键为同系物的分子式和飞行质谱峰位[17]

图 10-12～图 10-15 为 UF 树脂在不同预固化阶段对应的 MALDI-TOF MS 图谱。从图谱中可以看到，随着预固化时间从 0 增至 110s，图谱中最大的质荷比（m/z）峰位由 568.127 增大到 1017.416，可见最大质荷比峰位随着预固化时间的延长而增大，这表明树脂的聚合程度随着预固化程度的增加而增大。尽管 0s 和 30s 的图谱中反映的聚合相似，但从 30s 的图谱中可以清晰看到在 50～400 区间中峰较多，说明低分子量的同系物数量明显增加。对比 90s 谱图（图 10-14），能看到 0～500 区间的峰多、信号强度大。当预固化时间达到 110s 时（图 10-15）信号区间变长，0～500 区间的峰参差不齐，强度明显比其他的谱图高，而且大于 500 的区间

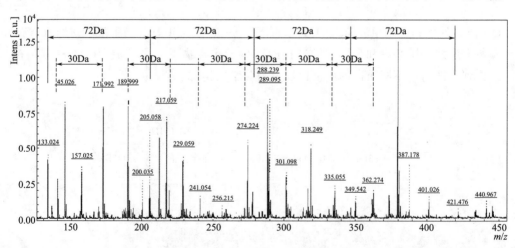

图 10-11　预固化时间为 110s 的 UF 树脂重复单元的质量图谱

也出现显著峰信号，最大区间信号峰位为 1017.416，说明预固化 110s 的树脂的固化程度相比其他三个预固化时间的树脂高，相应的黏度也较大。

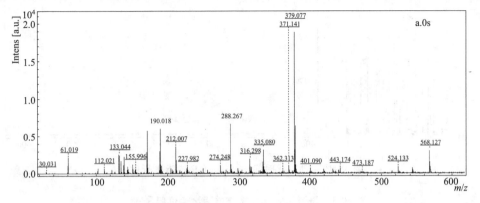

图 10-12　新鲜 UF 树脂（预固化时间 0s）的 MALDI-TOF MS 图谱

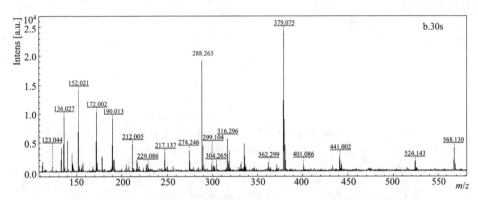

图 10-13　新鲜 UF 树脂（预固化时间 30s）的 MALDI-TOF MS 图谱

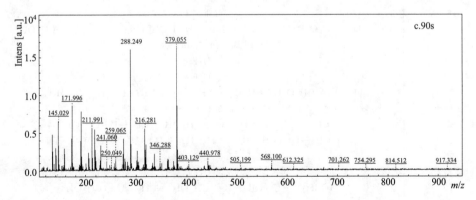

图 10-14　预固化时间 90s 的 UF 树脂 MALDI-TOF MS 图谱

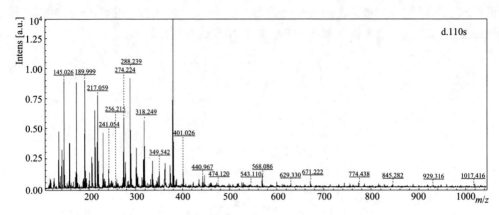

图 10-15　预固化时间 110s 的 UF 树脂飞行质谱

表 10-3　脲醛树脂飞行质谱质荷比峰位归属[16,18]

化合物质量数+钠离子质量/Da	化合物种类
23	Na
83	尿素＋Na$^+$
113	U—CH$_2$OH
143	HOCH$_2$—U—CH$_2$OH
155	U—CH$_2$—U
177	HOCH$_2$—U—(CH$_2$OH)$_2$
185	U—CH$_2$—U—CH$_2$OH
199	$^+$CH$_2$—U—CH$_2$—U—CH$_2$OH(或 CH$_2$—U—CH$_2$—O—CH$_2$—U in the beginning of the reaction)
215	U(—CH$_2$OH)—CH$_2$-U-CH$_2$OH
245	HOCH$_2$—U—CH$_2$—U—(CH$_2$OH)$_2$(或 HOCH$_2$—U—CH$_2$—O—CH$_2$—U—CH$_2$OH in the beginning of the reaction)
275	(HOCH$_2$)$_2$—U—CH$_2$—U—(CH$_2$OH)$_2$[或(HOCH$_2$)$_2$—U—CH$_2$—O—CH$_2$—U—CH$_2$OH in the beginning of the reaction]
279	Like 275
301	$^+$CH$_2$—U(—CH$_2$OH)—CH$_2$—U—CH$_2$—U—CH$_2$OH[119＋—CH$_2$—U(—CH$_2$OH)—] 和 119 alternative
305	U$_2$F$_6$
257	U$_3$F$_3$
331	CH$_2$—U(—CH$_2$OH)—CH$_2$—U—CH$_2$—U—(CH$_2$OH)$_2$(301＋—CH$_2$OH) and 301 alternative
353	(HOCH$_2$)$_2$—U—CH$_2$—U—(CH$_2$OH)—CH$_2$—U—CH$_2$OH
362	U—CH$_2$—U—[CH$_2$—U(—CH$_2$OH)—CH$_2$—U—(CH$_2$OH)]—H
375	(HOCH$_2$)$_2$—U—CH$_2$—U(—CH$_2$OH)—CH$_2$—U—(CH$_2$OH)$_2$
377	U$_3$F$_7$
381	(HOCH$_2$)$_2$—U—CH$_2$—U—(CH$_2$OH)—CH$_2$—U—(CH$_2$OH)$_2$
407	U$_3$F$_8$
484	(HOCH$_2$)$_2$—U—CH$_2$[—U—(CH$_2$OH)—CH$_2$]$_2$—U—(CH$_2$OH)$_2$
551	(HOCH$_2$)$_2$—U—CH$_2$—U—CH$_2$[—U—(CH$_2$OH)—CH$_2$]$_3$—OH

续表

化合物质量数+钠离子质量/Da	化合物种类
570	U—CH_2—U—[CH_2—U(—CH_2OH)—CH_2—U—(CH_2OH)]$_2$—H
582	($HOCH_2$)$_2$—U—CH_2[—U(—CH_2OH)—CH_2]$_3$—U—(CH_2OH)$_2$
605	($HOCH_2$)$_2$—U—CH_2—[U(CH_2^+)(—CH_2OH)—CH_2—] [—U(—CH_2OH)—CH_2]$_2$—U—(CH_2OH)$_2$
620	($HOCH_2$)$_2$—U—CH_2—[U(CH_2^+) (—CH_2OH)—CH_2—]$_2$—[—U(—CH_2OH)—CH_2]—U—(CH_2OH)$_2$
780	U—CH_2—U—[CH_2—U(—CH_2OH)—CH_2—U—(CH_2OH)]$_3$—H
790	($HOCH_2$)$_2$—U—CH_2[—U(—CH_2OH)—CH_2—] [—U(—CH_2OH)—CH_2—U—(CH_2OH)—CH_2]$_2$—U—(CH_2OH)$_2$
988	U—CH_2—U—[CH_2—U(—CH_2OH)—CH_2—U—(CH_2OH)]$_4$—H
1078	($HOCH_2$)$_2$—U—CH_2—U(—CH_2OH)— [CH_2—U(—CH_2OH)—CH_2—U—(CH_2OH)]$_4$—H

10.1.5 结构变化

M. G. Kim 等[19,20]曾详尽分析了 UF 树脂在室温环境下储存过程中各种结构的^{13}C NMR 化学位移，根据文献［19～22］对 UF 树脂的各谱峰归属归纳如表 10-4 所示。

本文的 UF 树脂配方中 F/U 的摩尔比为 1.2，通过尿素羰基碳原子的信号基于化学位移的文献总结发现，在甲醛过量的条件下不存在未反应的尿素及具有 1 个亚甲基的尿素，因此将化学位移为 153～161.5 的信号全部作为尿素取代基团的碳原子进行解析[23]，为了便于清晰对比官能团数量上的变化，将尿素取代基团的碳原子总量定为 100。

表 10-4　UF 树脂各基团的^{13}C NMR 谱峰归属

化学结构	化学位移
尿素羰基	153.0～161.5
游离尿素	162.0
一羟甲基脲	160.0～161.0
二羟甲基脲、三羟甲基脲	159.0～160.0
尤戎环	152.0～158.0
尿素单元间的亚甲基结构	
二亚甲基结构	
—HN*C*H_2NH—	44.0～47.0
—HN*C*H_2N(CH_3)—	51.0～55.0
—N(CH_3)*C*H_2N(CH_3)—	60.0～62.0
羟甲基结构	
—HN*C*H_2OH	63.5～65.0
—N(CH_3)*C*H_2OH	71.0～73.0
—N(*C*H_2OH)$_2$	

化学结构	化学位移
甲基醚键	
—HNCH$_2$OCH$_3$	73.0～75.2
—N(CH$_3$)CH$_2$OCH$_3$	77.7～78.2
Uron-CH$_2$OCH$_3$	77.2～77.5
二亚甲基醚键结构	
—HNCH$_2$OCH$_2$NH—	
—HNCH$_2$OCH$_2$N(CH$_3$)—	69.0～70.2
—NHCH$_2$OCH$_2$OH	66.0～69.0
羟甲基的半缩醛基团	
—NHCH$_2$OCH$_2$OH	
—N(CH$_3$)CH$_2$OCH$_2$OH	86.0～87.0
游离甲醛	82.0

49.5～50.2处的化学位移主要归属于甲醇中的碳吸收[24]，由图可知直到反应结束甲醇的峰依然存在。化学位移为83.0处是甲二醇中的亚甲基碳（HOCH$_2$OH），聚合状态的甲醛参与加成和缩聚反应最终会分解成甲二醇[25]。

各类羟甲基的化学位移一般为63.0～75.0，—HNCH$_2$OH在化学位移为63.0～65.0附近，—N(CH$_3$)CH$_2$OH在化学位移为71.0～73.0附近，Uron环上的羟甲基在化学位移为68附近，由非羟甲基—NHCH$_2$OCH$_2$OH引起的Uron振动峰化学位移为70.0附近区域[26]。一旦缩聚反应在较低的pH值下进行时，糖醛Uron就会生成[26]。化学位移为72.0附近（交联的羟甲基）由传统的单个宽峰分裂为三个尖峰，分别归属于—N(R)CH$_2$N(R)CH$_2$OH、—NHCH$_2$N(R)CH$_2$OH和—N(CH$_2$OH)CH$_2$OH[26]。

端基羟甲基结构—N(CH$_2$OH)$_2$和—N(CH$_3$)CH$_2$OH与尿素反应后会形成密实的网络结构，因而导致部分水分被封锁在致密的网状结构中[27]，如图10-20中化学反应式(a)所示。结合DSC来看，水分蒸发所要吸收的热量会更多，因此DSC对应的活化能升高。端基羟甲基结构含量越少，越容易形成链状亚甲基结构，如图10-20中化学反应式(b)所示；从表10-4来看，端基羟甲基结构—N(CH$_2$OH)$_2$和—N(CH$_3$)CH$_2$OH总量也在随着预固化程度增大而减小，但是减小幅度不如—HNCH$_2$OH，原因是本文中UF配方中尿素分三段加入，在甲醛过量的情况下尿素会充分反应，因而形成的端基羟甲基结构—N(CH$_2$OH)$_2$和—N(CH$_3$)CH$_2$OH总量也比较小。对比预固化时间0s和30s，羟甲基总量只减小了8.13%，而预固化时间由30s延长到110s时，羟甲基总量减小了40.74%，说明该树脂在恒温（100℃）条件下前30s的预固化时间内交联程度不高，树脂形成网状结构主要集中在30s以后，这和前面关于黏度变化、分子量分布以及活化能的研究结果一致，即该阶段主要以水分蒸发、黏度增大为主，会出现少量的交联行为。

从图10-16～图10-19来看，化学位移为64附近的—HNCH$_2$OCH$_3$能看到明显的裂分，根据文献资料可知这主要是N原子两侧的取代基不同所致。高含量的二亚甲基醚键和端基枝化羟甲基可以形成高度交联的树脂结构，从而限制了树脂的

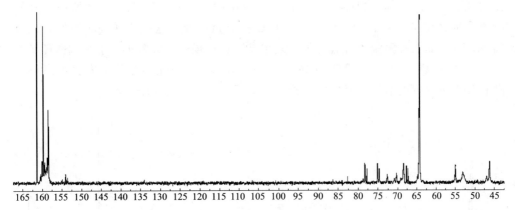

图 10-16　预固化时间为 0s 的 UF 树脂的¹³C NMR 分析图谱

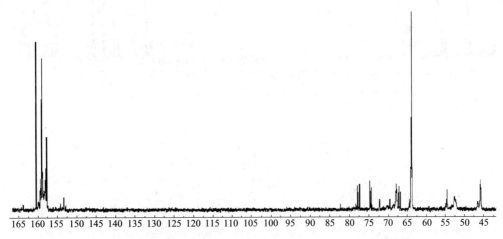

图 10-17　预固化时间为 30s 的 UF 树脂的¹³C NMR 分析图谱

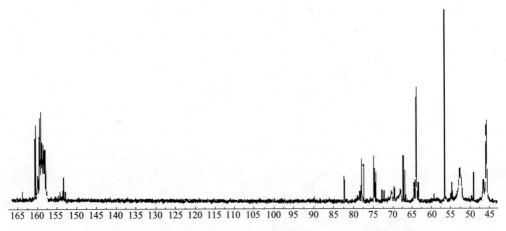

图 10-18　预固化时间为 90s 的 UF 树脂的 ¹³C NMR 分析图谱

流动性[27]。对比预固化时间为 0s 和 30s 的树脂发现，预固化 30s 的树脂中含有的醚键总量比预固化 0s 的高，而 30s 以后醚键总量下降，这说明在 30s 的预固化时间内，合成的新鲜树脂中含有的如一羟甲基脲、二羟甲基脲等小分子在酸性环境下并且升温过程中（室温到设定的 100℃预固化温度）会促进醚键的生成。30s 以后，随着预固化程度的增加，醚键断裂形成二亚甲基，树脂的交联程度增加。

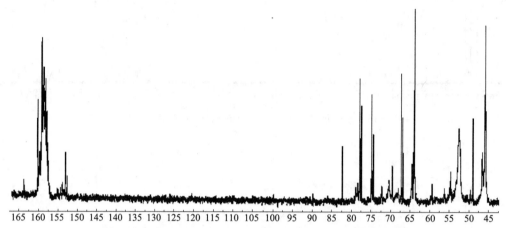

图 10-19　预固化时间为 110s 的 UF 树脂的[13]C NMR 分析图谱

化合物质量数+ 钠离子质量/Da	化合物种类
570	U—CH₂—U—[CH₂—U(—CH₂OH)—CH₂—U—(CH₂OH)]₂—H
582	(HOCH₂)₂—U—CH₂[—U(—CH₂OH)—CH₂]₃—U—(CH₂OH)₂
605	(HOCH₂)₂—U—CH₂—[U(CH₂⁺)(—CH₂OH)—CH₂—] [—U(—CH₂OH)—CH₂]—U—(CH₂OH)₂
620	(HOCH₂)₂—U—CH₂—[U(CH₂⁺) (—CH₂OH)—CH₂—]₂—[—U(—CH₂OH)—CH₂]—U—(CH₂OH)₂
780	U—CH₂—U—[CH₂—U(—CH₂OH)—CH₂—U—(CH₂OH)]₃—H
790	(HOCH₂)₂—U—CH₂[—U(—CH₂OH)—CH₂—] [—U(—CH₂OH)—CH₂—U—(CH₂OH)—CH₂]₂—U—(CH₂OH)₂
988	U—CH₂—U—[CH₂—U(—CH₂OH)—CH₂—U—(CH₂OH)]₄—H
1078	(HOCH₂)₂—U—CH₂—U(—CH₂OH)— [CH₂—U(—CH₂OH)—CH₂—U(—CH₂OH)]₄—H

10.1.5 结构变化

M. G. Kim 等[19,20]曾详尽分析了 UF 树脂在室温环境下储存过程中各种结构的¹³C NMR 化学位移，根据文献 [19～22] 对 UF 树脂的各谱峰归属归纳如表 10-4 所示。

本文的 UF 树脂配方中 F/U 的摩尔比为 1.2，通过尿素羰基碳原子的信号基于化学位移的文献总结发现，在甲醛过量的条件下不存在未反应的尿素及具有 1 个亚甲基的尿素，因此将化学位移为 153～161.5 的信号全部作为尿素取代基团的碳原子进行解析[23]，为了便于清晰对比官能团数量上的变化，将尿素取代基团的碳原子总量定为 100。

表 10-4　UF 树脂各基团的¹³C NMR 谱峰归属

化学结构	化学位移
尿素羰基	153.0～161.5
游离尿素	162.0
一羟甲基脲	160.0～161.0
二羟甲基脲、三羟甲基脲	159.0～160.0
尤戎环	152.0～158.0
尿素单元间的亚甲基结构	
二亚甲基结构	
—HNCH₂NH—	44.0～47.0
—HNCH₂N(CH₃)—	51.0～55.0
—N(CH₃)CH₂N(CH₃)—	60.0～62.0
羟甲基结构	
—HNCH₂OH	63.5～65.0
—N(CH₃)CH₂OH	71.0～73.0
—N(CH₂OH)₂	

化学结构	化学位移
甲基醚键	
—HNCH$_2$OCH$_3$	73.0～75.2
—N(CH$_3$)CH$_2$OCH$_3$	77.7～78.2
Uron-CH$_2$OCH$_3$	77.2～77.5
二亚甲基醚键结构	
—HNCH$_2$OCH$_2$NH—	69.0～70.2
—HNCH$_2$OCH$_2$N(CH$_3$)—	
—NHCH$_2$OCH$_2$OH	66.0～69.0
羟甲基的半缩醛基团	
—NHCH$_2$OCH$_2$OH	86.0～87.0
—N(CH$_3$)CH$_2$OCH$_2$OH	
游离甲醛	82.0

49.5～50.2 处的化学位移主要归属于甲醇中的碳吸收[24]，由图可知直到反应结束甲醇的峰依然存在。化学位移为 83.0 处是甲二醇中的亚甲基碳（HOCH$_2$OH），聚合状态的甲醛参与加成和缩聚反应最终会分解成甲二醇[25]。

各类羟甲基的化学位移一般为 63.0～75.0，—HNCH$_2$OH 在化学位移为 63.0～65.0 附近，—N(CH$_3$)CH$_2$OH 在化学位移为 71.0～73.0 附近，Uron 环上的羟甲基在化学位移为 68 附近，由非羟甲基—NHCH$_2$OCH$_2$OH 引起的 Uron 振动峰化学位移为 70.0 附近区域[26]。一旦缩聚反应在较低的 pH 值下进行时，糖醛 Uron 就会生成[26]。化学位移为 72.0 附近（交联的羟甲基）由传统的单个宽峰分裂为三个尖峰，分别归属于—N(R)CH$_2$N(R)CH$_2$OH、—NHCH$_2$N(R)CH$_2$OH 和—N(CH$_2$OH)CH$_2$OH[26]。

端基羟甲基结构—N(CH$_2$OH)$_2$ 和—N(CH$_3$)CH$_2$OH 与尿素反应后会形成密实的网络结构，因而导致部分水分被封锁在致密的网状结构中[27]，如图 10-20 中化学反应式(a) 所示。结合 DSC 来看，水分蒸发所要吸收的热量会更多，因此 DSC 对应的活化能升高。端基羟甲基结构含量越少，越容易形成链状亚甲基结构，如图 10-20 中化学反应式(b) 所示；从表 10-4 来看，端基羟甲基结构—N(CH$_2$OH)$_2$ 和—N(CH$_3$)CH$_2$OH 总量也在随着预固化程度增大而减小，但是减小幅度不如—HNCH$_2$OH，原因是本文中 UF 配方中尿素分三段加入，在甲醛过量的情况下尿素会充分反应，因而形成的端基羟甲基结构—N(CH$_2$OH)$_2$ 和—N(CH$_3$)CH$_2$OH 总量也比较小。对比预固化时间 0s 和 30s，羟甲基总量只减小了 8.13%，而预固化时间由 30s 延长到 110s 时，羟甲基总量减小了 40.74%，说明该树脂在恒温（100℃）条件下前 30s 的预固化时间内交联程度不高，树脂形成网状结构主要集中在 30s 以后，这和前面关于黏度变化、分子量分布以及活化能的研究结果一致，即该阶段主要以水分蒸发、黏度增大为主，会出现少量的交联行为。

从图 10-16～图 10-19 来看，化学位移为 64 附近的—HNCH$_2$OCH$_3$ 能看到明显的裂分，根据文献资料可知这主要是 N 原子两侧的取代基不同所致。高含量的二亚甲基醚键和端基枝化羟甲基可以形成高度交联的树脂结构，从而限制了树脂的

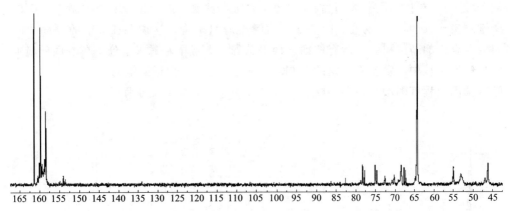

图 10-16　预固化时间为 0s 的 UF 树脂的^{13}C NMR 分析图谱

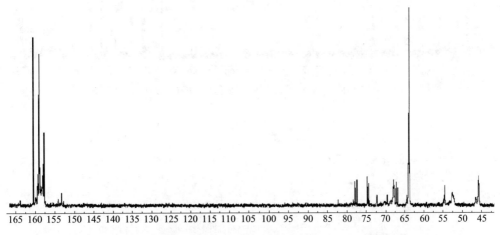

图 10-17　预固化时间为 30s 的 UF 树脂的^{13}C NMR 分析图谱

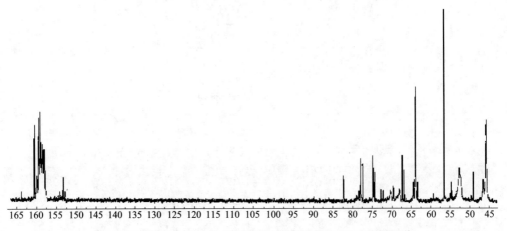

图 10-18　预固化时间为 90s 的 UF 树脂的 ^{13}C NMR 分析图谱

流动性[27]。对比预固化时间为 0s 和 30s 的树脂发现，预固化 30s 的树脂中含有的醚键总量比预固化 0s 的高，而 30s 以后醚键总量下降，这说明在 30s 的预固化时间内，合成的新鲜树脂中含有的如一羟甲基脲、二羟甲基脲等小分子在酸性环境下并且升温过程中（室温到设定的 100℃ 预固化温度）会促进醚键的生成。30s 以后，随着预固化程度的增加，醚键断裂形成二亚甲基，树脂的交联程度增加。

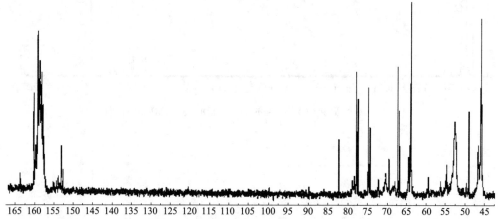

图 10-19　预固化时间为 110s 的 UF 树脂的[13]C NMR 分析图谱

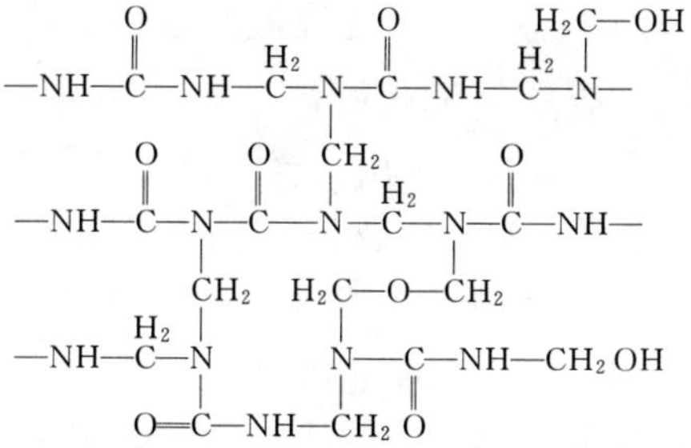

图 10-20 羟甲基与化学结构[15]

表 10-5 UF 树脂 100℃下不同预固化时间各基团的 ^{13}C NMR 定量分析结果

化学结构	化学位移	预固化时间/s			
		0	30	90	110
尿素羰基	153.0~161.5	100.00	100.00	100.00	100.00
(1)游离尿素	162.0				
(2)一羟甲基脲	160.0~161.0				
(3)二羟甲基脲、三羟甲基脲	159.0~160.0				
(4)尤戎环	152.0~158.0				
尿素单元间的亚甲基结构					
(1)—HNCH₂NH—	44.0~47.0	16.62	21.42	40.24	45.5
(2)—HNCH₂N(CH₃)—	51.0~55.0	16.53	19.48	27.28	33.63
(3)—N(CH₃)CH₂N(CH₃)R	60.0~62.0	0.00	0.00	0.00	0.00
羟甲基结构					
(1)—HNCH₂OH	63.5~65.0	70.00	59.35	26.07	18.15
(2)—N(CH₃)CH₂OH (3)—N(CH₂OH)₂	71.0~73.0	2.80	1.32	1.88	1.68
甲基醚键					
(1)—HNCH₂OCH₃	73.0~75.2	1.94	3.05	3.30	2.15
(2)—N(CH₃)CH₂OCH₃	77.7~78.2	2.10	1.56	6.79	6.59
(3)Uron-CH₂OCH₃	77.2~77.5	0.80	0.57	0.57	0.50
二亚甲基醚键结构					
(1)—HNCH₂OCH₂NH— (2)—HNCH₂OCH₂N(CH₃)—	69.0~70.0	2.80	5.08	1.85	1.41
(3)—NHCH₂OCH₂OH	66.0~69.0	17.46	18.53	18.29	16.04
羟甲基的半缩醛基团					
(1)—NHCH₂OCH₂OH (2)—N(CH₃)CH₂OCH₂OH	86.0~87.0	—	—	—	—
游离甲醛总量	82.0	0.84	0.50	0.72	0.76
亚甲基基团总量		33.15	40.90	67.52	79.13
羟甲基基团总量		72.80	60.67	27.95	19.83
醚键总量		24.58	28.79	30.80	26.69

44.0~47.0、51.0~55.0、60.0~62.0 处的化学位移分别是以仲胺和叔胺原子连接的二亚甲基结构,该结构主要是由游离尿素和羟甲基脲相互反应得到,以及自由端基羟甲基和单体或聚合树脂的氨基结合而成[27]。连接仲胺和叔胺原子上的

二亚甲基键［—HNCH$_2$N(CH$_3$)—］只能在酸性条件下形成，因而在碱性条件下其数量不会改变[27]；而端基羟甲基和游离尿素的含量直接决定了—HNCH$_2$N(CH$_3$)—结构的多少。由于本试验中采用的核磁分辨力高达600Hz，图谱能显示更佳的官能团信息，能分辨出更多重叠和裂分的结构，图谱中53.0和53.6附近存在分裂峰，文献中将此处的分裂峰归属于交联的亚甲基中—NHCH$_2$NHCH$_2$OH和—NHCH$_2$NHCH$_2$NH—交联的亚甲基结构[26]。亚甲基键的含量可以作为评价树脂转化程度的一个指标[27]。结合表10-5来看，随着预固化时间的延长，以形成链状结构的亚甲基官能团—HNCH$_2$NH—和以形成网状结构的亚甲基官能团—HNCH$_2$N(CH$_3$)—总量伴随着羟甲基总量下降、预固化程度的增加而增加，但后者增加的速度不及前者，原因在于羟甲基基团的依次引入会降低氨基基团剩余氢原子加成和缩合的能力，即尿素与甲醛生成一、二、三羟甲基脲的速度比值为9：3：1，导致三羟甲基脲的含量远远不及一羟甲基脲的含量，因而—HNCH$_2$N(CH$_3$)—官能团总量会比—HNCH$_2$NH—的低。

由前人研究结果可知，甲醛的振动峰出现位置为82.0。化学位移在86.0～87.0的振动峰归属于含羟甲基的两类半缩醛基团［—NHCH$_2$OCH$_2$OH，—N(CH$_3$)CH$_2$OCH$_2$OH］，由于其含量过低因而无法积分。UF树脂中的甲醛来源于两个途径，一是合成过程中本身存在的游离甲醛，并且树脂体系中羟甲基和游离甲醛之间存在着平衡，如图10-21(a)所示；二是缩聚反应中醚键断裂形成二亚甲基键时释放出甲醛，如图10-21(b)～(e)所示。

从表10-5来看，新鲜合成的未经过预固化的树脂中所含游离甲醛积分值为0.84，原因是本文中采用的甲醛和尿素的摩尔比为1.2，因而体系中含有的游离甲醛较高。经旋转蒸发后得到的固体含量为65％的树脂经30s预固化得到的树脂中所含游离甲醛为0.5，比新鲜树脂中的甲醛含量低，这是因为在低温旋转蒸发条件下，部分甲醛会随着水蒸气被抽离UF体系，同时碱性UF树脂体系中部分甲醛再经过100℃预处理30s后，剩余的甲醛可以发生图10-21(a)所示的反应。当预固化时间延长到90s和110s后，游离甲醛含量在30s的基础上有所提高，推断原因在于醚键在高温作用下会发生断裂，生成二亚甲基键的同时释放出少量的甲醛，如图10-21(d)、(e)所示。

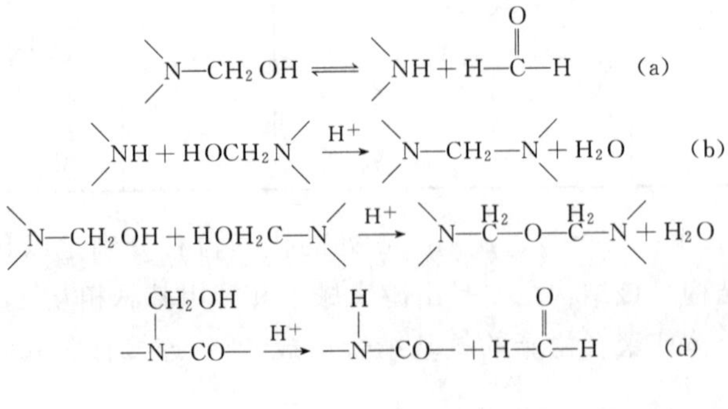

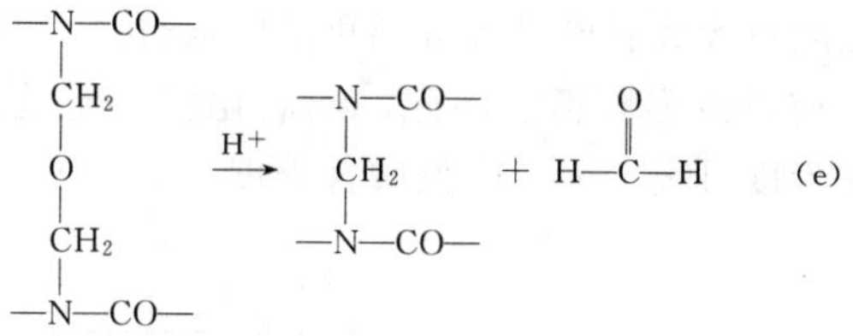

$$-N-CO-$$
$$|$$
$$CH_2 \quad \xrightarrow{H^+} \quad -N-CO- \quad O$$
$$| \qquad\qquad\qquad\quad | \qquad\qquad \|$$
$$O \qquad\qquad\qquad\quad CH_2 \quad + \quad H-C-H \qquad (e)$$
$$| \qquad\qquad\qquad\quad |$$
$$CH_2 \qquad\qquad\qquad -N-CO-$$
$$|$$
$$-N-CO-$$

图 10-21　游离甲醛与化学结构

10.1.6　胶合板力学强度测试

为了评价树脂的预固化程度对板材力学强度的影响，以预固化处理的胶合板干强度和湿强度测定来模拟胶液的预固化现象。将施胶后的单板放进 100℃的烘箱中，待达到预设的预固化时间（30s、90s、110s、120s 和 140s）后取出，冷压 1h 后放在 125℃温度下热压 5min，将裁好的试件（尺寸规格见图 10-22）在 60℃的水浴中放置 3h 后进行湿胶合强度测试。在测定胶合板干强度时，只需将施胶后的单板放进 100℃的烘箱中，待达到预设的预固化时间后取出，冷压 1h 后测定抗拉强度。

在表 10-6 中可以看到，胶合板的湿强度随着预固化时间的延长，先增大后减小；干强度的变化趋势和湿强度相同。

$$z^2 = \frac{\cos\theta d\gamma_{\mathrm{LV}}}{4\eta}t \tag{10-4}$$

$$z^2 = \frac{p(d/2)^2 + \cos\theta d\gamma_{\mathrm{LV}}}{4\eta}t \tag{10-5}$$

式中　θ——液体和木材内腔表面的接触角；

d——多孔木材组织直径；

z——液体的浸入深度；

γ_{LV}——流体的表面张力；

t——时间；

η——液体黏度。

胶黏剂在木材中的渗透大致可以用式（10-4）[15] 和式（10-5）[15] 来表示，即当黏度为 η 的牛顿流体平铺于表面后，该液体的浸入深度与流体的表面张力、$\cos\theta$ 以及时间成正比关系，与黏度成反比关系，因此当预固化时间较短时，胶黏剂的分子量较小，黏度低，因此胶黏剂能在木材表面充分流动，在木材中的浸透深度较深[15]，因此黏度 η 越大，能渗透到板材内部的胶液越少，在板材表面形成的胶钉就越多，表面的结合力就越强。根据式（10-5）可知，当施加压力（p）时，浸入深度 z 会大幅增加，因此胶液涂饰完毕后进行 1h 的冷压能使胶液的浸透深度增加。而树脂经过的预固化处理时间越长，加入了固化剂的 UF 树脂在 100℃的温度下，黏度和分子量增加越快，导致胶液在木材表面的流动性受到限制；即使冷压时给予恒定的压力，黏度过大或者已经部分固化的胶液也不能向木材内部空腔渗透形成有效的胶钉作用，使得胶强降低。因此，预固化在一定范围有利于增加胶合强度，但树脂的预固化程度过大反而会降低胶合强度。

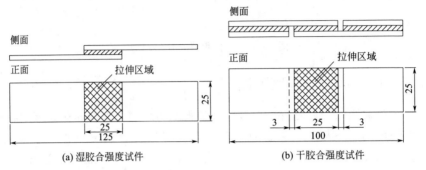

图 10-22 胶合板胶合强度试件（单位：mm）

表 10-6 胶合板强度测定

预固化时间/s	胶合板强度	
	湿强度[①]/MPa	干强度[②]/MPa
0	1.358	6.830
30	1.787	22.960
90	1.778	29.470
110	0.683	10.654
120	—	4.821
140	—	

① 湿强度中的"—"表示试件在水煮过程中已经开胶，无法进行强度测试。

② 干强度中的"—"表示单板已无法粘接。

10.1.7 脲醛树脂预固化过程综合评价

脲醛树脂的预固化过程以黏度、分子量和亚甲基键数量增大、羟甲基数量减小为基本特征。预固化过程大致可分为两个阶段，两个阶段间没有明显的界限划分：第一阶段中水分快速蒸发，小分子间相互碰撞的概率增大促使树脂黏度快速增大，活化能低于新鲜树脂的活化能，该阶段羟甲基和亚甲基含量变化较小，由于交联程度低未形成致密网状结构，树脂的储存模量未出现明显增长，同时预固化处理后的胶合板干强度和湿强度均呈增大趋势；第二阶段以羟甲基迅速减少、醚键断裂、亚甲基键大量形成、储存模量迅速增大的交联反应为主要特征，胶合板干强度和湿强度随着预固化程度增大均呈减小趋势。

以胶合板湿强度值作为分界点，各性能指标均存在相应的临界值，即预固化处理树脂的活化能低于新鲜树脂的活化能，黏度低于 $3.5 \times 10^6 \text{mPa} \cdot \text{s}$，数均分子量和重均分子量的增长不超过初始值的 3.85 倍和 2.5 倍，预固化后树脂中二亚甲基含量在新鲜树脂含量基础上增长不超过 23.5%，羟甲基含量减少但不超过 17%时，胶合板的湿强度呈上升趋势；反之，预固化处理树脂的活化能低于新鲜树脂活化能，各性能指标高于临界值时，胶合板强度呈下降趋势。以上临界值只针对本文中的脲醛树脂配方。

10.2　脲醛树脂预固化行为影响因子研究 ∷∷∷

对温度、固体含量、pH值三大影响因子影响下的 UF 树脂的预固化行为进行评价，包括热行为、黏度变化、分子量分布以及结构变化的对比分析，再通过标准化方法将三个因素影响下预固化处理 30s 的 UF 树脂主要评价指标的贡献率进行对比，最终得出影响预固化最显著因子，为实现预固化过程的调控提供参考。

采用的 UF 树脂配方同 10.1。

10.2.1　温度

将固体含量为53％的 UF 树脂在80℃、100℃、120℃和150℃下预处理固定时间后取出进行研究，最后将预固化时间为30s的各项评价指标进行汇总。

10.2.1.1　热行为分析

固体含量为53％的 UF 树脂在100℃、120℃和150℃下不同预固化阶段的固化特征温度变化如图10-23和图10-24所示，由图可知，随着预固化程度增大，整个 DSC 曲线的放热峰向低温处移动，DSC 曲线的起始温度和峰顶温度均呈下降趋势。

从图10-25和表10-7来看，在升温速率高达200℃/min的情况下，仪器会有一个自我平衡时间，加上液体 UF 树脂升温过程对应的温度差存在对应的升温时间，所以在图中会有一段曲线被剔除。当恒温温度设定到150℃时，树脂的固化放热曲线在机器平衡和升温阶段已经出现部分重合；随着等温温度升高，UF 树脂的固化放热峰的起始时间、峰顶时间和终止时间均提前，但热熔和峰面积相差不大（热熔平均值为41.34J/g），在一定范围内波动；相同时间内，等温温度越高，树脂转化率越高。

选取30s对树脂进行动力学分析主要采用 Kissinger 方程进行动力学研究（见表10-8）。未经过预固化的新鲜树脂的活化能为90.83kJ/mol，当树脂置于100℃下预固化30s后，其活化能下降到84.08 kJ/mol，树脂的固化度为1.65％，活化能降低说明在恒温作用下，短时间内的水分蒸发使得分子间碰撞机会增加，树脂体系反应性增强。当树脂在120℃和150℃下预固化30s后，固化度由100℃的1.65％分别增加到12.63％和72.37％，活化能升高意味着整个体系的反应速率在逐渐降低[12]，说明树脂已经出现部分固化。

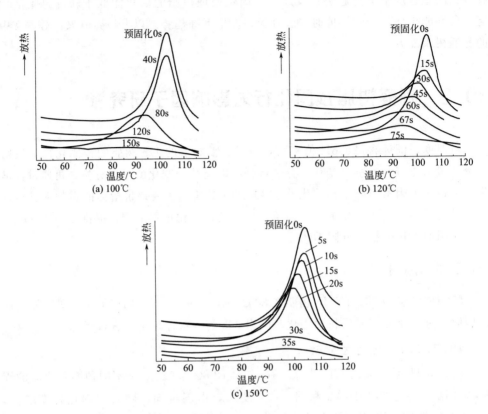

图 10-23　不同温度下 UF 树脂（固体含量为 53％）在不同预
固化时间下的 DSC 曲线（升温速率 15℃/min）

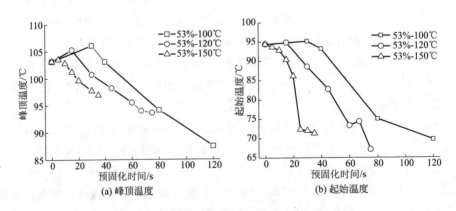

图 10-24　不同预固化阶段的 DSC 曲线对应的起始温度和
峰顶温度（升温速率 15℃/min）

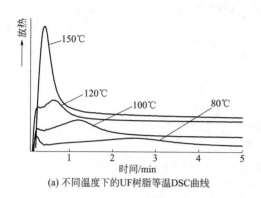
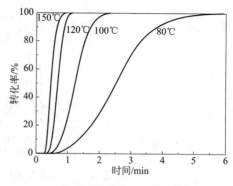

(a) 不同温度下的UF树脂等温DSC曲线　　　　　(b) 不同温度下DSC曲线的转化率

图 10-25　不同温度下的 UF 树脂等温 DSC 曲线和对应温度下的转化率

表 10-7　不同温度下脲醛树脂等温 DSC 参数

温度/℃	起始时间/min	峰顶时间/min	终止时间/min	热熔/(J/g)	峰面积
80	1.30	2.53	4.99	41.79	58.09
100	0.44	1.18	1.69	39.24	53.60
120	0.41	0.67	0.92	43.24	55.11
150	0.27	0.42	0.69	41.07	65.98

表 10-8　不同温度下不同预固化时间的动力学分析

预固化温度/℃	预固化时间/s	固化度/%	热熔/(J/g)	升温速率 β	峰顶温度/℃	$\ln(\beta/T_p^2)$	$1/T_p$	活化能 E/(kJ/mol)	相关系数 R^2
25	0	—	—	10	100.06	−9.5417	0.0027	90.83	0.999
				15	104.63	−9.1606	0.0026		
				20	108.51	−8.8933	0.0026		
				25	111.22	−8.6843	0.0026		
100℃	30	1.65	0.68	10	102.08	−9.5525	0.0027	84.08	0.936
				15	106.07	−9.1682	0.0026		
				20	112.34	−8.9133	0.0026		
				25	112.64	−8.6917	0.0026		
120℃	30	12.63	5.22	10	95.75	−9.5185	0.0027	86.25	0.989
				15	100.72	−9.1398	0.0027		
				20	105.15	−8.8756	0.0026		
				25	106.82	−8.6613	0.0026		
150℃	30	72.37	29.92	10	93.47	−9.5061	0.0027	108.58	0.958
				15	97.74	−9.1238	0.0027		
				20	104.13	−8.8702	0.0027		
				25	105.27	−8.6531	0.0026		

从图 10-26 和表 10-9 来看，温度越高，相同预固化时间内分子量增长越快，树脂内的同系物种类趋于一致。

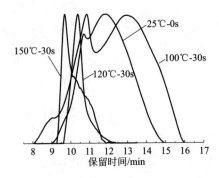

图 10-26　不同温度相同预固化时间下的 UF 树脂
（固体含量为 53%）分子量分布曲线图

表 10-9　不同温度相同预固化时间下的 UF 树脂 GPC 指标

温度/℃	经过时间/s	数均分子量 M_n	重均分子量 M_w	分布指数 D
25	0	2.37×10^4	6.37×10^4	2.68
100	30	1.65×10^4	1.12×10^5	6.80
120	30	1.19×10^5	1.64×10^5	1.38
150	30	1.49×10^5	2.65×10^5	1.78

10.2.1.2　结构分析

为了比较不同温度下相同预固化时间内特征官能团的变化，选取了 100℃、120℃和 150℃三个温度，将 UF 树脂预固化 30s 后取样测定 ^{13}C NMR 谱图。分析方法同 10.1.5。

从表 10-10 来看，相同的预固化时间，预固化温度由 100℃升高到 120℃和 150℃，端基羟甲基结构—N(CH$_2$OH)$_2$ 和—N(CH$_3$)CH$_2$OH 由初始的 1.84 降到 100℃的 1.33、120℃的 0.54 和 150℃的 0.51，—HNCH$_2$OH 的含量也由 100℃的 69.08 变为 120℃的 37.88 和 150℃的 21.81；相比之下，亚甲基结构—HNCH$_2$N(CH$_3$)—由初始的 16.89 升高到 100℃的 20.05、120℃的 25.23 和 150℃的 36.68，—HNCH$_2$NH—由 100℃的 20.10、升高到 120℃的 32.58 和 150℃的 30.21，可见预处理温度越高，羟甲基基团总量随着预固化程度增大而减小，以形成链状结构为主的仲胺亚甲基基团（—HNCH$_2$NH—）和以形成网状结构为主的 —HNCH$_2$N(CH$_3$)—总量伴随着预固化程度的增加而增加。

同时，二亚甲基醚键总量随着预固化程度增加出现波动，波动规律呈现先增大再减小的趋势。对比预固化时间为 0s 和 30s 的树脂发现，100℃条件下预固化 30s 的树脂中含有的醚键总量比预固化 0s 的高，而 120℃和 150℃温度下预固化 30s 的树脂中所含的醚键总量比对比组低，这说明在 100℃条件下 30s 的预固化时间内，合成的新鲜树脂中含有的一羟甲基脲、二羟甲基脲等小分子在酸性环境下并且升温过程中会促进醚键的生成。对比之下，预固化温度越高，树脂交联反应速率越快，预固化程度越高，醚键断裂形成二亚甲基，树脂的交联程度增加。图 10-27 为预固化 0s 的 UF 树脂的^{13}C NMR 分析图谱，图 10-28～图 10-30 为不同温度下预固化 30s 的 UF 树脂的^{13}C NMR 分析图谱。

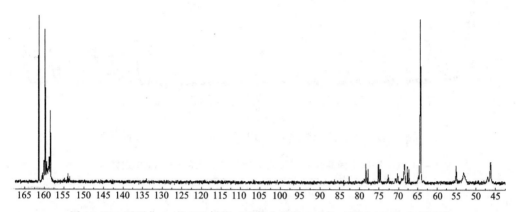

图 10-27　预固化 0s 的 UF 树脂（固体含量为 53%）的^{13}C NMR 分析图谱

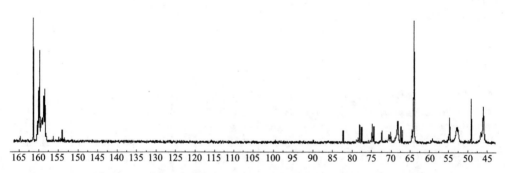

图 10-28　100℃下预固化 30s 的 UF 树脂的^{13}C NMR 分析图谱

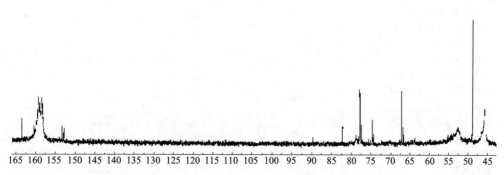

图 10-29　120℃下预固化 30s 的 UF 树脂的^{13}C NMR 分析图谱

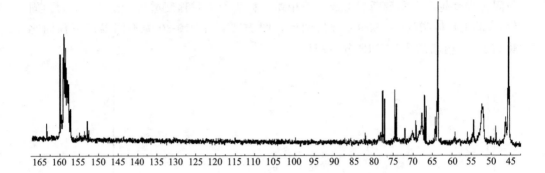

图 10-30　150℃下预固化 30s 的 UF 树脂的^{13}C NMR 分析图谱

表 10-10　UF 树脂不同温度相同预固化时间各基团的^{13}C NMR 定量分析结果

化学结构	化学位移	25℃ 0s	100℃ 30s	120℃ 30s	150℃ 30s
尿素羰基	153.0～161.5	100.00	100.00	100.00	100.00
(1)游离尿素	162.0				
(2)一羟甲基脲	160.0～161.0				
(3)二羟甲基脲、三羟甲基脲	159.0～160.0				
(4)尤戎环	152.0～158.0				
尿素单元间的亚甲基结构					
(1)—HNCH$_2$NH—	44.0～47.0	18.90	20.10	32.58	30.21
(2)—HNCH$_2$N(CH$_3$)—	51.0～55.0	16.89	20.05	25.23	36.68
(3)—N(CH$_3$)CH$_2$N(CH$_3$)—	60.0～62.0	0.00	0.00	0.00	0.00
羟甲基结构					
(1)—HNCH$_2$OH	63.5～65.0	74.02	69.08	37.88	21.81
(2)—N(CH$_3$)CH$_2$OH	71.0～73.0	1.84	1.33	0.54	0.51
(3)—N(CH$_2$OH)$_2$					
甲基醚键					
(1)—HNCH$_2$OCH$_3$	73.0～75.2	2.41	1.77	1.83	1.81
(2)—N(CH$_3$)CH$_2$OCH$_3$	77.7～78.2	1.87	0.60	2.03	3.06
(3)Uron-CH$_2$OCH$_3$	77.2～77.5	0.58	0.32	0.56	1.20
二亚甲基醚键结构					
(1)—HNCH$_2$OCH$_2$NH—					
(2)—HNCH$_2$OCH$_2$N(CH$_3$)—	69.0～70.2	2.23	4.38	3.42	3.31
(3)—NHCH$_2$OCH$_2$OH	66.0～69.0	17.17	17.76	15.76	6.75
羟甲基的半缩醛基团					
(1)—NHCH$_2$OCH$_2$OH					
(2)—N(CH$_3$)CH$_2$OCH$_2$OH	86.0～87.0	0.00	0.00	0.00	0.00
游离甲醛总量	82.0	0.74	0.34	1.12	2.31
亚甲基基团总量		35.79	40.15	53.81	52.89
羟甲基基团总量		75.86	70.41	38.10	24.61
醚键总量		24.26	24.83	23.60	16.13

10.2.2 固体含量

利用旋转蒸发仪将树脂的固体含量从53%提高到59%和65%，将三种固体含量的 UF 树脂在恒温（100℃）条件下预处理固定时间后取出，对树脂的热行为、黏度增长、分子量分布及树脂结构变化进行研究，最后将预固化30s的各树脂的各项评价指标进行汇总。

10.2.2.1 热行为

从图 10-31 和图 10-32 可以看出，不同固体含量的 UF 树脂在完全固化前不同预固化阶段的规律和前面章节中升温 DSC 的变化规律一致，即随着预固化程度增大，整个 DSC 曲线的放热峰位置向低温处移动，DSC 曲线的起始温度和峰顶温度均呈下降趋势。

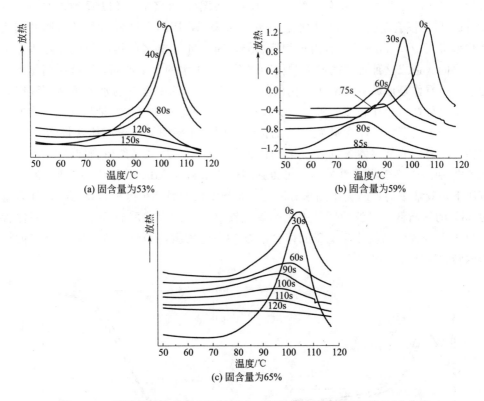

图 10-31　不同固体含量的 UF 树脂100℃下不同预固化时间的 DSC 曲线

利用等温 DSC 快速升温（升温速率为200℃/min）到100℃后进行等温计算不同时间对应的树脂转化率。从图 10-33(a) 可以看到，不同固体含量的等温 DSC 曲线形状和固化曲线相差不大，结合表 10-11 来看三种固体含量的 UF 树脂的放热峰的出峰时间均在 0.4min 左右，峰顶温度对应时间为 1.2min 左右，终止温度对应

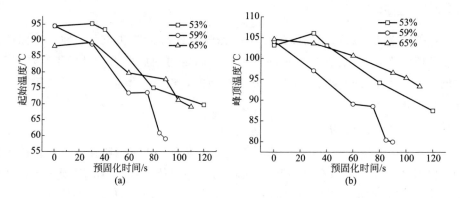

图 10-32　不同预固化阶段的 DSC 曲线对应的起始温度和峰顶温度（升温速率 15℃/min）

时间为 3.0min 左右，热熔值约为 37J/g。从图 10-33（b）可以看到，在 0.4～1.2min 区间固含量为 53％的树脂固化转化率最低，固体含量为 65％的树脂的固化转化率最高，1.2min 后二者出现相反趋势，固含量为 59％的树脂的变化趋势介于二者之间。造成这种现象的原因是树脂体系中自由水的含量不同，脲醛树脂体系中的水分被看作是形成一定网状结构的反应物[27]，体系中含有的水分越多，各组分小分子被稀释后相互碰撞的机会越少，因此在预固化前期固体含量越低，固化速率越低。到了后期，固体含量为 53％的树脂的固化速率明显高于固体含量为 65％的树脂，原因可能是固体含量为 65％的树脂由固体含量为 53％的树脂旋转蒸发得来，在 60℃油浴中持续蒸约 30min 可得到固体含量为 65％的树脂，在持续的温度和负压下，胶液中的甲醛会跟随水分一起被带出，因而游离甲醛的含量相比固体含量为 53％树脂低，导致后期与固化剂氯化铵反应的游离甲醛较少，就出现固体含量为 65％的树脂的转化率低于固体含量为 53％的树脂，59％固体含量为 50％的树脂的转化率居二者之间。

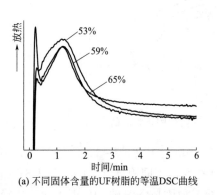

(a) 不同固体含量的UF树脂的等温DSC曲线

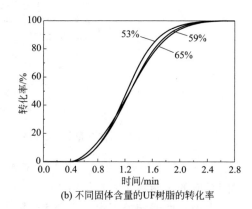

(b) 不同固体含量的UF树脂的转化率

图 10-33　不同固体含量的 UF 树脂的等温（100℃）DSC 曲线和转化率

表 10-11　不同固体含量下等温 UF 树脂的 DSC 参数

表 10-11　不同固体含量下等温 UF 树脂的 DSC 参数

固体含量/%	起始时间/min	峰顶时间/min	终止时间/min	热熔/(J/g)	峰面积
53	0.44	1.18	1.69	39.24	53.60
59	0.43	1.28	2.61	37.16	54.27
65	0.43	1.29	1.87	35.62	58.42

采用 Kissinger 方程对预固化 30s 的树脂进行动力学分析并比较树脂的预固化特性。从表 10-12 可以看出，未经过预固化的新鲜树脂的活化能为 90.83kJ/mol，100℃下预固化 30s 其活化能降低。预固化相同时间后，固体含量为 59％和 65％的树脂的固化度分别是 1.65％和 1.67％，活化能在 100℃的 84.08kJ/mol 基础上略有升高，说明在预固化后期，低固体含量树脂的反应速率高于高固体含量树脂。

表 10-12　100℃下不同固体含量下 30s 预固化脲醛树脂的动力学分析

固体含量/%	预固化时间/s	固化度/%	热熔/(J/g)	升温速率 β /(℃/min)	峰顶温度/℃	$\ln(\beta/T_p^2)$	$1/T_p$	活化能 E /(kJ/mol)	相关系数 R^2
53	0	0	0	10	100.06	−9.542	0.003	90.83	0.999
				15	104.63	−9.161	0.003		
				20	108.51	−8.893	0.003		
				25	111.22	−8.684	0.003		
53	30	1.65	64.90	10	102.08	−9.552	0.003	87.08	0.936
				15	106.07	−9.168	0.003		
				20	112.34	−8.913	0.003		
				25	112.64	−8.692	0.003		
59	30	1.65	61.24	10	92.34	−9.500	0.003	84.95	0.999
				15	97.04	−9.120	0.003		
				20	100.13	−8.849	0.003		
				25	102.4	−8.638	0.003		
65	30	1.67	59.59	10	98.90	−9.535	0.003	85.05	1.000
				15	103.62	−9.155	0.003		
				20	107.25	−8.887	0.003		
				25	110.07	−8.678	0.003		

10.2.2.2　分子量分布

固体含量为 53％、59％和 65％的 UF 树脂分别在 100℃下预处理 30s 后用液氮终止反应，然后进行 GPC 测定。

从图 10-34 和表 10-13 来看，相同时间下，GPC 曲线上大分子总量增多，当固体含量由 53％增长到 59％和 65％时，数均分子量均有所增长，59％和 65％的数均分子量和重均分子量在数值上相差不大，原因有两个：一方面固体含量为 53％的树脂中含有水分比其他二者高，在 30s 时，树脂体系中的水分降低了反应物之间相互碰撞的概率，同时多余水分在恒温（100℃）作用下蒸发会带走部分热量，从而使整个体系的反应速率有所降低；另一方面，在前期反应中，固体含量越高反应速率越快；同时，固体含量为 53％的树脂在后期进行旋转蒸发得到的固体含量为

59%和65%的树脂会在一定程度上促进小分子间的反应。因此，不同固体含量的树脂在相同时间下预处理后，固体含量高的树脂的分子量会比固体含量低的树脂高，但相差不是很大。

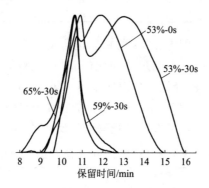

图 10-34　不同固体含量相同预固化时间下的 UF 树脂的分子量分布曲线图

表 10-13　不同固体含量相同预固化时间下的 UF 树脂的 GPC 指标

固体含量/%	预固化时间/s	数均分子量 M_n	重均分子量 M_w	分布指数 D
53	30	1.65×10^4	1.12×10^5	6.80
59	30	1.20×10^5	1.64×10^5	2.38
65	30	1.40×10^5	1.69×10^5	1.74

10.2.2.3　结构分析

为了比较不同固体含量相同预固化时间下树脂的特征官能团变化，将三种固体含量为53%、59%和65%的 UF 树脂分别在100℃下预处理30s后用液氮终止反应，然后取样进行[13]C NMR 测定，结果如图 10-35～图 10-38 所示。

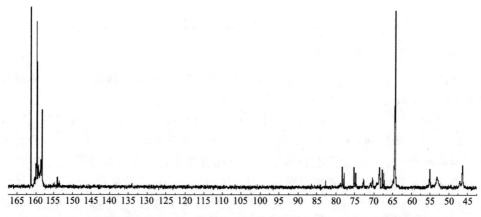

图 10-35　预固化时间为 0s 的 UF 树脂（固体含量为 53%）的[13]C NMR 分析图谱

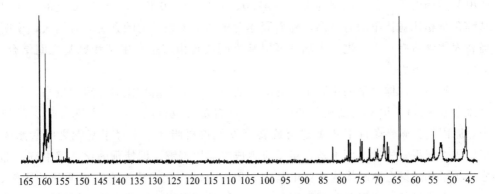

图 10-36　固体含量为 53％预固化 30s 的 UF 树脂的 ^{13}C NMR 分析图谱

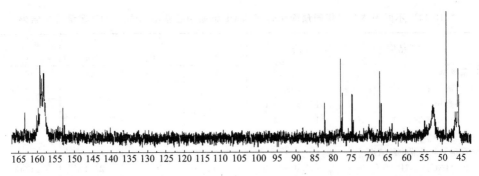

图 10-37　固体含量为 59％预固化 30s 的 UF 树脂的 ^{13}C NMR 分析图谱

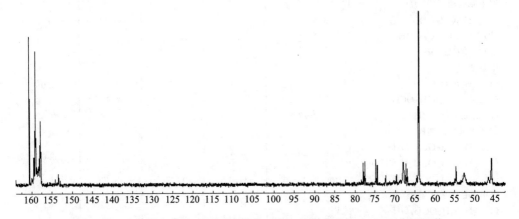

图 10-38　固体含量为 65％预固化 30s 的 UF 树脂的 ^{13}C NMR 分析图谱

从表 10-14 来看，相同的预固化时间，固体含量由 53％升高到 59％和 65％，端基羟甲基结构—N(CH$_2$OH)$_2$ 和—N(CH$_2$)CH$_2$OH 总量变化不大，在 1.3 附近波动，链状羟甲基结构（—HNCH$_2$OH）随着固体含量的提高略有升高。相比二亚甲基结构而言，化学位移为 44.0～47.0、51.0～55.0 和 60.0～62.0 处的二亚甲基键含量相比对比组均有升高，随着固体含量的增大该结构的含量略有增大，说明提高固体含量有利于促进自由端基羟甲基之间或自由端基羟甲基和氨基之间结合，但变化幅度不大。

三种不同固体含量的树脂中含有的二亚甲基醚键总量均比对比组含量高，并且固体含量为 59% 和 65% 的树脂的该官能团的含量并没有低于固体含量为 53% 的树脂，原因是：碱性条件下 60℃进行旋转蒸发使得树脂体系中羟甲基脲之间脱水缩聚生成二亚甲基醚键，而不是直接反应生成二亚甲基键；即使预固化处理中有一部分二亚甲基醚键会断裂形成二亚甲基键，但对总的变化趋势没有造成明显的影响。同时，高含量的二亚甲基醚键和端基枝化羟甲基可以形成高度交联的树脂结构，从而限制了树脂的流动性[27]。

表 10-14　不同固体含量相同预固化时间的 UF 树脂中各基团的 ^{13}C NMR 定量分析结果

化学结构	化学位移	53% 0s	53% 30s	59% 30s	65% 30s
尿素羰基	153.0～161.5	100	100	100	100
(1)游离尿素	162.0				
(2)一羟甲基脲	160.0～161.0				
(3)二羟甲基脲、三羟甲基脲	159.0～160.0				
(4)尤戎环	152.0～158.0				
尿素单元间的亚甲基结构					
(1)—HNCH₂NH—	44.0～47.0	18.9	20.1	21.19	21.42
(2)—HNCH₂N(CH₃)—	51.0～55.0	16.89	20.05	18.49	19.48
(3)—N(CH₃)CH₂N(CH₃)—	60.0～62.0	0	0	0	0
羟甲基结构					
(1)—HNCH₂OH	63.5～65.0	74.02	69.08	64.35	59.35
(2)—N(CH₃)CH₂OH (3)—N(CH₂OH)₂	71.0～73.0	1.84	1.33	1.29	1.32
甲基醚键					
(1)—HNCH₂OCH₃	73.0～75.2	2.41	1.77	2.03	3.05
(2)—N(CH₃)CH₂OCH₃	77.7～78.2	1.87	0.6	3.64	1.56
(3)Uron-CH₂OCH₃	77.2～77.5	0.58	0.32	0.56	0.57
二亚甲基醚键结构					
(1)—HNCH₂OCH₂NH— (2)—HNCH₂OCH₂N(CH₃)—	69.0～70.2	2.23	4.38	5.12	6.08
(3)—HNCH₂OCH₂OH	66.0～69.0	17.17	17.76	13.89	15.53
羟甲基的半缩醛基团					
(1)—HNCH₂OCH₂OH (2)—N(CH₃)CH₂OCH₂OH	86.0～87.0	0	0	0	0
游离甲醛总量	82.0	0.74	0.34	0.30	0.5
亚甲基基团总量		35.79	40.15	39.68	40.9
羟甲基基团总量		75.86	70.41	65.64	60.67
醚键总量		24.26	24.83	29.24	28.79

10.2.3 pH值

为了研究不同 pH 值环境下的 UF 树脂的预固化特性，以固体含量为 53% 的 UF 树脂为研究对象，利用 50% 浓度的甲酸将 pH 值调节为 3.7、4.0 和 4.7，然后将 UF 树脂在 100℃下预处理 30s 后取出，对树脂的热行为、黏度增长、分子量分布及树脂结构变化进行研究。

10.2.3.1 热行为

为了研究不同 pH 值下的 UF 树脂不同预处理时间下的固化特性，利用 DSC 升温和等温模式跟踪分析了不同预固化程度的 UF 树脂的固化特征温度、热焓、固化度，同时做了动力学分析。

分析结果可知，不同 pH 值体系下的 UF 树脂预固化过程和不同温度、固体含量的 UF 体系过程相同，即预固化程度增大，整个 DSC 曲线的放热峰位置向低温处移动，从图 10-39(c) 可以看到，pH 值为 4.7 预固化 70s 时已经看不到 UF 树脂的放热峰，可以判断此时的树脂已经固化。

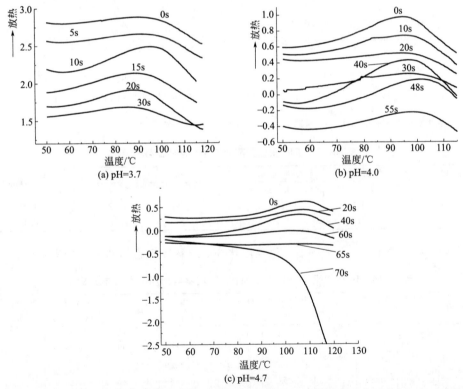

图 10-39　不同 pH 值的 UF 树脂在不同预固化时间下的 DSC 曲线（升温速率 15℃/min）

结合等温 DSC 对应的树脂转化率可知，随着 pH 值降低，UF 树脂的固化放热峰的起始时间、峰顶时间和终止时间均提前，与温度和固体含量不同的是不同 pH

值树脂的热熵和峰面积变化也很大，当 pH 值为 3.7 时，热熵为 28.24J/g，当 pH 值为 4.7 时，热熵为 15.60J/g，约为前者的 55%，峰面积为前者的 43.8%，由此可以看出，pH 值越低意味着树脂体系中的 H^+ 浓度越高，树脂固化得越充分。

从不同 pH 值下预固化 30s 的树脂的固化特性及动力学分析可知，pH 值为 3.7 的树脂置于 100℃下预固化 30s 后放热峰已经很微弱［见图 10-40(a)］，活化能相比 pH 值为 3.7 的新鲜树脂已升高；pH 值为 4.7 的树脂经预固化 30s 处理后，放热峰仍清晰，但对应的活化能相比新鲜树脂下降到 68.86kJ/mol。根据预固化机理得知，活化能升高意味着树脂已经出现预固化或完全固化，活化能的下降趋势意味着树脂体系中的基团活性增强，树脂黏度增大。

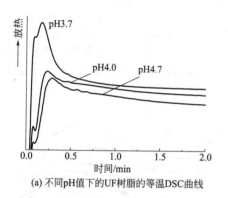
(a) 不同pH值下的UF树脂的等温DSC曲线

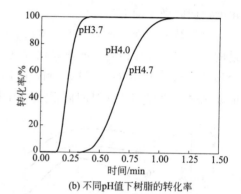
(b) 不同pH值下树脂的转化率

图 10-40　不同 pH 值下的 UF 树脂的等温（100℃）DSC 曲线和转化率

表 10-15 为不同 pH 值下脲醛树脂的等温 DSC 参数。

表 10-15　不同 pH 值下脲醛树脂的等温 DSC 参数

pH 值	起始时间/min	峰顶时间/min	终止时间/min	热熵/(J/g)	峰面积
3.7	0.07	0.17	0.32	38.24	34.46
4.0	0.17	0.23	0.55	31.32	34.33
4.7	0.18	0.31	0.76	15.60	15.10

表 10-16 为 100℃下不同 pH 值预固化 30s 的脲醛树脂的动力学分析结果。

表 10-16　100℃下不同 pH 值预固化 30s 的脲醛树脂的动力学分析结果

pH 值	预固化时间/s	固化度/%	热熵/(J/g)	升温速率 β	峰顶温度/℃	$\ln(\beta/T_p^2)$	$1/T_p$	活化能/(kJ/mol)	相关系数 R^2
3.7	0	—	38.25	10	78.03	−9.4200	0.0028	57.35	0.972
				15	85.50	−9.0566	0.0028		
				20	91.10	−8.7999	0.0027		
				25	92.57	−8.5849	0.0027		
	30	100.000	38.25	10	89.32	−9.4833	0.0028	93.82	0.998
				15	90.98	−9.0870	0.0027		
				20	96.39	−8.8288	0.0027		
				25	98.24	−8.6156	0.0027		

pH 值	预固化时间/s	固化度/%	热焓/(J/g)	升温速率 β	峰顶温度/℃	$\ln(\beta/T_p^2)$	$1/T_p$	活化能/(kJ/mol)	相关系数 R^2
4.0	0	—	31.33	10	93.21	−9.5046	0.0027	78.46	0.912
				15	94.66	−9.1071	0.0027		
				20	98.39	−8.8396	0.0027		
				25	101.59	−8.6336	0.0027		
	30	62.387	19.54	10	96.99	−9.5252	0.0027	86.91	0.805
				15	103.32	−9.1536	0.0027		
				20	102.04	−8.8591	0.0027		
				25	108.00	−8.6675	0.0026		
4.7	0	—	15.60	10	101.45	−9.5491	0.0027	90.72	0.979
				15	108.28	−9.1798	0.0026		
				20	111.55	−8.9092	0.0026		
				25	113.72	−8.6973	0.0026		
	30	10.629	1.66	10	99.18	−9.5370	0.0027	68.86	0.948
				15	106.26	−9.1692	0.0026		
				20	109.55	−8.8988	0.0026		
				25	113.60	−8.6967	0.0026		

10.2.3.2 黏度增长

以甲酸调配的不同 pH 值的 UF 树脂（固体含量为 53%）置于恒温（100℃）流变仪中测定 pH 值对黏度增长的影响，由图 10-41 和表 10-17 可以看出，pH 值对树脂的黏度影响显著，即 pH 值越低，黏度增长越快，即经预固化处理 30s 后，pH 值为 3.7 的树脂的黏度在恒温（100℃）条件下猛增到 6074 mPa·s，而 pH 值为 4.0 和 4.7 的树脂的黏度没有明显增加。

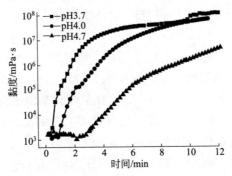

图 10-41 不同 pH 值的 UF 树脂在恒温（100℃）条件下的流变学行为

表 10-17 不同 pH 值下脲醛树脂预固化 30s 后的黏度增长

预固化时间/s	黏度/mPa·s		
	pH 3.7	pH 4.0	pH 4.7
0	1632	1645	1632
30	6074	1750	1683

10.2.3.3 分子量分布

预固化处理后，三种 pH 值的树脂的 GPC 曲线整体均向大分子方向移动，数均分子量和重均分子量呈增大趋势，同时分布指数明显降低（如图 10-42 和表 10-18 所示）。

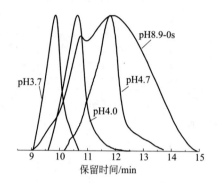

图 10-42　不同 pH 值下预固化 30s 的脲醛树脂对应的分子量分布

表 10-18　不同 pH 值 UF 树脂相同预固化时间下的 GPC 指标

pH 值	预固化时间/s	数均分子量 M_n	重均分子量 M_w	分布指数 D
8.9	0	2.37×10^4	6.37×10^4	2.68
4.7	30	1.75×10^4	1.24×10^5	1.79
4.0	30	1.19×10^5	1.84×10^5	1.38
3.7	30	1.49×10^5	2.57×10^5	1.18

10.2.3.4 结构分析

为了比较不同 pH 值下的 UF 树脂相同预固化时间的特征官能团变化，将 UF 树脂在 100℃预固化 30s 后取样进行 ^{13}C NMR 分析，结果如图 10-43～图 10-46 所示。

预固化处理 30s 后，随着 pH 值由 4.7 下降到 3.7，羟甲基总量从 72.69 降低到 42.80，但端基羟甲基结构—N(CH₂OH)₂ 和—N(CH₃)CH₂OH 总量略微上升，由 1.58 升高到 9.24（见表 10-19），这样的变化是由于高摩尔比的游离甲醛在强酸条件下有利于对应的醚键的形成，高含量的二亚甲基醚键和端基枝化羟甲基可以形成高度交联的树脂结构，从而限制了树脂的流动性[27]。

连接仲胺和叔胺的二亚甲基键 [—HNCH₂N(CH₃)—] 随 pH 值的降低呈上升趋势，原因在于这种类型的二亚甲基键的形成取决于端基羟甲基和游离尿素的含量，还可能伴随着端基枝化二亚甲基醚键的断裂，酸性越大，越有利于该类型的二亚甲基键 [—HNCH₂N(CH₃)—] 的形成，因为它的只能在酸性条件下形成[27]，结合表中可以看到的是随着随 pH 值的降低，端基羟甲基结构—N(CH₂OH)₂ 和—N(CH₃)CH₂OH 总量增加，说明树脂体系的酸性越大，越有利于形成连接仲胺和叔胺的二亚甲基键 [—HNCH₂N(CH₃)—]，因而在一定范围内能形成更加致密的网络结构。

　　同时，游离甲醛总量也随着 pH 值的降低显著减少，从而形成较多的端基羟甲基或醚键等基团，与表中对应的基团总量变化一致。但对于 UF 树脂体系而言，酸性太大，形成的端基基团越多，固化后的树脂结构难以实现均一，并且不利于保证胶合制品的力学性能[28]。从添加固化剂氯化铵和甲酸的胶层固化后对比来看，添加甲酸的 UF 树脂固化后脆性更大，这样的结果和上述结果的解释相符。

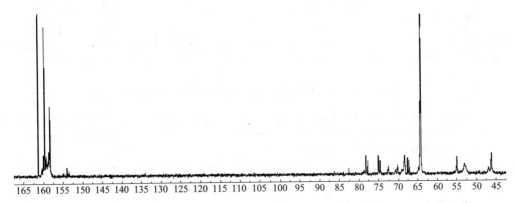

图 10-43　预固化时间为 0s 的 UF 树脂（固体含量为 53％）的[13]C NMR 分析图谱

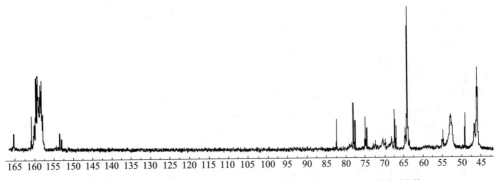

图 10-44　pH 3.7 的 UF 树脂预固化 30s 对应的[13]C NMR 分析图谱

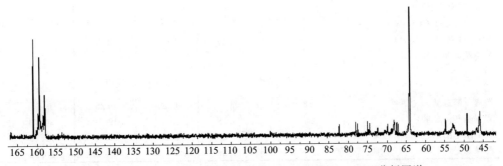

图 10-45　pH 4.0 的 UF 树脂预固化 30s 对应的[13]C NMR 分析图谱

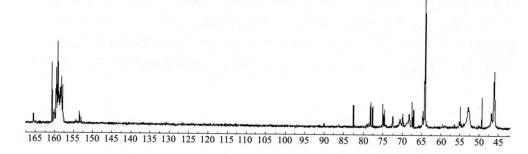

165 160 155 150 145 140 135 130 125 120 115 110 105 100 95 90 85 80 75 70 65 60 55 50 45

图 10-46　pH 4.7 的 UF 树脂预固化 30s 对应的 ^{13}C NMR 分析图谱

表 10-19　不同 pH 值相同预固化时间的 UF 树脂中各基团的 ^{13}C NMR 定量分析结果

化学结构	化学位移	pH8.9 0s	pH3.7 30s	pH4.0 30s	pH4.7 30s
尿素羰基	153.0～161.5	100	100	100	100
(1) 游离尿素	162.0				
(2) 一羟甲基脲	160.0～161.0				
(3) 二羟甲基脲、三羟甲基脲	159.0～160.0				
(4) 尤戎环	152.0～158.0				
尿素单元间的亚甲基结构					
(1) —HNCH$_2$NH—	44.0～47.0	18.90	38.01	28.00	16.84
(2) —HNCH$_2$N(CH$_3$)—	51.0～55.0	16.89	28.01	21.79	13.89
(3) —N(CH$_3$)CH$_2$N(CH$_3$)—	60.0～62.0	0	0	0	0
羟甲基结构					
(1) —HNCH$_2$OH	63.5～65.0	74.02	33.56	63.37	71.11
(2) —N(CH$_3$)CH$_2$OH					
(3) —N(CH$_2$OH)$_2$	71.0～73.0	1.84	9.24	4.62	1.58
甲基醚键					
(1) —HNCH$_2$OCH$_3$	73.0～75.2	1.57	1.77	2.03	3.05
(2) —N(CH$_3$)CH$_2$OCH$_3$	77.7～78.2	2.88	4.60	3.64	2.56
(3) Uron-CH$_2$OCH$_3$	77.2～77.5	0.17	0.32	0.56	0.57
二亚甲基醚键结构					
(1) —HNCH$_2$OCH$_2$NH—					
(2) —HNCH$_2$OCH$_2$N(CH$_3$)—	69.0～70.2	2.23	1.22	2.81	3.09
(3) —HNCH$_2$OCH$_2$OH	66.0～69.0	17.17	26.08	23.14	11.68
羟甲基的半缩醛基团					
(1) —HNCH$_2$OCH$_2$OH					
(2) —N(CH$_3$)CH$_2$OCH$_2$OH	86.0～87.0	0	0	0	0
游离甲醛总量	82.0	0.74	0.23	0.25	0.61
亚甲基基团总量		35.79	66.02	49.79	30.73
羟甲基基团总量		75.86	42.80	67.99	72.69
醚键总量		24.26	33.99	32.18	20.95

10.2.4 预固化行为三大影响因素的综合评价

表 10-20 对三大影响因素（包括温度、固体含量和 pH 值）对预固化树脂的主要性能指标的影响进行了汇总，并选取了其中四个主要指标将三大影响因素进行贡献率比较（见表 10-21 和图 10-47）；pH 值、温度和固体含量对树脂固化转化率的贡献率分别为 45.86%、36.61% 和 0.20%；pH 值、温度和固体含量对羟甲基的贡献率分别为 15.34%、23.05% 和 4.87%；pH 值、温度和固体含量对亚甲基含量的贡献率分别为 18.11%、6.41% 和 0.38%；pH 值、温度和固体含量对热焓的贡献率分别为 18.77%、15.04% 和 0.06%。因此，对 UF 树脂的预固化行为最显著的影响因素为 pH 值，其次是温度，固体含量影响不大。

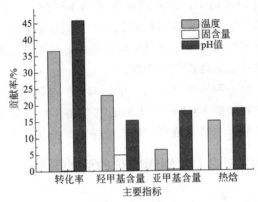

图 10-47　三大影响因素对预固化脲醛树脂主要指标的贡献率对比

表 10-20　三大影响因素在相同预固化时间下（30s）的 UF 树脂指标对比

固体含量/%	温度/℃	pH 值	转化率/%	热焓/(J/g)	数均分子量 M_n	亚甲基基团	羟甲基
53	100	—	0.65	0.26	1.65×10^4	40.15	70.41
53	120	—	12.63	5.46	1.19×10^5	53.81	38.10
53	150	—	73.39	30.14	1.49×10^5	52.89	24.61
59	100	—	0.70	0.26	1.20×10^5	39.68	65.64
65	100	—	1.05	0.38	1.40×10^5	40.90	60.67
53	100	pH 3.7	100.00	38.25	1.49×10^5	66.02	42.80
53	100	pH 4.0	62.39	19.54	1.19×10^5	49.79	67.99
53	100	pH 4.7	10.63	1.66	1.75×10^4	30.73	72.69

表 10-21　三大影响因素对预固化脲醛树脂主要指标的贡献率对比

影响因素	贡献率/%			
	转化率	羟甲基	亚甲基基团	热焓
温度	36.61	23.05	6.41	15.04
固体含量	0.20	4.87	0.38	0.06
pH 值	45.86	15.34	18.11	18.77

10.3 脲醛树脂潜伏型固化剂及控制机理 ▓▓▓▓

由前面的研究结果可知，脲醛树脂的固化反应及形成网络状结构的速度取决于羟甲基脲的比例、体系的 pH 值及环境温度。在实际生产中只要树脂合成配方不变，整个脲醛树脂体系的羟甲基脲总量和比例不会有太大变化；从实地考察来看，从热磨机出来经过挤压脱水后的纤维的 pH 值在 5.0 以下，呈酸性，并且清除砂砾等杂质后用于清洗纤维的水循环使用，因此工厂"在高温天气不加固化剂可实现热压成型"的方法从理论上符合脲醛树脂固化机理。本章拟在前人对各类脲醛树脂固化剂及潜伏型固化剂的基础上，首先确定对甲基苯磺酸、二乙醇胺、六亚甲基四胺、过硫酸铵、硫酸氢二铵复配为潜伏固化剂，在确定最佳添加量后深入探讨潜伏固化剂的 pH 值随温度变化的规律以及反应热效应，从而获得性能优良的潜伏型固化剂，实现脲醛树脂预固化性能的可控性。

固化剂的调配：第一种固化剂为六亚甲基四胺、过硫酸铵、对甲基苯磺酸和二乙醇胺四种试剂，分别按照 1:1:1:1 混合均匀备用，标记为 LGDE；第二种固化剂为过硫酸铵和磷酸氢二铵，分别按照 15% 和 5% 的比例混合均匀，标记为 GP。

10.3.1 不同固化剂对 UF 树脂固化时间的影响

见表 10-22。

表 10-22 不同温度下添加不同固化剂的 UF 的固化时间

固化剂(1%添加量)	不同温度下的固化时间			
	100℃	120℃	150℃	180℃
氯化铵	160s	90s	40s	28s
六亚甲基四胺＋过硫酸铵＋对甲基苯磺酸＋二乙醇胺	＞780s(13min)	＞360s(6min)	201s	92s
过硫酸铵＋磷酸氢二铵	＞780s(13min)	302s	142s	96s

两种合成的潜伏型固化剂在 100℃ 下 10min 以内均未固化，当温度升到 150℃ 后，固化速率加快，并且随着温度的升高，固化时间缩短，这说明两种潜伏型固化剂在一定的温度范围内是相对稳定的，但当温度升高到一定范围后会分解释放出酸促进树脂固化。

10.3.2 添加不同固化剂的 UF 树脂固化特性

利用升温和等温两种模式的 DSC 对添加三种固化剂的 UF 树脂的固化特征温度、固化放热峰对应的特征时间、热熔进行了评价，以期评价潜伏固化剂的常温稳定性和高温潜伏性。

结合图 10-48 和表 10-23 可知，分别添加了三种固化剂的 UF 树脂在 100℃下的固化放热峰的起始温度、峰顶温度和终止温度大不相同。以 NH₄Cl 为固化剂的 UF 树脂在 87.46℃开始出现固化放热峰，并在 103.78℃达到最大转化率；相比之下，添加六亚甲基四胺＋过硫酸铵＋对甲基苯磺酸＋二乙醇胺和过硫酸铵＋磷酸氢二铵的 UF 树脂分别在 110.77℃和 108.02℃出现固化放热峰，在 120.62℃和 125.02℃固化达到最大限度，并且终止温度也比 NH₄Cl 的 UF 树脂有所提高。该现象说明，两种潜伏型固化剂的固化温度均高于 100℃，能确保低温下 UF 树脂性能稳定、不发生固化反应。

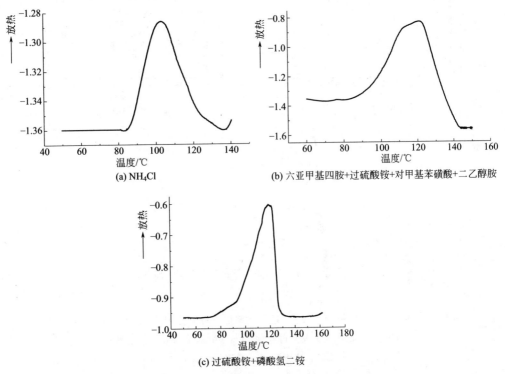

图 10-48　添加三种固化剂的 UF 树脂升温 DSC 图

表 10-23　添加三种固化剂的 UF 树脂的固化特征温度

固化剂	起始温度/℃	峰顶温度/℃	终止温度/℃
氯化铵	87.46	103.78	125.64
六亚甲基四胺＋过硫酸铵＋对甲基苯磺酸＋二乙醇胺	110.77	125.02	132.38
过硫酸铵＋磷酸氢二铵	108.02	120.62	127.30

　　从图 10-49(a) 可以看出，添加了固化剂 NH₄Cl 的 UF 树脂在恒温 100℃下的 DSC 曲线和添加六亚甲基四胺＋过硫酸铵＋对甲基苯磺酸＋二乙醇胺、过硫酸铵＋磷酸氢二铵的 DSC 曲线完全不同。添加潜伏型固化剂的 UF 树脂在恒温（100℃）

条件下没有明显的固化放热峰，相比之下，添加 NH_4Cl 的 UF 树脂有明显完整的固化放热峰，说明两种潜伏型固化剂在 100℃下呈惰性。

　　添加了潜伏型固化剂的 UF 树脂恒温下的 DSC 测试结果可以反映出该树脂在某一温度下的固化活性，由不同温度下的等温 DSC 表征结果可以推断出该树脂的活性随温度变化的关系，因而可检测出固化剂的潜伏性能。

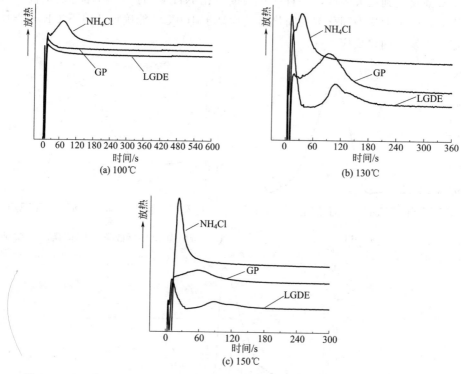

图 10-49　100℃、130℃和150℃等温条件下添加三种固化剂的 UF 树脂的 DSC 曲线
（LGDE—六亚甲基四胺＋过硫酸铵＋对甲基苯磺酸＋二乙醇胺；
GP—过硫酸铵＋磷酸氢二铵）

　　当温度提高到130℃时，添加 NH_4Cl 的 UF 树脂固化放热峰提前，由于放热峰起始部分与仪器的平衡段已经出现部分重合导致峰形不完整，固化起始时间大致为12.66s。相比之下，图 10-49(b) 中 DSC 曲线出现了明显且完整的固化放热峰，说明两种潜伏型固化剂在130℃能清晰地体现固化活性，添加过硫酸铵＋磷酸氢二铵的 UF 树脂在 33.96s 时出现固化放热峰，在 105.18s 时达到固化转化最大值；添加六亚甲基四胺＋过硫酸铵＋对甲基苯磺酸＋二乙醇胺的 UF 树脂在 61.62s 时出现固化放热峰，在 111.84s 时达到固化转化最大值，明显可见固化剂过硫酸铵＋磷酸氢二铵的活性高于六亚甲基四胺＋过硫酸铵＋对甲基苯磺酸＋二乙醇胺。同时，从热熔来看，六亚甲基四胺＋过硫酸铵＋对甲基苯磺酸＋二乙醇胺的热熔值比其他两个固化剂高；热熔值越高，意味着在添加一定量的固化剂后，树脂的反应性越强，那么根据表 10-24 的结果可知，六亚甲基四胺＋过硫酸铵＋对甲基苯磺酸＋二乙醇胺的反应性更强。

当温度提高到 150℃时，图 10-49(c) 中添加 NH_4Cl 的 UF 树脂固化放热峰与仪器的平衡段已经出现大部分重合，无法判断出固化起始和峰顶温度对应的时间。相比之下，添加六亚甲基四胺＋过硫酸铵＋对甲基苯磺酸＋二乙醇胺、过硫酸铵＋磷酸氢二铵的 DSC 曲线仍能清晰地看到明显的固化放热峰，但添加过硫酸铵＋磷酸氢二铵的 UF 树脂的 DSC 曲线起始固化段已经与仪器的平衡段出现部分重合，该树脂在 25.14s 时放热峰已经出现，在 56.58s 时达到最大转化率；添加六亚甲基四胺＋过硫酸铵＋对甲基苯磺酸＋二乙醇胺的 UF 树脂固化也出现提前，分别于54.72s 和 93.42s 时出现固化峰和达到最大值。可见，温度提高使得两种潜伏型固化剂的活性增强。

表 10-24　添加不同固化剂的脲醛树脂的等温 DSC 参数

等温 DSC 温度及固化放热峰特征值		放热峰起始时间/s		
		氯化铵	过硫酸铵＋磷酸氢二铵	六亚甲基四胺＋过硫酸铵＋对甲基苯磺酸＋二乙醇胺
热焓(130℃)/(J/g)		39.24	48.53	45.92
100℃	起始	26.28	—	—
	峰顶	70.80	—	—
	终止	101.28	—	—
130℃	起始	12.66	33.96	61.62
	峰顶	20.16	105.18	111.84
	终止	52.74	164.4	180.24
150℃	起始	—	25.14	54.72
	峰顶	—	56.58	93.42
	终止	41.58	75.24	134.88

由表 10-24 可知，两种潜伏型高温固化剂的活性温度比 NH_4Cl 高，同时在高温下能保证 UF 树脂的固化能完整平稳的完成，因而可以在一定程度上实现中低温下抑制、高温下延缓 UF 的预固化的目的。

10.3.3　预固化行为控制机理

UF 树脂的固化主要是通过降低树脂体系的 pH 值，增强酸性来实现的。为了研究添加 NH_4Cl 和两种潜伏型固化剂的树脂在不同温度下 pH 值的变化，本节将恒定温度下不同预固化程度的 UF 树脂冷冻干燥完毕后粉碎，取 5g 粉碎的树脂溶解于 100mL 蒸馏水中，回流约 5min 后测定其 pH 值。

从 10.3.2 的结果来看，添加两种潜伏型固化剂的 UF 树脂在 100℃下 13min未固化，130℃下 360s 和 150℃下 110s 已经固化。结合表 10-25 来看，分别添加两种潜伏型固化剂的 UF 树脂在 130℃ 和 150℃ 下固化后的胶层的 pH 值均高于该温度下添加 NH_4Cl 的 UF 树脂。

单一使用 NH_4Cl 作为固化剂，可以看到随着固化温度的升高，UF 树脂体系的 pH 值下降得非常明显，这意味着 NH_4Cl 与游离甲醛生成六亚甲基四胺释放 H^+ 的速度随着温度的升高而加快。因此在实际生产的干燥阶段，从进入干燥管道（180℃）到最后干燥完毕进入料仓（60℃）的整个过程中，短时间内也能引发 H^+ 的大量释放导致树脂的预固化。因此，提高固化剂的起始释放 H^+ 的温度是一个解决 UF 树脂预固化的有效办法。

从表 10-25 来看，尽管两种潜伏型固化剂的 pH 值随温度的升高而降低，但是下降的速度明显比添加 NH_4Cl 体系慢了很多。由图 10-50 可知，添加两种潜伏型固化剂树脂的 pH 值在 100℃下一直维持在 7.0 以上，整个体系呈中性偏碱，并且随着时间的延长，树脂的 pH 值变化也不大。当温度升高到 130℃时，添加 NH_4Cl 的 UF 树脂在 120s 和 90s 测得的 pH 值均为 4.3 左右；对应的 120s，添加六亚甲基四胺＋过硫酸铵＋对甲基苯磺酸＋二乙醇胺的 UF 树脂的 pH 值为 7.80，添加过硫酸铵＋磷酸氢二铵的 UF 树脂的 pH 值为 6.80，原因在于油浴中的 UF 树脂升温到 120℃会有一个热传导时间，加上水分蒸发会带走部分热量，因而树脂体系的温差会存在一个滞后的现象。随着时间变化，360s 时添加两种型潜伏固化剂的树脂均已固化，添加六亚甲基四胺＋过硫酸铵＋对甲基苯磺酸＋二乙醇胺的 UF 树脂的 pH 值为 4.60，添加过硫酸铵＋磷酸氢二铵的 UF 树脂的 pH 值为 4.45，均呈酸性。当温度升到 150℃时，添加 NH_4Cl 的 UF 树脂在 30s 已固化；添加两种潜伏固化剂的 UF 树脂在 110s 时固化，pH 值变化趋势一致，即随着时间延长，pH 值下降明显，最终维持在 4.5～4.6 区间。对比两种潜伏型固化剂，添加六亚甲基四胺＋过硫酸铵＋对甲基苯磺酸＋二乙醇胺的 UF 树脂在相同温度下释放 H^+ 的速度比过硫酸铵＋磷酸氢二铵要缓慢，换句话说六亚甲基四胺＋过硫酸铵＋对甲基苯磺酸＋二乙醇胺的潜伏型固化剂略好于过硫酸铵＋磷酸氢二铵。

表 10-25　添加不同固化剂的 UF 树脂在不同温度和不同预固化时间下的 pH 值

温度	预固化时间	添加固化剂的 UF 树脂的 pH 值		
		NH_4Cl	六亚甲基四胺＋过硫酸铵＋对甲基苯磺酸＋二乙醇胺	过硫酸铵＋磷酸氢二铵
100℃	1min	8.24	8.33	8.27
	2min	5.10	8.05	8.08
	3min	4.15	7.95	7.84
	6min	—	7.57	7.51
	9min	—	7.17	7.11
130℃	30s	8.35	8.63	8.43
	60s	7.75	8.26	8.06
	90s	4.35	8.02	7.82
	120s	4.34	7.80	6.80
	180s	—	6.54	6.02
	240s	—	5.54	4.70
	360s	—	4.60	4.45

温度	预固化时间	添加固化剂的 UF 树脂的 pH 值		
		NH₄Cl	六亚甲基四胺＋过硫酸铵＋对甲基苯磺酸＋二乙醇胺	过硫酸铵＋磷酸氢二铵
150℃	10s	5.49	8.63	8.52
	30s	4.21	7.78	7.13
	50s	4.2	6.86	6.26
	70s	—	5.76	5.35
	110s	—	4.61	4.53

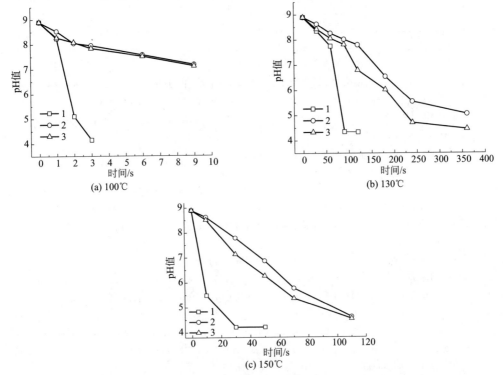

图 10-50 100℃、130℃ 和 150℃ 下添加固化剂的 UF 树脂在不同时间的 pH 值

1—NH₄Cl；2—六亚甲基四胺＋过硫酸铵＋对甲基苯磺酸＋二乙醇胺；3—过硫酸铵＋磷酸氢二铵

结合以上研究结论，纤维板生产企业可以适当提高纤维在清洗和热磨过程中的 pH 值或在施胶过程中加入一定量的潜伏型固化剂来降低脲醛树脂的预固化行为，从而增强胶黏剂的有效利用。

参 考 文 献

[1] Loxton C, Hague J. Resin blending in the MDF industry-can it be improved; proceedings of the Proceedings of the 3rd. Pacific Rim Bio-Based Composite Symposium, Kyoto, Japan, December, F, 1996 [C].

[2] 潘勇康，王中喜. 现代干燥技术 [M]. 北京：化学工业出版社，1998.

[3] 张运明. 气流干燥温度与胶耗关系的分析与探讨 [J]. 中国人造板，2010，17（4）：20-24.

[4] 谢拥群，张璧光. 中密度纤维板纤维气流干燥的模拟计算 [J]. 木材工业，2002，16（5）：33-36.

[5] Xing C，Deng J，Zhang S，et al. Differential scanning calorimetry characterization of urea-formaldehyde resin curing behavior as affected by less desirable wood material and catalyst content [J]. Journal of Applied Polymer Science，2005，98（5）：2027-2032.

[6] Park B D，Riedl B，Hsu E W，et al. Differential scanning calorimetry of phenol-formaldehyde resins cure-accelerated by carbonates [J]. Polymer，1999，40（7）：1689-1699.

[7] 莫弦丰. 二价金属氧化物催化合成高邻位苯酚-尿素-甲醛树脂及其性能研究 [D]. 北京：中国林业科学研究院，2014.

[8] Chen Y，Fan D，Qin T，et al. Thermal degradation and stability of accelerated-curing phenol-formaldehyde resin [J]. BioResources，2014，9（3）：4063-4075.

[9] Jinxue J，Yonglin Y，Cheng L，et al. Effect of three boron flame retardants on thermal curing behavior of urea formaldehyde resin [J]. Journal of Thermal Analysis and Calorimetry，2011，105（1）：223-228.

[10] Pizzi A，George B，Zanetti M，et al. Rheometry of aging of colloidal melamine-urea- formaldehyde polycondensates [J]. Journal of Applied Polymer Science，2005，96（3）：655-659.

[11] Minopoulou E，Dessipri E，Chryssikos G D，et al. Use of NIR for structural characterization of urea-formaldehyde resins [J]. International journal of adhesion and adhesives，2003，23（6）：473-484.

[12] Xing C，Deng J，Zhang S，et al. UF resin efficiency of MDF as affected by resin content loss，coverage level and pre-cure [J]. Holz als Roh-und Werkstoff，2006，64（3）：221-226.

[13] Zanetti M，Pizzi A. Colloidal aggregation of MUF polycondensation resins：Formulation influence and storage stability [J]. Journal of Applied Polymer Science，2004，91（4）：2690-2699.

[14] 王晓青，陈栓虎. 基质辅助激光解吸电离飞行时间质谱在聚合物表征中的应用 [J]. 质谱学报，2008，29（1）：51-59.

[15] 顾继友. 胶粘剂与涂料 [M]. 北京：中国林业出版社，1999.

[16] Du G，Lei H，Pizzi A，et al. Synthesis-structure-performance relationship of cocondensed phenol-urea-formaldehyde resins by MALDI-ToF and ^{13}C-NMR [J]. Journal of Applied Polymer Science，2008，110（2）：1182-1194.

[17] Gavrilović-Grmuša I，Nešković O，Điporović-Momčilović M，et al. Molar-mass distribution of urea-formaldehyde resins of different degrees of polymerization by MALDI-TOF mass spectrometry [J]. Journal of the Serbian Chemical Society，2010，75（5）：689-701.

[18] Despres A，Pizzi A，Pasch H，et al. Comparative ^{13}C-NMR and matrix-assisted laser desorption/ionization time-of-flight analyses of species variation and structure maintenance during melamine-urea-formaldehyde resin preparation [J]. Journal of Applied Polymer Science，2007，106（2）：1106-1128.

[19] Kim M G，Wan H，No B Y，et al. Examination of selected synthesis and room-temperature storage parameters for wood adhesive-type urea-formaldehyde resins by ^{13}C-NMR spectroscopy. IV [J]. Journal of Applied Polymer Science，2001，82（5）：1155-1169.

[20] Kim M G，Young No B，Lee S M，et al. Examination of selected synthesis and room-temperature storage parameters for wood adhesive-type urea-formaldehyde resins by ^{13}C-NMR spectroscopy. V [J]. Journal of Applied Polymer Science，2003，89（7）：1896-1917.

[21] Angelatos A，Burgar M，Dunlop N，et al. NMR structural elucidation of amino resins [J]. Journal of Applied Polymer Science，2004，91（6）：3504-3512.

[22] 韩书广，吴羽飞. 聚乙烯醇改性脲醛树脂化学结构及反应的^{13}C-NMR 研究 [J]. 南京林业大学学报：

自然科学版，2007，31（3）：78-82.

[23]　顾继友，朱丽滨．脲醛树脂化学构造与胶接性能，甲醛释放量及固化特性关系的研究［J］．中国胶粘剂，2004，13（3）：1-7.

[24]　Maciel G E，Szeverenyi N M，Early T A，et al. Carbon-13 NMR studies of solid urea-formaldehyde resins using cross polarization and magic-angle spinning ［J］．Macromolecules，1983，16（4）：598-604.

[25]　韩书广，吴羽飞．脲醛树脂化学结构及反应的^{13}C-NMR 研究［J］．南京林业大学学报：自然科学版，2006，30（5）：15-20.

[26]　杜官本．尿素与甲醛加成及缩聚产物^{13}C-NMR 研究［J］．木材工业，1999，13（4）：9-13.

[27]　Siimer K，Kaljuvee T，Christjanson P，et al. Changes in curing behaviour of aminoresins during storage ［J］．Journal of Thermal Analysis and Calorimetry，2005，80（1）：123-130.

[28]　刘宇，高振华，顾继友．低甲醛释放脲醛树脂的固化剂体系及其固化特性［J］．中国胶粘剂，2006，15（10）：42-47.